Angewandte Onkologie

Einführung in aktuelle diagnostische und therapeutische Konzepte

Ch. Dittrich (Hrsg.)

Springer-Verlag Wien New York

Maligne gastrointestinale Tumoren

Herausgegeben von
P. M. Schlag und Ch. Dittrich

Mit Beiträgen von

M. Baldt · A. A. Bankier · P. Ferenci
D. Fleischmann · H. J. Gütz · J. Haier
G. Heinz-Peer · Th. Helbich · Ch. Herold
P. Hohenberger · J. H. Holzner · M. Hünerbein
Ch. Kettelhack · J. Kettenbach · M. Kontrus
G. Kornek · F. Lefaza · U. Liebeskind
K. T. Moesta · G. H. Mostbeck · Th. Rand
B. Rau · W. Scheithauer · S. Schick · P. M. Schlag
A.-U. Schratter-Sehn · W. Slisow
K. Turetschek · M. Wiesmayr
P. Wunderbaldinger · Th. Zontsich

Springer-Verlag Wien New York

Univ.-Prof. Dr. Peter M. Schlag
Direktor der Chirurgischen Abteilung der Robert-Rössle-Klinik
für Onkologie, Virchow-Klinikum der Humboldt-Universität,
Berlin, Bundesrepublik Deutschland

Prim. Univ.-Prof. Dr. Christian Dittrich
Vorstand der 3. Medizinischen Abteilung mit Onkologie und
Leiter des Ludwig-Boltzmann-Instituts für Angewandte Krebsforschung,
Kaiser-Franz-Josef-Spital, Wien, Österreich

Softcover reprint of the hardcover 1st edition 1995

Gedruckt auf säurefreiem, chlorfrei gebleichtem Papier – TCF

Mit 35 Abbildungen

Die Deutsche Bibliothek – CIP-Einheitsaufnahme

Maligne gastrointestinale Tumoren / hrsg. von P. M. Schlag und Ch. Dittrich. Mit Beitr. von M. Baldt ... – Wien ; New York : Springer, 1995
(Angewandte Onkologie)
ISBN-13: 978-3-211-82716-1 e-ISBN-13: 978-3-7091-9417-1
DOI: 10.1007/978-3-7091-9417-1
NE: Schlag, Peter M. [Hrsg.]; Baldt, Manfred

ISSN 0935-3267
ISBN-13: 978-3-211-82716-1

Geleitwort

Vorliegendes Buch ist der vierte Band der Fachbuchreihe „Angewandte Onkologie". Der neue Band ist der Diagnostik und Therapie gastrointestinaler Tumoren gewidmet. In Fortführung der bewährten Zielsetzung der Buchreihe wurde angestrebt, einen praxisbezogenen aktuellen Überblick zu den derzeitigen diagnostischen und therapeutischen Konzepten bei malignen Tumoren des Gastrointestinaltrakts, solche der Leber und der Bauchspeicheldrüse miteinbeziehend, zu geben. In einem sich so schnell entwickelnden Gebiet wie der klinischen Onkologie ist eine solche Bestandsaufnahme besonders wichtig. Für den nicht vorwiegend onkologisch tätigen Arzt ist das Spektrum diagnostischer und therapeutischer Möglichkeiten verwirrend und widersprüchlich. Es ist daher wichtig, den derzeitigen Standard aufzuzeigen, andererseits aber auch auf in klinischer Erprobung befindliche Therapiekonzepte hinzuweisen.

Das derzeitige theoretische Wissen, unter Einbeziehung der persönlichen praktischen Erfahrungen zu einer allgemein zu empfehlenden Vorgehensweise zusammenzufassen und verständlich darzustellen, ist Hauptanliegen des Buches. Während die diagnostischen Aspekte von verschiedenen, auf ihrem Gebiet ausgewiesenen Fachexperten erörtert werden, wird die chirurgische Therapie von Mitarbeitern einer ausschließlich onkologisch-chirurgisch ausgerichteten Klinik konzeptionell dargestellt. Hierbei wird systematisch auf die Notwendigkeit der präoperativen Diagnostik, die jeweiligen operativen Therapiestandards unter kurativer und palliativer Zielsetzung bei Primär- und Rezidivtumor, aber auch auf die Anforderungen an die Nachsorge und Rehabilitation eingegangen. Gefolgt wird dieser Part von Übersichtskapiteln zur adjuvanten und palliativen Chemo- und Strahlentherapie sowie von allgemeinen Ausführungen zur Nachsorge.

Die Herausgeber sind überzeugt, daß mit dieser aktuellen Zusammenstellung dem Informations- und Weiterbildungsbedürfnis vor allem von Kolleginnen und Kollegen, die auf dem Gebiet der Onkologie nicht spezialisiert sind, aber auch dem von Studenten Rechnung getragen wird. Da das Buch einen breiten Bogen von der Epidemiologie und Pathologie über Diagnostik und Therapie bis zur Verlaufsuntersuchung und Prognose bei malignen gastrointestinalen Tumoren spannt, eignet es sich in gleicher Weise als medizinischer Einstieg als auch zum Nachschlagen bei aktuellen praktischen diagnostischen und therapeutischen Fragen.

Den Autoren und Koautoren des Bandes, welche sich um eine verständliche und praxisorientierte Darstellung bemühten, sei ebenso gedankt wie den Verantwortlichen und Mitarbeitern des Springer-Verlages, die der Fortsetzung dieser onkologischen Fortbildungsreihe aufgeschlossen gegenüberstanden und den Band in der bewährten übersichtlichen und zweckmäßigen Weise ausstatteten. Es bleibt zu hoffen, daß auch dieser vierte Band der Buchreihe „Angewandte Onkologie" regen Zuspruch und gefällige Aufnahme bei seinen Lesern finden möge.

Berlin/Wien, im August 1995 **Peter M. Schlag** und **Christian Dittrich**

Inhaltsverzeichnis

Autorenverzeichnis XVII

Epidemiologie und Histopathologie maligner gastrointestinaler Tumoren 1

Von J. H. Holzner

Epidemiologie 1
- Tumoren des oberen Verdauungstrakts 1
- Magenkarzinom 1
- Kolorektales Karzinom 5
- Karzinome der Anhangsorgane des Gastrointestinaltrakts 5
- Vergleich der Inzidenz gastrointestinaler Tumoren zwischen Österreich und Skandinavien 7

Histopathologie 7
- Tumoren des oberen Verdauungstrakts 7
- Maligne Tumoren des Magens 8
- Maligne Tumoren des Dünndarms 10
- Kolorektales Karzinom 10
- Karzinome der großen Anhangsorgane des Gastrointestinaltrakts 14

Literatur 14

Klinische Symptomatik, Diagnostik und Risikofaktoren bei malignen gastrointestinalen Tumoren 15

Von P. Ferenci

Klinische Symptomatik 15

Diagnostik 16
- Ösophaguskarzinom und maligne Tumoren des Magens 16
- Maligne Tumoren des Dünndarms 16
- Kolorektales Karzinom 17

Pankreaskarzinom 17
Hepatozelluläres Karzinom 18
Karzinome der Gallenblase und Gallenwege 19
Frühdiagnostik und Screening 19
Maligne Tumoren des Magens 20
Kolorektales Karzinom 21
Hepatozelluläres Karzinom 23
Literatur 24

Diagnostik maligner gastrointestinaler Tumoren mittels bildgebender Verfahren

Stellenwert bildgebender Verfahren in der Diagnostik maligner gastrointestinaler Tumoren 29

Von G. H. Mostbeck

Bildgebende Methoden in der Diagnostik maligner gastrointestinaler Tumoren 29
Röntgendiagnostische Verfahren 31
Barium-Doppelkontrast-Untersuchungen 31
Abdomen-Übersichtsröntgen 31
Kontrasteinlauf 32
Computertomographie 32
Ultraschallverfahren 32
Perkutane Sonographie 32
Endoskopische Sonographie 33
Endorektale Sonographie 33
Intraoperative Sonographie 33
Magnetresonanztomographie 33
Literatur 33

Ösophaguskarzinom 35

Von M. Kontrus, M. Wiesmayr und Ch. Herold

Staging 37
T-Staging: Primärtumor 37
N-Staging: Lymphknoten 41
M-Staging: Fernmetastasen 44
Zusammenfassung 44
Literatur 45

Maligne Tumoren des Magens

Adenokarzinom des Magens 49

Von Th. Rand

Staging 49
  T-Staging: Primärtumor 49
  N-Staging: Lymphknoten 53
Literatur 53

Lymphom des Magens 55

Von G. Heinz-Peer

Stadieneinteilung-Staging 55
Bildgebende Diagnoseverfahren und radiologische
  Erscheinungsformen 55
Zusammenfassung 59
Literatur 60

Leiomyosarkom des Magens 63

Von J. Kettenbach

Stadieneinteilung 64
Bildgebende Verfahren 64
Zusammenfassung 69
Literatur 70

Maligne Tumoren des Dünndarms

Maligne Tumoren des Duodenums 75

Von M. Baldt, P. Wunderbaldinger, K. Turetschek
und G. H. Mostbeck

Adenokarzinom 75
Karzinoid 76
Leiomyosarkom 77
Literatur 77

Maligne Tumoren des Jejunums und Ileums 79

Von K. Turetschek, P. Wunderbaldinger, M. Baldt und G. H. Mostbeck

Karzinoid 80
Adenokarzinom 80
Leiomyosarkom 81
Literatur 82

Kolonkarzinom 85

Von Th. Helbich, G. H. Mostbeck, S. Schick und Th. Zontsich

Tumorklassifikation und Stadieneinteilung 85
  T-Staging und Primärdiagnostik 86
  N-Staging: Lymphknoten 90
Zusammenfassung 90
Literatur 91

Rektumkarzinom 93

Von D. Fleischmann, A. A. Bankier und F. Lefaza

Tumorklassifikation und Stadieneinteilung 93
Bildgebende Diagnoseverfahren und radiologische Erscheinungsformen 95
  Primärdiagnostik 95
  T-Staging 95
  N-Staging 99
  M-Staging 99
  Tumornachsorge 99
Zusammenfassung: Die Rolle der bildgebenden Verfahren in der Diagnose des Rektumkarzinoms 101
Literatur 102

Bildgebende Verfahren in der Diagnostik von Fernmetastasen 105

Von G. H. Mostbeck

Lebermetastasen 105
Lungenmetastasen 106
Hirnmetastasen 107
Skelettmetastasen 107
Literatur 108

Staging und operative Therapie maligner gastrointestinaler Tumoren

Plattenepithelkarzinom des Ösophagus 111

Von B. Rau und P. M. Schlag

Staging 112
- Kriterien zur allgemeinen Operabilität 113
- Staging des Primärtumors 113
- Staging von Lymphknotenmetastasen 116
- Staging von Fernmetastasen 117

Präoperative Vorbereitung 118
Operative Primärtherapie unter kurativer Zielsetzung 118
Rekonstruktive Maßnahmen und Techniken 119
Palliative operative Therapie 119
Multimodale Behandlungskonzepte im Rahmen der operativen Primärtherapie 120
Nachsorge und Rehabilitation 121
Operative Behandlung bei Tumorrückfall 121
Postoperative Morbidität und Mortalität 124
Prognose 126
Literatur 126

Magentumoren 129

Von Ch. Kettelhack, H. J. Gütz und P. M. Schlag

Staging 129
- Staging des Primärtumors und der regionalen Lymphknoten 129
- Staging von Fernmetastasen 131

Präoperative Vorbereitung 132
Operative Primärtherapie unter kurativer Zielsetzung 133
- Primärtumor 133
- Lymphknoten 135
- Fernmetastasen 135

Rekonstruktive Maßnahmen und Techniken 137
Palliative operative Therapie 139
Multimodale Behandlungskonzepte im Rahmen der operativen Primärtherapie 139
Nachsorge und Rehabilitation 140
Operative Behandlung beim Tumorrückfall 140
Prognose, postoperative Mortalität und Morbidität 141
Langzeitprognose und prognostische Faktoren 142
- Gesamtkollektiv 142

Literatur 143

Maligne Tumoren des Dünndarms 145

Von M. Hünerbein und P. M. Schlag

Staging 145
Präoperative Vorbereitung 148
Operative Therapie 148
Multimodale Behandlungskonzepte im Rahmen der operativen Therapie 150
Nachsorge 151
Prognose und prognostische Faktoren 151
Literatur 153

Kolonkarzinom 155

Von U. Liebeskind und P. M. Schlag

Staging 155
  Staging des Primärtumors 155
  Staging der Lymphknotenmetastasen 156
  Staging der Fernmetastasen 157
Präoperative Vorbereitung 158
  Elektiveingriffe 158
  Noteingriffe 159
Operative Primärtherapie unter kurativer Zielsetzung 159
  Primärtumor 159
  Lymphknoten 160
  Fernmetastasen 164
Rekonstruktive Maßnahmen und Techniken 165
Palliative operative Therapie 165
  Multimodale Behandlungskonzepte im Rahmen der operativen Primärtherapie 166
Nachsorge 167
Operative Behandlung bei Tumorrückfall 167
Prognose, postoperative Morbidität und Mortalität 168
Langzeitprognose und prognostische Faktoren 168
Literatur 169

Rektumkarzinom 171

Von W. Slisow und P. M. Schlag

Staging 171
  Staging des Primärtumors 171
  Staging regionaler Lymphknotenmetastasen 174
  Staging von Fernmetastasen 174
Präoperative Vorbereitung 174

Operative Primärtherapie unter kurativer Zielsetzung 175
Primärtumor 176
Lymphknoten 179
Fernmetastasen 179
Rekonstruktive Maßnahmen und Techniken 179
Palliative operative Therapie 180
Multimodale Behandlungskonzepte 181
Nachsorge und Rehabilitation 181
Operative Behandlung beim Tumorrückfall 182
Postoperative Mortalität und Morbidität 183
Langzeitprognose und prognostische Faktoren 184
Literatur 184

Primäre Lebertumoren und Lebermetastasen 193

Von P. Hohenberger und P. M. Schlag

Staging 193
Staging zur Dignitätsabklärung 194
Dignitätsabklärung beim primären Leberzellkarzinom 194
Dignitätsabklärung bei Lebermetastasen 196
Staging hinsichtlich lokaler Operabilität 197
Staging extrahepatischer Tumorausbreitung 198
Präoperative Maßnahmen 198
Operative Therapie unter kurativer Zielsetzung 199
Indikation zur Operation 199
Technisches Vorgehen 201
Multimodale Therapie 203
Prä-resektionale Behandlung beim Leberzellkarzinom 203
Prä-resektionale Behandlung bei Lebermetastasen 203
Postoperativ adjuvante Therapie beim Leberzellkarzinom 203
Postoperativ adjuvante Therapie bei Lebermetastasen 203
Palliative operative Therapie 204
Nachsorge und Rehabilitation 205
Operative Therapie beim Tumorrückfall 206
Lebermetastasen 206
Primäres Leberzellkarzinom 206
Prognose, postoperative Mortalität und Morbidität 207
Langzeitprognose und prognostische Faktoren 207
Literatur 208

Pankreaskarzinom 213

Von K. T. Moesta und P. M. Schlag

Staging 213
Staging des Primärtumors 216

Staging regionaler Lymphknotenmetastasen 217
Staging von Fernmetastasen 217
Präoperative Vorbereitung 218
Operative Primärtherapie unter kurativer Zielsetzung 218
Partielle Duodenopankreatektomie nach Whipple 219
Totale Duodenopankreatektomie 219
Regionale Pankreatektomie 220
Pankreas-Linksresektion 220
Chirurgische Strategie bei endokrinen Tumoren des Pankreas 220
Rekonstruktive Maßnahmen und Techniken 221
Palliative operative Therapie 221
Multimodale Behandlungskonzepte im Rahmen der operativen Primärtherapie 222
Nachsorge und Rehabilitation 222
Operative Behandlung beim Tumorrückfall 223
Postoperative Mortalität und Morbidität 223
Langzeitprognose und prognostische Faktoren 224
Literatur 225

Karzinome der Gallenblase und der Gallenwege 229
Von J. Haier und P. M. Schlag

Staging 229
Staging des Primärtumors 229
Diagnostik 230
Staging regionärer Lymphknoten-Metastasen 232
Staging von Fernmetastasen 232
Präoperative Vorbereitung 232
Operative Primärtherapie 232
Palliative operative Therapie 233
Multimodale Behandlungskonzepte 234
Nachsorge und Rehabilitation 234
Operative Rezidivtherapie 234
Mortalität, Morbidität, Prognose 234
Literatur 235

Chemotherapie maligner gastrointestinaler Tumoren 239
Von G. Kornek und W. Scheithauer

Ösophaguskarzinom 240
Magenkarzinom 241
Palliative Chemotherapie 241
Adjuvante Chemotherapie 245

Kolorektales Karzinom 245
Palliative Chemotherapie 246
Adjuvante Chemotherapie 255
Analkarzinom 259
Pankreaskarzinom 259
Therapie des lokal inoperablen Pankreaskarzinoms 262
Adjuvante Therapie 262
Hepatozelluläres Karzinom 263
Alternative Therapiekonzepte 264
Immuntherapie 265
Zusammenfassung 266
Literatur 266

Radiotherapie maligner gastrointestinaler Tumoren 273

Von A. U. Schratter-Sehn

Ösophaguskarzinom 273
Postoperative adjuvante Radiotherapie 273
Präoperative Radiotherapie 274
Präoperative Radio-Chemotherapie 274
Definitive Radiotherapie 275
Definitive Radio-Chemotherapie 275
Protoadjuvante Chemotherapie 276
Kombinierte externe Bestrahlung und endoluminale Brachytherapie 276
Radiotherapie bei tracheoösophagealer Fistel 277
Bestrahlungstechnik 277
Nebenwirkung und supportive Maßnahmen nach Radiotherapie 277
Magenkarzinom 278
Postoperative adjuvante Radiotherapie. 278
Präoperative Radiotherapie 279
Definitive Radiotherapie 279
Intraoperative Radiotherapie 279
Kolonkarzinom 280
Postoperative adjuvante Radiotherapie 280
Ganzabdomenbestrahlung 281
Intraoperative Radiotherapie 281
Rektumkarzinom 282
Postoperative adjuvante Radiotherapie 282
Präoperative Radiotherapie 283
Intraoperative Radiotherapie 284
Radiotherapie beim fortgeschrittenen Rektumkarzinom 285
Sphinktererhaltung 285
Analkarzinom 286

Pankreaskarzinom 288
- Postoperative adjuvante Radiotherapie 288
- Präoperative Radiotherapie 289
- Radiotherapie beim lokal nicht resezierbaren Pankreaskarzinom 289
- Intraoperative Radiotherapie 289

Karzinome der Gallenblase und der Gallenwege 290
Literatur 290

Nachsorge bei malignen Tumoren des Magens und Kolorektums 297

Von W. Scheithauer

Nachsorge beim Magenkarzinom 298
Nachsorge beim kolorektalen Karzinom 300
Literatur 302

Autorenverzeichnis

Dr. *Manfred Baldt,* Universitätsklinik für Radiodiagnostik, Währinger Gürtel 18–20, A-1090 Wien.

Dr. *Alexander A. Bankier,* Universitätsklinik für Radiodiagnostik, Währinger Gürtel 18–20, A-1090 Wien.

Univ.-Prof. Dr. *Peter Ferenci,* Abteilung für Gastroenterologie und Hepatologie, Universitätsklinik für Innere Medizin IV, Währinger Gürtel 18–20, A-1090 Wien.

Dr. *Dominik Fleischmann,* Universitätsklinik für Radiodiagnostik, Währinger Gürtel 18–20, A-1090 Wien.

Dr. *Hans Jürgen Gütz,* Chirurgische Abteilung der Robert-Rössle-Klinik für Onkologie des Virchow-Klinikums der Humboldt-Universität zu Berlin, Lindenberger Weg 80, D-13125 Berlin.

Dr. *Jörg Haier,* Chirurgische Abteilung der Robert-Rössle-Klinik für Onkologie des Virchow-Klinikums der Humboldt-Universität zu Berlin, Lindenberger Weg 80, D-13125 Berlin.

Dr. *Gertraud Heinz-Peer,* Universitätsklinik für Radiodiagnostik, Währinger Gürtel 18–20, A-1090 Wien.

Dr. *Thomas Helbich,* Universitätsklinik für Radiodiagnostik, Währinger Gürtel 18–20, A-1090 Wien.

Univ.-Doz. Dr. *Christian Herold,* Universitätsklinik für Radiodiagnostik, Währinger Gürtel 18–20, A-1090 Wien.

Prof. Dr. *Peter Hohenberger,* Chirurgische Abteilung der Robert-Rössle-Klinik für Onkologie des Virchow-Klinikums der Humboldt-Universität zu Berlin, Lindenberger Weg 80, D-13125 Berlin.

Univ.-Prof. Dr. *J. Heinrich Holzner,* em. Vorstand des Instituts für Klinische Pathologie und Leiter des pathologisch-histologischen Labors am Rudolfinerhaus, Billrothstraße 78, A-1190 Wien.

Dr. *Michael Hünerbein,* Chirurgische Abteilung der Robert-Rössle-Klinik für Onkologie des Virchow-Klinikums der Humboldt-Universität zu Berlin, Lindenberger Weg 80, D-13125 Berlin.

Dr. *Christoph Kettelhack,* Chirurgische Abteilung der Robert-Rössle-Klinik für Onkologie des Virchow-Klinikums der Humboldt-Universität zu Berlin, Lindenberger Weg 80, D-13125 Berlin.

Dr. *Joachim Kettenbach*, Universitätsklinik für Radiodiagnostik, Währinger Gürtel 18–20, A-1090 Wien.

Dr. *Manfred Kontrus*, Universitätsklinik für Radiodiagnostik, Währinger Gürtel 18–20, A-1090 Wien.

Dr. *Gabriela Kornek*, Abteilung für Onkologie, Universitätsklinik für Innere Medizin I, Währinger Gürtel 18–20, A-1090 Wien.

Dr. *Fulgence Lefaza*, Universitätsklinik für Radiodiagnostik, Währinger Gürtel 18–20, A-1090 Wien.

Dr. *Ulrich Liebeskind*, Chirurgische Abteilung der Robert-Rössle-Klinik für Onkologie des Virchow-Klinikums der Humboldt-Universität zu Berlin, Lindenberger Weg 80, D-13125 Berlin.

Dr. *Kurt Thomas Moesta*, Chirurgische Abteilung der Robert-Rössle-Klinik für Onkologie des Virchow-Klinikums der Humboldt-Universität zu Berlin, Lindenberger Weg 80, D-13125 Berlin.

Univ.-Doz. Dr. *Gerhard H. Mostbeck*, Universitätsklinik für Radiodiagnostik, Währinger Gürtel 18–20, A-1090 Wien.

Dr. *Thomas Rand*, Universitätsklinik für Radiodiagnostik, Währinger Gürtel 18–20, A-1090 Wien.

Dr. *Beate Rau*, Chirurgische Abteilung der Robert-Rössle-Klinik für Onkologie des Virchow-Klinikums der Humboldt-Universität zu Berlin, Lindenberger Weg 80, D-13125 Berlin.

Univ.-Doz. Dr. *Werner Scheithauer*, Abteilung für Onkologie, Universitätsklinik für Innere Medizin I, Währinger Gürtel 18–20, A-1090 Wien.

Dr. *Susanne Schick*, Universitätsklinik für Radiodiagnostik, Währinger Gürtel 18–20, A-1090 Wien.

Prof. Dr. *Peter Michael Schlag*, Direktor der Chirurgischen Abteilung der Robert-Rössle-Klinik für Onkologie des Virchow-Klinikums der Humboldt-Universität zu Berlin, Lindenberger Weg 80, D-13125 Berlin.

Prim. Univ.-Doz. Dr. *Annemarie-U. Schratter-Sehn*, Vorstand des Instituts für Radioonkologie, Kaiser-Franz-Josef-Spital, Kundratstraße 3, A-1100 Wien.

Dr. *Wassilij Slisow*, Chirurgische Abteilung der Robert-Rössle-Klinik für Onkologie des Virchow-Klinikums der Humboldt-Universität zu Berlin, Lindenberger Weg 80, D-13125 Berlin.

Dr. *Karl Turetschek*, Universitätsklinik für Radiodiagnostik, Währinger Gürtel 18–20, A-1090 Wien.

Dr. *Michael Wiesmayr*, Universitätsklinik für Radiodiagnostik, Währinger Gürtel 18–20, A-1090 Wien.

Dr. *Patrick Wunderbaldinger*, Universitätsklinik für Radiodiagnostik, Währinger Gürtel 18–20, A-1090 Wien.

Dr. *Thomas Zontsich*, Universitätsklinik für Radiodiagnostik, Währinger Gürtel 18–20, A-1090 Wien.

Epidemiologie und Histopathologie maligner gastrointestinaler Tumoren

J. H. Holzner

Epidemiologie

Die Tumoren des Gastrointestinaltrakts gehören heute in Österreich, wie in fast allen Industrieländern, mit rund 38% der Krebstodesfälle zu den wichtigsten neoplastischen Erkrankungen. An der Spitze stehen die kolorektalen Tumoren mit etwas mehr als einem Drittel, gefolgt von den Magentumoren mit rund 24% aller gastrointestinalen Tumoren (Tabelle 1). Eine nicht unbedeutende Rolle spielen ferner die bösartigen Neubildungen des Pankreas mit 16%. Es folgen die Neoplasmen der Leber und der Gallenwege mit etwa 6%–8% und schließlich die Tumoren des Ösophagus mit etwa 3%.

Tumoren des oberen Verdauungstrakts

Die Ösophaguskarzinome sind in ihrer Häufigkeit in den letzten 15 Jahren weitgehend unverändert geblieben (Tabelle 2), während bei den Tumoren der Mundhöhle und des Rachens eine Zunahme an Neuerkrankungen von 390 auf 673 zu registrieren war.

Magenkarzinom

Bei den beiden wichtigsten Tumorlokalisationen des Verdauungstrakts, dem Magen und Kolon, hat die sich schon lange vorher abzeichnende Tendenz sich auch im letzten Dezennium bestätigt. Der seit mehreren Jahrzehnten zu verfolgende Trend eines langsamen Absinkens der Inzidenz der Magenkarzinome hält weiter an, und die Zahl der Neuerkrankungen ist auf etwa 1.700 pro Jahr

Tabelle 1. Todesfälle an bösartigen Neubildungen des Gastrointestinaltrakts (1986 und 1993)

Bösartige Neubildungen	1986		1993	
	Anzahl	(%)	Anzahl	(%)
Gesamtzahl	18.696	(100,0)	19.521	(100,0)
Verdauungstrakt	7.087	(37,9)	7.146	(36,6)
Ösophagus	232	(3,3)	227	(3,2)
Magen	2.044	(28,8)	1.735	(24,3)
Kolon und Rektum	2.598	(36,7)	2.856	(40,0)
Leber	512	(7,2)	576	(8,1)
Gallenwege	559	(7,9)	481	(6,7)
Pankreas	1.046	(14,8)	1.146	(16,0)

Quelle: Österreichisches Statistisches Zentralamt [1]

Tabelle 2. Erkrankungen und Todesfälle an bösartigen Neubildungen des oberen Verdauungstrakts (1980–1993)

Jahr	Mundhöhle/Rachen Anzahl	Ösophagus Anzahl
1980	224 (422)	240
1981	273 (507)	262
1982	285 (494)	221
1983	287 (488)	254
1984	308 (542)	232
1985	326 (505)	226
1986	358 (525)	232
1987	358 (577)	219
1988	327 (626)	209
1989	348 (630)	238
1990	398 (678)	235
1991	353 (656)	255
1992	378 (693)	242
1993	378 (673)	227

( ) Neuerkrankungen
Quelle: Österreichisches Statistisches Zentralamt [1]

Tabelle 3. Erkrankungen und Todesfälle an bösartigen Neubildungen des Magens (1980–1993)

Jahr	Neuerkrankungen	Todesfälle	
	Anzahl	Anzahl	(%)
1980	2.183	2.531	(115,9)
1981	2.219	2.447	(110,3)
1982	2.140	2.420	(113,1)
1983	2.119	2.264	(106,8)
1984	2.164	2.235	(103,3)
1985	1.994	2.116	(106,1)
1986	2.183	2.044	(93,6)
1987	2.002	2.045	(102,2)
1988	2.034	1.891	(93,0)
1989	1.911	1.850	(96,8)
1990	1.860	1.837	(98,8)
1991	1.834	1.805	(98,3)
1992	1.747	1.682	(96,3)
1993	1.711	1.735	(101,4)

Quelle: Österreichisches Statistisches Zentralamt [1]

gesunken (Tabelle 3); die Todesfälle an Magenkarzinom sind ebenfalls abgesunken, und zwar um 35%. Ein Hinweis auf die Verwertbarkeit dieser Zahlen ergibt sich aus den Verhältniswerten erkrankter zu verstorbenen Patienten. Hier ist herauszulesen, daß immer noch ein erheblicher Teil der Magenkarzinome zu Lebzeiten des Patienten nicht diagnostiziert wird, während die Mortalitätsstatistik infolge der in Österreich ungewöhnlich hohen Obduktionsfrequenz von 35% doch einen wesentlich höheren Diagnosesicherheitsgrad besitzt. Auch bei den Zahlen der letzten beiden Jahre ist noch eine Dunkelziffer nicht diagnostizierter Magenkarzinome von mindestens 10%–15% anzunehmen.

Vergleicht man das Tumorstadium zum Zeitpunkt der Entdeckung des Tumors, so hat sich in den letzten 5 Jahren leider auch nichts Wesentliches geändert (Tabelle 4). Nur knapp ein Viertel der Magenkarzinome wird als noch lokalisierte Erkrankung diagnostiziert, während der Anteil regionalisierter, d.h. auf die regionalen Lymphknotenstationen beschränkter und generalisierter Tumoren weiterhin unverändert mindestens zwei Drittel aller Erkrankungsfälle einnimmt. Leider ist in den letzten Jahren auch ein zunehmender Anteil nicht exakt eingestufter Fälle zu registrieren, was der Folge einer vielfach nicht mit allzu großer Begeisterung wahrgenommenen Meldepflicht entspricht.

Tabelle 4. Magenkarzinome: Tumorstadium bei Diagnosestellung (1983–1993)

Jahr	Lokalisiert		Regionalisiert		Generalisiert		Fraglich	
	n	(%)	n	(%)	n	(%)	n	(%)
1983	511	(24,1)	735	(34,7)	640	(30,2)	233	(11,0)
1984	515	(23,8)	738	(34,0)	673	(31,0)	242	(11,2)
1985	465	(23,3)	695	(34,9)	576	(28,9)	258	(12,9)
1986	444	(22,6)	664	(33,8)	566	(28,8)	291	(14,8)
1987	496	(24,8)	632	(31,6)	583	(29,1)	291	(14,5)
1993	434	(25,4)	566	(33,1)	444	(25,9)	267	(15,6)

Quelle: Österreichisches Statistisches Zentralamt [1]

Tabelle 5. Erkrankungen und Todesfälle an bösartigen Neubildungen des Kolons und Rektums (1980–1993)

Jahr	Neuerkrankungen	Todesfälle	
	Anzahl	Anzahl	(%)
1980	3.189	2.690	(84,4)
1981	3.425	2.683	(78,3)
1982	3.599	2.660	(73,9)
1983	3.778	2.714	(71,8)
1984	3.659	2.694	(73,6)
1985	3.623	2.615	(72,2)
1986	3.781	2.598	(68,7)
1987	4.024	2.689	(66,8)
1988	4.276	2.748	(64,3)
1989	4.350	2.683	(61,7)
1990	4.233	2.784	(65,8)
1991	4.147	2.807	(67,7)
1992	4.274	2.792	(65,3)
1993	4.304	2.856	(66,4)

Quelle: Österreichisches Statistisches Zentralamt [1]

Kolorektales Karzinom

Im Gegensatz zum Magenkarzinom hält der steigende Trend der Neuerkrankungen an kolorektalen Karzinomen weiterhin unverändert an (Tabelle 5). Aus dem Bericht des Österreichischen Statistischen Zentralamts für 1987 [1] ist zu ersehen, daß in diesem Jahr zum erstenmal die Zahl von 4.000 Neuerkrankungen überschritten wurde. Damit steht das kolorektale Karzinom nunmehr an der Spitze aller Neuerkrankungen an bösartigen Tumoren in Österreich und liegt auch um ein wesentliches vor dem Bronchuskarzinom, von dem im gleichen Zeitraum nur 2.631 Neuerkrankungen registriert wurden. Allerdings ist beim Bronchuskarzinom nach wie vor mit einem erheblichen Anteil an zu Lebzeiten des Patienten nicht diagnostizierten Fällen zu rechnen, und nach eigenen Erfahrungen sind auch die meisten klinisch *okkulten* Karzinome überwiegend Bronchuskarzinome.

Interessante Aspekte ergeben sich auch hier, wenn man die Zahl der Neuerkrankungen mit jenen der Todesfälle im gleichen Zeitraum vergleicht (Tabelle 5). Beim kolorektalen Karzinom ist eine im Prinzip ähnliche Entwicklung wie beim Magenkarzinom festzustellen. Im Vergleich zu den drastisch zunehmenden Neuerkrankungen zeigen die Todesfälle eine relative rückläufige Tendenz, die zwar erfreulich ist, aber noch weit von den theoretischen Möglichkeiten der Prognoseverbesserung, insbesondere durch Früherfassung gerade bei dieser Tumorgruppe entfernt ist. Dies ergibt sich vor allem aus dem Vergleich der Diagnosestadien der letzten zehn Jahre (Tabelle 6). Die lokalisierten Dickdarmkarzinome kommen seit Jahren nicht über 35% hinaus, und auch die regionalisierten und generalisierten Erkrankungen sind praktisch unverändert geblieben. Dies demonstriert wohl eindeutig die Wichtigkeit einer intensiven Forcierung frühdiagnostischer Maßnahmen, die u.a. von der Österreichischen Krebshilfe seit Jahren mit derzeit noch geringem Erfolg propagiert werden.

Karzinome der Anhangsorgane des Gastrointestinaltrakts

Einer Zunahme der Todesfälle an Leberzell- und Pankreaskarzinomen steht ein Rückgang der Gallenwegstumoren gegenüber (Tabelle 7), was überrascht, da man subjektiv doch den Eindruck einer stärkeren Zunahme der primären Leberzellkarzinome hat, insbesondere den der größeren Häufigkeit derartiger Tumoren bei Frauen und in der nicht-zirrhotischen Leber. Die Diagnostik dieser Neoplasmen hat sich jedoch ganz wesentlich verbessert. Wurden noch anfangs der siebziger Jahre 80% der Pankreastumoren erst bei der Obduktion diagnostiziert, so haben sich diese Werte geradezu umgekehrt. Weniger als 20% der Pankreastumoren entgehen einer intravitalen Diagnose.

Tabelle 6. Kolorektale Karzinome: Tumorstadium bei Diagnosestellung (1983–1993)

Jahr	Lokalisiert		Regionalisiert		Generalisiert		Fraglich	
	n	(%)	n	(%)	n	(%)	n	(%)
1983	1.242	(32,9)	1.319	(34,9)	882	(23,4)	335	(8,8)
1984	1.275	(34,9)	1.272	(34,8)	822	(22,4)	290	(7,9)
1985	1.287	(35,5)	1.192	(32,9)	818	(22,6)	326	(9,0)
1986	1.299	(34,4)	1.236	(32,7)	831	(22,1)	415	(10,8)
1987	1.309	(32,5)	1.366	(34,0)	894	(22,2)	455	(11,3)
1993	1.324	(30,8)	1.607	(37,3)	848	(19,7)	525	(12,2)

Quelle: Österreichisches Statistisches Zentralamt [1]

Tabelle 7. Todesfälle an bösartigen Neubildungen der Leber, der Gallenwege und des Pankreas (1980–1993)

Jahr	Leber Anzahl	Gallenwege Anzahl	Pankreas Anzahl
1980	485	656	1.013
1981	495	698	974
1982	469	627	998
1983	519	631	1.024
1984	502	577	979
1985	501	544	1.025
1986	512	559	1.046
1987	547	564	1.057
1988	540	538	1.055
1989	544	526	1.010
1990	553	501	1.087
1991	575	522	1.074
1992	579	523	1.159
1993	576	481	1.146

Quelle: Österreichisches Statistisches Zentralamt [1]

Tabelle 8. Inzidenzvergleich gastrointestinaler Tumoren zwischen Österreich und Skandinavien

Land	Malignome insgesamt	Magen-karzinom	Kolorektale Karzinome
Männer			
Österreich	313,8	29,2	48,6
Dänemark	392,9	24,1	57,0
Finnland	296,0	29,5	22,2
Norwegen	350,9	29,9	46,3
Schweden	390,6	28,7	49,5
Frauen			
Österreich	325,4	23,6	49,4
Dänemark	389,7	15,6	58,1
Finnland	267,4	22,8	28,2
Norwegen	330,6	20,0	48,3
Schweden	376,4	17,7	47,7

Quelle: Österreichisches Statistisches Zentralamt [1]

Vergleich der Inzidenz gastrointestinaler Tumoren zwischen Österreich und Skandinavien

Interessant erscheint ein Vergleich der Inzidenz der wichtigsten gastrointestinalen Tumoren in Österreich mit den entsprechenden Zahlen in den skandinavischen Ländern (Tabelle 8).

Bei den Magenkarzinomen nimmt Österreich nach wie vor eine Spitzenstellung bei beiden Geschlechtern ein. Bei den kolorektalen Tumoren liegt Österreich gemeinsam mit Norwegen und Schweden im Mittelfeld, während die Inzidenz in Dänemark weit darüber, die in Finnland noch weiter darunter liegt. Es erscheint naheliegend, die Ursachen hiefür in der Ernährungsweise zu suchen.

Histopathologie

Tumoren des oberen Verdauungstrakts

Bei den Tumoren des oberen Verdauungstrakts (Mundhöhle, Rachen und Ösophagus) handelt es sich pathomorphologisch, abgesehen von den malignen Lymphomen des Schlundringes, den Speicheldrüsentumoren und den seltenen sarkomatösen Gewächsen, in überwiegender Zahl um mehr oder weniger *diffe-*

renzierte Plattenepithelkarzinome mit oder *ohne Verhornung.* Die in diesem Bereich mögliche zytologische Frühdiagnose aus dem Bürstenabstrich wird immer noch viel zu wenig genutzt. In China mit seiner hohen Frequenz an Ösophaguskarzinomen wird diese Methode schon seit geraumer Zeit im Rahmen von Gesundenuntersuchungen mit großer Ausbeute eingesetzt. So konnten im Bereich von Wuhan im Laufe von 10 Jahren unter etwa 975.000 Probanden 28.000 Ösophaguskarzinome zu einem großen Teil in einem präklinischen Stadium entdeckt werden.

Maligne Tumoren des Magens

Bei den Magentumoren stehen die epithelialen Malignome, also die *Karzinome,* mit 95%–97% an der Spitze, gefolgt von den *malignen Lymphomen* mit etwa 3%–4% und den viel selteneren *mesenchymalen Neoplasmen,* wie Leiomyosarkomen, neurogenen Sarkomen, Angiosarkomen und anderen.

Bevorzugte Lokalisation der Magenkarzinome ist die *Antrumregion,* vor allem wenn es sich um lokalisierte Neoplasmen handelt, während die diffus infiltrierenden Karzinome meist den gesamten Magen von der Kardia bis zum Pylorus einnehmen. Eine gewisse Sonderstellung kommt dem **Kardiakarzinom** zu, bei dem es sich in vielen Fällen um ein Plattenepithelkarzinom, das eigentlich als distales Ösophaguskarzinom gewertet werden müßte, handelt.

Die von der WHO vorgeschlagene histomorphologische Klassifikation des Magenkarzinoms wird praktisch kaum noch verwendet, da sie keinerlei Schlüsse zum klinischen Verlauf und zur Prognose erlaubt. Aus den Untersuchungen von Ming [2] geht eindeutig hervor, daß der *Wachstumsform* des Magenkarzinoms die wichtigste prognostische Bedeutung zukommt. *Expansiv wachsende* Tumoren, gekennzeichnet durch mehr oder weniger lokalisierte Fremdgewebsinfiltrate, die umschriebene knotige Bildungen darstellen, weisen einen signifikant günstigeren Krankheitsverlauf mit höheren Heilungsraten, späterer Metastasierung und Rezidivbildung auf als *diffus infiltrierende* Tumoren, die die Magenwand von der Kardia bis zum Pylorus durchsetzen. Histomorphologisch werden zumeist die *Klassifikationen nach Lauren* [3] bzw. *nach Mulligan und Rember* [4, 5] verwendet (Tabelle 9). Die erstere [3] unterscheidet zwischen einem *intestinalen Typ* (ausgehend von intestinalen Metaplasien der Magenschleimhaut), der meist umschriebenes und expansives Wachstum zeigt, und einen *diffus infiltrierenden* Typ – eine nicht ganz glückliche Definition, da Histomorphologie und Wachstumstyp vermischt werden und ein Teil der Magenkarzinome weder der einen noch der anderen Gruppe zugeordnet werden können. Mulligan und Rember [4, 5] differenzieren zwischen einem *kardio-pylorischen Typ,* der die originäre Magenschleimhaut imitiert, einem *intestinalen Typ* (ausgehend von intestinalen Metaplasien) und einem *mukozellulären (oft siegelringzelligen) Typ,* der oft mit einer stark ausgebildeten Stromakomponente den früheren Szirrhus des Magens mit einschließt.

Wichtigster morphologischer prognostischer Faktor ist jedoch die *Tiefenausdehnung des Tumors* zum Zeitpunkt seiner Entdeckung. Ist die neoplastische Erkrankung noch auf die Mukosa beschränkt bzw. ist sie nur bis in die Submukosa vorgedrungen, so kann man noch von einem (mukösen oder submukösen)

Tabelle 9. Histomorphologische Klassifikation des Magenkarzinoms

Ming [2]	Lauren [3]	Mulligan und Rember [4, 5]
		Kardio-pylorischer Typ
Expansiver Typ		
	Intestinaler Typ	Intestinaler Typ
Infiltrativer Typ	Diffuser infiltrierender Typ	Mukozellulärer Typ

Frühkarzinom (*Early cancer*) sprechen und mit einer Heilungsquote von 90% und mehr rechnen, auch wenn bereits die regionären Lymphknoten an den Kurvaturen befallen sein sollten. Beim fortgeschrittenen Karzinom, das bereits die Muscularis propria infiltriert oder überschritten hat, sinkt die 5-Jahres-Heilungsrate auf unter 20% ab.

Dem gegenüber spielt der histologische *Differenzierungsgrad* und damit der Malignitätsgrad des Adenokarzinoms des Magens prognostisch nur eine untergeordnete Rolle. Der Nachweis von *Siegelringzellen* in einer Biopsie weist mit fast absoluter Sicherheit auf das Vorliegen eines diffus infiltrierenden, somit also eines prognostisch ungünstigen Karzinoms hin.

Unabhängig vom histologischen Typ existieren zwei differente *Metastasierungstypen* des Magenkarzinoms. Ein Teil der Tumoren breitet sich fast ausschließlich kontinuierlich *lymphogen* aus, wobei neben dem großen und kleinen Netz, dem Peritoneum, dem Zwerchfell und dem Retroperitoneum auch die Leber in Form einer Lymphangiosis carcinomatosa diffus durchwachsen wird. Ein anderer Teil zeigt zumindest auf dem Pfortaderweg eine hämatogene Metastasierungsform, d.h. mit umschriebenen Knotenbildungen in der Leber wie beim kolorektalen Karzinom.

Die starke Zunahme der endoskopischen bioptischen Gewebsentnahmen aus dem Magen hat zur Abgrenzung von sogenannten *Borderline lesions* geführt. Darunter versteht man hochgradige Epithelatypien, zumeist mit vermehrten Mitosen, die im Bereich der Drüsenhälse und oft in Zusammenhang mit intestinalen Metaplasien in Erscheinung treten können. Es sind drei verschiedene Atypiegrade (Dysplasie Grad 1 bis 3) zu unterscheiden. Beim Dysplasiegrad 3 besteht hoher Malignitätsverdacht, und die Vornahme von Re-Biopsien erscheint in den meisten Fällen empfehlenswert. Als potentielle *Präkanzerosen* müssen ferner jene Schleimhautpolypen, die echten Adenomen entsprechen, gewertet werden. Im Gegensatz zum Dickdarm sind die Mehrzahl der Magenpolypen keine echten Neoplasmen, sondern lediglich Schleimhauthyperplasien (Hyperplasiogene Polypen).

Die Rolle des chronischen Magengeschwürs beim Magenkarzinom dürfte heute einigermaßen geklärt sein. Das *Ulkuskarzinom* der alten Literatur, worunter ein auf dem Boden eines chronischen Ulkus durch überschießende Regeneration entstandenes Karzinom postuliert wurde, gehört wohl der Vergangenheit an. Es hat sich aber gezeigt, daß es Karzinome gibt – auch Frühkarzinome –, die unter dem klinischen Bild eines chronischen Ulkus in Erscheinung treten, jedoch von allem Anfang an maligne neoplastische Erkrankungen darstellen. Das primär chronische, auf konservative Therapie nicht ansprechende Ulkus muß daher als karzinomverdächtig gelten, und zwar so lange, bis die neoplastische Erkrankung verifiziert oder ausreichend widerlegt werden kann. Dazu existieren zwei Möglichkeiten, die ihre besten Ergebnisse bei gleichzeitiger Anwendung bringen: die Entnahme multipler (mindestens sechs) Biopsien von den Rändern des vermeintlichen Ulkus und der – vorher abgenommene – zytologische Bürstenabstrich. Werden beide Methoden kombiniert, so können auch Frühkarzinome mit praktisch 100%iger Treffsicherheit erfaßt werden. Für die nachfolgende histologische Untersuchung des Magenresektats, die dann natürlich erst die endgültige Bestätigung des Frühkarzinom-Typs geben kann, und zwar durch den exakten Nachweis der Beschränkung des Tiefenwachstums auf die Mukosa oder Submukosa, ist eine exakte und verläßliche Markierung der Biopsiestelle unbedingt erforderlich. Das Wiederauffinden der suspekten Stelle im Operationspräparat ist sonst mit großen Schwierigkeiten verbunden und oft nur mit großem Aufwand möglich.

Gegenüber den Karzinomen spielen die anderen malignen Neoplasmen des Magens nur eine untergeordnete Rolle. Als wichtigste Gruppe sind die **malignen Lymphome** zu nennen, die im Magen und im unteren Dünndarm ihre wichtigsten gastrointestinalen Lokalisationen haben. Zumeist handelt es sich um *Non-Hodgkin-Lymphome*, und unter diesen stehen die zentrozytischen bzw. zentrozytisch-zentroblastischen Typen im Vordergrund. Nicht immer leicht, aber von besonderer praktischer Wichtigkeit ist die Differenzierung des malignen Lymphoms vom *Pseudolymphom* des Magens, wie die prinzipiell benigne lymphatische Hyperplasie im Magen bezeichnet wird. Die Qualität der bioptischen Gewebsentnahme kann bei dieser Fragestellung von ganz besonderer Wichtigkeit sein.

Erwähnung bedürfen noch die zumeist in der Magenwand außerhalb der Schleimhaut entstehenden *myogenen* und *neurogenen Sarkome*; die letzteren sind oft Melanin-haltig.

Maligne Tumoren des Dünndarms

Der Dünndarm ist nur selten Sitz maligner neoplastischer Erkrankungen. Karzinome sind zumeist nur auf die *Papilla Vateri* beschränkt. Etwas häufiger sind *Karzinoide*, die prinzipiell im ganzen Dünndarm, bevorzugt jedoch im unteren Ileum gefunden werden. Dieser Darmabschnitt ist wichtigste Lokalisation des *malignen Lymphoms* des Dünndarms, wenn man von den immun-supprimierten und AIDS-Patienten absieht.

Kolorektales Karzinom

Inzidenzmäßig wichtigster maligner Tumor des Gastrointestinaltrakts ist heute ohne Zweifel das kolorektale Karzinom, das in allen Industrieländern seit etwa zwei Dezennien stark ansteigende Erkrankungszahlen zeigt, was wohl mit größter Wahrscheinlichkeit auf Ernährungsfaktoren zurückzuführen ist. Es handelt sich hier um ein Malignom, das mit Sicherheit zu den durch Früherkennung heilbaren Neoplasmen gerechnet werden kann. Das kolorektale Karzinom ist im allgemeinen eine Erkrankung der zweiten Lebenshälfte. Der Befall der Geschlechter ist, wenn man Kolon und Rektum zusammenfaßt, annähernd ausgeglichen; beim Kolonkarzinom sind die Frauen, beim Rektumkarzinom die Männer etwas häufiger betroffen. Bevorzugte Lokalisation sind Rektum und Sigma, jedoch können auch alle anderen Abschnitte des Kolons prinzipiell befallen sein.

Anatomisch unterscheidet man drei bzw. vier *Wachstumsformen*, die gewisse prognostische Bedeutung haben. Polypöse, blumenkohlartige Gewächse sind zumeist im rechtsseitigen Kolon lokalisiert, während zirkulär stenosierende Infiltrate sich bevorzugt im linksseitigen Kolon finden lassen. Diffus infiltrierende Tumoren sind im allgemeinen den stenosierenden zuzuordnen und unterscheiden sich nur durch eine größere Längsausdehnung. Kraterförmig oder schüsselförmig exulzerierte Infiltrate können sich in allen Darmabschnitten entwickeln und sind auch die typische Erscheinungsform des Rektumkarzinoms.

Die bessere Prognose der linksseitigen Kolonkarzinome erklärt sich zwanglos aus ihrer Wachstumsform und den damit zusammenhängenden stenosebedingten Beschwerden, die den Patienten früher zum Arzt führen und damit eine frühere Diagnose ermöglichen.

Wichtigste präkanzeröse Veränderungen des Kolons sind zweifellos die *neoplastischen Polypen*, d.h. die Schleimhautadenome, die als gestielte, taillierte, breitbasig sessile und rasenförmige Polypen erscheinen und mikroskopisch einen tubulären, einen villös-papillären oder einen gemischten tubulovillösen Aufbau zeigen können. Im Gegensatz zum Magen erweisen sich die Mehrzahl der Polypen im Kolon als echte Adenome und sind somit generell als *Präkanzerosen* zu betrachten. Die Entartungsrate dürfte bei den villösen etwas höher anzusetzen sein als bei den tubulären, aber zelluläre Atypien, gesteigerte Proliferationstendenz und Stroma-Drüsen-Relation spielen sicherlich auch eine nicht unwesentliche Rolle. Da jeder Polyp des Kolons mit größter Wahrscheinlichkeit eine neoplastische Veränderung, ein Adenom, darstellt, und jedes Adenom Ausgangspunkt einer malignen Neoplasie sein kann, sollte jeder wachsende Polyp einer histologischen Untersuchung zugeführt werden. Der Wert dieser Untersuchung steht und fällt mit der Beachtung einiger wichtiger prinzipieller Voraussetzungen durch den Endoskopiker:

1. Die Entartung des Adenoms beginnt meist nur in einem oft kleinen Abschnitt der Läsion. Das bedeutet, daß es bei einer Teilbiopsie aus einem Polypen vom Zufall abhängt, ob eine vorhandene maligne Entartung erfaßt wird und damit diagnostiziert werden kann. Als Konsequenz ergibt sich, daß bei der Abklärung der Dignität prinzipiell keine Biopsie aus einem Polypen entnommen werden darf, sondern daß dafür ausschließlich die totale Polypektomie geeignet ist.
2. Der Nachweis einer fokalen Atypie innerhalb eines Adenoms berechtigt noch nicht zur Diagnose eines Karzinoms. Solange die Veränderung innerhalb der Mukosa sitzt und noch nicht die Muscularis mucosae überschritten hat, handelt es sich noch nicht um einen zur Metastasierung befähigten Tumor. Erst mit der Arrosion und Perforation der Muscularis mucosae wird das atypische Adenom zum Karzinom mit der Möglichkeit der Metastasierung auf dem Lymphweg. Daher ergibt sich als zweite Konsequenz, daß der

Pathologe für die Dignitätsbeurteilung unbedingt eine intakte und durchgehende Muscularis mucosae benötigt. Auch eine nur in Fragmenten im Untersuchungsgut enthaltene Schleimhautmuskulatur oder ein in mehreren Teilen, gleichsam als Curettage entnommener Polyp sind für die Klärung der entscheidenden Frage wertlos.

Die Mehrzahl der kolorektalen Karzinome (85%–90%) sind *Adenokarzinome tubulärer* oder *tubulo-papillärer Art* mit unterschiedlicher Differenzierung (Tabelle 10). Etwa 10% der Tumoren zeigen extrazelluläre Verschleimung, etwa 1% auch intrazelluläre Schleimbildung mit Siegelringzellen. *Plattenepithelkarzinome* und *gemischte Karzinomformen* sind zumeist auf den Analkanal beschränkt. Bei den Adenokarzinomen überwiegen solche mit mittlerer Differenzierung (Tabelle 11). Die Differenzierungs- bzw. Malignitätsgrade zeigen eine signifikante Korrelation zur Häufigkeit von regionären Lymphknotenmetastasen.

Die Stadieneinteilung erfolgt bevorzugt nach *Dukes* (A bis D) oder nach dem *TNM-System* (Tabelle 12).

Die Bedeutung der Frühdiagnose wird dadurch unterstrichen, daß bei seichter Infiltration der Submukosa (also einem beginnenden Dukes A oder UICC [Union Internationale contre le Cancer] Ia) die 5-Jahres-Heilungsraten in einer Größenordnung von über 99% liegen, also in einem Bereich, wie dies für das Zervixkarzinom zutrifft. Leider sind derartige Frühfälle im eigenen Untersuchungsgut immer noch sehr selten. Die vereinfachte Stadienerfassung durch das Statistische Zentralamt zeigt, daß sich der Anteil der lokalisierten Tumoren gegenüber den regionalisierten und generalisierten Tumoren seit Jahren nicht verändert hat. Hier könnte eine Forcierung der Früherkennung sicherlich zu einer wesentlichen Verbesserung der Heilungsraten führen.

Neben den Schleimhautpolypen gibt es noch eine Reihe anderer Risikosituationen für das kolorektale Karzinom, die jedoch in ihrer Summe nur für etwa 2% dieser Tumoren verantwortlich zu machen sind:

Die *chronische idiopathische Colitis ulcerosa* und der *Morbus Crohn* des Kolons sind mit einem etwas erhöhten Entartungsrisiko belastet. Ein *familiäres Risiko* besteht bei familiärer Polypose der Dickdarmschleimhaut und beim familiär gehäuft vorkommenden kolorektalen Karzinom junger Patienten.

Maligne Lymphome, myogene und *neurogene Tumoren* sind auch im Kolon zu beobachten, jedoch in der Praxis von untergeordneter Bedeutung. Erwähnt sollte noch das *Melanom des Rektums* werden, an das vor allem bei der Suche nach einem metastasierenden okkulten Melanom gedacht werden sollte.

Das kolorektale Karzinom als die derzeit wichtigste neoplastische Erkrankung des Gastrointestinaltrakts und bei Anhalten der augenblicklichen epidemiologischen Verschiebungen als die wahrscheinlich wichtigste neoplastische Erkrankung überhaupt könnte man durch Forcierung der Frühdiagnose weitgehend in den Griff bekommen. Voraussetzungen dazu sind die richtige Aufklärung und Information der potentiellen Tumorträger durch den Arzt und die Kooperationsbereitschaft der Hausärzte und praktischen Ärzte, die die Früherfassung neoplastischer Erkrankungen zu einem der Hauptinhalte ihrer Tätigkeit machen müßten und bereit sein sollten, den Aufwand für die stetige Aktualisierung ihres Wissensstandes zu leisten.

Tabelle 10. Klassifikation kolorektaler Karzinome

Histologischer Typ	Frequenz (%)
Adenokarzinom (G1–G3)	85–90
Muzinöses Adenokarzinom	10
Siegelringzellkarzinom	1
Plattenepithelkarzinom	
Adeno-squamöses Karzinom	
Undifferenziertes Karzinom	0,5

Tabelle 11. Kolorektale Adenokarzinome: Malignitätsgrade und Häufigkeit von Lymphknotenmetastasen

Differenzierungsgrad	Anzahl	Lymphknotenmetastasen (%)
G1	341	24,3
G2	1.303	42,5
G3	284	80,3

Tabelle 12. Vergleich der Klassifikationssysteme kolorektaler Karzinome

TNM	Dukes	UICC	Anmerkungen
pT0			Kein Tumor vorhanden
pT1 pT2	A	Ia Ib	Tumor ist auf Darmwand beschränkt
pT3	B	II	Tumor hat Grenze zum mesenterialen Gewebe überschritten
pN1	C	III	Regionäre Lymphknotenmetastasen sind vorhanden (ohne Berücksichtigung der Ausdehnung des Primärtumors)
pN4, pM1	D	IV	Befallene iuxtaregionäre Lymphknoten- und/oder Organmetastasen sind vorhanden

T Primärtumor; *N* Lymphknoten; *M* Metastasen; *p* pathologisches Staging; *UICC* Union Internationale contre le Cancer

Karzinome der großen Anhangsorgane des Gastrointestinaltrakts

Die prognostische Situation bei den Karzinomen der großen Anhangsorgane des Gastrointestinaltrakts ist nach wie vor unbefriedigend.

Wohl ist die durchschnittliche Größe der Pankreaskarzinome zum Zeitpunkt der Diagnose von 5 cm im Kopfbereich und von 9 cm im Körper- und Schwanzbereich auf etwa 2–3 cm abgesunken, aber auch Pankreaskarzinome dieser Größenordnung weisen in der Mehrzahl der Fälle bereits eine perineurale Invasion auf; sie sind also bereits fortgeschrittenen Stadien zuzuordnen.

Bei den primären Leberzellkarzinomen haben die Tumormarker, in erster Linie das alpha-Foeto-Protein (AFP), das in etwa 80% dieser Erkrankungen im Serum der Patienten nachgewiesen werden kann, zur Verbesserung der Frühdiagnose beigetragen. Die Unspezifität dieser Untersuchung erfordert jedoch immer noch eine histologische Verifizierung, die bei einer zirrhotischen Leber trotz häufiger multizentrischer Entstehung des Leberzellkarzinoms schwierig und aufwendig werden kann.

Literatur

1. Österreichisches Statistisches Zentralamt (1993) Bericht über das Gesundheitswesen in Österreich im Jahre 1978 bis 1993
2. Ming S-C (1977) Gastric carcinoma. A pathobiological classification. Cancer 39: 2475
3. Lauren P (1965) The two histological main types of gastric carcinoma: diffuse and so-called intestinal type carcinoma. An attempt of a histo-clinical classification. Acta Pathol Microbiol Scand 64: 31
4. Mulligan RM, Rember RR (1952) Histogenesis of gastric carcinoma. Cancer Res 12: 285
5. Mulligan RM, Rember RR (1954) Histogenesis and biologic behaviour of gastric carcinoma. Arch Pathol 58: 1
6. Fenoglio CM, Pascal RR (1982) Colorectal adenomas and cancer. Pathologic relationships. Cancer 30: 2601
7. Hermanek P, Karrer K (1983) Illustrierte Synopsis kolorektaler Tumoren. Pharmazeutische Verlagsgesellschaft, München
8. Morson BC (1978) The pathogenesis of colorectal cancer. Major problems in pathology, vol 10. Saunders, Philadelphia

Klinische Symptomatik, Diagnostik und Risikofaktoren bei malignen gastrointestinalen Tumoren

P. Ferenci

Malignome des Verdauungstrakts gehören zu den häufigsten Malignomen beim Menschen. Während die Inzidenz des Magenkarzinoms rückläufig ist, hat die Häufigkeit von Kolonkarzinomen, Pankreaskarzinomen und primären Leberzellkarzinomen in den letzten Jahrzehnten stetig zugenommen. Die therapeutischen Möglichkeiten und die Prognose hängen fast ausschließlich von der *Ausdehnung des Tumors* zum Zeitpunkt der Diagnosestellung ab. Daher muß das Bestreben des ärztlichen Handelns auf eine *Frühdiagnose* hinzielen. Mit der gastrointestinalen Endoskopie bestehen ausgezeichnete Möglichkeiten zur rechtzeitigen Diagnose von Tumoren des Gastrointestinaltrakts.

Klinische Symptomatik

Meistens klagen die Patienten mit gastrointestinalen Neoplasien über unspezifische Symptome, wie Gewichtsabnahme, Verdauungsstörungen, uncharakteristische abdominelle Beschwerden und Anämie. Im Frühstadium der Erkrankung bestehen überhaupt keine klinischen Symptome. Organspezifische Symptome treten meist nur im fortgeschrittenen Stadium auf (Tabelle 1). Daher gilt für jeden Patienten, der wegen gastrointestinaler Beschwerden den Arzt aufsucht, der Grundsatz, daß ein Karzinom nur nach einer gründlichen gastrointestinalen Durchuntersuchung, einschließlich Sonographie des Oberbauchs, Gastroskopie und hoher Kolonoskopie ausgeschlossen werden kann.

Sicherlich kann bei solchen symptomatischen Patienten durch eine normale klinische Routineuntersuchung (einschließlich Laboruntersuchungen und Untersuchung des Stuhls auf okkultes Blut) ein Karzinom nicht ausgeschlossen werden. Auch die Bestimmung von Tumormarkern wie des karzinoembryonalen Antigens (CEA) oder des CA 19-9 ist wenig hilfreich.

Tabelle 1. Symptome bei Tumoren des Gastrointestinaltrakts

Entität	Früh-karzinome	Kleine Karzinome	Fortgeschrittene Karzinome
Ösophagus	Keine	Unspezifisch	Schluckbeschwerden Gewichtsabnahme Anämie
Magen	Keine	Unspezifisch	Inappetenz Gewichtsabnahme Anämie Erbrechen Schmerzen
Kolon	Keine	Unspezifisch	Blut im Stuhl Ileus Änderung der Stuhlgewohnheiten
Pankreas	Keine	Unspezifisch	Bauchschmerzen Rückenschmerzen Gewichtsabnahme Cholestase
Leber	Keine	Unspezifisch	Oberbauchtumor

Diagnostik

Ösophaguskarzinom und maligne Tumoren des Magens

Die einzig sinnvolle Untersuchung bei Verdacht auf das Vorliegen eines Malignoms im Bereich des Ösophagus oder Magens ist die *endoskopische Untersuchung.* Die Endoskopie erlaubt eine direkte Visualisation des Tumors und Entnahme von Biopsien. Die Durchführung eines *Magenröntgens* als Primäruntersuchung ist wenig sinnvoll. Selbst bei einem negativen Magenröntgen muß bei entsprechendem Verdacht eine Endoskopie durchgeführt werden, bei einem positiven muß die Befundsicherung durch eine Endoskopie erfolgen. Ein Magenröntgen sollte nur in Ausnahmefällen, wenn die endoskopische Untersuchung inklusive Biopsie negativ war und nach wie vor der Verdacht auf ein Magenkarzinom besteht, durchgeführt werden. Bei zirrhösem Magenkarzinom kann die Schleimhaut unauffällig sein; in diesen Fällen ist das Magenröntgen der endoskopischen Untersuchung überlegen.

Maligne Tumoren des Dünndarms

Die Diagnostik im Bereich des Dünndarms ist nach wie vor die Domäne der Radiologie. Unbedingt sollte eine Dünndarmuntersuchung mittels der *Doppelkontrasttechnik* nach Sellink angestrebt werden. Die konventionelle Dünndarmpassage ist in vielen Fällen nicht sensitiv genug. Die endoskopische Diagnostik im Bereich des Dünndarms ist sehr mühevoll und nur in hoch spezialisierten Zentren möglich. Daher kann die *Enteroskopie* nur in Ausnahmefällen zur ergänzenden Diagnostik verwendet werden.

Kolorektales Karzinom

Ähnlich wie beim Magen ist die *endoskopische Ausspiegelung* des gesamten Kolons die Methode der Wahl. Allerdings hängt die Aussagekraft der hohen Kolonoskopie weitgehend von der Erfahrung des Untersuchers ab. Geübten Endoskopikern gelingt bei 95% der Patienten, das Coecum zu intubieren, weniger erfahrenen Endoskopikern nur bei der Hälfte der Patienten. Weiters gibt es bei der Ausspiegelung des Kolons blinde Stellen, sodaß weniger erfahrene Endoskopiker Karzinome hinter größeren Falten übersehen können. Daher sollte bei einer negativen Endoskopie oder bei nicht gelungener Inspektion des gesamten Kolons zusätzlich eine *Irrigoskopie in Doppelkontrasttechnik* durchgeführt werden. Auch kann die Aussagekraft der Irrigoskopie durch adäquate Technik wesentlich verbessert werden (adäquate Vorbereitung, Wahl neuerer Kontrastmittel, Aufnahme in zwei Ebenen). Sollte die Irrigoskopie als Erstuntersuchung eingesetzt werden, muß in allen Fällen ergänzend eine *Rektoskopie* durchgeführt werden. Bei negativer Irrigoskopie ist eine hohe Kolonoskopie sinnvoll. Die Wahl der primären Untersuchungstechnik wird durch die lokale Verfügbarkeit der Methoden bestimmt. Keineswegs sollte aus falsch verstandener Schonung des Patienten auf eine Kolonoskopie verzichtet werden.

Pankreaskarzinom

Während bei den anderen Malignomen des Gastrointestinaltrakts verläßliche Methoden zur Verfügung stehen, ist dies beim Pankreas sicherlich nicht der Fall. Abbildung 1 zeigt ein stufenweises Vorgehen zum Ausschluß eines Malignoms im Bereich des Pankreas.

Erstuntersuchung ist in jedem Fall eine *sonographische Untersuchung* der Pankreasregion. Die sonographische Beurteilung des Pankreas ist häufig nicht möglich, insbesondere wenn eine Pankreasinsuffizienz mit konsekutiv erhöhtem Gasgehalt des Intestinums vorliegt. Sofern der Sonographiker nicht expressis verbis die gute Beurteilbarkeit der Pankreasregion beschreibt, muß die Sonographie wiederholt werden. Gelingt auch dann eine adäquate Beurteilung der Pankreasregion nicht, muß eine *Computertomographie* der Pankreasregion und eine *endoskopisch-retrograde Cholangio-Pankreatikographie (ERCP)* erfolgen. Bei entsprechendem klinischem Verdacht auf ein Pankreaskarzinom muß, selbst wenn alle eingesetzten Untersuchungstechniken keinen Befund ergeben, auch eine *Explorativlaparotomie* in der Diagnostik durchgeführt werden. Eine neue Untersuchungstechnik für das Pankreas ist die *Endosonographie*. Bei der Endosonographie befindet sich an der Spitze eines Gastroskops ein Ultraschallgerät,

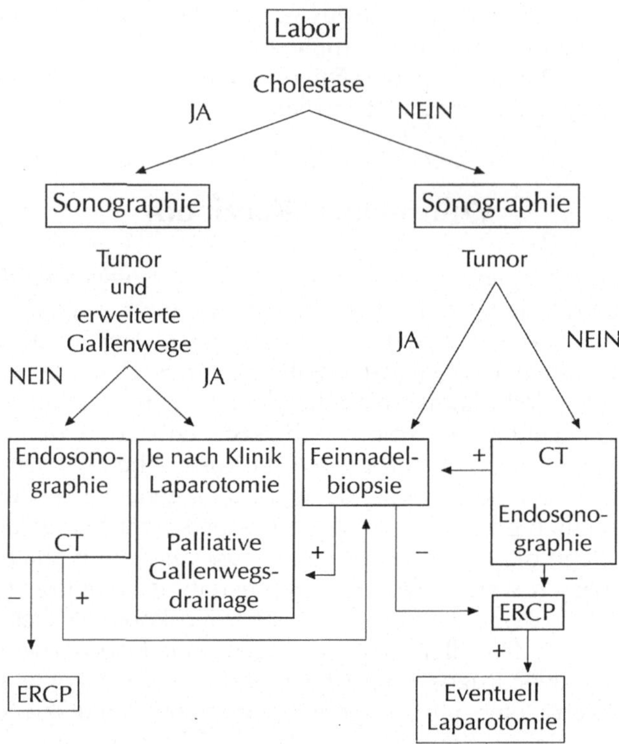

Abb. 1. Untersuchungsgang zur Diagnose des Pankreaskarzinoms. *CT* Computertomographie; *ERCP* Endoskopisch-retrograde Cholangio-Pankreatikographie

welches durch die Magenwand direkt die Inspektion des Pankreas ermöglicht. Die Endosonographie ist insbesondere bei kleinen Tumoren des Pankreas allen anderen Methoden überlegen. Trotzdem ist selbst die Aussagekraft dieser Methode nicht gut genug, um eine Frühdiagnostik zu betreiben.

Hepatozelluläres Karzinom

Für das primäre hepatozelluläre Karzinom steht durch das *alpha-1-Foetoprotein* (AFP) ein exzellenter Tumormarker zur Verfügung. In Kombination mit der *Lebersonographie* gelingt es bei nicht zirrhotischer Leber mit hoher Sensitivität und Spezifität ein Leberzellkarzinom zu diagnostizieren. Problematisch wird die Diagnostik, wenn eine Leberzirrhose vorliegt oder wenn eine hoch aktive Lebererkrankung besteht. Bei einer Leberzirrhose kann ein Regenerationsknoten eine Raumforderung in der Leber vortäuschen. Bei einer hoch aktiven Lebererkrankung steigt der AFP-Spiegel als Zeichen der Leberzellregeneration an. Abbildung 2 zeigt ein Schema zur rationellen Diagnostik bei Verdacht auf ein primäres Leberzellkarzinom. Wird mittels Sonographie oder Computertomogra-

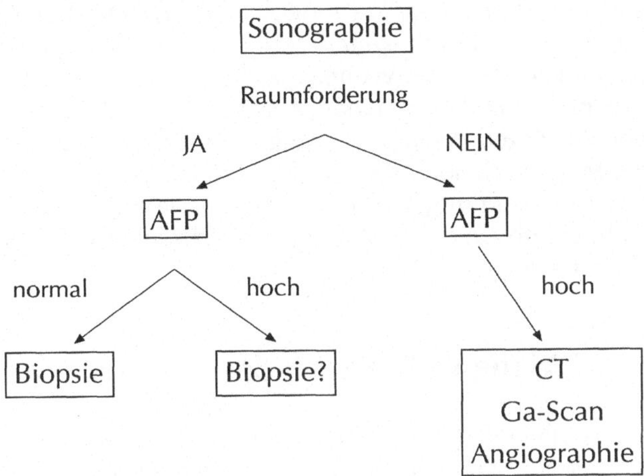

Abb. 2. Untersuchungsgang zur Diagnose des Leberzellkarzinoms. *AFP* alpha-1-Foetoprotein; *CT* Computertomographie; *Ga-Scan* Galliumszintigraphie

phie eine Raumforderung in der Leber nachgewiesen, soll eine histologische Klärung mittels sono- oder computertomographisch gezielter *Biopsie* versucht werden. Findet sich jedoch keine Raumforderung, kann durch eine *Galliumszintigraphie* oder durch eine selektive *Angiographie* über die Arteria hepatica zusätzlich Information gewonnen werden. Gelingt es auch mit diesen Methoden nicht, eine Raumforderung der Leber nachzuweisen, sollten kurzfristige Kontrollen mittels Sonographie und von AFP-Spiegeln folgen.

Karzinome der Gallenblase und Gallenwege

Bei symptomatischen Patienten (bei Vorliegen einer Cholestase) gelingt eine Diagnose durch die Kombination von *bildgebenden Verfahren* (Sonographie und Computertomographie) und einer Darstellung des Gallengangssystems mittels *ERCP*. Bei Fehlen einer Cholestase ist das Vorliegen eines Malignoms im Bereich der Gallenwege extrem unwahrscheinlich und kann höchstens als ein Zufallsbefund bei einer ERCP gefunden werden. Ebenso ist die Diagnose eines Gallenblasenkarzinoms im Rahmen einer Sonographie ein Zufallsbefund und gelingt meist nur bei größeren Tumoren. Neue endoskopische Techniken ermöglichen eine direkte Inspektion der Gallenblase, befinden sich jedoch erst im Experimentalstadium.

Frühdiagnostik und Screening

Grundsätzlich kann bei asymptomatischen Patienten mit den gleichen diagnostischen Hilfsmitteln eine Karzinom-Diagnostik erfolgen. Wie bei jeder *Vorsorgeuntersuchung* ist jedoch die Untersuchung asymptomatischer Menschen problematisch; insbesondere dann, wenn die eingesetzten Untersuchungstechniken für den Untersuchten Unannehmlichkeiten bereiten. Dies ist bei allen endoskopischen Untersuchungen der Fall. Weiters sind die Endoskopien zeitaufwendig und personalintensiv und können daher sicherlich nicht in das allgemeine Programm einer Vorsorgeuntersuchung aufgenommen werden. Daher versucht man **Risikogruppen**, bei denen wiederholte Untersuchungen sinnvoll sind, zu definieren. Die Früherkennung eines Karzinoms erlaubt, besonders wenn das Karzinom ausschließlich auf die Schleimhaut beschränkt ist (Carcinoma in situ), eine fast 100%ige Heilung.

Maligne Tumoren des Magens

Die Häufigkeit des Magenkarzinoms bei asymptomatischen Personen ist extrem gering. Mittels Magenröntgen wurden z.B. in Japan über 4,5 Millionen Personen untersucht (dies repräsentiert fast 10% der Bevölkerung über 40 Jahren) [1]. Bei einem unklaren Befund im Magenröntgen wurde eine Endoskopie durchgeführt. Karzinome fanden sich bei weniger als 1‰ der untersuchten Personen. Hierbei muß jedoch betont werden, daß Japan zu den Ländern mit der höchsten Magenkarzinominzidenz auf der Welt zählt. Ähnliche Reihenuntersuchungen, z.B. mit der Gastrokamera in Europa, erbrachten noch geringere Karzinomraten. Daher stehen die Resultate solcher Screening-Untersuchungen in keinem Vergleich zu den anfallenden Kosten. Regelmäßige Gastroskopien sind nur bei wohl definierten Krankheitsbildern sinnvoll (Tabelle 2). Hiezu gehören Patienten mit chronisch atropher Gastritis mit oder ohne perniziöser Anämie und Patienten nach Magenresektion nach Billroth II (BII).

Inwieweit die BII-Magenresektion ein Risiko für die Entwicklung eines Magenkarzinoms darstellt, ist nach wie vor Gegenstand der Diskussion. Neuere Daten erhärten jedoch frühere Beobachtungen, daß ca. 15–20 Jahre nach der Magenresektion die Häufigkeit, an einem Karzinom zu erkranken, bei diesen Patienten ansteigt.

Einen wesentlichen Risikofaktor für die Entwicklung eines Magenkarzinoms stellt die Infektion der Magenschleimhaut mit *Helicobacter pylori* dar. Einge-

Tabelle 2. Risikofaktoren für die Entwicklung eines Magenkarzinoms

Risikogruppe	Karzinome (%)	Schwere Dysplasie (%)
Anämia perniciosa	2,5	3,8
Status post Billroth II-Resektion (nach 15 Jahren)	2,1	1,3
Chronisch atrophe Gastritis	8,6	?
„Gesunde"	<0,1 [a]	?

[a] Davon 40% Frühkarzinome

frorene Sera von Teilnehmern einer Health Maintainance-Organisation in Kalifornien (1964–1969) bzw. am Honolulu-Heart Programm (1965–1968) wurden auf Antikörper gegen Helicobacter pylori untersucht. Das Risiko der Entwicklung eines Adenokarzinoms des Magens war bei Personen, die 20 Jahre zuvor bereits infiziert waren, 3,6- bis 6 mal höher als bei Nichtinfizierten [2]. Die effektivste präventive Maßnahme ist zweifelsohne die Eradikation des Helicobacter pylori bei allen infizierten Personen. Darüber hinaus ist die Helicobacter pylori-Infektion sichtlich kausal für die Entstehung von Mucosa associated lymphoid tissue (MALT)-Lymphomen des Magens verantwortlich [3].

Kolorektales Karzinom

Zur Früherkennung des kolorektalen Karzinoms stehen prinzipiell zwei Wege offen: der direkte Tumornachweis durch Endoskopie oder der indirekte Nachweis von Produkten, die vom Tumor stammen.

Naturgemäß muß der direkte Tumornachweis dem indirekten überlegen sein, wenn man eine möglichst frühe Diagnose anstrebt (im frühesten Stadium sollte ein Tumor natürlich auch nicht bluten). Andererseits sind die Akzeptanz und die Kosten, die durch die *Endoskopie* entstehen, die limitierenden Faktoren zur generellen Anwendung der Endoskopie in der Vorsorgeuntersuchung. Die *rektal digitale Austastung* ist von untergeordneter Bedeutung, da nicht einmal ein Viertel der Rektumkarzinome erreicht werden kann. Daher hat sich bisher der Nachweis von nicht sichtbarem (okkultem) Blut im Stuhl in der Gesundenuntersuchung durchgesetzt. In fast allen Staaten wird der *Blutnachweis im Stuhl* mit der Guajak-Reaktion (Haemoccult) durchgeführt (Tabelle 3). Empfindlichere und weniger störanfällige Tests haben sich noch nicht durchgesetzt [4–6].

Die Untersuchung der Sinnhaftigkeit dieser Methode ist wissenschaftlich nur unter großem Aufwand möglich. Unter anderem müßte gezeigt werden, daß die frühzeitige Erkennung des Tumors durch diesen Test tatsächlich mit einer

Tabelle 3. Nachweismethoden für okkultes Blut im Stuhl

	Guajak Haemoccult II®	Heme-Porphyrin HemoQuant®	Hämoglobin (human) HemeSelect®
Sensitivität			
bei 1 maliger Testung	15%–25%	50%	?
bei 3 maliger Testung	30%–50%	70%–80%	95%
Test-Resultat	qualitativ	quantitativ	qualitativ
falsch positiv[a]	ja	nein	nein (?)
falsch negativ	ja	ja	nein (?)
Kosten (im Vergleich zu Haemoccult II®)		3 mal teurer	4 mal teurer

[a] Durch exogene Substanzen

Verbesserung der Prognose verbunden ist. Aus diesem Grund laufen seit den späten 70er Jahren fünf kontrollierte Studien. Zwischenauswertungen werden in regelmäßigen Abständen publiziert [7–10] (Tabelle 4). Aus diesen Studien lassen sich folgende Schlüsse ziehen:

- ca. 2% (bzw. 8% bei Hydrierung) der Testpersonen sind Haemoccult positiv;
- ca. 1/6 (1/20) dieser Personen leidet an einem Karzinom;
- im Vergleich zur Personengruppe ohne Screening ist bei Gescreenten die Zahl der entdeckten Karzinome zwar gleich, aber mehr Karzinome sind in weniger fortgeschrittenen Stadien (Dukes A+B) [7–10];
- durch regelmäßige Untersuchung des Stuhls auf okkultes Blut kann die Mortalität an kolorektalen Karzinomen um 33% gesenkt werden [11] (das heißt aber auch, daß 2/3 der Karzinome nicht im Frühstadium erkannt werden).

Ein neuer Weg zum Screening ist der Nachweis von Tumorprodukten, wie z.B. K-ras, im Stuhl [12]. Diese Tests sind jedoch kostspielig und in der Vorsorge nicht validiert.

Der *direkte Tumornachweis mittels Endoskopie* muß jedem indirekten Test überlegen sein. Seit den 70er Jahren wird von privaten Gesundheitsorganisationen eine *Rektoskopie* in der Vorsorgeuntersuchung angeboten. Es konnte gezeigt werden [13], daß rektoskopisch 25% der asymptomatischen Karzinome Haemoccult negativ waren und daß durch Rektoskopien die Mortalität gesenkt werden konnte. Da jedoch diese Angaben auf unkontrollierten Studien beruhen, geht die Diskussion über den Nutzen der Rektoskopie zur Früherkennung von Rektumkarzinomen weiter. In einer Fall-Kontrollstudie konnte vor kurzem jedoch gezeigt werden, daß 59% der fatalen Fälle von Rektumkarzinom verhindert werden könnten, wenn zumindest alle 5–10 Jahre eine Rektoskopie durchgeführt wird [14].

Tabelle 4. Randomisiert kontrollierte Studien über Screening für kolorektale Karzinome mittels Nachweis von okkultem Blut im Stuhl

Land	Jahr	Ref.	Screening			Kontrollen		
			Anzahl N	davon N mit Karzinom	davon Stadium Dukes A+B (%)	Anzahl N	davon N mit Karzinom	davon Stadium Dukes A+B (%)
USA	1980, 1994	[10]	13.127	42	59	8.834	12	33
GB	1989	[9]	27.651	63	77	53.885	123	43
S+DK	1988, 1994	[7, 8]	13.759	35	46	13.941	20	40

Gesamt: 1,7% positiv, davon 15% Karzinome: positiver prädiktiver Wert: 5–17%
Karzinome in der Screening-Gruppe: 0,26%; in der Kontrollgruppe: 0,21%

Da jedoch ca. 85% aller kolorektalen Karzinome oberhalb des Rektums lokalisiert sind, ist der Einsatz der Endoskopie nur sinnvoll, wenn durch *Kolonoskopie* der gesamte Dickdarm ausgespiegelt wird. Diese Untersuchung ist jedoch kostspielig, zeitaufwendig und mit potentiellen Komplikationen behaftet (ca. 0,05% Perforationen). Eine Studie aus Indianapolis unterstreicht jedoch die Sinnhaftigkeit dieses Vorgehens. Die Autoren luden 5.000 Ärzte und Dentisten über 50 Jahre zu einer Vorsorgeuntersuchung ein. Von diesem Angebot machten nur ca. 7% Gebrauch. Von den 350 erschienenen wurden 140 ausgeschieden, weil sie Symptome hatten, innerhalb der letzten 3 Jahre bereits untersucht worden waren oder Haemoccult positiv waren. Bei diesem so hoch selektionierten Kollektiv konnten bei 1% ein Karzinom (Dukes A) und bei 25% ein Adenom (eine potentielle Präkanzerose) entdeckt werden [15]. Komplikationen der Kolonoskopie wurden nicht beobachtet. Daher ist die hohe Kolonoskopie derzeit die einzige verläßliche Methode zur frühzeitigen Diagnose des Dickdarmkarzinoms (einmal alle 3–5 Jahre bei Nicht-Risikogruppen).

Ein weiterer Vorteil der Endoskopie ist die Abtragung von Kolonpolypen in der gleichen Sitzung. 95% der Polypen im Kolon sind Neoplasien (tubuläre, villöse und tubulovillöse Adenome). 10% der Polypen mit einem Durchmesser von über 1 cm sind bereits malign entartet. Nach erfolgreicher Entfernung aller Kolonpolypen durch endoskopische Polypektomie sind Nachuntersuchungen in dreijährigen Abständen erforderlich [16].

Inwieweit sich die Kolonoskopie für die breite Anwendung in der Vorsorgeuntersuchung [17] eignet, muß noch entsprechend untersucht werden. Ein möglicher Weg wäre die Identifikation von Risikogruppen. In dieser Richtung sind in den letzten Jahren mittels molekularbiologischen Methoden große Fortschritte erzielt worden. Man weiß heute mit Sicherheit, daß ein beträchtlicher Prozentsatz (10%–25%) der Dickdarmkarzinome genetisch bedingt ist [18, 19], und man kann heute die entsprechenden Gene identifizieren [20]. In den nächsten 5 Jahren könnten Testsysteme für die Routinediagnostik zur Verfügung stehen. Mit solchen Tests wäre dann der differenzierte Einsatz der hohen Kolonoskopie möglich. Derzeit können Risikopersonen nur klinisch identifiziert werden (Tabelle 5). Der Einsatz der Kolonoskopie für die Vorsorgeuntersuchung von Nichtrisikogruppen (bei denen 80% der Kolonkarzinome auftreten) ist nur dann möglich, wenn die Zahl der Untersucher gesteigert und die Kosten wesentlich gesenkt werden. Ein Weg wäre die Durchführung von Sigmoidoskopien durch eigens trainiertes medizinisches Hilfspersonal [21].

Hepatozelluläres Karzinom

Wie bereits erwähnt, erlaubt die Kombination einer Lebersonographie mit der Bestimmung des AFP-Spiegels eine relativ sichere Diagnose eines Leberzellkarzinoms, soferne keine Leberzirrhose vorliegt. Dies ist häufig in Asien und Afrika der Fall, nicht jedoch in Europa und Nordamerika. Die Untersuchung auf ein hepatozelluläres Karzinom bei asymptomatischen Personen ist nur bei Risikogruppen angezeigt. Eine solche Risikogruppe sind HBsAg-Carrier. In Taiwan konnte gezeigt werden, daß das Risiko eines HBsAg-Carrier, ein Hepatom

Tabelle 5. Empfohlenes Screening für die Entwicklung eines kolorektalen Karzinoms bei Risikogruppen

Risikogruppe	Kolonoskopie
Familien mit hereditärer Polyposis coli	wenn FAP-Gen positiv: ab dem 20. Lebensjahr 1–2× jährlich
Familien mit hereditärem nicht-polypösem Dickdarmkarzinom (Lynch-Syndrom I und II)	ab dem 40. Lebensjahr alle 1–2 Jahre
Verwandte 1. Grades von Patienten mit Dickdarmkarzinom	ab dem 40. Lebensjahr alle 2 Jahre
Patienten mit großen tubulovillösen Adenomen	alle 3 Jahre nach Polypektomie
Patienten mit chronisch entzündlichen Dickdarmerkrankungen	ab dem 15. Erkrankungsjahr alle 2 Jahre
Alter über 50 Jahre	ab dem 50. Lebensjahr alle 3–5 Jahre

zu entwickeln, bis zu 400mal höher ist als von Personen mit negativem HBsAg-Befund [22]. Mittels regelmäßiger AFP-Bestimmung konnte in China und Japan eine Vielzahl kleinster Hepatome in nicht-zirrhotischen Lebern gefunden und erfolgreich chirurgisch reseziert werden. Allerdings scheinen HBsAg-Carrier in Nord- und Mitteleuropa sowie Nordamerika keine erhöhte Hepatomrate zu haben [23]. Bis zu 90% der Patienten mit Hepatom sind anti-HCV positiv [24, 25], daher gilt heute eine Hepatitis C Virus (HCV)-Infektion als ein wichtiger Risikofaktor für die Entwicklung eines Hepatoms. Alle Hepatome wurden bei chronischer Hepatitis C in bereits vorhandener Zirrhose diagnostiziert. Die Zeitspanne zwischen Infektion und dem Auftreten eines Hepatoms beträgt mehrere Jahrzehnte. Insgesamt scheint in Europa und Nordamerika das Hauptrisiko für das Hepatom eine Zirrhose per se zu sein. Nach eigenen Untersuchungen stirbt jeder dritte Patient mit Leberzirrhose an einem Hepatom [26]. Daher ist in Europa und Nordamerika der Einsatz der regelmäßigen Sonographie und AFP-Bestimmung von zweifelhaftem Wert. Kleine Tumoren sind von Regeneratknoten nicht zu unterscheiden, und die AFP-Spiegel können auch bei entzündlicher Aktivität in der Leber deutlich erhöht sein. Weiters sind 10%–30% der Hepatome bei Zirrhotikern AFP-negativ. In einer großen kontrollierten Studie in Italien war eine Frühdiagnose eines Hepatoms bei Patienten mit Zirrhosen viraler Genese mittels Sonographie und AFP-Bestimmung in 3–6monatigen Abständen nicht möglich [27].

Literatur

1. Chamberlain J, Miller AB (1987) Screening for gastrointestinal cancer. Huber, Stuttgart
2. Parsonnet J (1993) Helicobacter pylori and gastric cancer. Gastroenterol Clin North Am 22: 89

3. Parsonnet J, Hansen S, Rodriguez L, et al (1994) Helicobacter pylori infection and gastric lymphoma. N Engl J Med 330: 1267
4. Ahlquist DA, Wieand HS, Moertel CG, et al (1993) Accuracy of fecal occult blood screening for colorectal neoplasia. A prospective study using Hemoccult and Hemo-Quant tests. JAMA 269: 1262
5. St John DJ, Young GP, Alexeyeff MA, et al (1993) Evaluation of new occult blood tests for detection of colorectal neoplasia. Gastroenterology 104: 1661
6. Robinson MH, Marks CG, Farrands PA, et al (1994) Population screening for colorectal cancer: comparison between guaiac and immunological fecal occult blood tests. Br J Surg 81: 448
7. Kewenter J, Bjork S, Haglind E, et al (1988) Screening and rescreening for colorectal cancer: a controlled trial of fecal occult blood testing in 27,700 subjects. Cancer 62: 645
8. Kewenter J, Brevinge H, Engaras B, et al (1994) Results of screening, rescreening, and follow-up in a prospective randomized study for detection of colorectal cancer by fecal occult blood testing. Results for 68,308 subjects. Scand J Gastroenterol 29: 468
9. Hardcastle JD, Chamberland J, Sheffield J, et al (1989) Randomized controlled trial of fecal occult blood screening of colorectal cancer. Lancet ii: 1160
10. Winawer SJ, Andrews M, Flehinger B, et al (1980) Progress report on controlled trial of fecal occult blood testing for the detection of colorectal dysplasia. Cancer 45: 2959
11. Mandel JS, Bond JH, Church TR, et al (1993) Reducing mortality from colorectal cancer by screening for fecal occult blood. Minnesota Colon Cancer Control Study. N Engl J Med 328: 1365
12. Tobi M, Luo FC, Ronai Z (1994) Detection of K ras mutation in colonic effluent samples from patients without evidence of colorectal carcinoma. J Natl Cancer Inst 86: 1007
13. Winawer SJ, Flehinger BJ, Schottenfeld D, et al (1993) Screening for colorectal cancer with fecal occult blood testing and sigmoidoscopy. J Natl Cancer Inst 85: 1311
14. Selby JV, Friedman GD, Quesenberry CP Jr, et al (1992) A case control study of screening sigmoidoscopy and mortality from colorectal cancer. N Engl J Med 326: 653
15. Rex DK, Lehman GA, Hawes RH, et al (1991) Screening colonoscopy in asymptomatic average-risk persons with negative fecal occult blood tests. Gastroenterology 100: 64
16. Winawer SJ, Zauber AG, O'Brien MJ, et al (1993) Randomized comparison of surveillance intervals after colonoscopic removal of newly diagnosed adenomatous polyps. The National Polyp Study Workgroup. N Engl J Med 328: 901
17. Atkin WS, Cuzick J, Northover JM, et al (1993) Prevention of colorectal cancer by once only sigmoidoscopy. Lancet 341: 736
18. Finlay GJ (1993) Genetics, molecular biology and colorectal cancer. Mutat Res 290: 3
19. St John DJ, McDermott FT, Hopper JL, et al (1993) Cancer risk in relatives of patients with common colorectal cancer. Ann Intern Med 118: 785
20. Jen J, Kim H, Piantadosi S, et al (1994) Allelic loss of chromosome 18q and prognosis in colorectal cancer. N Engl J Med 331: 213
21. Maule WF (1994) Screening for colorectal cancer by nurse endoscopists. N Engl J Med 330: 183
22. Beasley RP, Hwang LL, Lin CG, et al (1981) Hepatocellular carcinoma and hepatitis B virus: a prospective study of 22,707 men in Taiwan. Lancet ii: 1129

23. Villeneuve JP, Desrochers M, Infante Rivard C, et al (1994) A long-term follow-up study of asymptomatic hepatitis B surface antigen-positive carriers in Montreal. Gastroenterology 106: 1000
24. Sherlock S (1994) Viruses and hepatocellular carcinoma. Gut 35: 828
25. Baur M, Hay U, Novacek G, et al (1992) Prevalence of antibodies to hepatitis C virus in patients with hepatocellular carcinoma in Austria. Arch Virol [Suppl] 4: 76
26. Ferenci P, Dragosics B, Marosi L, et al (1984) Relative incidence of primary liver cancer in cirrhosis in Austria – etiological considerations. Liver 4: 7
27. Colombo M, de Franchis R, Del Ninno E, et al (1991) Hepatocellular carcinoma in Italian patients with cirrhosis. N Engl J Med 325: 675

Diagnostik maligner gastrointestinaler Tumoren mittels bildgebender Verfahren

Dieses Buchkapitel widmen die Ärzte der Univ.-Klinik für Radiodiagnostik, Abteilung für Konservative Fächer, in Dankbarkeit ihrem Abteilungsleiter, o. Univ.-Prof. Dr. Herbert Pokieser, Klinikvorstand, Leiter des Ludwig-Boltzmann-Instituts für physikalisch-radiologische Tumorforschung und radiologischem Mentor.

Stellenwert bildgebender Verfahren in der Diagnostik maligner gastrointestinaler Tumoren

G. H. Mostbeck

In der Betreuung von Patienten mit malignen Tumoren des Gastrointestinaltrakts haben bildgebende Methoden einen hohen Stellenwert. **Röntgendiagnostische Verfahren, Sonographie** und **Magnetresonanztomographie** nehmen eine zentrale Rolle in *Diagnostik* und *prätherapeutischem Staging* ein. Bildgebende Verfahren sind aber auch zur Beurteilung des *Ansprechens auf eine Tumortherapie*, in der *Diagnostik von Komplikationen des Tumorleidens* und in der *Nachsorge* unverzichtbar. Bei gastrointestinalen Tumoren haben radiologische Verfahren auch einen Platz in der *Behandlung von Tumorpatienten* erobert. Radiologisch-interventionelle Methoden, wie die Embolisationstherapie bei gastrointestinaler Blutung, perkutane Abszeßdrainagen, die perkutane Gastrostomie zur enteralen Ernährung, z.B. bei malignem Verschluß des Ösophagus, und die palliative Stenttherapie maligner Stenosen des Ösophagus, sind ohne Bildgebung nicht denkbar.

Die folgende Übersicht beschränkt sich jedoch im wesentlichen auf den Stellenwert bildgebender Verfahren in der Diagnostik und im prätherapeutischen Staging von malignen Tumoren des Ösophagus, des Magens, des Dünndarms sowie des Kolons und Rektums. Die Struktur dieser Übersicht folgt dem Staging der TNM-Klassifikation, UICC 1989 [1]. Während das Primärtumor-Staging und Lymphknoten-Staging bei den einzelnen Entitäten behandelt sind, wird der Stellenwert bildgebender Verfahren bei Fernmetastasierung (Leber-, Lungen-, Skelett- und Hirnmetastasen) in einem eigenen Abschnitt behandelt.

Bildgebende Methoden in der Diagnostik maligner gastrointestinaler Tumoren

Prinzipiell kann zwischen röntgendiagnostischen Verfahren, Ultraschallverfahren und Magnetresonanztomographie (MRT) unterschieden werden.

Röntgendiagnostische Verfahren werden traditionell in „konventionelle" und digitale Methoden unterteilt. Bei **konventionellen Verfahren** (Analogbilder) wird ein Röntgenfilm durch direkte Einwirkung der Röntgenstrahlen belichtet, wobei die Verwendung von Film-Folien-Kombinationen die Strahlendosis für den Patienten reduziert und die Verwendung von Streustrahlenrastern die Abbildungsqualität verbessert. Während früher bei *digitalen Methoden* hauptsächlich an Computertomographie (CT), MRT und digitale Angiographie (DSA) gedacht wurde, bietet heute die **digitale Radiographie** eine umfassende Palette von Bildverarbeitungsmethoden. Endprodukt jedes digitalen Verfahrens ist ein Monitorbild, das aus Bildelementen (Pixel) aufgebaut ist. Bei der digitalen Lumineszenzradiographie ist die Film-Folien-Kombination durch Speicherfolien, die den Bildträger darstellen, ersetzt. Diese Speicherfolien sind lumineszenzfähige Halbleiterplatten, die ein latentes Röntgenbild speichern. Dieses latente Bild wird auf optoelektronischem Weg in digitale Signale umgewandelt [2]. So können auch bisher „konventionelle" Techniken, wie Bariumuntersuchungen oder Thoraxröntgen, digital angefertigt werden und in ein PACS (Picture Archiving and Communication System), das bildspeichernde Systeme verbindet und organisiert, integriert werden. Prinzipieller Vorteil dieser Technik ist je nach Fragestellung eine Dosisreduktion um 30%–90%; prinzipieller Nachteil ist die geringere räumliche Auflösung als der analog belichtete Röntgenfilm [2].

Die Computertomographie (CT) ist ein digitales röntgenologisches Verfahren zur Erstellung axialer Tomogramme mit dem Vorteil einer hohen Kontrastauflösung (die Dichte wird in Hounsfield-Einheiten (HE) angegeben, wobei HE = 0 der Dichte von Wasser entspricht). Moderne Geräte ermöglichen die Untersuchung im sogenannten *Spiral-CT* (oder Volumen-CT) *Modus*, wobei unter kontinuierlichem Vorschub des Patienten und unter kontinuierlicher Röhren- und Detektorenrotation ein spiralförmiger Datensatz, von dem axiale Schichten rekonstruiert werden können, gewonnen wird [3]. Bei einer Rotationszeit von 1 sec und einem Tischvorschub von 1 cm/sec können bis zu 50 cm kranio-kaudale Körperregion in Atemstillstand untersucht werden. Der Datensatz ermöglicht die Rekonstruktion virtueller Schichten und multiplanarer, aber auch dreidimensionaler Rekonstruktionen [3].

Ultraschallverfahren beruhen auf der Reflexion von Ultraschallwellen an Grenzflächen von Medien unterschiedlicher akustischer Impedanz. Die Schallgeschwindigkeit im Weichteilgewebe des Menschen beträgt im Mittel 1540 m/sec [2]. Luft mit deutlich niedriger und Knochen oder Kalk mit deutlich höherer Schallgeschwindigkeit bedingen weitgehende Reflexion beziehungsweise Absorption der Schallwellen. Heute kommen nur mehr Real-time-Geräte, die mit einer Bildfrequenz von >25/sec ein flimmerfreies „Echtzeitbild" liefern, zur Anwendung. Im diagnostischen Bereich kommen Ultraschallfrequenzen von 2,5 MHz bis 20 MHz zur Anwendung. Je höher die Frequenz, desto besser die räumliche Auflösung und desto geringer die Eindringtiefe der Ultraschallwellen. Keine Patientenbelastung, relativ geringe Kosten, gute Verfügbarkeit, beliebige Wiederholbarkeit und guter Weichteilkontrast sind diagnostische Vorteile der perkutan durchgeführten Sonographie.

Die Kernspinresonanz stellt die physikalische Grundlage der **Magnetresonanztomographie** (MRT) dar. Bloch [4] und Purcell et al. [5] entdeckten, daß die in einem externen Magnetfeld präzedierenden Atomkerne bei Einstrahlung elektromagnetischer Energie einer bestimmten Wellenlänge zur Energieabsorption und zur Aussendung eines Resonanzsignals gebracht werden können. Zur medizinischen Bildgebung wird der Patient in ein starkes Magnetfeld gebracht; schwache Magnetfelder (Gradientenfelder) dienen der dreidimensionalen Zuordnung im Raum. Sende- und Empfangsspulen dienen zur Aussendung der Anregungsimpulse (Hochfrequenzimpulse) und zum Empfang der Kernresonanzsignale [2]. Vorteile der MR-Bildgebung sind ein hoher Weichteilkontrast und die Möglichkeit der multiplanaren Schichtführung.

Röntgendiagnostische Verfahren

Barium-Doppelkontrast-Untersuchungen

Barium-Doppelkontrastuntersuchungen sind heute die radiologischen Standarduntersuchungen zur Diagnostik maligner Tumoren des Gastrointestinaltrakts. Die Bariumsuspension, das positive Kontrastmittel, beschlägt die Schleimhaut; Luft, das negative Kontrastmittel, distendiert das Darmlumen [6, 7]. Jeder Schleimhautdefekt wird von einer dünnen Bariumschicht bedeckt und kann in verschiedenen Projektionen abgebildet werden. Für Ösophagus, Magen und Duodenum wird die Luft mittels Brausepulver appliziert, bei der Irrigoskopie wird Luft über das liegende Darmrohr insuffliert. Durch geeignete Patientenumlagerung gelingt es, sämtliche Darmabschnitte im Doppelkontrast darzustellen. Die Überlegenheit der **Doppelkontrasttechnik** gegenüber der Monokontrasttechnik in der *Diagnostik entzündlicher* und *neoplastischer Veränderungen des Gastrointestinaltrakts* ist erwiesen [7], die alleinige Monokontrastuntersuchung ist obsolet. Der Vergleich des diagnostischen Stellenwerts der Bariumuntersuchungen mit dem der Endoskopie wird in den einzelnen Kapiteln behandelt.

Die Doppelkontrastuntersuchung des Dünndarms, das **Enteroklysma**, erfordert die perorale Plazierung einer Sonde, deren Spitze distal der Flexura duodeno-jejunalis liegen sollte [8]. Über diese Sonde wird Barium, das positive Kontrastmittel (ca. 200 ml), appliziert, gefolgt von bis zu 2 Liter 5% Methylzellulose, die das negative Kontrastmittel darstellt und zu einer kontinuierlichen Doppelkontrastdarstellung und Distension des Jejunums und Ileums führt [8]. Die Distension des Dünndarms, welche eine ausgezeichnete *Beurteilung der Lumenweite*, der *Wanddicke*, der *Faltenzeichnung* und der *Schleimhaut* ermöglicht, ist der große Vorteil dieser Technik gegenüber der konventionellen *Magen-Darm-Passage* [8]. Eine alternative Technik zur Doppelkontrastdarstellung des terminalen Ileums kann das **perorale Pneumokolon** darstellen, wobei nach konventioneller Barium-Darmpassage das terminale Ileum durch rektale Luftinsufflation distendiert wird [9].

Abdomen-Übersichtsröntgen

Patienten, bei denen ein „mechanischer Ileus" suspiziert wird, erhalten üblicherweise als erste bildgebende Untersuchung eine Abdomenübersichtsaufnahme im Stehen bzw. in linker Seitenlage [10]. Innerhalb weniger Stunden nach

Darmobstruktion kommt es zur Gasdistension der Darmschlingen proximal der Obstruktion, während Darmschlingen distal gasfrei und kollabiert sind. Vermehrte Flüssigkeitssekretion in die Darmschlinge proximal der Obstruktion führt zu Gas-Flüssigkeitsspiegeln, die bei horizontalem Strahlengang unschwer identifiziert werden können.

Kontrasteinlauf

Falls das Abdomen-Übersichtsröntgen eine Obstruktion des Kolons oder Rektums suspiziert, kann durch einen Einlauf mit wasserlöslichem Kontrastmittel das Hindernis exakt lokalisiert werden [10]. Eine Differenzierung zwischen maligner und benigner Ursache der Darmobstruktion ist dabei jedoch nur in den seltensten Fällen möglich [10].

Computertomographie

Die CT ist die radiologische Standardmethode zum *Staging gastrointestinaler Tumoren.* Der Gastrointestinaltrakt wird durch Trinken bzw. Einlauf verdünnter Bariumsulfatsuspension oder wasserlöslicher Kontrastmittel markiert [11]. Die CT stellt auch die beste Untersuchungsmethode dar, um zwischen *primärem gastrointestinalem Tumor* und *Invasion des Darms durch benachbarte Raumforderungen* zu differenzieren [11]. Die *lokale Ausdehnung* in *höheren Tumorstadien* ist mit der CT ausgezeichnet zu beurteilen, während kleine Tumoren des Gastrointestinaltrakts aufgrund der begrenzten räumlichen Auflösung nicht zur Darstellung kommen müssen.

Die CT stellt auch die Standardmethode zum *retroperitonealen und abdominellen Lymphknotenstaging* dar [12]. Die Größe des Lymphknotens wird als Kriterium für eine neoplastische Infiltration herangezogen. Eine Lymphknotengröße < 1 cm wird als gering wahrscheinlich, eine Größe >1,5 cm als hoch wahrscheinlich für einen Tumorbefall angesehen [12]. Eine Größe zwischen 1 und 1,5 cm ist in ihrer Dignität nicht sicher zuzuordnen [12].

Ultraschallverfahren

Perkutane Sonographie

Die perkutane Sonographie hat einen hohen Stellenwert in der *Diagnose von pathologischen Veränderungen parenchymatöser Organe des Abdomens* und *Retroperitoneums.* Die sonographische Beurteilung des Magens, Dünn- und Dickdarms sollte jedoch bei jeder Ultraschalluntersuchung des Abdomens obligat erfolgen. Unauffälliger Darm zeigt sich als *physiologische Kokarde,* glatt begrenzt, mit echoarmer Außenschicht und echoreicher Innenschicht [13]. *Pathologische Kokarden* sind das sonographische Korrelat von entzündlichen oder neoplastischen Wandverdickungen. Die Genese von sonographisch gefundenen Läsionen des Gastrointestinaltrakts muß radiologisch und/oder endoskopisch weiter abgeklärt werden [13]. Durch eine sonographische Untersuchung des Gastrointestinaltrakts kann eine tumoröse Raumforderung keinesfalls ausgeschlossen werden [13].

Endoskopische Sonographie

Die endoskopische Sonographie verwendet Ultraschallköpfe mit 7,5 MHz bis 10 MHz, die an der Spitze spezieller Seitblick-Endoskope montiert sind [14, 15]. Heute stehen auch Schallsonden mit 20 MHz, die durch den Arbeitskanal eines konventionellen Endoskops plaziert werden können, zur Verfügung [16]. Mit der endoskopischen Sonographie können die Schichten der Wand von Ösophagus, Magen und Duodenum dank der hohen räumlichen Auflösung differenziert werden [14, 15]. Dies erlaubt die Beurteilung der *Ausdehnung maligner Tumoren in der Darmwand* und die *Unterscheidung zwischen intramuraler und extramuraler Läsion* [14].

Endorektale Sonographie

Endorektal einzusetzende Ultraschallsonden sind hochauflösende Schallköpfe mit Frequenzen von 7,5 MHz bis 10 MHz, die die Wandschichten des Rektums räumlich auflösen können. Diese Technik hat einen hohen Stellenwert im *Staging* und in der *Rezidivdiagnostik des Rektumkarzinoms* (siehe entsprechenden Abschnitt).

Intraoperative Sonographie

Intraoperativ werden kleine, hochauflösende, hochfrequente (5–10 MHz), sterilisierbare Schallköpfe, die direkt an das Organ appliziert werden, eingesetzt. Diese Technik hat einen hohen Stellenwert in der *Metastasenchirurgie der Leber* [17].

Magnetresonanztomographie

Zur Zeit gibt es noch kein für den Routinebetrieb zugelassenes oral oder rektal applizierbares MR-Kontrastmittel. MR-Studien zum *Staging* und zur *Rezidivdiagnostik gastrointestinaler Tumoren* in anatomisch komplexeren Regionen (Ösophagus, Rektum) zeigen teilweise bessere Ergebnisse für die MRT als für die CT [18–20]. Trotz besserer Kontrastauflösung als jene der CT ist die Lymphknotengröße auch auf MR-Bildern das wesentliche (und durchaus unsichere) Kriterium, um zwischen normalen und neoplastisch infiltrierten Lymphknoten zu unterscheiden. Die bessere Verfügbarkeit der MRT und der breitere Einsatz endorektaler Spulen lassen eine wesentlich höhere Bedeutung der MRT für das Staging gastrointestinaler Tumoren für die Zukunft erwarten.

Literatur

1. TNM-Atlas (UICC) (1989) Illustrated guide to the TNM (pTNM-classification) of malignant tumors. Springer, Berlin Heidelberg New York Tokyo
2. Laubenberger L (1990) Technik der medizinischen Radiologie. Deutscher Ärzte-Verlag, Köln

3. Steenbeek JCM (1993) Principles and applications of volumetric CT. Medicamundi 38: 20
4. Bloch F (1946) Nuclear induction. Physiol Rev 70: 460
5. Purcell EM, Torrey HC, Pound RV (1946) Resonance absorption by nuclear magnetic moments in a solid. Physiol Rev 69: 37
6. Levine MS, Rubesin SE, Herlinger H, et al (1988) Double-contrast upper gastrointestinal examination: technique and interpretation. Radiology 168: 593
7. De Roos A, Hermans J, Shaw PC, et al (1985) Colon polyps and carcinomas: prospective comparison of the single and double examination in the same patient. Radiology 154: 11
8. Sellink JL, Miller RE (1982) Radiology of the small bowel. Modern enteroclysis technique and atlas. Martinus Nijhoff, The Hague
9. Kressel HY, Evers KA, Glick SN, et al (1982) Peroral pneumocolon examination: technique and indications. Radiology 144: 414
10. Friedmann G, Wenz W, Ebel K-L, et al (1974) Dringliche Röntgendiagnostik. Traumatologie und akute Erkrankungen. Thieme, Stuttgart, S 83
11. Fork F-T (1991) Carcinoma of the gastrointestinal tract. In: Lunderquist A, Pettersson H (eds) Gastrointestinal and urogenital radiology. Merit Communications, London, p 62
12. Korobkin M (1981) Computed tomography of the retroperitoneal vasculature and lymph nodes. Semin Roentgenol 16: 213
13. Beyer D, Schulze P-J (1983) Magen-Darm-Trakt. In: Bücheler E, Friedmann G, Thelen M (Hrsg) Real-time-Sonographie des Körpers. Georg Thieme, Stuttgart New York, S 243
14. Tio TL, Tytgat GN (1984) Endoscopic ultrasonography in the assessment of intra- and transmural infiltration of tumors of the oesophagus, stomach and papilla of Vater and in the detection of extraoesophageal lesions. Endoscopy 16: 203
15. Shorvon PJ, Lees WR, Frost RA, et al (1987) Upper gastrointestinal endoscopic ultrasonography in gastroenterology. Br J Radiol 60: 429
16. Menzel J, Foerster E-C, Domschke W (1993) Intraductal ultrasound (IDUS) imaging of the pancreatobiliary system – a complementary technique? Eur J Ultrasound 1 [Suppl 1]: 51
17. Rifkin MD, Rosato RE, Branch HM (1987) Intraoperative ultrasound of the liver. Ann Surg 205: 466
18. Quint LE, Glazer GMN, Orringer MB (1985) Esophageal imaging by MR and CT: study of normal anatomy and neoplasms. Radiology 156: 727
19. Petrillo R, Balzarini L, Bidoli P, et al (1990) Esophageal squamous cell carcinoma: MRI evaluation of mediastinum. Gastrointest Radiol 15: 275
20. Krestin GP, Steinbrich W, Friedmann G (1988) Recurrent rectal cancer: diagnosis with MR versus CT. Radiology 168: 307

Ösophaguskarzinom

M. Kontrus, M. Wiesmayr und Ch. Herold

Unter den malignen Tumoren des Gastrointestinaltrakts ist das Ösophaguskarzinom relativ selten; nur 4% aller gastrointestinalen Karzinome betreffen den Ösophagus. 90% der Ösophaguskarzinome sind *Plattenepithelkarzinome unterschiedlicher Differenzierung*, etwa 5% sind *Adenokarzinome* [1], wobei diese meistens im distalen Ösophagus lokalisiert sind und vorgewachsene Kardiakarzinome oder Karzinome auf dem Boden eines Barrett-Syndroms repräsentieren. Das Adenokarzinom scheint in letzter Zeit unter den Ösophaguskarzinomen eine bedeutendere Rolle einzunehmen; über prozentuelle Anteile von bis zu 18% wurde kürzlich berichtet [2]. Seltene maligne Tumoren sind das Karzinosarkom, das Pseudosarkom, das Melanom, das Leiomyosarkom, das fibröse Histiozytom, das maligne Lymphom, das verruköse Plattenepithelkarzinom [3] oder das kleinzellige Karzinom, welches 4% aller malignen Ösophagustumoren ausmacht [4]. Lokale Metastasen eines Mamma-, Pharynx- oder Magenkarzinoms sind selten; außergewöhnlich sind auch Fernmetastasen anderer bösartiger Tumoren im Ösophagus [5].

Im weiteren wird ausschließlich auf das **Karzinom des Ösophagus**, welches fast 100% aller malignen Tumoren des Ösophagus ausmacht, eingegangen.

In der *Inzidenz* besteht eine markante geographische Abhängigkeit: sie ist in bestimmten Regionen in China, in Teilen der ehemaligen UdSSR (Turkmenistan), in Japan und Skandinavien teilweise größer als 35 Erkrankungsfälle pro 100.000 Einwohner. In den USA trägt die schwarze Bevölkerung ein höheres Risiko als die weiße Bevölkerung; die Inzidenz liegt im nationalen Durchschnitt bei 2,6 Erkrankungsfälle pro 100.000 Einwohner [6, 7]. Altersgipfel ist das sechste Dezennium; Männer sind fünfmal häufiger als Frauen betroffen. Das Plattenepithelkarzinom des Ösophagus ist bei erwachsenen Männern die fünfthäufigste Krebserkrankung.

Bedeutende *prädisponierende Faktoren* sind das Trinken von hochprozentigem Alkohol sowie von heißen Getränken oder das Rauchen, Aflatoxine und der Genuß von Betelnüssen. Als *Präkanzerosen* sind das Plummer-Vinson-Syndrom, das Barrett-Syndrom, die Achalasie, Strikturen nach Laugenverätzung und die Sklerodermie anzusehen.

Die *Symptome* sind uncharakteristisch und treten erst in späteren Tumorstadien in Form von Dysphagie und Schmerzen retrosternal und im Rücken auf. Die weiteren entsprechen den unspezifischen Symptomen einer malignen Erkrankung. Maligne Ösophagustumoren werden aufgrund der Symptomlosigkeit im Anfangsstadium im allgemeinen erst dann entdeckt, wenn Tumorausdehnung und Metastasierung die Heilungschancen bereits vermindert haben [8].

Das Ösophaguskarzinom ist zu 40% im distalen Drittel des Ösophagus, zu 40% im mittleren und zu 20% im oberen Drittel lokalisiert; weiters besteht in der *Lokalisation* eine Häufung an den drei physiologischen Engen. Das Plattenepithelkarzinom des Ösophagus ist bekannt als Tumor, der sich in Form multipler Läsionen oder intramuraler Skip-lesions präsentiert [9, 10]. Über die Inzidenz multipler Läsionen im Bereich von 16%–26% wird berichtet [9, 10]. Das Karzinom des Ösophagus wächst polypös (ca. 60%), ulzerös (ca. 25%) oder diffus infiltrierend (ca. 15%).

Beim Ösophaguskarzinom, welches im Frühstadium ein relativ langsames Wachstum zeigt [11], kommt es frühzeitig zur *submukösen Ausbreitung*. Der fehlende Serosaüberzug des Ösophagus begünstigt eine frühzeitige Umgebungsinfiltration. Früh erfolgt auch die lymphogene Metastasierung; eine hämatogene Metastasierung, vorwiegend in Leber, Lunge und Knochen, tritt erst relativ spät ein. Das Ösophaguskarzinom zeigt eine gute Korrelation von Stadium und Prognose [12], umso wichtiger ist daher die Früherkennung dieser Krebserkrankung. Im Stadium T1 sind nur in 10%, im Stadium T2 bereits in 35% Lymphknotenmetastasen nachweisbar [13].

Die **diagnostischen Möglichkeiten** bestehen in der breiten Anwendung von radiologischen bildgebenden Verfahren, wie Doppelkontrast-Ösophagusröntgen, Computertomographie (CT) und Magnetresonanztomographie (MRT), sowie zusätzlich Ösophagoskopie mit Biopsie, Endosonographie und Bronchoskopie. Zur Erfassung von Fernmetastasen stehen das Thorax-Röntgen, die Sonographie, CT und MRT zur Verfügung.

Ziel eines *Screenings* ist es, Mortalität und, soweit möglich, auch Morbidität zu senken. Dies erfolgt durch Diagnose des Tumors in einem „kurablen" Frühstadium oder sogar noch in einem präinvasiven Stadium. Im nördlichen China, wo die chronische Ösophagitis und das Ösophaguskarzinom endemisch sind, wurden Screeningprogramme mit vielversprechenden Ergebnissen durchgeführt. Das Screening wird dort in Form einer Ösophagus-Zytologie mittels Ösophagussonde mit einer Bürste oder einem abrasiven Ballon an der Spitze durchgeführt. Wenn dysplastische oder maligne Zellen gewonnen wurden, wird die Diagnostik fortgesetzt. Mit dieser Methode wird das Ösophaguskarzinom in einem sehr frühen Stadium bei asymptomatischen Patienten mit einer guten operativen Behandlungschance diagnostiziert [14]. Tumormarker können beim Screening des Ösophaguskarzinoms oder in der Nachsorge nützlich sein: CA 19-9 hat als einziger Parameter eine Sensitivität von 34% bei einer Spezifität von 82% [15]. Karzinoembryonales Antigen (CEA), CA 50 und CA 19-9 zusammen erhöhen die Sensitivität auf 59% [16].

Ein Screening wie in China ist in Österreich bei relativ geringerer Inzidenz des Ösophaguskarzinoms nicht durchführbar. Es scheint kaum möglich, alle Risikogruppen wie Raucher und Alkoholkranke zu screenen; angebracht ist das aber bei Patienten mit bekannten Präkanzerosen, wie Plummer-Vinson-Syndrom, Barrett-Syndrom, Achalasie, Strikturen nach Laugenverätzung und Sklerodermie.

Die **therapeutischen Möglichkeiten** sind beim Ösophaguskarzinom sehr beschränkt. Neben der *operativen Therapie*, welche als einzige unter kurativen Gesichtspunkten angewandt wird, kommen noch die *Strahlentherapie* und die *Chemotherapie* zum Einsatz. Nur ein Drittel der Patienten kann unter kurativer Zielsetzung operiert werden. Die postoperative Mortalität ist mit 5% relativ hoch [17]; die palliativen Ergebnisse sind jedoch besser als jene bei der Strahlentherapie [18].

Vor einer operativen Therapie des Ösophagus muß einerseits ein genaues Staging sowie andererseits eine Risikoanalyse durchgeführt werden [17]. Das *Tumorstadium am Beginn der Therapie* ist von besonderer Wichtigkeit für die Prognose des Patienten. Weiters ist präoperativ zu klären, ob eine sogenannte R_0-Resektion (komplette Tumorresektion) möglich ist. Dazu ist vor allem die topographisch-anatomische Lokalisation festzustellen: während bei Tumoren unterhalb der Trachealbifurkation in der Mehrzahl der Fälle eine R_0-Resektion möglich ist, gelingt dies oberhalb der Trachealbifurkation nicht, da der Tumor in seinem frühesten Stadium bereits vitale Strukturen, wie dieTrachea, die mit ihrem Paries membranaceus dem Ösophagus anliegt, infiltriert [17]. Hier ist in vielen Fällen aber eine sogenannte R_1-Resektion (mit postoperativ verbleibenden mikroskopischen Tumorresten) möglich. Die am häufigsten angewandte Methode ist die *subtotale Ösophagusresektion* mit Passagewiederherstellung durch Interposition von Magen oder Kolon. Dabei ist die 5-Jahres-Überlebensrate der Radikaloperierten sehr klein; ist das Karzinom im mittleren Ösophagusdrittel lokalisiert, beträgt sie 10%, im unteren Drittel 20%. Die 5-Jahres-Überlebensrate primär bestrahlter Patienten gleicht jener der primär operierten Patienten. Beim Plattenepithelkarzinom waren alle Versuche mit einer Chemotherapie bislang erfolglos. Als palliative Maßnahme bleibt die *Stent-Implantation* [19] mit oder ohne Lasertherapie. Als ultima ratio muß die *Gastrostomie* erwähnt werden.

Staging

T-Staging: Primärtumor

Die TNM-Klassifikation [20] beschreibt vier Stadien des Primärtumors, wobei die Stadien T1 (Infiltration der Lamina propria oder der Submukosa) und T2 (Infiltration der Muscularis propria) eine deutlich bessere Prognose aufweisen, da hier in vielen Fällen eine kurative operative Therapie (R_0-Resektion) eingeschlagen werden kann. Schlecht ist die Prognose in den Stadien T3 (Infiltration der Adventitia) und T4 (Infiltration von Nachbarorganen), in denen mit hoher Wahrscheinlichkeit Lymphknotenmetastasen und Fernmetastasen vorliegen.

Die Primäruntersuchung wird in den meisten Fällen das **Ösophagusröntgen** sein, das heute standardmäßig in *Doppelkontrasttechnik* durchgeführt werden sollte [21]. Hierbei sind vor allem exophytisch wachsende Tumoren als in das

Lumen vorragende *Kontrastmittelaussparung* leicht zu erkennen (Abb. 1). Auch eine *unregelmäßige Schleimhautbegrenzung* und *Stenosierungen* (Abb. 2) oder eine kleines *Kontrastmitteldepot* als Zeichen für eine ulzeröse Veränderung sind Hinweise für ein Malignom. *Perlschnurartige Veränderungen*, wie bei Ösophagusvarizen, können aber auch Hinweis für ein superficial spreading-Carcinoma sein. Wichtig ist auch die Beurteilung der *Peristaltik*, da eine irregulär ablaufende Peristaltikwelle ein Hinweis für einen submukösen Tumor sein kann [22].

Als ergänzende Methode zur konventionellen Doppelkontrastuntersuchung ist die **Videokinematographie**, die vor allem am Übergang von Hypopharynx zum Ösophagus eine präzise Diagnostik bezüglich Veränderungen der Peristaltik ermöglicht, zu nennen [23]. Als Alternative bietet sich die digitale Radiographie mit der Möglichkeit der Aufzeichnung von bis zu 6 Bildern pro Sekunde an [8].

Die *Diagnosesicherung* eines Ösophaguskarzinoms erfolgt endoskopisch. Die **Endoskopie** ermöglicht eine exaktere Beurteilung subtiler Veränderungen der Schleimhaut, zusätzlich sind *Bürstenabstriche* und *Biopsien* möglich. Da submukös wachsende Tumoren der endoskopischen Diagnostik entgehen können, sollte primär auch die Doppelkontraströntgenuntersuchung mit der Möglichkeit der Peristaltikbeurteilung im Durchleuchtungsbetrieb erfolgen. Wird ein Abschnitt mit pathologischer Peristaltik, welcher endoskopisch unauffällig erscheint, gefunden, müssen in diesem Bereich multiple bis tief in die Submukosa reichende Biopsien erfolgen. Auch die Aufbringung von *Lugol'scher Lösung* zur Identifizierung des idealen Biopsieareals wird angewandt (Epithel, welches durch ein Karzinom ersetzt ist, enthält keine Glykogen-Granula und bleibt nach Aufbringung der Lösung unbefleckt) [24, 25].

Zusätzliche Information über den Wandaufbau des Ösophagus kann durch die **Endosonographie** gewonnen werden. Der an der Spitze eines Endoskops (Seitoptik – Dicke 10 mm bis 13 mm) angebrachte, mit einem Latexballon überzogene Schallkopf (7,5 bis 12 MHz) liefert heute üblicherweise einen Bildausschnitt von 360 Grad, sodaß die zirkulär angeordneten Wandschichten gut beurteilbar sind. Die Umgebung des Ösophagus ist bis etwa 5 cm bis 7 cm Tiefe beurteilbar. Zusätzlich besteht auch die Möglichkeit einer *Ultraschall-gezielten Biopsie*. Bei hochgradigen Stenosierungen wird eine 3 mm dünne Endosonographiesonde ohne Optik angewandt [26]. Die Endosonographie ist die einzige Methode, um *präoperativ zwischen Stadium T1 und T2* zu unterscheiden. Allerdings ist eine vorliegende Ösophagusstenose in einem Prozentsatz von 37% [27] bis 50% [28] mit dem Endoskop nicht passierbar, sodaß diese Technik nur bedingt zum Einsatz kommen kann. Ein gutes Einsatzgebiet der Endosonographie ist auch die *Rezidivdiagnostik an einer ösophago-gastrischen Anastomose*. Da ein Lokalrezidiv manchmal in tieferen Wandschichten entsteht, kann es der Endoskopie entgehen [29].

Die **Computertomographie (CT)** nach guter Ösophagusmarkierung durch Esopho-Cat Paste [30] und die **Kernspintomographie (MRT)** spielen in der Diagnostik des Ösophagusfrühkarzinoms bezüglich des T-Stagings eine untergeordnete Rolle, da lediglich eine unspezifische Wandverdickung zu erkennen ist. Hierbei gilt eine Wandstärke bis 5 mm als normal, 5 mm bis 10 mm Wandstärke entspricht einem Stadium T1 oder T2, und über 10 mm Wandstärke einem Stadium T3. Das Stadium T4 ist beim Nachweis einer Invasion in Nachbarorgane gegeben [31].

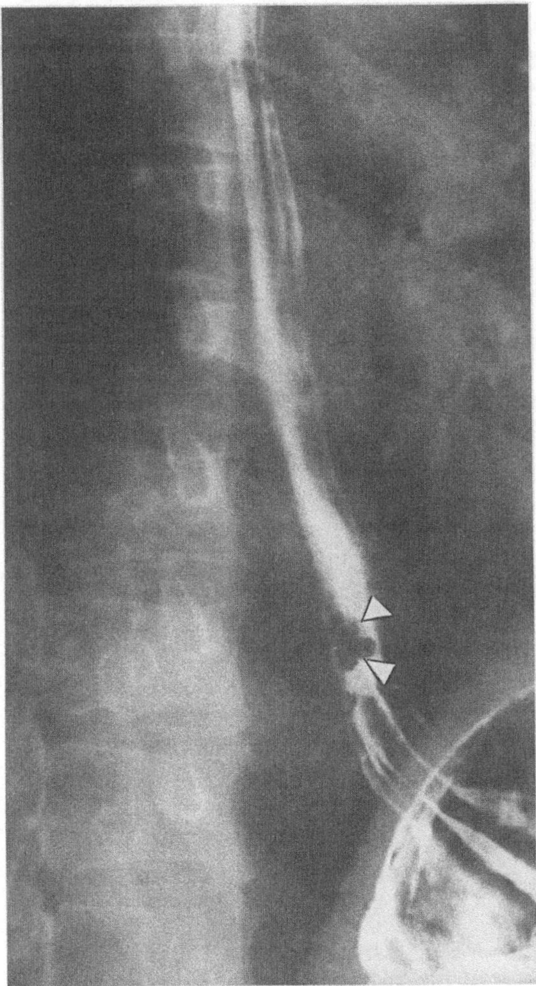

Abb. 1

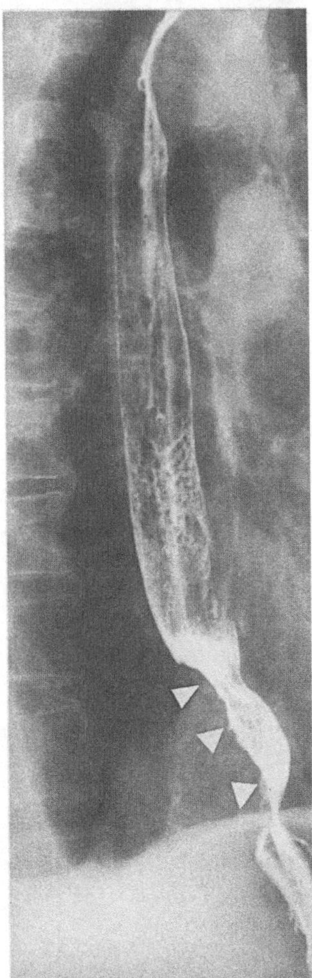

Abb. 2

Abb. 1. Doppelkontrastuntersuchung: Exophytisch wachsender Tumor (Pfeile) im distalen Ösophagus

Abb. 2. Doppelkontrastuntersuchung: Höhergradige, längerstreckige tumoröse Einengung des Ösophagus im mittleren Drittel mit unregelmäßigem, irregulärem Schleimhautbeschlagsbild (Pfeile)

Im direkten Vergleich zwischen Endosonographie und CT bezüglich des T-Stagings ergibt sich ein klarer Vorteil für die *Endosonographie* in der *Diagnose des Frühkarzinoms*. Während in der CT und in der MRT, wie erwähnt, zwischen T1- und T2-Stadium nicht unterschieden werden kann, gelingt dies in der Endosonographie sehr gut. Ein korrektes T-Staging ist mittels Endosonographie zwischen 80% und 90% im Stadium T1 oder T2 gegenüber 12%–20% in der CT [31, 32] möglich (Abb. 3). Im Stadium T3 besteht zwischen 93% in der Sonogra-

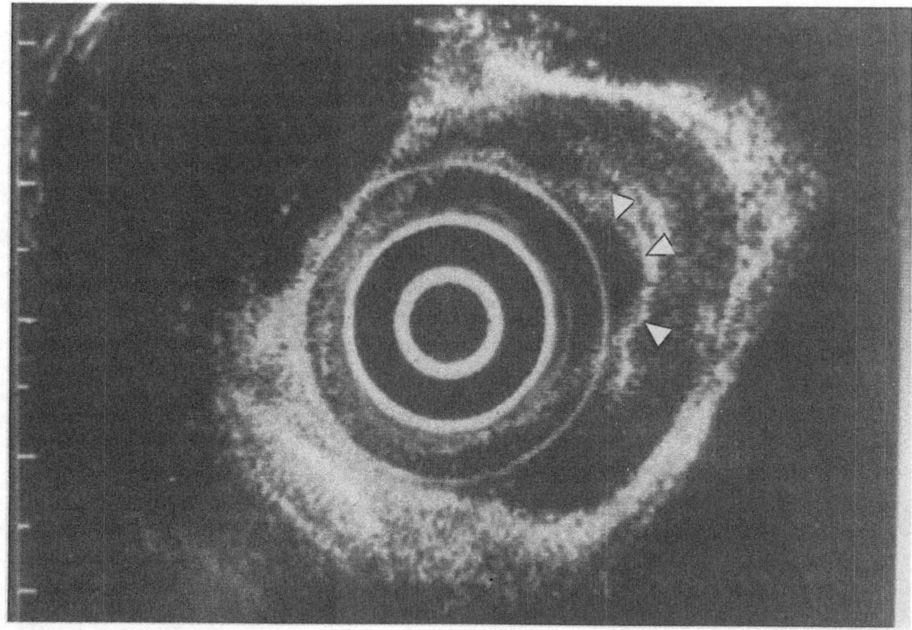

Abb. 3. Endosonographie: Bild eines Tumors (Pfeile) im Stadium T2 mit Infiltration der Muscularis propria

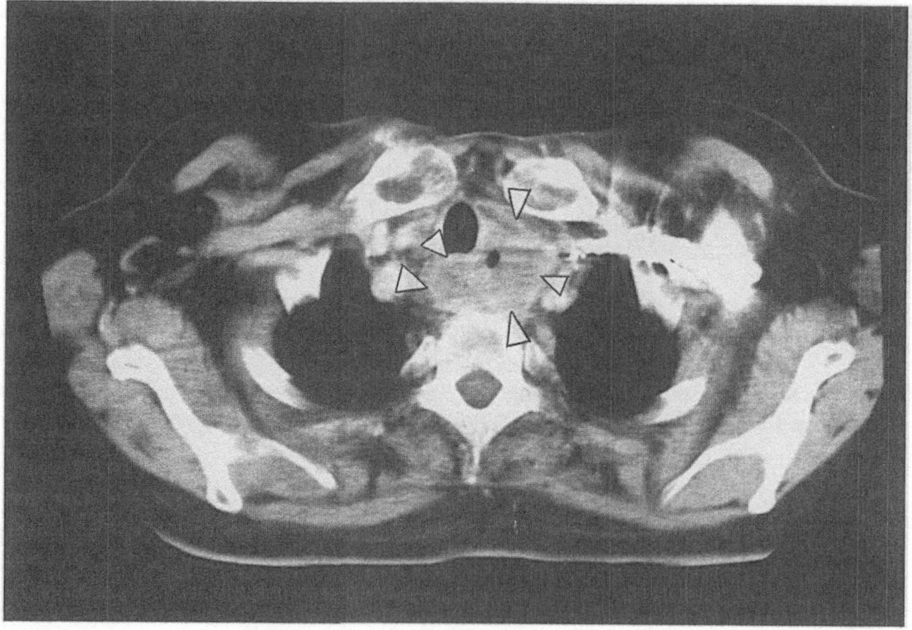

Abb. 4. Computertomographie: Tumor im Stadium T4 mit deutlicher Wandverdickung des Ösophagus (Pfeile) im kranialen Drittel und mit etwa 180 Grad Anlagefläche zur Trachea, d.h. Infiltration der Trachea

phie und 88% in der CT nur ein geringer Unterschied [31]. Bezüglich des Stadiums T4 existieren Angaben über eine Genauigkeit der Endosonographie von 90% gegenüber der CT von 64% in der gastroenterologischen Literatur [31]. Bei diesen Angaben ist aber zu berücksichtigen, daß Tumoren, bei denen die Passage einer vorliegenden Ösophagusstenose nicht möglich war, ausgeklammert wurden. Generell ist die CT im Falle einer Stenose der Endosonographie zumindest gleichwertig [33].

Im Stadium T4 sind aber die CT und die MRT von größerer Bedeutung. Der *Nachweis von Umgebungsinfiltration* ist in der CT und in der MRT durch die direkte Infiltration in Nachbarorgane, wie zum Beispiel Trachea (Abb. 4 und 5 A, B) und indirekt durch das Fehlen von Fetttrennungslinien, zum Beispiel zur Aorta descendens, oder durch den Nachweis eines Perikardergusses als Hinweis für eine Perikardinfiltration möglich. Der Nachteil der CT der lediglich axialen Schnittebene gegenüber der MRT ist durch die Einführung leistungsstärkerer Rechner mit der Möglichkeit der multiplanaren Rekonstruktion etwas geschmälert. Da aber die MRT eine *höhere Kontrastauflösung bei allerdings schlechterer Ortsauflösung* als die CT hat, ist der direkte Nachweis zum Beispiel der Perikardinfiltration nur mittels MRT möglich. Bezüglich des Nachweises der Umgebungsinfiltration in das Tracheobronchialsystem und in die Aorta descendens sind die Literaturangaben widersprüchlich. Sie liegen bei 97% für das Tracheobronchialsystem mit der CT [34] beziehungsweise 95% mit der MRT [35] und zwischen 55% [34] bis 92% [35] für die Arrosion der Aorta mit der CT, bis 74% mit der MRT. Diese Ergebnisse sind noch insoferne zu relativieren, als chirurgisch oft noch ein stumpfes Abpräparieren (R1-Resektion = postoperativer mikroskopischer Tumorrest) möglich ist. Der Nachweis einer über 90 Grad-Anlagefläche des Tumors an die Aorta, welches als radiologisches Zeichen der Invasion gilt, läßt dennoch häufig eine, wenn auch nach histologischer Aufarbeitung als nicht kurativ zu wertende, chirurgische Resektion zu. Deshalb sind vor jeder kurativen Ösophagusresektion *Tracheoskopie* und *Bronchoskopie* Standarduntersuchungen. Allerdings kann in seltenen Fällen die Bronchoskopie negativ sein, da lediglich eine Invasion der äußeren Wandschichten des Tracheobronchialsystems besteht und die Schleimhaut intakt erscheint. Bei Tumoren im oberen Ösophagusdrittel ist zusätzlich eine *Laryngoskopie* notwendig, da die Abgrenzung des Ösophagus von der Larynxhinterwand im Computertomogramm kaum möglich ist. Das lokale Staging sollte in diesem Bereich unbedingt mittels MRT erfolgen, da hier sagittale Schnittebenen möglich sind [36].

Die *Angiographie* hat in der Diagnostik von Ösophaguskarzinomen keine Bedeutung. Lediglich bei massiven, durch Tumoreinbruch bedingten Hämoptysen ist fallweise eine Embolisation zur Blutstillung möglich.

N-Staging: Lymphknoten

Das Ösophaguskarzinom zählt zu den sehr frühzeitig *lymphogen metastasierenden Tumoren*. Tumoren des kranialen Ösophagusdrittels verhalten sich in ihrer lymphogenen Metastasierung wie Tumoren des Hypopharynx; sie metastasieren in zervikale, supraklavikuläre und mediastinale Lymphknotenstationen. Tumo-

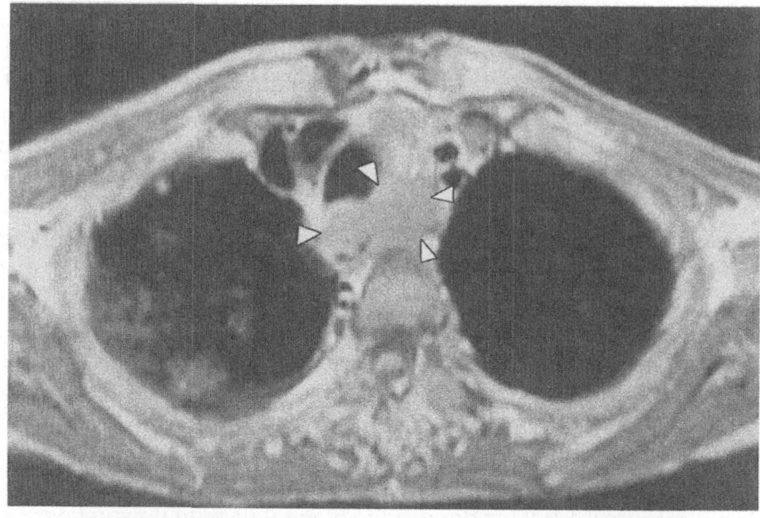

A

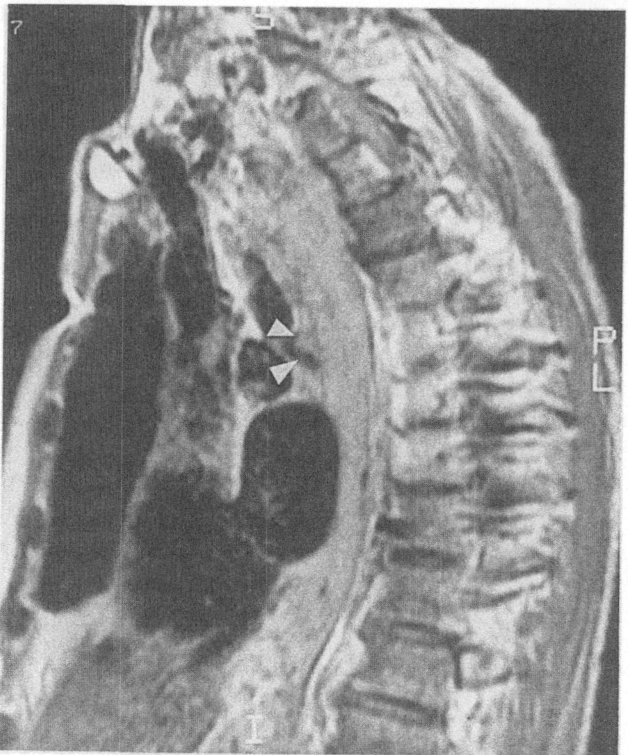

B

Abb. 5. Kernspintomographie (MRT): **A** Axiales T1-gewichtetes MR-Tomogramm mit hypo- bis isodendensen Tumormassen im oberen Mediastinum, dem infiltrierenden Ösophaguskarzinom entsprechend (Pfeile). **B** Sagittales T1-gewichtetes MR-Tomogramm eines ausgedehnten Ösophagustumors mit ausgezeichneter Darstellung der Infiltration des subkarinalen Raums (Pfeile)

ren des mittleren und unteren Ösophagusdrittels metastasieren in mediastinale, paratracheale und abdominelle Lymphknotenstationen. Tumoren, sehr distal im Ösophagus gelegen, die eigentlich den Kardiakarzinomen zuzurechnen sind, metastasieren vor allem in Lymphknotenstationen paraaortal, paragastrisch und in Lymphknoten im Abgangsbereich des Truncus coeliacus. Aufgrund des ausgedehnten submukösen Lymphgefäßsystems sind aber häufig auch weiter entfernte Lymphknotenstationen betroffen [37].

Die sensitivste Methode zum *Nachweis mediastinaler Lymphknoten* ist die **Endosonographie** mit einer 7,5 MHz-Sonde. Lymphknoten sind damit ab einer Größe von wenigen Millimetern nachweisbar, nach Sugimachi et al. [38] unter 5 mm in 1%, zwischen 5 mm und 9 mm in 53% und über 10 mm in 93%. Außerdem ist auch durch die Beurteilung der Echostruktur dieser Lymphknoten eine *Aussage zur Dignität* möglich. Metastatisch veränderte Lymphknoten sind häufig echoärmer als normale Lymphknoten, sie sind auch inhomogen in ihrem Echomuster, weisen keinen eindeutigen Hilus auf und sind häufig unscharf begrenzt [27]. Mediastinale Lymphknoten entlang der Mammaria-Gefäße, die selten metastatisch befallen sind, können endosonographisch nicht nachgewiesen werden. Ein Nachweis eines Befalls dieser Lymphknoten gelingt nur mittels CT oder MRT.

Mit der **CT** sind, abhängig von der Schichtdicke, die im Bereich von Thorax und Mediastinum üblicherweise 10 mm beträgt, Lymphknoten ab einer Größe von etwa 5 mm bis 7 mm nachweisbar. Als pathologisch verändert gelten Lymphknoten ab einem Querdurchmesser von mehr als einem Zentimeter. Wie in der CT ist auch in der **MRT** lediglich eine *Größenaussage* möglich; eine Unterscheidung zwischen metastatisch vergrößerten Lymphknoten und reaktiv entzündlich veränderten Lymphknoten ist nicht möglich. Auch hier gilt die Regel, daß Lymphknoten mit einem Durchmesser von mehr als einem Zentimeter als suspekt gelten [39]. Da mit keiner der Methoden zwischen entzündlich vergrößerten oder metastatisch veränderten Lymphknoten unterschieden werden kann, sind die Ergebnisse bezüglich des Lymphknotenstagings zwischen CT und MRT ähnlich [34]. Ein Vorteil der MRT ist die sichere Unterscheidung zwischen Lymphknoten und Gefäßen auch ohne Kontrastmittel aufgrund des völlig anderen Signalverhaltens von fließendem Blut, sodaß die MRT bei Patienten mit bekannter Allergie gegen i.v.-Kontrastmittel eingesetzt werden sollte.

Die schwankenden Literaturangaben bezüglich eines korrekten Lymphknotenstagings zwischen 80% in der gastroenterologischen Literatur [31] und 48% in der radiologischen Literatur [40] sind dadurch bedingt, daß sich die sehr guten endoskopischen Ergebnisse durch den Umstand erklären, daß Tumoren, bei denen eine Passage einer Stenose mit dem Endoskop nicht möglich war, in der Statistik ausgeklammert wurden. Werden auch diese Fälle miteinbezogen, so ergeben sich Werte von 37% für die Endosonographie [28]. Zudem ist eine exakte histologische Beurteilung und Wertung des Befalls mediastinaler Lymphknoten nur dann gegeben, wenn eine *thorako-abdominelle Operation* durchgeführt wurde. Bei einer *abdomino-zervikalen Operation* können die Lymphknoten im aortopulmonalen Fenster aus technischen Gründen nicht entfernt werden, sodaß auch die Korrelation dieser Fakten kritisch zu betrachten ist. Wie Lanfermann et al. [33] zeigen konnten, ergibt sich bei der abdomino-zervikalen

Resektion in 84% ein korrektes Lymphknotenstaging mittels CT, währenddessen diese Zahl auf 54% der Fälle sank, wenn mit einem Präparat nach thorakoabdomineller Operationstechnik verglichen wurde.

Bei *Tumoren im kranialen Ösophagusdrittel* ist unbedingt die Sonographie der zervikalen und supraklavikulären Lymphknotenstationen angezeigt. Bei *Tumoren im mittleren oder distalen Ösophagusdrittel* ist sowohl eine Sonographie als auch eine CT des Oberbauchs zu empfehlen. Mittels Sonographie (3,5 MHz beziehungsweise 5 MHz Sektorschallkopf) sind die Lymphknoten am Truncus coeliacus und vor allem im Ligamentum hepatoduodenale gut darstellbar (in der CT ist die Unterscheidung zwischen intraperitoneal, im Ligamentum hepatoduodenale und retroperitoneal-parakaval äußerst schwierig). Zusätzlich sind mittels Sonographie und CT die Leber und die Nebennieren als Organe der Fernmetastasierung erfaßbar.

M-Staging: Fernmetastasen

Da die Diagnose eines Ösophaguskarzinoms meist erst in einem fortgeschrittenen Stadium erfolgt, sind zu diesem Zeitpunkt häufig Fernmetastasen vorhanden. Die Organe, die am häufigsten von Fernmetastasen betroffen sind, sind *Leber* und *Lunge*, metastatisch befallen werden aber auch *Nebennieren* und vor allem beim Karzinom des distalen Ösophagus und beim Kardiakarzinom das *Peritoneum* im Sinne einer Carcinosis peritonei. Hier kann in seltenen unklaren Fällen die **Laparoskopie** hilfreich sein [41].

Zusammenfassung

Da die Symptome des Ösophaguskarzinoms meist erst im *Spätstadium* auftreten, werden die meisten Tumoren erst in einem Stadium, in dem eine kurative operative Therapie nicht mehr möglich ist, diagnostiziert. Hier ist dann neben einer palliativen Operation, wie einem retrosternalen Magenhochzug, auch die Stentapplikation mit oder ohne Lasertherapie in Betracht zu ziehen [19]; als ultima ratio gilt die Gastrostomie.

Sollte ein Ösophaguskarzinom in einem *Frühstadium* (T1 oder T2) erfaßt werden, ist neben der **Endosonographie** nach Ösophagoskopie und Bronchoskopie unbedingt eine **CT** von Thorax und Oberbauch sowie eine **Oberbauchsonographie** durchzuführen. Bei Tumoren im kranialen und mittleren Ösophagusdrittel ist primär eine **MRT** indiziert. Auch bei Patienten mit bekannter Allergie gegen jodhaltige Kontrastmittel sowie bei allen unklaren CT-Befunden ist eine Indikation zur MRT gegeben. Ebenso sollte, wenn eine *präoperative Radio- oder Chemotherapie* notwendig ist, das Staging und Restaging mittels MRT durchgeführt werden, da nicht nur eine Volumsabnahme des Tumors, sondern als Hinweis auf eine Devitalisierung des Tumors auch eine Abnahme der T2-Signalintensität [36] nachgewiesen werden kann.

In jedem Fall sollten jene Methoden, mit denen der Untersucher vertraut ist, angewandt werden. Die Endosonographie wird aufgrund der Seltenheit des

Ösophaguskarzinoms doch eher großen Zentren vorbehalten bleiben. Somit erhält die CT, die heutzutage als eine weit verbreitete Routineuntersuchung gilt, für das Staging des Ösophaguskarzinoms vielleicht eine bedeutendere Rolle, als ihr die internationale Literatur zuerkennt.

Literatur

1. Rosenberg JC, Schwade JG, Vaitkevicius VK (1982) Cancer of the esophagus. In: De Vita VT, Hellman S, Rosenberg SA (eds) Cancer: principles and practice of oncology. Lippincott, Philadelphia, p 499
2. Hesketh PJ, Clapp RW, Doos WG, et al (1989) The increasing frequency of adenocarcinoma of the esophagus. Cancer 64: 526
3. Aagaard MT, Kristensen IB, Lund O, et al (1990) Primary malignant non-epithelial tumors of the thoracic esophagus and cardia in a 25-year surgical material. Scand J Gastroenterol 25: 876
4. Mulder LD, Gardiner GA, Weeks DA (1991) Primary small cell carcinoma of the esophagus: case presentation and review of the literature. Gastrointest Radiol 16: 5
5. Herrera JL (1991) Benign and metastatic tumors of the esophagus. Gastroenterol Clin North Am 20: 775
6. Yang PC, Davis S (1988) Incidence of cancer of the esophagus in the US by histologic type. Cancer 61: 612
7. Ayiomamitis A (1988) Epidemiology of cancer of the esophagus in Canada: 1931–1984. Gastroenterology 94: 374
8. Georgi M, Busch HP, Simon R, et al (1990) Current radiologic diagnosis of esophageal tumors. Röntgenpraxis 43: 313
9. Kuwano H, Ohno S, Matsuda H, et al (1988) Serial histologic evaluation of multiple primary squamous cell carcinoma of the esophagus. Cancer 61: 1635
10. Maeta M, Koga S, Shimizu N, et al (1988) Carcinogenic potential of the non-cancerous epithelium in patients with esophageal cancer. Br J Surg 75: 531
11. Nabeya K, Hanaoka T, Onozawa K, et al (1990) Early diagnosis of esophageal cancer. Hepatogastroenterology 37: 368
12. Riddell RH (1990) Screening strategies in gastrointestinal cancer. Scand J Gastroenterol 175 [Suppl]: 177
13. Gerdes H (1991) Superficial esophageal carcinoma: will early detection help? Gastroenterology 101: 266
14. Lightdale CJ (1992) Diagnosis of esophago-gastric tumors. Endoscopy 24: 18
15. McKnight A, Mannell A, Shperling I (1989) The role of carbohydrate antigen 19-9 as a tumor marker of esophageal cancer. Br J Surg 60: 239
16. Munck Wikland E, Kuylenstierna R, Wahren B, et al (1988) Tumor markers carcinoembryogenic antigen, CA 50, and CA 19-9 and squamous cell carcinoma of the esophagus. Pretreatment screening. Cancer 62: 2281
17. Siewert JR, Holscher AH, Dittler HJ (1990) Preoperative staging and risk analysis in esophageal carcinoma. Hepatogastroenterology 37: 382
18. Van de Velde CJH, Welvaart K, Kamp Schoer GHM (1990) The contribution of new surgical techniques to improve survival in gastrointestinal cancer patients. In: Tytgat GNJ, Van Blankenstein M (eds) Current topics in gastroenterology and hepatology. Thieme, Stuttgart New York, p 508
19. Lindberg CG, Cwikiel W, Ivancev K, et al (1991) Laser therapy and insertion of wallstents for palliative treatment of esophageal carcinoma. Acta Radiol 32: 345

20. Hermanek P, Sobin LH (1987) International Union against Cancer. TNM-Klassifikation maligner Tumoren, 4. Aufl. Springer, Berlin Heidelberg New York Tokyo
21. Op den Orth JO (1989) Use of barium in evaluation of disorders of the upper gastrointestinal tract: current status. Radiology 173: 601
22. Dachman AH, Levine MS (1991) Radiology of the esophagus. Gastroenterol Clin North Am 20: 635
23. Levine MS, Rubesin SE, Ott DJ (1990) Update on esophageal radiology. Am J Roentgenol 155: 933
24. Yoshinaka H, Shimazu H, Fukumoto T, et al (1991) Superficial esophageal carcinoma: a clinico-pathological review of 59 cases. Am J Gastroenterol 86: 1413
25. Winawer SJ, Posner G, Lightdale CJ, et al (1975) Endoscopic diagnosis of advanced gastric cancer. Factors influencing yield. Gastroenterology 69: 1183
26. Tio TL, Coene PP, den Hartog Jager FC, et al (1990) Preoperative TNM classification of esophageal carcinoma by endosonography. Hepatogastroenterology 37: 376
27. Dancygier H, Classen M (1989) Endoscopic ultrasonography in esophageal diseases. Gastrointest Endoscopy 35: 220
28. Laufer I, Braffman B, Gefter W (1991) Diagnosis and imaging of gastrointestinal tract cancers. Current Opinion in Oncology 3: 727
29. Lightdale CJ, Botet JF, Kelsen DP, et al (1989) Diagnosis of recurrent upper gastrointestinal cancer at the surgical anastomosis by endoscopic ultrasound. Gastrointest Endoscopy 35: 407
30. Desai RK, Tagliabue JR, Wegryn SA, et al (1991) CT-evaluation of wall thickening in the alimentary tract. Radiographics 11: 771
31. Tio TL, Cohen P, Coene PP, et al (1987) Endosonography and computed tomography of esophageal carcinoma. Preoperative classification compared to the new (1987) TNM system. Gastroenterology 96: 1478
32. Ziegler K, Sanft C, Zeitz M, et al (1991) Evaluation of endosonography in TN staging of esophageal cancer. Gut 32: 16
33. Lanfermann H, Krestin GP, Muller JM, et al (1990) The value of computed tomography for the staging of esophageal carcinoma. Röntgenblätter 43: 241
34. Quint LE, Glazer GM, Orringer MB (1985) Esophageal imaging by MR and CT: study of normal anatomy and neoplasms. Radiology 156: 727
35. Halvorsen RA (1989) CT and MRI of the esophagus. In: Levine MS (ed) Radiology of the esophagus. Saunders, Philadelphia London Toronto, p 291
36. Brandstetter K, Feuerbach S, Siewert JR, et al (1991) Strategien in der radiologischen Diagnostik – CT und MRT des Ösophagus. Röntgenpraxis 44: 355
37. Yakshe PN, Fleischer DE (1992) Neoplasms of the esophagus. In: Castell DO (ed) The esophagus. Little Brown, Boston Toronto London, p 281
38. Sugimachi K, Ohno S, Fujishima H, et al (1990) Endoscopic ultrasonographic detection of carcinomatous invasion and of lymph nodes in the thoracic esophagus. Surgery 107: 366
39. Petrillo R, Balzarini L, Bidoli P, et al (1990) Esophageal squamous cell carcinoma: MRI evaluation of mediastinum. Gastrointest Radiol 15: 275
40. Halvorsen RA jr, Thompson WM (1989) CT of esophageal neoplasms. Radiol Clin North Am 27: 667
41. Watt I, Stewart I, Anderson D, et al (1989) Laparoscopy, ultrasound and computed tomography in cancer of the esophagus and gastric cardia: a prospective comparison for detecting intra-abdominal metastases. Br J Surg 76: 1036

Maligne Tumoren des Magens

Adenokarzinom des Magens

Th. Rand

Das Adenokarzinom des Magens entsteht aus den Drüsenzellen der Mukosa und ist der häufigste maligne Magentumor bzw. der dritthäufigste Tumor des Gastrointestinaltrakts. In den letzten Lebensjahrzehnten ist die Inzidenz insgesamt rückläufig, das Kardiakarzinom nimmt jedoch im Verhältnis zum Antrumkarzinom zu.

Die *Inzidenz* des Magenkarzinoms ist in Japan, Chile und Island sehr viel höher als bei der weißen Bevölkerung der USA. Männer sind häufiger als Frauen betroffen, der Altersgipfel liegt in der 6.–8. Dekade; unter 30 Jahren ist der Tumor sehr selten.

Prädilektionsorte sind das Antrum und der Pylorus an der kleinen Kurvatur, gefolgt von der Kardia. Auch multizentrische Magenkarzinome wurden beschrieben.

In den letzten 50 Jahren wurde auf die gegenüber dem fortgeschrittenen Karzinom deutlich bessere Prognose des Frühkarzinoms (Muscularis propria noch nicht penetriert; 5-Jahres-Überlebensrate 90%) hingewiesen.

Staging

T-Staging: Primärtumor

Die T-Klassifikation bezieht sich auf die Ausdehnung des Primärtumors [1]. Dabei bedeutet *T1* die Infiltration der *Lamina propria* oder *Submukosa.* Bei der morphologischen Einteilung des **Frühkarzinoms im Magenröntgen** können drei Grade unterschieden werden [2]: Grad I ist eine polypoide Form mit weniger als 0,5 cm Durchmesser; Grad II sind oberflächliche Formen, wobei Typ a erhoben (< 0,5 cm), Typ b flach, und Typ c eingesunken beschrieben werden. Grad III des Magenfrühkarzinoms ist die exkavierte Form. *T2* ist durch die Infiltration der *Muscularis propria* oder *Subserosa* definiert. Im Stadium *T3* penetriert der Tumor die *Serosa* (viszerales Peritoneum), infiltriert aber nicht benachbarte Strukturen, während letzteres im Stadium *T4* gegeben ist. *Benachbarte Organe* des Magens sind Milz, Colon transversum, Leber, Zwerchfell, Pankreas, Bauchwand, Nebennieren, Niere, Dünndarm und Retroperitoneum.

Die intramurale Ausbreitung des Magenkarzinoms in das Duodenum oder den Ösophagus wird nach der tiefsten Infiltration in diesen Organen klassifiziert. Ein Tumor kann sich über die Muscularis propria in das Ligamentum gastrocolicum oder hepatogastricum oder in das große oder kleine Netz ausbreiten, ohne das diese Strukturen bedeckende, viszerale Peritoneum zu penetrieren. In diesem Fall wird der Tumor als T2 klassifiziert. Findet sich eine Perforation des viszeralen Peritoneums über den gastrischen Ligamenten oder dem großen oder kleinen Netz, ist der Tumor als T3 zu klassifizieren.

Zum T-Staging des Adenokarzinoms des Magens stehen folgende Untersuchungsmöglichkeiten zur Verfügung: Konventionelles Magenröntgen, Endoskopie, transkutane Sonographie, Endosonographie und Computertomographie (CT).

Das **konventionelle Magenröntgen** besitzt in der Form der Doppelkontrastuntersuchung (DK) eine hohe Sensitivität, insbesondere wegen der *Beurteilbarkeit des Schleimhautreliefs*. Monokontrastuntersuchungen hingegen erlauben nur Aussagen bezüglich der Magenwandkonturen und können zwar zusammen mit der Doppelkontrastuntersuchung, sollten jedoch nicht als ausschließliche Untersuchungsart verwendet werden.

Die Sensitivität der DK-Untersuchung beim Adenokarzinom liegt bei 86%. Die Sensitivität im Erkennen von Läsionen ohne Interpretation ihres Charakters liegt signifikant höher (bis zu 99%) [3]. Wichtig ist hier vor allem eine technisch perfekte Durchführung der Untersuchung und die richtige Interpretation der radiologischen Malignitätskriterien. Diese können bei *exophytischen Typen* eine

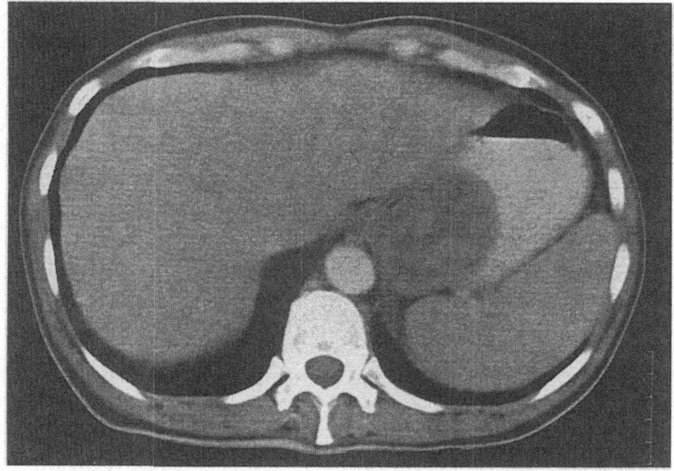

Abb. 1. Computertomogramm-Abdomen: Große hypodense inhomogene Raumforderung im Korpusbereich, histologisch als niedrig differenziertes muzinöses Magenkarzinom verifiziert

vorgewölbte Raumforderung, ein flacher oder polypoider Füllungsdefekt, eventuell mit Ulzeration sein. Bei *infiltrativer Verlaufsform* liegt ein starres aperistaltisches Segment (Linitis plastica) vor, häufig mit Kaliberreduktion oder bei exulzerierenden Formen ein intraluminal lokalisierter Ulkuskrater mit starrem, leicht knotigem Rand und abruptem Abbruch der Magenfalten am Randwall [4].

Auch bei der Diagnose des Magenfrühkarzinoms sollten mit Hilfe der DK potentiell maligne Veränderungen festgestellt werden. Als solche gelten jedes Magenulkus, auch wenn die Zeichen der Malignität fehlen. Darüber hinaus muß jede Unregelmäßigkeit oder Zerstörung des Schleimhautreliefs oder jede polypoide Veränderung, vor allem solche mit unregelmäßiger Oberfläche als potentiell maligne betrachtet werden.

Das gleiche gilt für Magenabschnitte, die sich unter Einfluß der Gravitation oder durch Palpation nicht entfalten lassen oder während der Durchleuchtungskontrolle der peristaltischen Bewegungen durch eine Wandstarre auffallen.

Im Vergleich mit der Endoskopie zeigt diese nur gering höhere Sensitivität und Spezifität. Beim Magenfrühkarzinom fand Maruyama [5] eine Sensitivität von 97,1% und eine Spezifität von 32,3% mittels DK-Untersuchung, gegenüber einer Sensitivität von 99,8% und einer Spezifität von 39,7% bei der Endoskopie. Falsch negative Ergebnisse können endoskopisch vor allem beim vorgewölbten Typ des Frühkarzinoms (IIa) sowie beim fortgeschrittenen Magenkarzinom T4 entstehen. Grund dafür ist die Tatsache, daß beim vorgewölbten Frühkarzinom die malignen Zellen häufig von normaler Mukosa bedeckt sind. Ebenso können fortgeschrittene Adenokarzinome von normaler Mukosa überzogen sein, und daher kann das Gewebe bei der Biopsieentnahme zu klein sein oder zu oberflächlich entnommen werden [6, 7]. Ganz wesentlich ist auch die Überlegenheit der DK bei der *Linitis plastica* hervorzuheben. Dieser szirrhöse Tumor manifestiert sich radiologisch in klassischer Form durch eine irreguläre Einengung und Rigidität der Magenwand, was zur sogenannten „Linitis plastica" oder „leather bottle" Erscheinung führt. Falsch negative endoskopische Ergebnisse entstehen nicht nur durch die submuköse Lage des Tumors, sondern auch durch die Separierung der Tumorzellen durch ausgedehnte fibrotische Areale [8, 9].

Ein ganz wesentlicher Vorteil besteht natürlich auch in der fehlenden Invasivität, andererseits ist die DK jedoch auch sehr von der Erfahrung des Untersuchers abhängig, wobei sich die ständig rücklaufende Zahl der Untersuchungen in den westlichen Ländern negativ auswirkt.

Der Vorteil der Endoskopie liegt vor allem in der Möglichkeit der Biopsieentnahme. Tatsua et al. [6] gibt die Spezifität der Endoskopie mit Biopsie mit 97,4% an.

Wird mit **transkutaner Sonographie** bei gezielter Suche oder im Rahmen der abdominalen Screening-Untersuchung eine gastrointestinale Wandveränderung gefunden, so erfolgt zuerst die anatomische Zuordnung. Die Abgrenzung des Magens wird durch Füllung mit Flüssigkeit verbessert. Wichtigstes sonographisches Zeichen der pathologischen Veränderungen am Magen ist die zirkuläre Wandverdickung, die als „Kokardenphänomen" bezeichnet wird [10]. Pathologisch ist eine Dicke des echoarmen äußeren Rings von 7 mm oder mehr im Antrum und in der Übergangsregion sowie von 12 mm oder mehr im Bereich des Magenausgangs. Allerdings sind diese Zeichen sehr unspezifisch.

Die Magenausgangsstenose ist sonographisch am ausgeweiteten flüssigkeitshältigen Magen erkennbar.

Die Indikationen zur **Endosonographie (EUS)** des Magens leiten sich aus den technischen Parametern der Geräte, hohes Auflösungsvermögen bei geringer Eindringtiefe, ab. Sie beschränken sich auf Läsionen der Magenwand und Veränderungen in deren unmittelbarer Umgebung, das heißt auf eine ca. 3–5 cm breite „Gewebsmanschette". Die EUS sollte bei allen polypoiden und submukösen Läsionen eingesetzt werden. Die normale Magenwand hat eine Dicke von 4–6 mm, wobei 5 Schichten erkennbar sind [10]. Magenkarzinome führen zu einer Zerstörung des regelmäßigen endosonographischen Aufbaus [11].

Zusätzlich können auch noch vergrößerte paragastrische Lymphknoten als rundovale echoarme Areale abgegrenzt werden. Gutartige submuköse Magentumoren stellen sich eindeutig intramural gelegen dar, sind scharf abgrenzbar und durchbrechen die äußere Magenwand nicht. Beim Magenfrühkarzinom können Ausbreitung und paragastrische Lymphknoten erfaßt werden.

Die EUS ist nicht als Alternativuntersuchung zu konventionellen Verfahren anzusehen, beim präoperativen Staging jedoch gut einsetzbar.

Die Indikation zur **Computertomographie** (CT) ist nicht der Tumornachweis, sondern die Bestimmung des Ausbreitungsgrades. Voraussetzung für eine gute Beurteilbarkeit der Magenwand ist ein distendierter Magen (Abb. 1). Ein großer Teil der T1-Tumoren wird als umschriebene Wandverdickung erfaßt [12–14]. Ein Kalknachweis wird nur in sehr seltenen Fällen beschrieben [15]. Bei Wandauftreibungen über 2 cm ist meist die Serosa überschritten. Infiltrative Tumorformen, die endoskopisch Probleme bereiten, erscheinen als segmentale oder totale Wandverdickung des Magens. Eine höckrige äußere Magenkontur und feine strahlige Ausläufer sind ein Indiz für einen Serosabefall. Indirektes Zeichen einer Serosadurchwanderung ist auch ein peritonealer Aszitesnachweis [16].

Falsch positive Befunde können durch Pankreaspseudozysten oder Impression durch einen vergrößerten linken Leberlappen entstehen [17]. Eine direkte Ausbreitung des Tumors über die Magenwand hinaus erfolgt an den Kontaktflächen zu Leber, Colon transversum und am häufigsten zum Pankreas. Ein Hinweis auf eine Infiltration eines Nachbarorgans ist auch das Fehlen von Fetttrennungslinien.

Der Stellenwert der **Kernspintomographie (MRT)** bei der Evaluierung von karzinomatösen Erkrankungen des Magens ist weder aus eigenen Ergebnissen noch aus der Literatur erhebbar. Diese Methode scheint gegenwärtig keinen Beitrag zu leisten.

Orale MR-Kontrastmittel dürften zwar die Situation der diagnostischen Möglichkeiten im Oberbauch verbessern, subtile Veränderungen im Bereich der Magenwandungen werden auf Grund der langen Untersuchungszeiten jedoch nur äußerst schwer zu erfassen sein.

Zur Abklärung eines suspizierten Magenkarzinoms stellen somit die *konventionelle Doppelkontrastdarstellung* des Magens zusammen mit der *Endoskopie* die Erstuntersuchung dar. Vorteil der Endoskopie ist die Erfassung früher Veränderungen bei kleinem T-Stadium und die Möglichkeit der Biopsie, während der Vorteil des Magenröntgens in der Erfassung der Frühformen (submuköser Tumoren) mit intakter Schleimhaut und des szirrhösen Karzinoms liegt.

Bei der *transkutanen Sonographie* können Hinweise auf maligne Magenwandveränderungen gefunden werden, ihre Spezifität ist aber gering, eine weiterführende Untersuchung unbedingt erforderlich.

Die Stärke der *Endosonographie* liegt in ihrer hohen räumlichen Auflösung bei allerdings geringer Eindringtiefe und somit in der Beurteilung niederer T-Stadien.

Die Stärke der *CT* ist die Beurteilung höherer T-Stadien. Wie Studien zeigen, ist ein sicheres T-Staging nur intraoperativ möglich [18].

N-Staging: Lymphknoten

Sowohl **sonographisch** als auch **computertomographisch** sind der Erfassung regionaler Lymphknoten Grenzen gesetzt [19]. Die Lymphknoten der Magenwand (N1) sind der CT schwer zugänglich, diagnostisch sind sie jedoch meist nicht relevant, da sie in der Regel operativ mitentfernt werden. Knoten entlang der Arteriae gastrica sinistra, lienalis, coeliaca und hepatica communis (N2) sowie paraaortale und im Bereich des Ligamentum hepatoduodenale gelegene Lymphknoten (N3) bedürfen sowohl in der Sonographie als auch in der CT großer diagnostischer Erfahrung. Nicht jeder vergrößerte Lymphknoten ist notwendigerweise maligne, und nicht jeder metastatisch befallene Lymphknoten ist vergrößert. Dies erklärt auch die eher schlechten Ergebnisse in der Beurteilung von Lymphknotenmetastasen mittels CT [18]. In einem Vergleich von CT und chirurgischem Staging erwies sich die CT in nur 67% als sensitiv und in 61% als spezifisch. Der Durchmesser der falsch positiv eingestuften Lymphknoten betrug 14 mm, jener der richtig positiven Lymphknoten 15 mm. Die geringe Spezifität ist auch durch die reaktive Hyperplasie benigner Lymphknoten bedingt. In der Beurteilung der Lymphknoten ist daher eine direkte Größenangabe empfehlenswert, die Zuordnung in benigne oder maligne nur in eingeschränktem Maße möglich.

Sonographisch sind dem Lymphknotenstaging Grenzen gesetzt [20], da auch hier nur die Größe des Lymphknotens das Beurteilungskriterium darstellt. Wichtig ist vor allem eine exakte Größen- und Formangabe.

Literatur

1. TNM Atlas (UICC) (1989) Illustrierter Leitfaden zur TNM/pTNM-Klassifikation maligner Tumoren. Springer, Berlin Heidelberg New York Tokyo
2. Laufer I, Levine MS (1992) Double contrast gastrointestinal radiology, 2nd edn. Saunders, Philadelphia London Toronto Montreal Sydney Tokyo, pp 260, 496
3. Barentsz JO, Rosenbusch GR, Strijk SP, et al (1986) Radiologic examination in gastric cancer. Acta Radiol 27: 547
4. Czembirek H, Pokieser H, Herlinger H, et al (1982) Doppelkontrasttechnik in der gastrointestinalen Radiologie. Facultas, Wien
5. Maruyama M, Preece PE, Cuschieri A, et al (1986) Comparison of radiology and endoscopy in the diagnosis of gastric cancer. Cancer of the stomach. Grune & Stratton, Orlando, p 123

6. Winawer SJ, Posner G, Lightdale CJ, et al (1975) Endoscopic diagnosis of advanced gastric cancer. Gastroenterology 69: 1183
7. Tatsuta M, Iishi H, Okuda S, et al (1989) Prospective evaluation of diagnostic accuracy of gastrofiberoscopic biopsy in diagnosis of gastric cancer. Cancer 63: 1415
8. Levine MS, Kong V, Rubesin SE, et al (1990) Scirrhous carcinoma of the stomach: radiologic and endoscopic diagnosis. Radiology 175: 151
9. Balthazar EJ, Rosenberg H, Davidian MM (1980) Scirrhous carcinoma of the pyloric chanel and distal antrum. Am J Roentgenol 134: 669
10. Bilger R (1989) Klinische abdominelle Ultraschalldiagnostik. Fischer, Stuttgart New York
11. Aufschnaiter M (1981) Das sonographische Bild des diffus infiltrierenden Magentumors. Fortschr Röntgenstr 134: 677
12. Yeh HC, Rabinowitz JG (1981) Ultrasonography and computed tomography of gastric wall lesions. Radiology 141: 147
13. Komaki S (1982) Normal or benign gastric wall thickening demonstrated by computed tomography. J Comput Assist Tomogr 6: 1103
14. Komaki S, Toyoshima S (1983) CT's capability in detecting advanced gastric cancer. Gastrointest Radiol 8: 307
15. Nishimura K, Togashi K, Tohdo G, et al (1984) Computed tomography of calcified gastric carcinoma. J Comput Assist Tomogr 8: 1010
16. Wegener OH (1992) Ganzkörpercomputertomographie, 2. Aufl. Blackwell Wissenschaft, Berlin, S 322
17. Pillari G, Weinreb J, Vernace F, et al (1983) CT of gastric masses: image patterns and a note on potential pitfalls. Gastrointest Radiol 8: 11
18. Sussman SK, Halvorsen RA, Illescas FF, et al (1988) Gastric adenocarcinoma: CT versus surgical staging. Radiology 167: 335
19. Cook AO, Levine BA, Sirinek KR (1986) Evaluation of gastric adenocarcinoma. Arch Surg 121: 603
20. Rettenmaier G, Seitz K (1990) Sonographische Differentialdiagnostik, Bd 1. VCH Verlagsgesellschaft, Weinheim Basel Cambridge New York, S 1072

Lymphom des Magens

G. Heinz-Peer

Das Lymphom ist nach dem Karzinom der häufigste maligne Tumor des Magens. Ca. 2%–5% aller Magentumoren sind primäre Magenlymphome [1]. Sie finden sich als gastrale Manifestation im Rahmen eines Non-Hodgkin- oder Hodgkin-Lymphoms oder als primäres malignes Lymphom des Magens. Der Altersgipfel liegt in der 5.–7. Dekade. Männer und Frauen sind gleich häufig betroffen [2].

Das Magenlymphom entsteht aus lymphoiden Zellen der Submukosa oder tieferer Schichten der Mukosa. Histologisch handelt es sich in 90%–95% um ein **Non-Hodgkin-Lymphom**, in 5%–10% um ein **Hodgkin-Lymphom** [3]. Die klinischen Symptome sind unspezifisch und treten erst im Spätstadium mit Übelkeit, Erbrechen und Gewichtsverlust auf. In seltenen Fällen kommt es zum Auftreten eines palpablen Tumors.

Stadieneinteilung-Staging

Wie beim Morbus Hodgkin wird das *Ann-Arbor-Staging-System* auch beim Non-Hodgkin-Lymphom angewandt. Die Ann-Arbor-Klassifikation, welche ein klinisches Stadium definiert, um das Ausmaß der Erkrankung zu kennzeichnen, berücksichtigt auch radiologische Untersuchungsergebnisse (Tabelle 1).

Bildgebende Diagnoseverfahren und radiologische Erscheinungsformen

Die Diagnostik des primären Magenlymphoms ist schwierig, sodaß meistens die Kombination radiologischer, endoskopischer und histologischer Untersuchungsmethoden letztlich zur Diagnose führt.

Neben anamnestischen und klinischen Untersuchungen stellt die **Doppelkontrastdarstellung** des Magens eine wichtige radiologische Untersuchungs-

Tabelle1. Stadieneinteilung des Morbus Hodgkin nach der Ann Arbor-Klassifikation (1971)

Stadium I	Befall einer Lymphknotenregion oder lokalisierter extralymphatischer Herd
Stadium II	Befall zweier oder mehrerer Lymphknotenregionen auf der gleichen Seite des Zwerchfells oder Befall eines extralymphatischen Organs und eines oder mehrerer Lymphknoten auf der gleichen Seite des Zwerchfells. Die Milz kann befallen sein, falls der Krankheitsprozeß unterhalb des Zwerchfells liegt
Stadium III	Befall beidseits des Zwerchfells; die Milz oder extralymphatische Herde oder beide können einbezogen sein
Stadium IV	Disseminierter Organbefall mit oder ohne Lymphknotenbefall

methode in der *Früherkennung der Magenlymphome* dar [4]. Das Magenlymphom zeigt im Röntgenbild vielfältige Veränderungen. Die diffuse submuköse Lymphominfiltration verursacht rigide Riesenfalten mit einer nodulären Oberfläche und einer Wandverdickung bei eingeschränkter Dehnbarkeit („teigige Rigidität", Abb. 1).

Eine signifikante Einengung des Magenlumens wird nicht beobachtet. Gleichzeitig oder unabhängig davon können große polypoide, submuköse Tumoren ohne bevorzugte Lokalisation sowie solitäre oder multiple Ulzerationen der Schleimhaut bestehen. In vielen Fällen sind diese Veränderungen unspezifisch und lassen keine eindeutige Differenzierung zwischen Karzinom und Lymphom zu [5, 6]. Dennoch scheinen die Magenveränderungen beim malignen Lymphom meist ausgedehnter als bei den fortgeschrittenen epithelialen Karzinomen vom Typ Borrmann I–III zu sein, und sie respektieren im Gegensatz zum Karzinom über eine längere Zeitspanne die Organgrenzen des Magens.

Die genaue Darstellung von umschriebenen Läsionen und ihrer Lokalisation durch die Doppelkontrastuntersuchung kann auch für eine **gezielte gastroskopische Abklärung** hilfreich sein.

Obwohl für das maligne Magenlymphom charakteristische gastroskopische Veränderungen, wie große rigide Magenfalten und ulzeröse Läsionen, die häufig multipel auftreten und durch lange Fissuren verbunden sind, beschrieben wurden, stellt sich die Endoskopie oft als nicht diagnostisch heraus. Die alleinige Durchführung einer Gastroskopie mit Biopsie und histologischer Aufarbeitung führt in weniger als 20% zum richtigen Ergebnis [4]. Dies ist darauf zurückzuführen, daß viele Lymphome im Anfangsstadium auf die Submukosa beschränkt bleiben und daher der gastroskopischen Beurteilung entgehen.

Mit dem Aufkommen der **Sonographie** und **Computertomographie (CT)** wurden diese Untersuchungsmethoden in zunehmenden Maße auch in der Diagnostik des Gastrointestinaltrakts eingesetzt. Während zu Anfang der Wert beider Methoden in der Diagnostik maligner Tumoren des Magens zurückhaltend beurteilt wurde, zeigte sich in den letzten Jahren mit der Entwicklung neuer

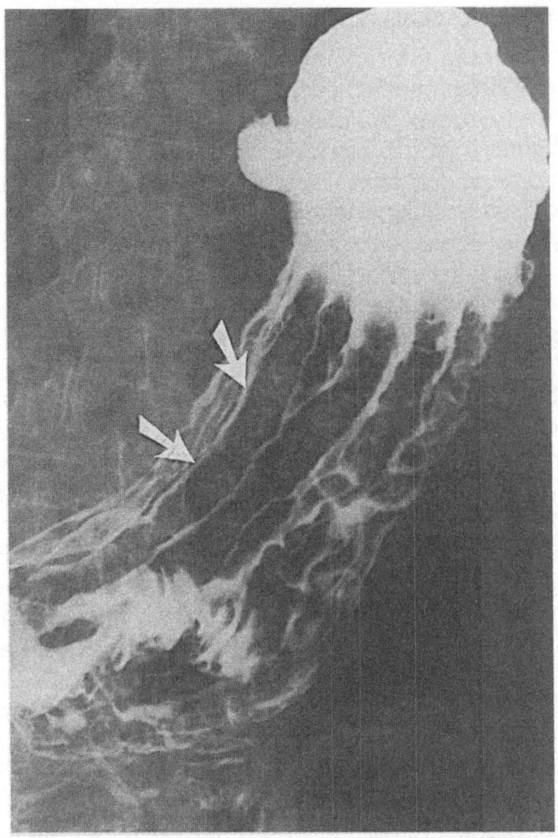

Abb. 1. Doppelkontrastuntersuchung: Submuköses Lymphom des Corpus ventriculi: Faltenverplumpung ohne wesentliche Lumenreduktion (Pfeile)

Gerätetypen, daß die transabdominelle Sonographie und CT bei raumfordernden Prozessen im Bereich des Magens wichtige Zusatzinformationen über den Tumor bezüglich seiner intra- und extraluminären Ausdehnung sowie über das Vorhandensein von Metastasen bzw. abdominellen und retroperitonealen blastomatösen Lymphknoten liefern können und somit für die Therapieplanung von Wert sind [7–9]. Eine genaue Differentialdiagnose zwischen Lymphom und Magenkarzinom ist aber sonographisch wie auch computertomographisch nicht zu stellen. Die geringe Neigung zur Stenosierung des Magenlumens sowie das deutliche Wachstum nach extraluminal lassen sich bei Lymphomen zwar gehäuft nachweisen, bieten jedoch im Einzelfall keine genügenden Abgrenzungsmöglichkeiten gegenüber dem Karzinom. Auch die Erhaltung der perigastrischen Fetttrennungslinien und das Muster des Lymphknotenbefalls können nicht als spezifische Diagnosekriterien gewertet werden [10].

Sonographisch imponiert sowohl das Karzinom als auch das Lymphom meist gleichermaßen echoarm. Hochauflösende Schallköpfe sowie die Methode der Flüssigkeitsfüllung des Magens können manchmal eine genaue Darstellung der einzelnen Schichten der Magenwand ermöglichen, sodaß eine Differenzierung zwischen mukösem und submukösem Prozeß möglich ist [7]. Bei fehlender Abgrenzbarkeit der einzelnen Schichten oder sogenannter „Brückenschichten", die für submuköse Läsionen charakteristisch sind, ist der Wert dieser Methode eingeschränkt. Weiters ist zu berücksichtigen, daß auf die Magenwand beschränkte Karzinome submuköse Tumoren vortäuschen können [7]. Die aufgrund seiner Lokalisation schwierige Einsehbarkeit des Magenfundus stellt einen weiteren Nachteil der transabdominellen Sonographie dar. Entzündliche Wandveränderungen des Magens sind, im Gegensatz zu den tumorösen, weniger umschrieben und führen nur selten zu Asymmetrien der Magenwandkokarde und keinesfalls zu Lumeneinengungen im Korpus-Fundus-Bereich. Eine Ähnlichkeit zwischen Antrumlymphom/-karzinom und einer entzündlichen Pylorusstenose ist denkbar [8].

Computertomographisch ist das maligne Lymphom im Idealfall durch eine starke segmentale oder generalisierte Verdickung der Magenwand auf durchschnittlich 5 cm gekennzeichnet. Gelegentlich finden sich auch lokalisierte oder polypoide Formen. Die Außenkontur der Wand ist meist scharf gegen die Umgebung abgegrenzt; lumenwärts finden sich wellige oder undulierende Oberflächen. Nach intravenöser Kontrastmittelgabe zeigt das maligne Lymphom nur ein geringes Enhancement. Die häufig erkennbaren flächigen zentralen Hypodensitäten demarkieren sich kaum, da sie meist nicht Nekrosebezirken, sondern Lymphomgewebe entsprechen [10]. Ein weiterer Vorteil der CT besteht darin, daß eine *genaue Beurteilung* der *Tumorausbreitung* sowie *eventuell mitbefallener abdomineller Lymphknoten* möglich ist. Dies ist besonders hinsichtlich der Therapieplanung von Wichtigkeit. Die Bedeutung der CT in der *Verlaufskontrolle* nach Lymphomtherapie ist unumstritten.

Die **Endosonographie** ermöglicht wesentlich besser als die transabdominelle Sonographie die *Darstellung der einzelnen Magenwandschichten* sowie *angrenzender Strukturen* [11, 12]. Man unterscheidet fünf anatomische Schichten unterschiedlicher Echogenität [13]:

a) eine echoreiche Grenzschicht zwischen Flüssigkeitsinhalt des Magens und der Mukosaoberfläche;
b) eine echoarme Schicht im Bereich der angrenzenden Mukosaabschnitte;
c) eine echoreiche Schicht im Bereich der tiefen Abschnitte der Submukosa bzw. der Submukosa-Muscularis-Grenzfläche;
d) eine echoarme Schicht im Bereich der Muscularis propria und schließlich
e) eine echoreiche Schicht im Bereich der Grenzfläche Serosa und umgebende Strukturen.

Mehrere Endosonographie-Studien [14–16] konnten einige für das *primäre Magenlymphom typische* bzw. *pathognomonische Charakteristika* aufzeigen. Die ausgedehnte ausschließliche Infiltration der Schichten b) und c) mit lokalisierten mukösen Ulzerationen, die vorwiegend longitudinale oder horizontale Ausdehnung (Magenkarzinome zeigen hauptsächlich vertikale Ausdehnung) aufweisen, sowie die relative Aussparung der Mucosa sind hochgradig suspekt für ein Lymphom. Die Endosonographie ermöglicht auch eine *genaue Beurteilung der extramuralen Ausdehnung der Läsion*, manchmal sogar exakter als die CT [16].

Bezüglich der *Beurteilung des regionären Lymphknotenbefalls* liegen unterschiedliche Ergebnisse [15, 16] vor, in der *Beurteilung entfernterer Lymphknoten* ist die CT der Endosonographie überlegen.

Bezüglich des Einsatzes der **Magnetresonanztomographie (MRT)** in der Diagnostik des primären Magenlymphoms liegen bisher kaum Erfahrungen vor. Dies mag einerseits auf die schlechtere Verfügbarkeit, die hohen Untersuchungskosten und die lange Untersuchungsdauer zurückzuführen sein, andererseits auf generell in der Magen-Darm-Diagnostik fehlende spezifische Parameter in der MRT, sodaß gegenüber billigeren und schneller verfügbaren bildgebenden Methoden keine wesentliche Zusatzinformation zu erwarten ist.

Zusammenfassung

Die **Doppelkontrastdarstellung** des Magens (Abb. 1) stellt die *Standarduntersuchungsmethode in der Diagnose des Magenlymphoms* dar. Obwohl in vielen Fällen die Veränderungen unspezifisch sind und im Einzelfall keine eindeutige Differenzierung zwischen Karzinom, Lymphom und benignen Ursachen der Faltenverplumpungen zulassen, sind ausgedehnte Läsionen, die die Organgrenzen des Magens respektieren, hochgradig suspekt auf malignes Lymphom. Im Falle einer auf die Submukosa beschränkten Tumorausbreitung dient die Doppelkontrastdarstellung zur Lokalisation einer gezielten Biopsiestelle.

Der Vorteil der **Gastroskopie** liegt in der Möglichkeit der *bioptischen Gewebeentnahme*. Die niedrige Spezifität (ca. 20%) dieser Methode in der Magenlymphomdiagnostik ist darauf zurückzuführen, daß die malignen Lymphome im Anfangsstadium auf die Submukosa beschränkt bleiben. Eine *Kombination mit radiologischen Untersuchungsmethoden* ist in der Abklärung eines primären Magenlymphoms von wesentlicher Bedeutung.

Die **transabdominelle Sonographie** ist lediglich für das *Erkennen einer pathologischen Magenkokarde* (Abb. 2) bei Patienten mit unspezifischer Oberbauchsymptomatik von Bedeutung. Dieser Befund ist jedoch unspezifisch. Daher ist die Sonographie nicht primäre bildgebende Methode in der Diagnostik des malignen Magenlymphoms. Ein Vorteil der „konventionellen" Sonographie besteht jedoch darin, daß eine Zusatzinformation bezüglich *intra- und extraluminärer Tumorausdehnung* sowie über das *Vorhandensein von Metastasen* bzw. *intra- und retroperitonealer blastomatöser Lymphknoten* gewonnen werden kann.

Die **Endosonographie** kann in der Regel einige *für das primäre Magenlymphom typische Charakteristika* aufzeigen. Die Infiltration der echoarmen Schicht im Bereich der angrenzenden Mukosaabschnitte sowie der echoreichen Schicht im Bereich der tiefen Abschnitte der Submukosa sind pathognomonisch für das maligne Lymphom. Ein weiterer Vorteil der Endosonographie ist die *genaue Beurteilung der extramuralen Ausdehnung des Tumors.*

Die **CT** ist sicherlich nicht die Methode der ersten Wahl in der initialen Diagnostik des primären Magenlymphoms. Sie bietet jedoch *genaue Information über die Lokalisation, Tumorausbreitung* und das *Vorhandensein von mitbefalle-*

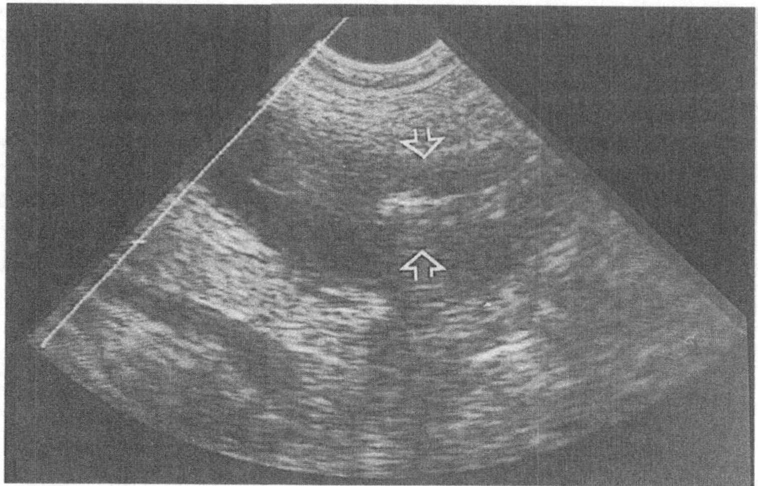

Abb. 2. Sonographie: Diffuse Wandverdickung des Magens (Pfeile)

nen Lymphknoten. Gerade im letzterwähnten Punkt ist sie sämtlichen anderen Methoden überlegen und ist daher von entscheidender Bedeutung im genauen *Staging der Magenlymphome.* Dies ist insofern von prätherapeutischer Konsequenz, als maligne Lymphome im Stadium I und II einer operativen Therapie unterzogen werden, während im Stadium III und IV eine Radio- bzw. Chemotherapie bevorzugt wird. Die CT hat außerdem einen unumstrittenen Stellenwert im *posttherapeutischen Monitoring* und kann Tumorrezidive frühzeitig erkennen.

Literatur

1. Shimm DS, Dosoretz DE, Anderson T, et al (1983) Primary gastric lymphoma: an analysis with emphasis on prognostic factors and radiation therapy. Cancer 52: 2044
2. Schinz H (1986) Radiologische Diagnostik in Klinik und Praxis. In: Frommhold W, Dihlmann W, Stender HST, et al (Hrsg) Abdomen, Bd III/1, 7. Aufl. Thieme, Stuttgart, S 398
3. Brooks JJ, Enterline HT (1983) Primary gastric lymphomas: a clinico-pathologic study of 58 cases with long term follow up and literature review. Cancer 51: 701
4. Menuck LS (1976) Gastric lymphoma, a radiologic diagnosis. Gastrointest Radiol 1: 157
5. Jenkinson EL, Epperson KD, Pfisterer WH (1954) Primary lymphosarcoma of the stomach. Am J Roentgenol 72: 34
6. Portmann UV, Dunne EF, Hazard JB (1954) Manifestations of Hodgkin's disease of the gastrointestinal tract. Am J Roentgenol 72: 772
7. Miyamoto Y, Tsujimoto F, Tada S (1988) Ultrasonographic diagnosis of submucosal tumors of the stomach: the „bridging layers" sign. J Clin Ultrasound 16: 251

8. Köster O, Harder Th (1982) Computertomographische und sonographische Therapiekontrolle beim Non-Hodgkin-Lymphom des Magens. Fortschr Röntgenstr 137: 727
9. Lee KR, Levine E, Moffat RE, et al (1979) Computed tomographic staging of malignant gastric neoplasms. Radiology 133: 151
10. Buy JN, Moss AA (1982) Computed tomography of gastric lymphoma. Am J Roentgenol 138: 859
11. Caletti GC, Bolondi L, Labo G (1984) Ultrasonic endoscopy of the gastrointestinal wall. Scand J Gastroenterol 19 [Suppl] 102: 5
12. Tanaka Y, Yasuda K, Aibe T, et al (1984) Anatomical and pathological aspects in ultrasonic endoscopy for gastrointestinal tract. Scand J Gastroenterol 19 [Suppl] 94: 43
13. Bolondi L, Casanova P, Santi V, et al (1986) Sonographic appearence of the normal gastric wall: an in vitro study. Ultrasound Med Biol 12: 991
14. Caletti GC, Zani L, Bolondi L, et al (1988) Impact of endoscopic ultrasonography on diagnosis and treatment of primary gastric lymphoma. Surgery 103: 315
15. Tio TL, Den Hartog Jager FCA, Tijtgat GNJ (1986) Endoscopic ultrasonography of non-Hodgkin lymphoma of the stomach. Gastroenterology 91: 401
16. Bolondi L, Casanova L, Caletti GC, et al (1987) Primary gastric lymphoma versus gastric carcinoma: endoscopic US evaluation. Radiology 165: 821

Leiomyosarkom des Magens

J. Kettenbach

Maligne mesenchymale Tumoren sind seltene gastrointestinale Raumforderungen. Etwa 1%–3,5% aller primären Malignome des Magens stellen Leiomyosarkome dar. Ihr Altersgipfel liegt zwischen dem 54. und 64. Lebensjahr; Männer sind etwas häufiger betroffen als Frauen, wobei jedoch in anderen Arbeiten eine umgekehrte Geschlechtsprävalenz beobachtet wurde [1, 2]. Bei Patienten mit Leiomyosarkomen wurden chromosomale Abnormalitäten beobachtet [3]. Ein seltenes Syndrom mit einer deutlichen Prävalenz des weiblichen Geschlechts stellt das *Carney-Syndrom* [4, 5] dar, bei dem es im jungen Lebensalter zum Auftreten von Leiomyosarkomen (bzw. Leiomyoblastomen), extraadrenalen Paragangliomen und chondromatösen Hamartomen in der Lunge kommt.

Leiomyosarkome werden oft erst dann symptomatisch, wenn der Tumor durch ein großes Volumen zu Symptomen wie *abdominellen Schmerzen* (51%), durch Ulzeration zu *Melaena* (36%), oder *Hämatemesis* (14%) führt. Übelkeit oder Erbrechen sowie Gewichtsverlust sind weitere unspezifische Symptome; bei 14% der Patienten kann eine Resistenz im Oberbauch palpiert werden. Aufgrund der unspezifischen klinischen Symptomatik wurde eine durchschnittliche Verzögerung in der Diagnose von 3,5 Monaten (1 Tag bis 9,5 Jahre) beobachtet [6].

Ihren Ursprung haben Leiomyosarkome meist im Bereich der *großen Kurvatur* (25%), im *Fundus* (20%), an der *kleinen Kurvatur* (16%) oder im *Antrum* (8%) des Magens. In zwei Prozent der Patienten liegen *multiple Leiomyosarkome* vor. Zum Zeitpunkt der Diagnose haben Leiomyosarkome meist einen Durchmesser von 10 cm erreicht [7]. Ausgehend von der Tunica muscularis der Magenwand wachsen Leiomyosarkome intramural und können im fortgeschrittenen Stadium Nachbarorgane wie Leber, Milz, Pankreas und Niere direkt infiltrieren. Große Leiomyosarkome neigen zu Ulzerationen (61%) und zentralen Nekrosen mit gelegentlichen Verkalkungen [8]. Der Tumor metastasiert *hämatogen* in Leber und Lunge; Lymphknotenmetastasen sind jedoch sehr selten [9, 10].

Morphologisch, klinisch, aber auch histologisch kann die *Differenzierung* des *Leiomyosarkoms von anderen mesenchymalen Tumoren*, wie dem

Schwannom, aber auch vom *gutartigen Leiomyom* schwierig sein. Leiomyosarkome sind häufig größer als 5 cm und zeigen ein rasches Wachstum, häufig extragastral gelegene Tumormassen, Ulzerationen sowie zentrale Nekrosen [11]. *Histologisch* basiert die Differenzierung zwischen Leiomyosarkom und Leiomyom im wesentlichen auf der Beurteilung der Anzahl der Mitosen, des Zellreichtums und des Nachweises von Zellatypien oder Nekrosen. Anhand der Mitoserate [12] werden Leiomyosarkome in *high-grade* und *low-grade Tumoren* unterteilt. Mehr als 10 Mitosen im Gesichtsfeld sprechen für ein high-grade Leiomyosarkom. Patienten mit high-grade Leiomyosarkomen haben ein höheres Risiko für Lokalrezidive und eine kürzere Überlebenszeit. Einen weiteren prognostischen Faktor stellt die Tumorgröße dar; auch die Tumorruptur, entweder spontan oder iatrogen, ist mit einer signifikant schlechteren Prognose behaftet [11–14].

Stadieneinteilung

Die Stadieneinteilung erfolgt nach einem TGM-System [15] (Tabelle 1). Diese Tumorklassifikation erlaubt eine Beurteilung der Prognose und 5-Jahres-Überlebenszeit von Patienten mit Leiomyosarkomen [14] (Tabelle 2).

Bildgebende Verfahren

Ausgedehnte Leiomyosarkome können als weichteildichte Raumforderung im Oberbauch auf der **Abdomenübersichtsaufnahme** zur Darstellung gelangen (Abb. 1).

Im **Magenröntgen** imponieren Leiomyosarkome als klassische Beispiele intramuraler Raumforderungen (Abb. 2). Ein glatt begrenzter Füllungsdefekt mit intaktem Schleimhautbeschlag wird häufig bei kleinen Tumoren gefunden, ausgedehnte Leiomyosarkome zeigen häufiger unregelmäßige Konturen durch ausgedehnte Ulzerationen [16, 17]. Die **Gastroskopie** hat gegenüber dem Magenröntgen in der Diagnostik des Leiomyosarkoms den Vorteil der *Mög-*

Tabelle 1. Stadieneinteilung der Leiomyosarkome nach dem TGM-Schema

T1	Tumor kleiner als 5 cm im Durchmesser
T2	Tumor größer oder gleich 5 cm im Durchmesser
T3	Kontinuierliche Organinvasion oder peritoneale Metastasen
T4	Tumorruptur
G1	Low grade Tumor
G2	High grade Tumor
M0	Keine Fernmetastasen
M1	Fernmetastasen

Tabelle 2. Prognose und Überleben von Patienten mit Leiomyosarkomen des Magens, der TGM-Klassifikation entsprechend

TGM-Schema	Staging	Rezidivfrei nach 2 Jahren (%)	5-Jahres-Überlebensrate (%)
T_1 G_1 M_0	I	89	75
T_2 G_1 M_0	II	57	52
T_{1-2} G_2 M_0 T_3 G_{1-3} M_0	III	47	28
M_1 oder inkomplette Resektion	IV A	—	12
T_4	IV B	19	7

TGM-Schema siehe Tabelle 1

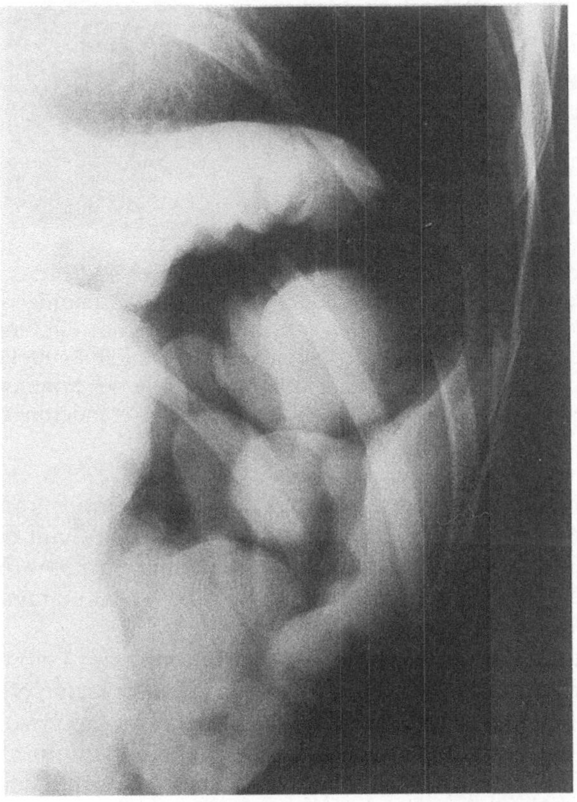

Abb. 1. Abdomen-Röntgen: Innerhalb des luftmarkierten Magens befinden sich rundliche, zum Teil knollige weichteildichte Strukturen von bis zu 3,5 cm Durchmesser

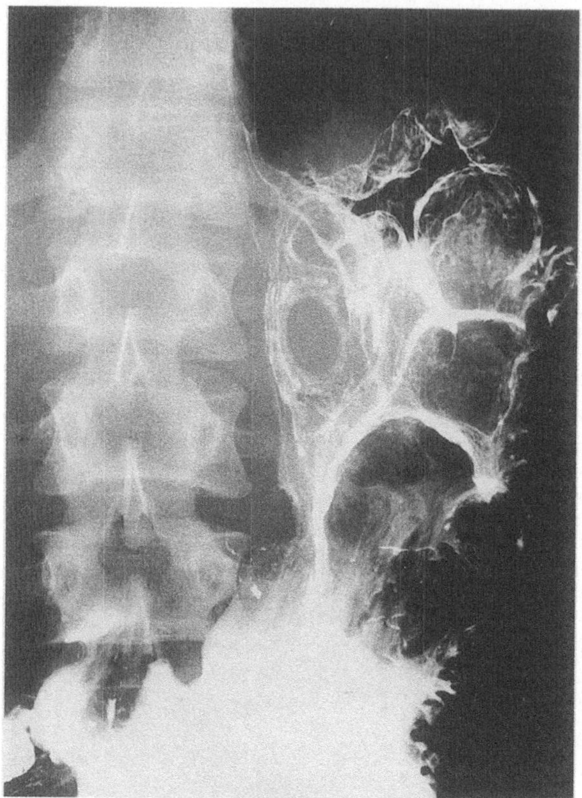

Abb. 2. Magenröntgen in Doppelkontrast: Im Fundus und im Corpus ventriculi zeigen sich polypoide, rundliche, glatt begrenzte Kontrastmittel-Aussparungen von bis zu 7 cm Durchmesser, welche in das Lumen ragen und dieses zum Großteil ausfüllen. Der Kontrastmittel-Beschlag ist etwas unregelmäßig; das Schleimhautrelief sonst regulär; verminderte Entfaltbarkeit des Lumens, sonst gute Passage des Kontrastmittels, welches den Magen zwischen den rundlichen Schleimhautveränderungen passiert

lichkeit der Biopsieentnahme, allerdings können kleine intramural gelegene Leiomyosarkome bei intakter darüber liegender Schleimhaut dem endoskopischen Nachweis entgehen. Beide Methoden erlauben keine Beurteilung der Infiltrationstiefe der Schichten der Magenwand bzw. der extragastralen Tumorausdehnung.

In der **perkutanen Sonographie** (Abb. 3) imponieren Leiomyosarkome als echoarme Raumforderungen, die zentral als Ausdruck der Nekrose echofrei erscheinen können [18, 19]. Gerade bei ausgedehnten Leiomyosarkomen kann die Zuordnung dieser Raumforderung zum Magen sonographisch Schwierigkeiten bereiten. Die **endoskopische Sonographie** (Abb. 4) ermöglicht eine deutlich *bessere räumliche Auflösung der Magenwandstrukturen* und eine *exakte Beurteilung eines intramuralen Tumors* [20]. Leiomyosarkome imponieren als echoarme Raumforderungen, ausgehend von der Schicht 4 der fünfschichtigen Ma-

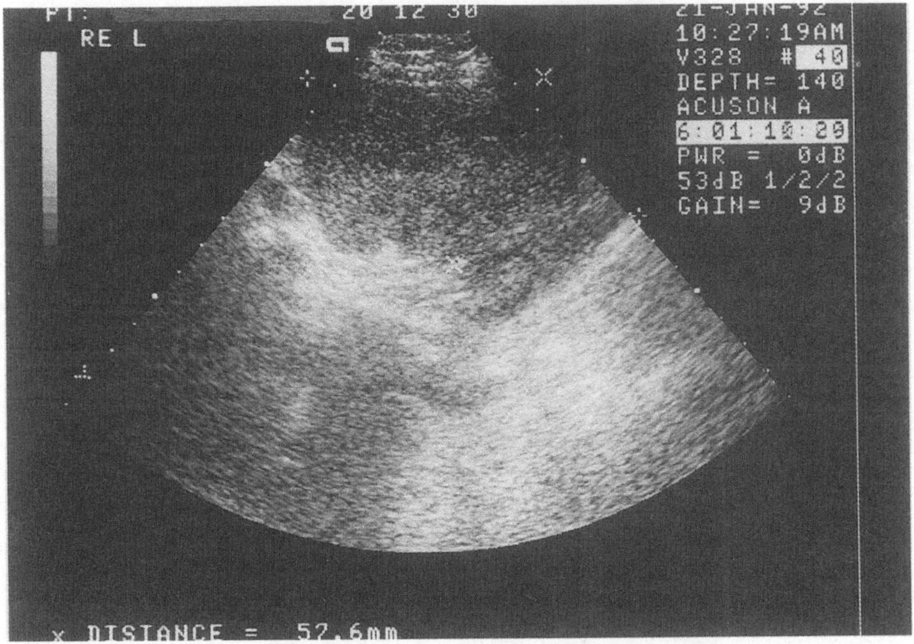

Abb. 3. Sonographie des Oberbauchs: 62jähriger Mann, Zustand nach Gastrektomie wegen Leiomyosarkom vor 3 Jahren. Im rechten Mittelbauch zeigt sich unterhalb der Leber eine ca. 10 x 5 cm große, inhomogen strukturierte, überwiegend echoarme Raumforderung. Dieser Befund wurde intraoperativ als Leiomyosarkomrezidiv/lokale Metastase bestätigt. Histologie: niedrig differenziertes (sog. epitheloides) Leiomyosarkom

genwand. Die durch den intramuralen Tumor dann bogenförmig abgehobenen Schichten der Magenwand 1–3 bilden ein charakteristisches sonographisches Merkmal, das *Mucosal-bridging-layer-sign*. Die endoskopische Sonographie erlaubt in 75% ein *exaktes präoperatives Staging* des Leiomyosarkoms [21–24].

In der **Computertomographie (CT)** [25] imponieren Leiomyosarkome als weichteildichte Raumforderungen (Abb. 5), die zentral liquide Nekroseareale aufweisen können. Leiomyosarkome zeigen ein mäßiges Kontrastmittel-Enhancement. Zentrale Gasansammlungen im Tumor finden sich bei Ulzerationen oder bei Superinfektion des Tumors. Die CT ist die Methode der Wahl zur *Beurteilung der Tumorinfiltration in die Nachbarorgane*.

In der **Magnetresonanztomographie (MRT)** haben Leiomyosarkome auf T1-gewichteten Sequenzen die gleiche Signalintensität wie Muskelgewebe und erscheinen auf T2-gewichteten Sequenzen als hyperindense Raumforderungen [26]. Derzeit liegen nur wenige Angaben zum Stellenwert der MRT in der Diagnostik des Leiomyosarkoms vor [27–29].

Die **Angiographie** hat heute einen Stellenwert in der präoperativen Diagnostik nur als *therapeutische Methode* mit der Möglichkeit der *Embolisation* bei massiver Blutung aus einem Leiomyosarkom.

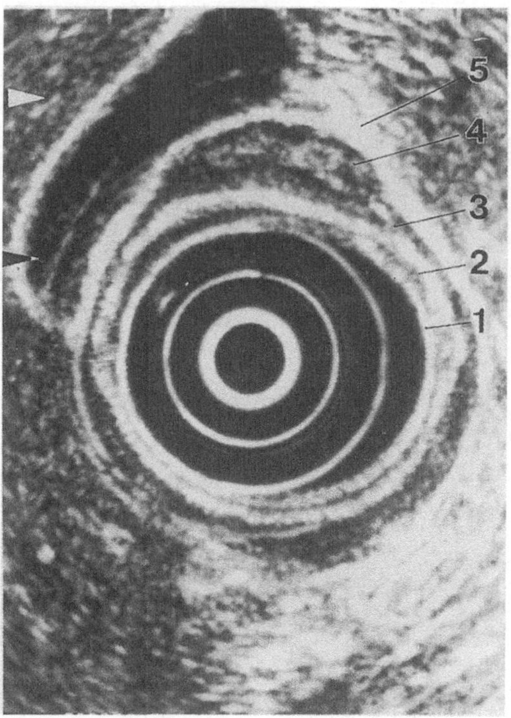

Abb. 4. Endosonographie des Magens (Querschnitt durch Antrum ventriculi): 38jährige Frau, Durchuntersuchung wegen Oberbauchschmerzen. Fünfschichtiger Aufbau der Magenschleimhaut (*1–5*) mit einer ca. 2 x 1 cm großen echoarmen, etwas inhomogenen Raumforderung innerhalb bzw. ausgehend von der echoarmen Schicht (*4*), welche der Lamina muscularis entspricht. Diese Raumforderung ist gegenüber den angrenzenden Schichten (*3, 5*) gut abgrenzbar. Wegen der Kompression durch den Schallkopf ist das Mucosal-bridging-sign nur angedeutet darstellbar, der normale sonomorphologische Aufbau der Magenwand jedoch gut erkennbar: Die innerste echoreiche Schicht (*1*) stellt die Grenze des Magenlumens zur Schleimhaut dar und entspricht gemeinsam mit der echoarmen Schicht (*2*) der Mukosa. Die echoreiche Schicht (*3*) entspricht der Submukosa, die echoarme Schicht (*4*) darunter der Muskelschicht. Die abschließende echoreiche Schicht (*5*) entsteht durch das kombinierte Echo Serosa-perigastrisches Gewebe. Mitdargestellt: Gallenblase (schwarzer Pfeil) und Leberparenchym (weißer Pfeil). Bei endosonographischen Kontrollen innerhalb von 2 Jahren war keine Größenzunahme der umschriebenen Läsion innerhalb der Muskelschicht (*4*) der Magenwand nachweisbar. Das Vorliegen eines Leiomyoms ist daher sehr wahrscheinlich (sonographisch von einem Leiomyosarkom nicht differenzierbar)

Wir danken Herrn Dr. Rainer Schöfl von der Univ.-Klinik für Innere Medizin IV (Abteilung für Gastroenterologie und Hepatologie, Vorstand: Univ.-Prof. Dr. A. Gangl) für die freundlicherweise zur Verfügung gestellte endosonographische Abbildung

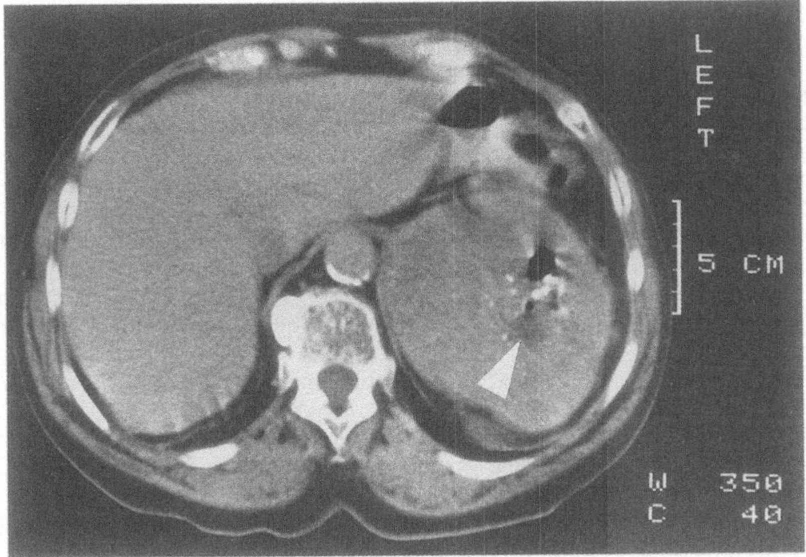

Abb. 5. Computertomographie des Oberbauchs: 74jährige Frau, Druckgefühl im Oberbauch, okkulte gastrointestinale Blutungen. Durch ein endophytisch wachsendes Leiomyosarkom von ca. 10 cm Durchmesser wird die Magenwand verdickt und das Lumen irregulär verengt. Innerhalb des Tumors sind kleinste Verkalkungen nachweisbar; der Tumor selbst zeigt nur mäßiges Kontrastmittel-Enhancement mit einigen hyodensen nekrotischen Arealen (Pfeil)

Zusammenfassung

Das primäre Leiomyosarkom des Magens stellt einen seltenen Tumor dar. Die *Primärdiagnostik* erfolgt durch das *Magenröntgen* und die *Gastroskopie*. Es muß jedoch betont werden, daß die **endoskopische Sonographie** die höchste Sensitivität im *Nachweis intramuraler Magenraumforderungen* aufweist und somit eigentlich als Methode der Wahl zum Nachweis des Leiomyosarkoms angesehen werden sollte.

CT und **MRT** sind geeignete bildgebende Verfahren, um bei fortgeschrittenen und großen Raumforderungen Aussagen bezüglich der *Infiltration von Nachbarorganen* zu liefern. Mit keiner bildgebenden Methode ist eine sichere Differenzierung zwischen Leiomyosarkom und benignem Leiomyom oder anderen Ursachen einer intramuralen Raumforderung des Magens möglich. Neben der gastroskopisch durchgeführten Biopsie kommt gerade beim Leiomyosarkom auch der **perkutan sonographisch** und **computertomographisch gezielten Biopsie** ein hoher Stellenwert in der präoperativen feingeweblichen Diagnostik zu.

Literatur

1. Bruneton JN, Caramella E, Cazenaveet P, et al (1987) Gastric leiomyosarcoma: comparative value of barium examinations, ultrasonography and CT scans. Eur J Radiol 7: 160
2. Scatarige JC, Fishman EK, Jones B, et al (1985) Gastric leiomyosarcoma: CT observations. J Comput Assist Tomogr 9: 320
3. Sreekantauah C, Davis JR, Sandberg AA (1993) Chromosomal abnormalities in leiomyosarcoma. Am J Pathol 142: 293
4. Persson St, Kindblom LG, Angervall L, et al (1992) Metastasizing gastric epitheloid leiomyosarcomas (leiomyoblastomas) in young individuals with long-term survival. Cancer 70: 721
5. Blei E, Gonzalez-Crussi F (1992) The intriguing nature of gastric tumors in Carney's triad. Cancer 69: 292
6. Disler DG, Chew FS (1992) Gastric leiomyosarcoma. Am J Roentgenol 159: 58
7. Morrissey K, Cho ES, Gray GF Jr, et al (1973) Muscular tumors of the stomach: clinical and pathological study of 113 cases. Ann Surg 178: 148
8. Nishimura K, Togashi K, Tohdo G, et al (1984) Computed tomography of calcified gastric carcinoma. J Comput Assist Tomogr 8: 1010
9. Evans HL (1985) Smooth muscle tumors of the gastrointestinal tract. Cancer 56: 2242
10. Weingrad DN, Rosenberg SA (1978) Early lymphatic spread of osteogenic and soft-tissue sarcomas. Surgery 84: 231
11. Megibow AJ, Balthazar EJ, Hulnick DH, et al (1985) CT evaluation of gastrointestinal leiomyomas and leiomyosarcomas. Am J Roentgenol 144: 727
12. Dougherty MJ, Compton C, Talbert M, et al (1991) Sarcomas of the gastrointestinal tract. Separation into favorable and unfavorable prognostic groups by mitotic count. Ann Surg 214: 569
13. Grant CS, Kim CH, Farrugia G, et al (1991) Gastric leiomyosarcoma. Prognostic factors and surgical management. Arch Surg 126: 985
14. Ng EH, Pollock RE, Munsell MF, et al (1992) Prognostic factors influencing survival in gastrointestinal leiomyosarcomas. Implications for surgical management and staging. Ann Surg 215: 68
15. Tio TL, Coene PP, Schouwink MH, et al (1989) Esophagogastric carcinoma: pre-operative TNM classification with endosonography. Radiology 173: 411
16. Brezina K, Kern H, Proszowski P (1979) Ergebnisse der kombiniert röntgenologisch endoskopischen Untersuchung des Magens. Wien Klin Wochenschr 91: 654
17. Schatzki R, Hawes LE (1942) The roentgenological appearance of extramucosal tumors of the esophagus. Am J Roentgenol Radium Ther Nucl Med 48: 1
18. Miyamoto Y, Tsujimoto F, Tada S (1988) Ultrasonic diagnosis of submucosal tumors of the stomach: the „bridging layer's sign". J Clin Ultrasound 16: 251
19. Chen JJ, Changchien CS, Chiou SS, et al (1992) Various sonographic patterns of smooth muscle tumors of the gastrointestinal tract: a comparison with computed tomography. J Ultrasound Med 11: 527
20. Nakazawa S, Yoshino J, Nakamura T, et al (1989) Endoscopic ultrasonography of gastric myogenic tumor. A comparative study between histology and ultrasonography. J Ultrasound Med 8: 353
21. Nattermann C, Dancygier H (1992) Endosonography of stomach tumors. Leber Magen Darm 22: 211
22. Striegel K, Fröhlich E, Vierling P, et al (1988) Endosonographic tumor staging of gastrointestinal tumors. Ultraschall Med 9: 260

23. Polensky A, Ziegler K, Sanft C, et al (1988) Endosonographic findings of benign and malignant lesions in the stomach wall. A prospective comparison with conventional imaging study procedures. Dtsch Med Wochenschr 113: 263
24. Machi J, Takeda J, Sigel B, et al (1986) Normal stomach wall and gastric cancer: evaluation with high resolution operative ultrasonography. Radiology 159: 85
25. Seemann WR, Wimmer B, Schöffel U, et al (1985) Computed tomographic findings in myogenic gastric tumors. Hepatogastroenterology 32: 202
26. Ohnishi T, Yoshioka H, Ishida O (1991) MR imaging of gastrointestinal leiomyosarcoma. Radiat Med 9: 114
27. Devos V, De Schepper A, Degryse H, et al (1992) Diagnostic imaging of muscular tumors. J Belge Radiol 75: 327
28. Shirai K, Nakao N, Miura K, et al (1991) A huge gastric leiomyosarcoma diagnosed preoperatively through diagnostic imaging. Radiat Med 9: 170
29. Balzarini L, Deglia E, Petrillo R, et al (1989) Magnetic resonance in neoplasms of the adipose, fibrous and muscular tissues. Radiol Med 77: 87

Maligne Tumoren des Dünndarms

Maligne Tumoren des Duodenums

M. Baldt, P. Wunderbaldinger, K. Turetschek
und *G. H. Mostbeck*

Maligne Tumoren des Dünndarms sind sehr selten; sie stellen lediglich 1%–1,6% der gastrointestinalen Malignome dar. Die Inzidenz in den USA beträgt 0,6–1 Erkrankungsfälle pro 100.000 Einwohner; 18%–22% davon betreffen das Duodenum [1, 2].

Die häufigsten Neoplasien sind das *Adenokarzinom, Karzinoid* und *Leiomyosarkom;* sie repräsentieren ca. 90% der Duodenalmalignome. In die Gruppe der restlichen 10% fallen Lymphome, andere Sarkome (Fibro-, Retikulumzell-, Lympho-, Rhabdomyo- und Angiosarkome), Hämangioperizytome, Gastrinome sowie selten Metastasen (Melanom, Kaposi-Sarkom).

Adenokarzinom

40% der Dünndarmadenokarzinome finden sich im *Duodenum;* das entspricht etwa einem Drittel aller Duodenalmalignome. 66% davon befinden sich in der *Region der Papilla Vateri;* primäre Tumoren im Bulbus duodeni sind äußerst selten. Histologisch sind sie oft nur sehr schwierig von Adenokarzinomen der Ampulla Vateri, des Ductus choledochus bzw. des Pankreas zu unterscheiden [2].

Das Adenokarzinom kommt selten im Alter unter 30 Jahren vor; der Altersgipfel liegt zwischen 60 und 70 Jahren.

Über die *Ätiologie* ist wenig bekannt; das im Vergleich zum Adenokarzinom des Kolons seltene Vorkommen wird auf protektive Faktoren, wie hohe Konzentration an sekretorischem Immunglobulin, geringe bakterielle Besiedelung und rasche Transitzeit, zurückgeführt.

Eine erhöhte *Inzidenz* besteht bei familiärer Polypose, Gardner-Syndrom und Peutz-Jeghers-Syndrom.

Die *klinische Symptomatik* hängt von der Lokalisation ab. Gewöhnlich werden die Karzinome durch epigastrische Schmerzen, Übelkeit, Ikterus, Gewichtsverlust oder Eisenmangelanämie manifest.

Aufgrund dieser recht unspezifischen Symptomatik erfolgt die Diagnose meist erst sehr spät; in der Literatur wird eine mittlere Verzögerung von 8 Monaten angegeben [3, 4]. Die symptomatischen Tumoren sind bei der Entdeckung meist schon zumindest 3 cm groß; die 5-Jahres-Heilungsraten liegen dementsprechend zwischen 10%–35% [3]. Aufgrund des seltenen Vorkommens existiert keine Klassifikation nach dem TNM-System.

Bei kleinen Läsionen weist die **Endoskopie** die höchste Genauigkeit auf, da die Röntgen-Doppelkontrastuntersuchung, vor allem im distalen Abschnitt des Duodenums, durch Überlagerung von Magen bzw. Jejunum in der Aussagekraft oft eingeschränkt ist. Bessere Ergebnisse sind hier mit der **Dünndarmdoppelkontrasttechnik** nach Sellink [5] zu erzielen. Insgesamt erreicht die Doppelkontrasttechnik im Vergleich zur Endoskopie jedoch eine Sensitivität von 90%–100% [3, 6].

Radiologisch präsentiert sich das Adenokarzinom meist als *zirkulär stenosierende Läsion*; daher bestehen auch endoskopisch meist Schwierigkeiten, das distale Ende und somit die exakten Größenverhältnisse zu evaluieren. Das Karzinom im Bereich des Bulbus duodeni kann sowohl radiologisch als auch makroskopisch wie ein gewöhnliches Ulcus duodeni imponieren, in der Folge kommt es jedoch häufig zum Auftreten von zerklüfteten Kraterrändern und zur Auftreibung des Bulbus, wodurch sich schon radiologisch der Verdacht einer malignen Läsion erhärtet. Auch im distalen Duodenalabschnitt sprechen stenosierende Veränderungen mit prästenotischer Dilatation für ein Malignom, besonders wenn sich die unregelmäßigen Wandbegrenzungen als starr erweisen.

Die *Infiltration des umgebenden Gewebes* sowie *vergrößerte Lymphknoten* sind am genauesten **computertomographisch** beurteilbar, für spezielle Fragestellungen, wie *Lymphknotendetektion im Bereich der Leberpforte*, kommt auch der **Sonographie** eine wichtige Bedeutung zu.

Zusammenfassend ist die **Endoskopie** der Radiologie vor allem aufgrund der Möglichkeit der Biopsieentnahme geringfügig überlegen.

Karzinoid

Duodenale Karzinoide treten häufig multipel auf und sind in fast 50% mit anderen malignen Tumoren vergesellschaftet. Sie gelten als weniger aggressiv als solche im Ileum (häufigste intestinale Lokalisation), wenngleich auch im Duodenum schon kleine Primärtumoren bereits metastasieren können [1].

Klinisch findet sich in 40% der Fälle das sogenannte *Karzinoidsyndrom*, zusätzlich finden sich häufig Oberbauchschmerzen, Gewichtsverlust und Melaena. Die 5-Jahres-Überlebensrate beträgt 50%–60%, fällt aber bei bereits erfolgter hepataler Metastasierung auf 20%–30%.

Das Karzinoid zeigt meist polypoiden Charakter und stenosiert seltener als das Adenokarzinom. Auch beim Karzinoid beträgt die Sensitivität der **Doppelkontrastuntersuchung** verglichen mit der Endoskopie 90%–100%.

Zur *Evaluierung eventueller Metastasen* erscheint wiederum die **Computertomographie** als die Untersuchung erster Wahl, hepatale Sekundaria sind selbstverständlich auch sonographisch ausgezeichnet darstellbar.

Leiomyosarkom

Leiomyosarkome repräsentieren ca. 10%–20% der Duodenalmalignome; der Altersgipfel beträgt 50–70 Jahre.

Die Sarkome wachsen meist langsam und erreichen somit oft beachtliche Größen. Es finden sich daher häufig Zerfallshöhlen sowie auch Ulzerationen mit meist chronischen Hämorrhagien. Trotzdem zeigt auch das Sarkom weniger Stenoseneigung als das Karzinom.

Klinisch finden sich neben den gastrointestinalen Blutungen meist Oberbauchschmerzen, Übelkeit und Gewichtsverlust.

Typischerweise entstehen die Sarkome in der Submukosa und entgehen somit der Endoskopie. Die Diagnose erfolgt somit mit der **Röntgen-Doppelkontrastmethode** [3]. Aufgrund der submukösen Lage weisen Sarkome meist einen großen *extraintestinalen Anteil* auf, welcher wiederum am besten **computertomographisch** beurteilt werden kann. Lymphknotenmetastasen sind selten; relativ spät erfolgt die hämatogene Metastasierung in Leber und Lunge [1, 3].

Sarkome führen fast immer zu chronischen Blutungen, in Einzelfällen können aber auch kleine Sarkome eine akute Blutung verursachen. Diese sind jedoch *angiographisch* gut identifizierbar [1].

Literatur

1. Sleisenger MH, Fordtran JS (1989) Gastrointestinal disease, 4th edn. Saunders, Philadelphia, p 1359
2. Barclay THC, Schapira DV (1983) Malignant tumors of the small intestine. Cancer 51: 878
3. Cwikiel W, Andren-Sandberg A (1991) Diagnostic difficulties with duodenal malignancies revisited: a new strategy. Gastrointest Radiol 16: 301
4. Nix GA, Wilson JHP, Dees J (1985) Primary malignant tumors of the duodenum. ROFO Fortschr Geb Rontgenstr Nuklearmed 142: 385
5. Sellink JL (1976) Radiological atlas of common diseases of the small bowel, 1st edn. Stenfert Kroese, Leiden, p 246
6. Laufer I, Levine MS (1992) Double contrast gastrointestinal radiology, 2nd edn. Saunders, Philadelphia, p 322

Maligne Tumoren des Jejunums und Ileums

K. Turetschek, P. Wunderbaldinger, M. Baldt
und *G. H. Mostbeck*

Maligne Tumoren des Dünndarms sind selten; insgesamt stellen sie nur 1% aller gastrointestinalen Malignome dar. Die durchschnittliche Inzidenz beträgt 0,6 Erkrankungsfälle pro 100.000 Einwohner [1].

Fast 90% der Dünndarmmalignome sind Karzinoide (45%), Adenokarzinome (35%) und Leiomyosarkome (10%). Die verbleibenden 10% entfallen auf Retikulozell-, Lympho-, Fibro-, Lipo-, Angio-, Rhabdomyosarkom und Hämangioperizytom [2].

Die insgesamt schlechte Prognose der Dünndarmmalignome basiert auf der uncharakteristischen Symptomatik; folglich werden die Tumoren oftmals erst im fortgeschrittenen Stadium diagnostiziert (eine Ausnahme stellt das metastasierende Karzinoid, das durch seine typischen klinischen Symptome früher erkannt wird, dar).

Die mögliche *klinische Symptomatik* der Dünndarmmalignome umfaßt gastrointestinale Blutung (Melaena, Hämoptoe) mit konsekutiver Anämie, abdominelle kolikartige Schmerzen, Gewichtsverlust und Diarrhoe. Eventuell kann bei der klinischen Untersuchung eine Resistenz palpiert werden. Ursächlich können diesen Symptomen eine Ulzeration, eine intestinale Obstruktion oder eine Invagination zugrunde liegen [3].

Die *Primärdiagnostik* stützt sich bewährterweise auf das **Enteroklysma**. Das Enteroklysma ist der **konventionellen Dünndarmpassage (DDP)** in der diagnostischen Aussagekraft deutlich überlegen. In den letzten Jahren gewinnen zudem Schichtverfahren (Computertomographie [CT], Sonographie) zusehends an Bedeutung; ihr Vorteil gegenüber der DDP liegt im wesentlichen in der zusätzlichen Darstellung der intra- und extramuralen Ausdehnung des Tumors [4, 5].

In letzter Zeit wurde in der Literatur über Versuche der **Dünndarmendoskopie** berichtet; eine genaue Wertung dieser Technik ist im Moment noch nicht möglich. Jedenfalls stellt die Endoskopie des Jejunums und Ileums noch keine Routinemethode dar [6]. Bei den malignen Tumoren des Dünndarms gibt es kein allgemein gültiges TNM-Schema.

Karzinoid

Das Karzinoid als häufigster maligner Dünndarmtumor kann in jedem Lebensalter auftreten (Gipfel: 4.–6. Lebensdekade). Das Verhältnis Männer zu Frauen beträgt 2 : 1.

Ausgehend von den enterochromaffinen Zellen (APUD-Zellen) kann es im gesamten Gastrointestinaltrakt, im Pankreas und auch in den Bronchien vorgefunden werden [3, 7].

Kleine Tumoren (< 1 cm) stellen meist Zufallsbefunde dar, da sie vorerst klinisch noch stumm sind. Sie zeigen ein regionäres, infiltrierendes Wachstum und metastasieren selten. Erst ab einer Größe von 2–3 cm neigen sie, sowohl auf hämatogenem als auch lymphogenem Weg, zur Ausbildung von Tochtergeschwülsten, die in erster Linie in der Leber vorgefunden werden. Durch Produktion verschiedenster Hormone (Serotonin, Histamin, Katecholamine, Bradykinin, etc.) kommt es zum Auftreten des sogenannten *Karzinoidsyndroms*, das der Metastasierung lange vorausgehen kann. Als klassische klinische Frühsymptome gelten Flush, wässrige Durchfälle, Tachykardie und Bronchospasmus. Diese Symptome haben episodischen Charakter und sind durch Streß, Katecholamine, Nahrungsaufnahme und Alkohol provozierbar [7].

Die häufigsten Lokalisationen im Darm stellen terminales Ileum, Appendix und Duodenum dar. In ca. 30% liegt ein multiples Auftreten vor [1].

Das Karzinoid hat seinen Ausgangspunkt tief in der Mukosa. In der Dünndarmpassage erkennt man daher im Frühstadium lediglich einen polypoid imponierenden Füllungsdefekt. Das Karzinoid tendiert schließlich zur Infiltration nach außen in das Mesenterium. Dieser extraluminale Tumoranteil überragt meist den Primärtumor und führt zu Darmschlingenverlagerungen. Hormonelle Substanzen (produziert durch den Primärtumor bzw. durch seine Absiedelungen) verursachen eine fokale *desmoplastische Reaktion*. Diese und eventuell bereits vorhandene Leberherde lassen sich gut mittels CT darstellen. Aus diesem Grund sollte bei einem in der DDP ausgesprochenen Verdacht auf Karzinoid unbedingt eine CT angeschlossen werden [8, 9].

Adenokarzinom

Adenokarzinome stellen insgesamt 35% der Malignome des Dünndarms dar. Ihr Auftreten nimmt vom Duodenum zum Ileum kontinuierlich ab: Duodenum 40%, Jejunum 38%, Ileum 22% [3].

Das Vorkommen vor dem 30. Lebensjahr ist sehr selten; der Häufigkeitsgipfel liegt zwischen der 6. und 7. Dekade. Es besteht ein deutliches Überwiegen des männlichen Geschlechts [2].

Bei familiärer Polyposis und Gardner-Syndrom wurde ein gehäuftes Auftreten beobachtet [7].

Adenokarzinome präsentieren sich meist als solitäre Weichteilmassen, die in fortgeschrittenem Stadium zirkulär-stenosierend oder obstruierend zur Darstellung kommen (typisches Bild des „Apfelputzens"; siehe Abb. 1).

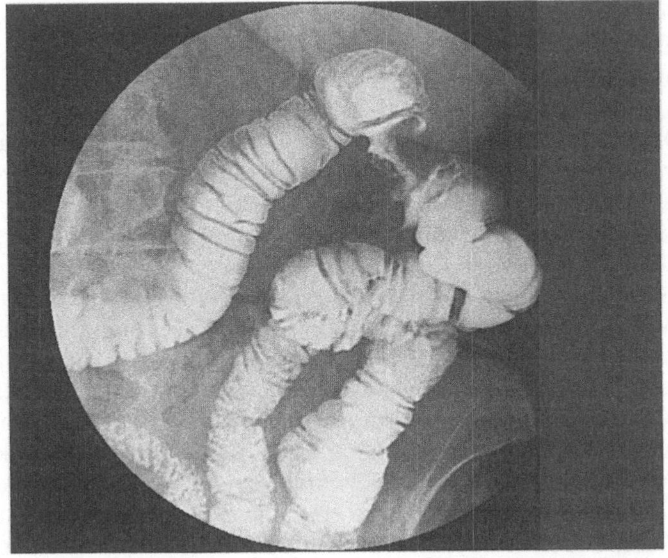

Abb. 1. Typisches Bild eines zirkulär stenosierenden Adenokarzinoms in der zweiten Jejunalschlinge – sogenanntes „Apfelputzenzeichen"

Ein polypoides Erscheinungsbild wird eher selten beobachtet. Ungefähr 45% aller Adenokarzinome zeigen oberflächliche Ulzerationen, ursächlich für das oft einzige klinische Leitsymptom – die gastrointestinale Blutung [3, 7].

In der radiologischen Diagnostik ist das **Enteroklysma** die erste bildgebende Methode. Kleine Adenokarzinome imponieren als manchmal exulzerierter Plaque. Größere Adenokarzinome führen zu umschriebener, zirkulärer Stenose mit Zerstörung der Schleimhaut. Lokale Wandstarre und desmoplastische Reaktionen sind additive Befunde [10].

In der **CT** können Darmwandverdickungen, Lumeneinengung und eine Dilatation der proximalen Darmschlingen dargestellt werden. Zusätzlich sind mit dieser Methode Aussagen über vergrößerte regionale Lymphknoten bzw. Fernmetastasen möglich [11].

Leiomyosarkom

10% der malignen Tumoren des Dünndarms sind Leiomyosarkome. Grundsätzlich können die Leiomyosarkome in allen Dünndarmabschnitten vorkommen [12].

Sie werden normalerweise sehr spät diagnostiziert, da sie langsam wachsen und aufgrund ihres bevorzugten extraluminalen Wachstums (43%) erst in einem fortgeschrittenen Stadium symptomatisch werden. Intraluminale, intramurale und bidirektionale Wachstumsformen treten wesentlich seltener auf [13].

Die Metastasierung erfolgt primär in die mesenteriellen Lymphknoten bzw. per continuitatem in die angrenzenden Darmabschnitte. Fernabsiedelungen (Leber) finden sich selten [12].

Prinzipiell gibt es leider kein charakteristisches radiomorphologisches Erscheinungsbild der Leiomyosarkome. Initial üben sie einen Kompressionseffekt auf den Darm aus; erst später kommt es zu einem invasiven Wachstum mit Destruktion und Ulzeration der Schleimhaut [13].

In der **DDP** kann man im Frühstadium eventuell einen lokalen Faltenverlust mit geringer Einengung des Lumens von außen her vorfinden. Größere Tumoren zeigen aufgrund des raumfordernden Effekts deutlich verlagerte Darmschlingen. Mitunter lassen sich auch Schleimhautverplumpungen, Ulzerationen, Stenosen oder Verkalkungen darstellen [9].

Der Einsatz der **CT** erweist sich bei suspiziertem Leiomyosarkom als sehr nützlich, da die extraluminale Ausdehnung vollständig beurteilt werden kann. Zentrale Einschmelzungen, intratumoröse Verkalkungen, regionale Lymphknotenvergrößerungen sowie Metastasen der Leber können dabei ebenfalls dargestellt werden. Die **Sonographie** kann größere Leiomyosarkome als abdominelle Raumforderung darstellen, hat aber in der Primärdiagnostik nur eine untergeordnete Bedeutung [5]. Eine weitere bildgebende Methode stellt die **mesenterielle Angiographie** dar. Diese zeigt die exakte Lokalisation und Größe des Tumors sowie dessen Gefäßversorgung. Obwohl die Angiographie in der Primärdiagnostik eine untergeordnete Rolle spielt, kann sie vor einem chirurgischen Eingriff und bei massiver gastrointestinaler Blutung von Bedeutung sein [14].

Zusammenfassend ist das **Enteroklysma** die Methode der Wahl für die Darstellung von Leiomyosarkomen, wobei die extra- und intramuralen Anteile des Tumors und eine mögliche Metastasierung mittels CT besser beurteilt werden können [13].

Literatur

1. Laufer I, Levine MS (1992) Double contrast gastrointestinal radiology with endoscopic correlation, 2nd edn. Saunders, Philadelphia
2. Barclay THC, Schapira DV (1983) Malignant tumors of the small intestine. Cancer 51: 878
3. Sleisinger MH, Fordtran JS (1989) Gastrointestinal disease – pathophysiology, diagnosis, management, 4th edn. Saunders, Philadelphia
4. Lappas JC (1992) Small bowel imaging. Current Opinion Radiol 4: 32
5. Bin W, Jianguo L, Baowei D (1992) The sonographic appearances of small bowel tumors. Clin Radiol 46: 30
6. Lewis BS, Kornbluth A, Waye JD (1991) Small bowel tumors: yield of enteroscopy. Gut 32: 763
7. Demling L (1973) Klinische Gastroenterologie, Bd 1. Diagnostische Übersicht, Mundhöhle und Rachen, Speiseröhre, Magen, Darm. Thieme, Stuttgart, S 419
8. Fukuya T, Hawes DR, Lu Ch-C, et al (1992) CT diagnosis of small-bowel obstruction: efficacy in 60 patients. Am J Roentgenol 158: 765
9. Laurent F, Raynaud M, Biset JM, et al (1991) Diagnosis and categorization of small bowel neoplasms: role of computed tomography. Gastrointest Radiol 16: 115
10. Czembirek H, Pokieser H, Herlinger H, et al (1982) Doppelkontrasttechnik in der gastrointestinalen Radiologie, 1. Aufl. Facultas, Wien, S 170

11. Lee JK, Sagel SS, Stanley RJ (1989) Computed body tomography with MRI correlation, 2nd edn. Raven Press, New York, p 495
12. Sellink JL (1976) Radiological atlas of common diseases of the small bowel, 1st edn. Stenfert Kroese, Leiden, p 246
13. Gourtsoyiannis NC, Bays D, Malamas M (1992) Radiological appearances of small intestinal leiomyomas. Clin Radiol 45: 94
14. Valls C, Sancho C, Bechini J (1992) Intestinal leiomyomas: angiographic imaging. Gastrointest Radiol 17: 220

Kolonkarzinom

Th. Helbich, G. H. Mostbeck, S. Schick
und *Th. Zontsich*

Der häufigste maligne Tumor des Kolons ist das Adenokarzinom (90% aller malignen Tumoren). Mesenchymale Tumoren, wie das Leiomyosarkom, das maligne Lymphom, das Karzinoid und sekundärblastomatöse Absiedelungen im Kolon, stellen insgesamt jeweils weniger als 2% der malignen Kolontumoren dar [1].

Das Kolonkarzinom steht nach dem Bronchuskarzinom bei Männern bzw. dem Mammakarzinom bei Frauen an zweiter Stelle der Krebsmortalität in Österreich. Der Altersgipfel liegt zum Diagnosezeitpunkt im Bereich der 7. Lebensdekade, wobei 13% der Kolonkarzinome vor dem 25. Lebensjahr diagnostiziert werden [2].

In Zusammenhang mit der *Entstehung des Kolonkarzinoms* werden Ernährungs-, Umwelt- sowie geographische und genetische Faktoren diskutiert [3–5]. Als *Risikofaktoren* bzw. *Präkanzerosen* gelten Schleimhautadenome, wobei die Adenom-Karzinomfolge heute als gesichert angenommen wird. Die Entartungsrate liegt bei villösen Adenomen bei 40%, bei tubulovillösen Adenomen bei 22% und unter 5% beim tubulären Adenom [6]. Bei Patienten mit familiärer Polypose findet sich insbesondere schon im frühen Lebensalter eine gehäufte Inzidenz von Karzinomen, ebenso ist das Risiko bei Patienten mit langjähriger Colitis ulcerosa und in geringerem Maße auch bei Patienten mit Morbus Crohn erhöht [3, 4].

Die *Heilungschancen* korrelieren eng mit dem Erkrankungsstadium zum Zeitpunkt der Diagnosestellung, wobei trotz aller Fortschritte auf dem Gebiet der Diagnostik und Operationstechnik die durchschnittliche 5-Jahres-Überlebensrate nur bei 50% liegt (Tabelle 1) [1, 2].

Tumorklassifikation und Stadieneinteilung

Kolon- und Rektumkarzinome werden gleichartig klassifiziert. Eine einheitliche Beurteilung der Ausgangsbefunde erlaubt die *TNM-Klassifikation* (Tabelle 1).

Tabelle 1

	TNM-Klassifikation [7]	Dukes-Stadium [8]	5-Jahres-Überlebensrate
T	Primärtumor		
T 1	TA auf Mukosa und Submukosa beschränkt	Dukes A	
T 2	TA auf Muscularis und Serosa beschränkt	TA auf Kolonwand beschränkt	85%
T 3	TA auf angrenzende Strukturen	Dukes B	
T 4	Tumorinfiltration in andere Organe	TA über Kolonwand hinaus	70%
N	Lymphknotenmetastasen		
N 1–3	Regionäre LK	Dukes C	
N 4	Juxtaregionäre LK	Regionäre LK	33%
M	Fernmetastasen	Dukes D Fernmetastasen	5%

TA Tumorausdehnung; *LK* Lymphknotenmetastasen

Dieser nebenangestellt ist die *modifizierte Tumorstadieneinteilung* nach Dukes (siehe Kapitel „Rektumkarzinom“; Tabellen 1 und 2) [7, 8].

T-Staging und Primärdiagnostik

Nach Anamnese, klinischer Untersuchung und Erhebung laborchemischer Parameter stellen **Irrigoskopie** (Dickdarmdoppelkontrastuntersuchung) und **Endoskopie** die primären Methoden in der Diagnostik des Kolonkarzinoms dar [1, 3, 9–11]. Die Dickdarmmonokontrastuntersuchung hat gegenüber der Doppelkontrastuntersuchung deutliche Nachteile und sollte als alleinige radiologische Methode zur Dickdarmdiagnostik nicht mehr angewendet werden [3, 12].

Mit der Irrigoskopie kann nach entsprechend sorgfältiger Vorbereitung des Patienten (Darmreinigung) und bei guten Untersuchungsbedingungen eine exakte Angabe über Zahl, Form und Größe sowie Oberflächenbeschaffenheit von tumorösen Läsionen im gesamten Kolon gemacht werden [3, 9, 11]. In aller Regel erlaubt die Irrigoskopie eine *Beurteilung des gesamten Kolons,* hingegen ist mit der Endoskopie nach Angaben der American Society of Gastrointestinal Endoscopy die Darstellung des gesamten Kolons nur in 65% der Untersuchungen möglich [3]. Somit kommt der Irrigoskopie speziell im Fall der im Coecum und Colon ascendens lokalisierten primären Tumoren ein hoher diagnostischer Stellenwert zu [13, 14]. Die Wichtigkeit der gesamten Beurteilung des Kolons in der Primärdiagnostik des Kolonkarzinoms wird auch durch eine rezente Untersuchung von Maglinte et al. [13], in der ein Anstieg der *Coecumkarzinome* von 7,9% in den 60er Jahren auf 13,5% in den 70er Jahren aufgezeigt wurde. Dem gegenüber wurde in derselben Studie ein Rückgang der Häufigkeit von Sigmakarzinomen aufgezeigt. Zusätzlich hat die Irrigoskopie bei der Erkennung von flachen intraluminalen, wenig vorspringenden und vorwiegend intramural wachsenden Läsionen eine höhere Sensitivität als die Endoskopie [13, 15].

Ein weiterer Vorteil der Irrigoskopie gegenüber der Endoskopie liegt in der Diagnose eines *metachronen Zweittumors*, der in 5% der Patienten mit Kolonkarzinomen zu erwarten ist [3]. Während endoskopisch eine maligne Stenose nur selten passiert werden kann, ist es mit der Irrigoskopie häufig möglich, die oral einer malignen Stenose lokalisierten Kolonabschnitte zu beurteilen.

Die *Vorteile der Endoskopie* gegenüber der Irrigoskopie liegen in der Möglichkeit der sofortigen Gewebeentnahme, der Polypektomie sowie in jener des therapeutischen Eingriffs bei Blutungen und in der besseren Erkennbarkeit von Läsionen kleiner als 5 mm [4, 16–18].

Die *kombinierte Anwendung der Irrigoskopie und Endoskopie* minimiert die Nachteile beider Methoden und erreicht eine hohe Sensitivität in der Früherkennung von Kolonkarzinomen [3, 4, 11, 18].

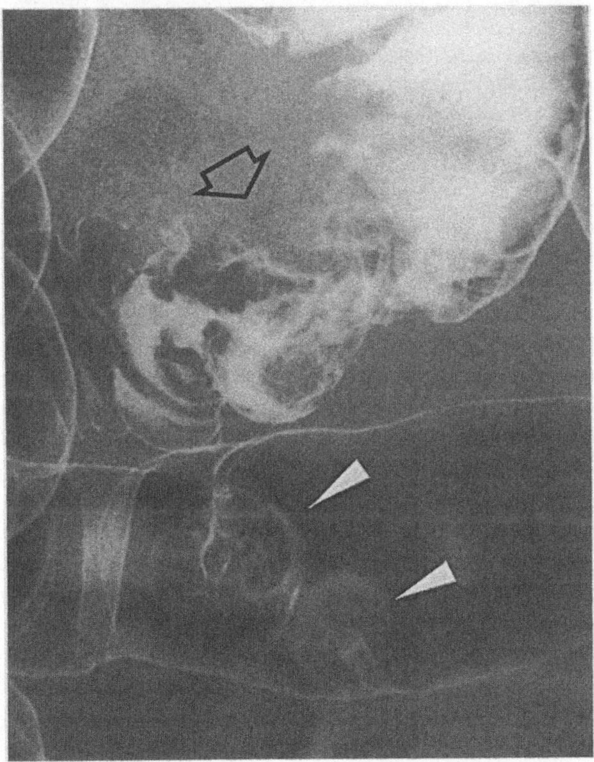

Abb. 1. Typischer Befund für ein fortgeschrittenes Kolonkarzinom in der Irrigoskopie im Sinne eines „Apfelputzen-Zeichens" mit Wandinfiltration und ausgeprägter Stenosierung des Sigma (Pfeil). Zwei gestielte Polypen im Sigma-Colon descendens-Übergang (Pfeile)

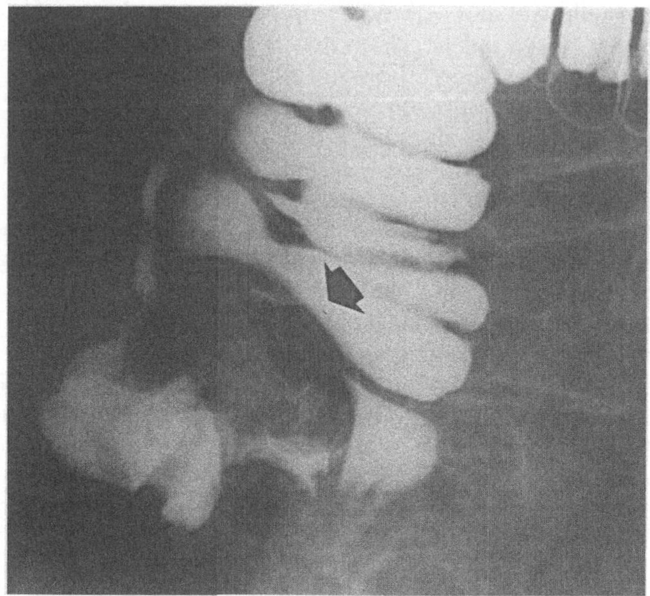

A

Abb. 2. Karzinom des Coecums. **A** Doppelkontrastuntersuchung: Aussparung des Kontrastmittels durch den Tumor (Pfeil). **B** Sonographie: **B1** Polypoide, eher echoarm inhomogen aufgebaute Auftreibung des Coecums (Querschnitt), **B2** im Längsschnitt Unterbrechung der echoreichen Darmwände (Pfeile) durch das Karzinom

In der Irrigoskopie imponieren kleine benigne adenomatöse Neoplasien als *rundliche Kontrastmittelaussparungen* [4, 5, 10]. Breitbasig aufsitzende Polypen können von gestielten Polypen (Abb. 1) unterschieden werden. Wird der gestielte Polyp orthograd im Strahlengang erfaßt, so bildet sich der Stiel als ringförmige Struktur innerhalb der Kontrastmittelaussparung ab („Mexican-hat-sign"). Breitbasig aufsitzende Polypen imponieren, wenn sie im tangentialen Strahlengang getroffen werden, als Vorwölbung der Darmwand („Bowler-hat-sign") [5, 10, 18].

Ein wesentliches Kriterium für die *Malignität einer polypösen Läsion* ist ihre Größe. Polypoide Läsionen unter 5 mm Durchmesser sind in 0,05% maligne. Polypen mit einem Durchmesser zwischen 5 mm und 9 mm weisen eine Malignitätsrate von rund 1% auf. Bei Läsionen der Größe 1–2 cm beträgt die Karzinominzidenz rund 6% und bei Tumoren, die größer als 2 cm sind, ist eine Karzinomrate von 25% zu erwarten [3, 15, 19]. Morphologische Erscheinungsformen, wie die Oberflächenstruktur sowie die Relation von Basisbreite und -höhe einer polypoiden Läsion, lassen keinen sicheren Rückschluß auf die Dignität zu [3, 18].

Beim *fortgeschrittenen Kolonkarzinom* lassen sich vom röntgenologischen Erscheinungsbild zwei Typen unterscheiden [3, 5, 10]:

1. Das polypoide und früh ulzerierende Karzinom, das als blumenkohlartige oder schüsselförmige Vorwölbung des Tumors mit unregelmäßiger Wandkontur zur Darstellung kommt.

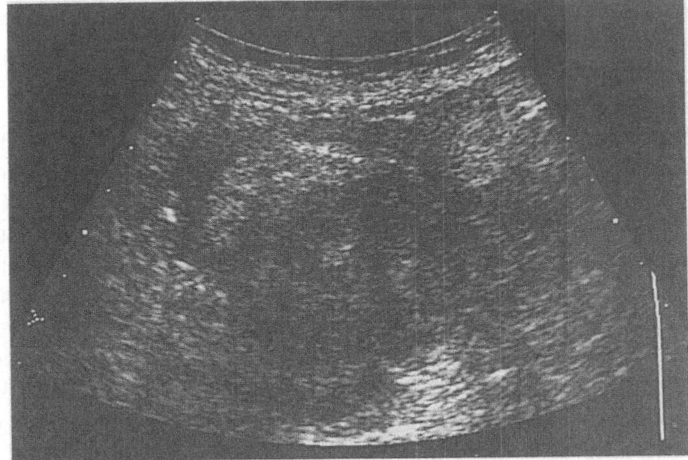

Abb. 2B1

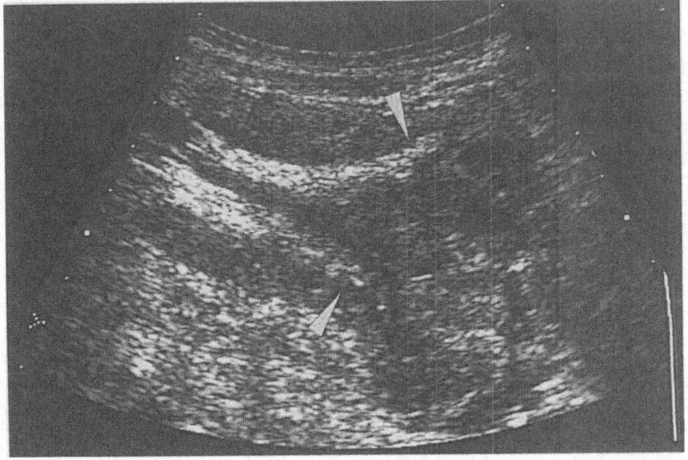

Abb. 2B2

2. Das szirrhöse Karzinom, das zirkulär stenosierend und unregelmäßig konturiert imponiert („Apfelputzenzeichen") (Abb. 1).

Beiden Formen gemeinsam ist die Zerstörung des Schleimhautreliefs. Fortgeschrittene, hauptsächlich intramural wachsende Tumoren lassen sich durch den Nachweis einer konstanten Wandstarre des Kolons erkennen [5, 15].

Obwohl einzelne Autoren über gute Ergebnisse für die sonographische Untersuchung des wassergefüllten Kolons in der Diagnostik neoplastischer Veränderungen des Kolons berichten, stellt die **Sonographie** keine Methode zur Primärdiagnostik des Kolonkarzinoms dar [20–22]. Sonographisch imponiert das Kolonkarzinom als „pathologische Kokarde" oder als primär dem Kolon zuzuordnende Raumforderung (Abb. 2A, B1, B2) [20, 21]. Auch zum lokalen Staging des Kolonkarzinoms kann die Sonographie keinen Beitrag leisten. Es sollte jedoch Standard sein, gerade bei sonographisch diagnostizierten hepatalen Sekundärblastomen und unbekanntem Primum die genaue sonographische Evaluierung des Kolons durchzuführen, um nicht ausgedehnte, der Sonographie durchaus zugängliche Karzinome zu übersehen und somit zu einer für den Patienten wenig belastenden und kostengünstigen Diagnose beizutragen [20–22].

Die **Computertomographie (CT)** ist keine bildgebende Methode zur Primärdiagnostik des Kolonkarzinoms [1, 23, 24]. Von manchen Autoren wird die CT in der *Differentialdiagnose* zwischen *entzündlicher* und *neoplastischer Kolonveränderung* als hilfreiche diagnostische Methode angewendet [25]. Kolonkarzinome imponieren computertomographisch als zirkumferente bzw. umschriebene Wandverdickungen und erlauben das Erkennen einer perikolischen Tumorinfiltration [1, 26, 27]. Die CT kann jedoch nicht zwischen frühen T-Stadien des Kolonkarzinoms unterscheiden. Die CT hat einen hohen Stellenwert in der *Tumornachsorge*. Asymptomatische Lokalrezidive können mit hoher Sensitivität nachgewiesen werden. In einer Untersuchung von Freeny et al. [23] konnten 88% der Lokalrezidive computertomographisch erfaßt werden [1, 26–29].

Auf die Bedeutung der CT in der Diagnostik lokoregionärer Lymphknotenmetastasen sowie von Fernmetastasen wird bei den entsprechenden Kapitel eingegangen.

Die **Magnetresonanztomographie (MRT)** hat aufgrund der besseren Kontrastauflösung einen hohen Stellenwert in der *Diagnostik von kolorektalen Lokalrezidiven* bei der postoperativen Nachbetreuung. Die Differenzierung zwischen strahleninduzierter Fibrose und Rezidivtumor kann von der MRT sicherer erbracht werden als von der CT [1, 4, 30].

N-Staging: Lymphknoten

Die *regionalen Lymphknotenstationen* des Kolonkarzinoms sind die perikolischen und jene entlang der Arteriae ileocolica, colica dextra, colica media, colica sinistra und mesenterica inferior. *Juxtaregionäre Lymphknotenstationen* sind die paraaortalen, parakavalen und parailiakalen Lymphknoten [7, 29].

Die **Sonographie** ist zum Nachweis *juxtaregionärer Lymphknotenmetastasen* als weit verbreitetes und kostengünstiges Verfahren anzusehen. Methodisch bedingt (Darmgasüberlagerung, Adipositas) besitzt die Sonographie jedoch eine geringe Sensitivität im Erkennen vergrößerter mesenterialer Lymphknoten.

In der **CT** sind Lymphknoten mit einem Größendurchmesser ab 1,5 cm suspekt für das Vorliegen eines metastatischen Befalls [1, 26, 27].

Insgesamt kann, da in allen bildgebenden Methoden lediglich die *Lymphknotengröße als Malignitätskriterium* verwendet werden kann, derzeit keine bildgebende Methode zu einem exakten Lymphknotenstaging angeboten werden [1, 4, 26, 27].

Zusammenfassung

Die *Primärdiagnose des Kolonkarzinoms* wird heute üblicherweise mit **Irrigoskopie und/oder Kolonoskopie** gestellt. Beide Verfahren erlauben keine Beurteilung der tiefen Infiltration der Kolonwand durch das Karzinom. Die **Computertomographie** hat einen Stellenwert in der Beurteilung des *Stadiums T4* und ebenso wie die **Sonographie** nur eine geringe Sensitivität und Spezifität im lokalen Lymphknotenstaging.

Literatur

1. Moss AA (1989) Imaging of colorectal carcinoma. Radiology 170: 308
2. Bericht über das Gesundheitswesen in Österreich im Jahre 1992 (1992) Häufigkeit von Karzinomen in Österreich „1991/1992". Bundeskanzleramt und Österreichisches Statistisches Zentralamt, Wien
3. Beyer D (1988) Röntgendiagnostik bei kolorektalem Karzinom heute. Eine Standortbestimmung. Röntgen-Bl 41: 183
4. Burlelinger R, Ottenjann R (1991) Das kolorektale Karzinom. Diagnose, Früherkennung und Staging. Der Internist 32: 321
5. Czembirek H, Pokieser H, Herlinger H, et al (1982) Doppelkontrasttechnik in der gastrointestinalen Radiologie. Facultas, Wien
6. Kelvin F, Maglinte DDT (1987) Colorectal carcinomas: a radiologic and clinical review. Radiology 164: 1
7. TNM-Atlas (UICC) (1989) Illustrierter Leitfaden zur TNM/pTNM-Klassifikation maligner Tumoren. Springer, Berlin Heidelberg New York Tokyo
8. Dukes CE (1932) The classification of cancer of the rectum. J Pathol 35: 323
9. Kelvin F, Maglinte DDT, Stephens BA (1988) Colorectal carcinoma detected initially with barium enema examination: site distribution and implications. Radiology 169: 649
10. Laufer I (1976) The double contrast enema: myths and misconceptions. Gastrointest Radiol 1: 19
11. Rödl W (1985) Frühdiagnostik kolorektaler Tumoren. Stellenwert des Doppelkontrasteinlaufs. Röntgenpraxis 38: 92
12. Dihlmann W (1980) Die ökonomisch standardisierte Kontrastuntersuchung des Kolons bei Erwachsenen. Dtsch Med Wochenschr 105: 1138
13. Maglinte DDT, Keller KJ, Miller RE, et al (1983) Colon and rectal carcinoma: spatial distribution and detection. Radiology 147: 669
14. Thoeni RF, Petras A (1982) Double-contrast barium-enema examination and endoscopy in the detection of polypoid lesions in the cecum and ascending colon. Radiology 144: 257
15. Glick SN, Teplick SK, Balfe DM, et al (1989) Large colonic neoplasms missed by endoscopy. Am J Roentgenol 152: 513
16. Bresalier RS, Kim YS (1989) Malignant neoplasms of the large and small intestine. In: Sleisenger MH, Fordran JS (eds) Gastrointestinal disease, pathophysiology, diagnosis, managment, 4th edn. Saunders, Philadelphia, p 1519
17. Durdey P, Weston PMT, Williams NS (1987) Colonoscopy or barium enema as initial investigation of colonic disease. Lancet ii: 549
18. Bolin S, Frazen L, Nilsson E, et al (1988) Carcinoma of the colon and rectum – tumors missed by radiologic examination in 61 patients. Cancer 61: 1999
19. Cohen L, Waye JD (1986) Treatment of colonic polyps: practical considerations. Clin Gastroenterol 25: 359
20. Federmann G (1991) Sonographische Beurteilung des Ausmaßes von Kolonwandläsionen am Beispiel von Kolontumoren. Ultraschall Med 12: 169

21. Worlicek H (1991) Sonographische Diagnostik des Kolonkarzinoms. Ultraschall Med 12: 164
22. Limberg B (1992) Diagnosis and staging of colonic tumors by conventional abdominal sonography as compared with hydrocolonic sonography. N Engl J Med 327: 65
23. Freeny PC, Marks WM, Ryan JA, et al (1986) Colorectal carcinoma evaluation with CT: preoperative staging and detection of postoperative recurrence. Radiology 158: 347
24. Balthazar E, Megibow AJ, Hulwick D, et al (1988) Carcinoma of the colon: detection and preoperative staging by CT. Am J Roentgenol 150: 301
25. Fisher JK (1983) Abnormal colonic wall thickening on computed tomography. J Comput Assist Tomogr 1: 90
26. Castrup W (1987) Klinische Stadieneinteilung maligner Tumoren des Verdauungstrakts nach dem TNM-System. Radiologe 27: 345
27. Majewski A, Laprell H, Haubitz B (1983) Ergebnisse der computertomographischen Rezidivdiagnostik bei kolo-rektalen Tumoren. Röntgen-Bl 36: 197
28. Holdsworth PJ, Johnston D, Chalmers AG, et al (1988) Endoluminal ultrasound and computed tomography in the staging of rectal cancer. Br J Surg 75: 1019
29. Krestin GP, Steinbrich W, Friedmann G (1988) Recurrent rectal cancer: diagnosis with MR imaging versus CT. Radiology 168: 307
30. Gomberg JS, Friedmann G, Radecki PD, et al (1986) MRI differentiation of recurrent colorectal carcinoma from postoperative fibrosis. Gastroenterol Radiol 11: 361

Rektumkarzinom

D. Fleischmann, A. A. Bankier und *F. Lefaza*

Malignome des Dickdarms zählen in Österreich zu den häufigsten bösartigen Erkrankungen [1]. Mehr als die Hälfte aller kolorektalen Karzinome finden sich im distalen Darmabschnitt, im Rektum oder rektosigmoidalen Übergang.

Da der histologische Bau des Dickdarms einschließlich des Rektums einheitlich ist, unterscheiden sich Karzinome des Rektums prinzipiell nicht von solchen der übrigen Dickdarmabschnitte. So ist der bei weitem bedeutendste maligne Tumor des Rektums das *Adenokarzinom*; andere histologische Typen sind demgegenüber extrem selten (unter 5%). Zu erwähnen sind hier das Siegelringkarzinom, Karzinoide, Sarkome, Lymphome und undifferenzierte Karzinome.

Als *Risikofaktoren* bzw. *Präkanzerosen* gelten für Kolon und Rektum in gleicher Weise die familiäre Kolonpolypose und die Colitis ulcerosa bei langer Krankheitsdauer sowie Schleimhautadenome, die je nach histologischem Typ (villös, tubulo-villös, tubulär) eine bestimmte Entartungstendenz aufweisen (Adenom-Karzinom-Sequenz).

Aufgrund der Funktion des Rektums im Rahmen der Kontinenz als Teil des Sphinkterorgans nehmen Rektumkarzinome unter den Dickdarmmalignomen eine Sonderstellung, die vor allem für die Entscheidung über die zu treffenden therapeutischen Maßnahmen und folglich auch für die Bildgebung von großer Bedeutung ist, ein.

Besonders die Wahl des *Operationsverfahrens* (radikal vs palliativ, Rektumexstirpation vs sphinktererhaltender Technik) hängt neben den jeweils individuellen Gegebenheiten (Allgemeinzustand, Begleiterkrankungen, Malignitätsgrad des Tumors) ganz wesentlich von einem möglichst exakten präoperativen Tumorstaging mit bildgebenden Verfahren ab.

Tumorklassifikation und Stadieneinteilung

Kolon- und Rektumkarzinome werden gleichartig klassifiziert. Eine einheitliche Beurteilung der Ausgangsbefunde erlaubt die TNM-Klassifikation [2] (Tabelle 1). Dieser nebenangestellt ist die modifizierte Tumorstadieneinteilung nach Dukes [3] (Tabelle 2).

Tabelle 1. Klassifikation des Rektumkarzinoms nach dem TNM-System [2]

T – Primärtumor	
T_{is}	Carcinoma in situ
T_1	Tumor infiltriert Submukosa
T_2	Tumor infiltriert Muscularis propria
T_3	Tumor infiltriert durch die Muscularis propria die Subserosa oder nicht peritonealisiertes perirektales Gewebe
T_4	Tumor perforiert das viszerale Peritoneum oder infiltriert direkt andere Organe oder Strukturen
N – Regionäre Lymphknoten	
N_0	Keine regionären Lymphknotenmetastasen
N_1	Metastasen in 1–3 perirektalen Lymphknoten
N_2	Metastasen in 4 oder mehr perirektalen Lymphknoten
N_3	Metastasen in Lymphknoten entlang eines benannten Gefäßstamms
M – Fernmetastasen	
M_0	Keine Fernmetastasen
M_1	Fernmetastasen (Leber, Lunge, Knochen)

Tabelle 2. Tumorstadien nach Dukes [3]

Dukes A	Tumor auf Schleimhaut begrenzt	(T_1)
Dukes B	Tumor infiltriert die Muscularis propria (B_1) umgebendes Gewebe (B_2)	 (T_2) (T_{3-4})
Dukes C	Tumornahe Lymphknotenmetastasen im Verzweigungsgebiet (C_1) oder am Stamm (C_2) der versorgenden Gefäße	 (N_{1-2}) (N_3)
Dukes D	Fernmetastasen	(M_1)

Bildgebende Diagnoseverfahren und radiologische Erscheinungsformen

Primärdiagnostik

Neben anamnestischen, klinischen und laborchemischen Untersuchungen stellen **Endoskopie** und **Irrigoskopie** (Doppelkontrastuntersuchung) des Dickdarms die diagnostischen Säulen in der *Früherkennung von kolorektalen Karzinomen* dar [4].

Die Doppelkontrastuntersuchung bietet gegenüber der Endoskopie den Vorteil der *besseren Darstellbarkeit der oralen Kolonabschnitte.* Wird in der Irrigoskopie eine tumorverdächtige Läsion nachgewiesen, so muß diese endoskopisch und damit histologisch verifiziert oder ausgeschlossen werden. Aufgrund der guten endoskopischen Zugängigkeit gilt dies in besonderem Maße für das Rektum und Rektosigmoid.

Umgekehrt folgen dem primär endoskopischen Tumornachweis weitere bildgebende Verfahren, um *prätherapeutisch* das *Stadium des Krankheitsprozesses* zu bestimmen. Erwähnt sei hier auch der Nachweis oder Ausschluß eines *Zweittumors* proximal einer tumorösen Stenose mittels Irrigoskopie.

Wegen dessen besonderer anatomischer Lage ist die **Monokontrastdarstellung des Rektums** nicht dazu geeignet, als Tumor-Screening-Verfahren eingesetzt zu werden. In speziellen, zumeist akuten klinischen Situationen kann jedoch ein Einlauf von wasserlöslichem Kontrastmittel („Gastrografin-Irrigoskopie") unter Umständen einen tumorös stenosierenden Prozeß nachweisen.

Der Nachweis von möglichen Komplikationen eines kolorektalen Tumors, wie Perforation oder Ileus, gelingt rasch und technisch einfach mit der **Abdomen-Übersichtsaufnahme** im Liegen und Stehen bzw. in Linksseitenlage mit horizontalem Strahlengang.

T-Staging

Ist eine Krebserkrankung des Rektums einmal diagnostiziert, gilt es in Hinblick auf das weitere chirurgische und/oder radiotherapeutische Vorgehen, die *Ausdehnung des Krankheitsprozesses* möglichst genau festzustellen.

Im speziellen Fall des Rektumkarzinoms ist das für alle Kolonkarzinome geltende Hauptziel der Radikalität gegen das der Sphinkter- und Kontinenzerhaltung abzuwägen. Prinzipiell ist die Sphinktererhaltung bei Tumoren, die 8–10 cm vom Anus entfernt sind, oder bei tiefer sitzenden Tumoren, wenn diese klein und oberflächlich gelegen sind [5, 6], möglich.

Die für die spezielle Fragestellung – *Tumorabstand zum Analkanal* – zugeschnittene bildgebende Methode ist die sogenannte **Rektum-Distanzaufnahme**; die bildgebenden Methoden der Wahl zur Bestimmung der letztlich prognostisch entscheidenden *Eindringtiefe des Tumors* sind die **endorektale Sonographie** (Stadien T_{1-3}) und die **Computertomographie (CT)** (Stadien T_{2-4}).

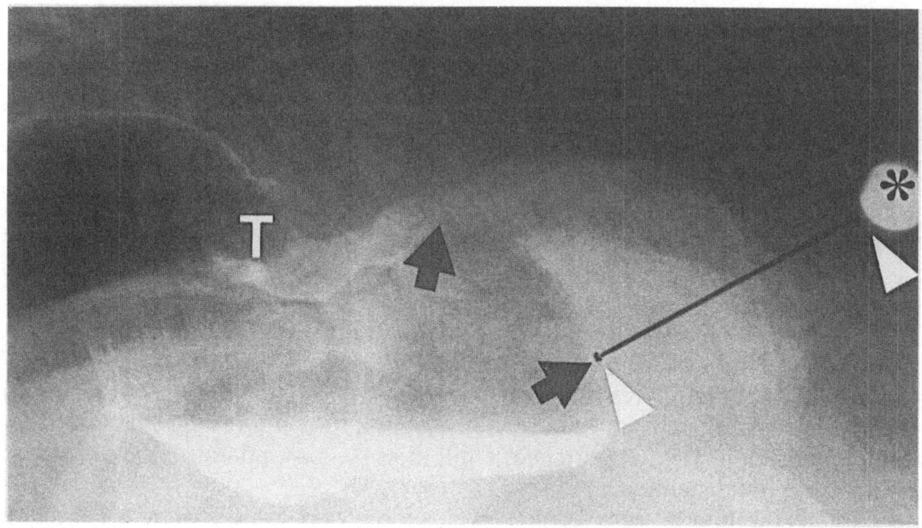

Abb. 1. Seitliche Distanzaufnahme eines dorsal gelegenen pT_2-Rektumkarzinoms (*T*) bei einem 50 Jahre alten männlichen Patienten, angefertigt am Ende einer präoperativen Routineirrigoskopie in Bauchlage. Die Aufnahme erlaubt sowohl die Bestimmung der Länge des Analkanals (4 cm, weiße Pfeile) als auch die der für das chirurgische Vorgehen wesentlichen Distanz zwischen distalem Tumorrand und innerem Ende des Analkanals (schwarze Pfeile). * Metallkugel zur Markierung des Anus

Einer der wesentlichsten Faktoren, der die Möglichkeit der sphinktererhaltenden Resektion bestimmt, ist die Länge der Distanz zwischen dem distalen Tumorende und dem proximalen Ende des Analkanals. Diese Distanz, aber auch die Länge des variabel langen (zwischen 1,5 cm und 8 cm, durchschnittlich 4 cm) Analkanals kann weder digital palpatorisch noch rektoskopisch suffizient bestimmt werden [7]. Eine einfache Röntgenaufnahme, die **Doppelkontrastdistanzaufnahme des Rektums**, wird am Ende einer präoperativen Routineirrigoskopie in Bauchlage mit horizontalem Strahlengang (Film-Fokus-Abstand: 2 m) durchgeführt. Die Markierung des äußeren Endes des Analkanals mit einer Metallkugel (genau 1 cm im Durchmesser als Referenzgröße zur Berücksichtigung des strahlengeometrisch bedingten Vergrößerungsfaktors) ermöglicht übersichtlich sowohl die Bestimmung der Länge des Analkanals als auch die Höhe der Tumorläsion und deren chirurgisch wichtigen Abstand zum inneren Ende des Analkanals (Abb. 1).

Die **endorektale Sonographie** ist heute eine etablierte und routinemäßig einsetzbare Untersuchungsmethode sowohl im *präoperativen Staging* als auch in der *Tumornachsorge* von Rektummalignomen [8]. Besondere Vorteile der endorektalen Sonographie sind die einfache, für den Patienten wenig belastende und rasche (5–10 Minuten) Untersuchungstechnik.

Bei Verwendung hochauflösender endorektaler Sonden (6–7,5 MHz, 2–4 cm Fokuszone) stellt die Ultraschalluntersuchung des Rektums zur Zeit die einzige bildgebende Methode dar, mit der einzelne Wandschichten des Rektums hinreichend genau voneinander differenziert werden können.

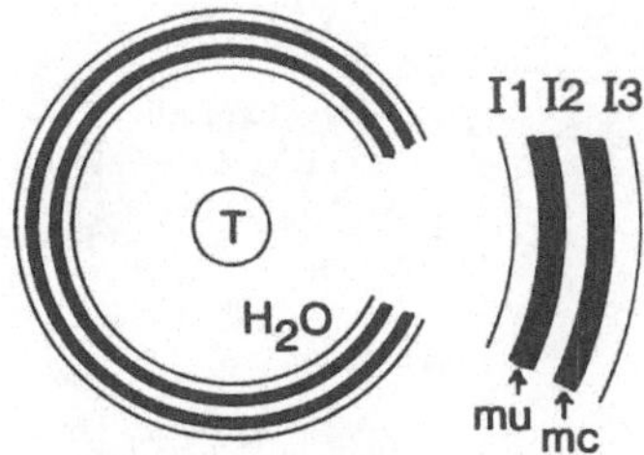

Abb. 2A. Schematische Darstellung des sonographischen Bildes der Rektumwand: Transducer (*T*), wassergefüllter Ballon (*H_2O*). Die „Interfaces" (*I1–I3*) repräsentieren die Grenzflächen Ballon/Schleimhautoberfläche (*I1*), Mukosa und Submukosa/Muscularis propria (*I2*), und Muscularis propria/perirektales Fettgewebe (*I3*). *mu* Mukosa und Submukosa; *mc* Muscularis propria

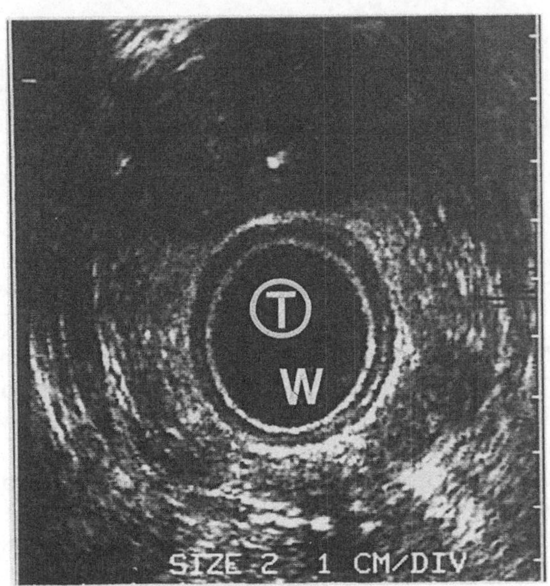

Abb. 2B. Normales sonographisches Bild der Rektumwand. Die „Interfaces" sind echoreiche, die Mukosa/Submukosa und die Muscularis propria sind echoarme Ringe. *T* Transducer; *W* wassergefüllter Ballon

Die normale Rektumwand besteht sonographisch aus drei echogenen und dazwischen zwei echoarmen Zonen (Abb. 2 A, B); es kann eine der Mukosa und Submukosa entsprechende Schicht, eine der Muscularis propria entsprechende Schicht und perirektales Fett- bzw. Bindegewebe abgegrenzt werden [9].

Die relative Eindringtiefe der echoarm erscheinenden Tumoren zu den oben genannten Wandschichten erlaubt eine *sonographische Stadieneinteilung* (uT_{1-4}), die sich an den klinisch pathologischen Stadien orientiert (pT_{1-4}) (Abb. 3).

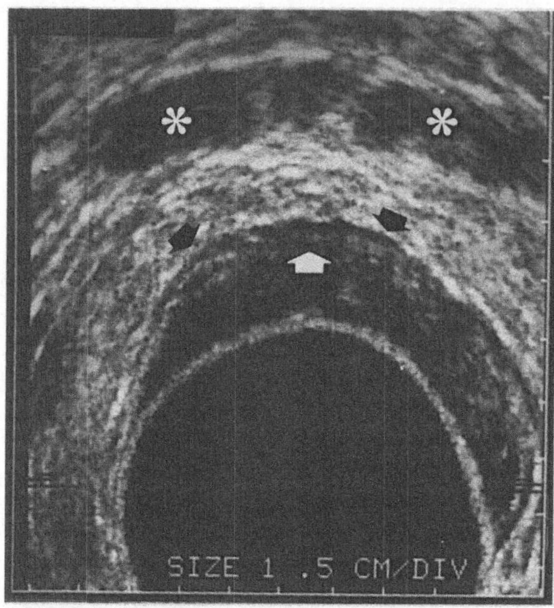

Abb. 3. Endorektale Sonographie: Rektumkarzinom T_2. Der echoarme Tumor liegt ventral und ist durch echoreiches Bindegewebe von den echoarmen Samenbläschen (*) deutlich getrennt. Der Tumor hat das mittlere Interface (Mukosa und Submukosa/ Muscularis propria) zerstört (weißer Pfeil) und ist in die Muscularis propria eingebrochen. Das äußere Interface ist erhalten (schwarze Pfeile)

Die bei sehr tief sitzenden Tumoren für die geplante kolo-anale Anastomose oder intersphinktere Resektion wesentliche Darstellung der Sphinkteren ist jedoch technisch schwierig und gelingt nur mittels einer eigens dafür entwickelten Zusatzeinrichtung [10].

Die Sensitivität bzw. Spezifität der Endorektalsonographie in der Unterscheidung zwischen einem auf die Rektumwand beschränkten Prozeß (T2) oder einem diese überschreitenden Prozeß (T3) ist mit 90%–100% bzw. 87%–100% hoch [11, 12] und in dieser Hinsicht auch der CT überlegen [13].

Verschiedene Studien [14–16] untersuchten die Wertigkeit der **CT** in der posttherapeutischen, aber auch in der präoperativen Diagnostik des Rektumkarzinoms.

Da computertomographisch nicht differenziert werden kann, ob ein Tumor an die Muscularis mucosae oder Serosa heranreicht oder diese durchbricht, stellt die CT für die Evaluierung der frühen T-Stadien nicht die Methode der Wahl dar. Die Bedeutung der Methode liegt vielmehr in der *guten Darstellbarkeit und Beurteilbarkeit der Invasion umliegender Strukturen,* wie des perirektalen Fettgewebes, der Beckenmuskulatur (Musculi levator ani, obturator internus, coccygeus, piriformis und glutaeus maximus) sowie von Harnblase, Prostata, Samenblasen, Vagina, Uterus und Adnexen [17].

Mit einer Sensitivität und Spezifität von 77% bzw. 57% und einer Genauigkeit von 70% [16] ist die CT derzeit die empfindlichste bildgebende Methode zur *Feststellung der Tumorinvasionstiefe* (Stadien T_{3-4}).

Die **Magnetresonanztomographie (MRT)** zählt derzeit nicht zu den routinemäßig eingeführten Verfahren in der bildgebenden Diagnostik des Rektumkarzinoms.

Die Methode an sich bietet den Vorteil der Darstellung der Ausdehnung und Infiltrationstiefe eines Primärtumors oder auch eines Rezidivtumors durch Schnittbilder in drei Raumebenen. Die Ortsauflösung kann zusätzlich durch Verwendung endorektaler Spulen verbessert werden; ob dadurch ein genaueres Tumorstaging möglich wird, bleibt vorerst abzuwarten.

Nachteile sind neben der derzeit geringeren Verfügbarkeit die aufwendige Untersuchungstechnik, die lange Untersuchungsdauer, allgemeine Kontraindikationen (z.B. Herzschrittmacherpatienten) und die hohen Untersuchungskosten [18].

N-Staging

Die primären Lymphknotenstationen bei lymphogener Metastasierung sind die *perirektalen Lymphknoten*. Der weitere Lymphabfluß der obersten Rektumetage erfolgt ausschließlich nach kranial (mesenteriale Lymphknoten), in mittlerer Höhe nach kranial und lateral (präsakrale und iliakale Lymphknotenstationen), der Lymphstrom des untersten Rektumstockwerks erfolgt nach kranial, lateral und kaudal (Lymphknoten der Fossa ischiorectalis, aber auch bis in die Inguinalregion).

Der Nachweis tumorbefallener Lymphknoten im perirektalen Fettgewebe, aber auch der weiter entfernt liegenden Lymphknotenstationen ist mit allen bildgebenden Methoden bisher unbefriedigend und problematisch.

Die Sensitivität und Spezifität für die **endorektale Sonographie** liegt optimistischen Schätzungen zufolge bei etwa 50%–70% für perirektale Lymphknoten [13].

Zieht man einen Durchmesser von mehr als 1,5 cm als Kriterium für einen malignen Befall heran, so liegt die Sensitivität der **CT** für den Nachweis von Lymphknotenmetastasen lediglich bei 25% [13, 16].

Dies ist unschwer nachvollziehbar, wenn man sich vor Augen hält, daß sekundärblastomatös befallene Lymphknoten oft kleiner als 5 mm sind.

Auch mittels **MRT** konnten bisher keine Kriterien, die eine Aussage über die Dignität vergrößerter Lymphknoten erlauben würden, erarbeitet werden.

M-Staging

Hinsichtlich der Fernmetastasierung unterscheidet sich das Rektumkarzinom nicht von den übrigen Dickdarmkarzinomen und auch nicht von den meisten anderen Karzinomen des Gastrointestinaltrakts; deshalb sei an dieser Stelle auf die Ausführungen der entsprechenden Kapitel verwiesen.

Tumornachsorge

Nach Sphinkter- und Kontinenz-erhaltenden Operationsverfahren kann die **endorektale Sonographie**, wie vorher erwähnt, auch für die *postoperative*

Verlaufskontrolle eingesetzt werden. Es gelingt jedoch lediglich lumennahe bzw. auf das Rektum übergreifende Rezidive, diese allerdings bereits bei geringer Größe, darzustellen und von Narbengewebe zu differenzieren [19].

In etwa 30% der wegen eines Rektumkarzinoms operierten Patienten ist mit einem Lokalrezidiv zu rechnen [20] (Abb. 4). Nur die frühzeitige Erkennung eines solchen läßt eine neuerliche Therapie mit kurativer Zielsetzung zu, andererseits setzt die Planung des weiteren therapeutischen Vorgehens wiederum die genaue Bestimmung des Tumorausmaßes voraus.

Die Bedeutung der **CT** in der Verlaufskontrolle nach abdomino-perinealer Rektumexstirpation ist unumstritten [21, 22]. Die Genauigkeit der Methode liegt bei 90%–95%.

Jedoch ist es mittels CT zuweilen schwierig bis unmöglich, zwischen postoperativen Veränderungen, wie Hämatomen, Abszessen oder Narbengewebe, und einem Rezidivgeschehen zu differenzieren. Darum sei an dieser Stelle besonders auf die Bedeutung einer postoperativen Basis-CT-Untersuchung hingewiesen, da auf diese Weise die diagnostische Aussage einer späteren Untersuchung aufgrund der nun möglichen Verlaufsbeurteilung deutlich erhöht werden kann.

Schließlich bietet die CT noch die Möglichkeit, suspekte Veränderungen CT-gezielt bioptisch weiter abzuklären [21, 22].

Thompson et al. [16] empfehlen daher folgendes Procedere nach operativer Behandlung von Patienten mit Rektumkarzinom:

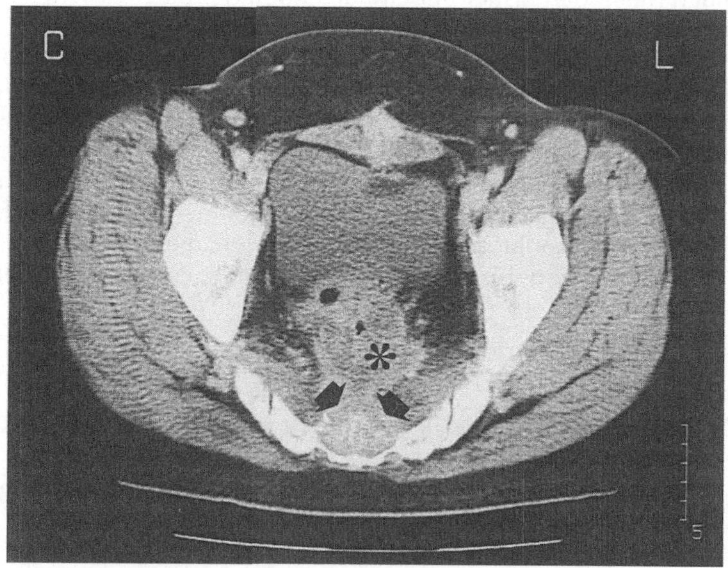

Abb. 4. Rezidiv eines Rektumkarzinoms. Computertomographie nach i.v. Kontrastmittelapplikation. Dorsal des blind verschlossenen, wandverdickten Rektumstumpfs (*) ist ein weichteildichter Rezidivtumor (Pfeile), der die ventrale Fläche des Os sacrum destruiert, zu erkennen

1. Alle Patienten sollten 2–4 Monate nach der Operation einer Ausgangs-CT-Untersuchung unterzogen und dann weiter
2. für zumindest 2 Jahre halbjährlichen CT-Kontrolluntersuchungen zugewiesen werden.
3. Jede neu aufgetretene oder sich im Verlauf vergrößernde Läsion sowie Lymphknotenvergrößerungen sollten CT-gezielt perkutan feinnadelbiopsiert werden.

Zusammenfassung: Die Rolle der bildgebenden Verfahren in der Diagnose des Rektumkarzinoms

Die Erstdiagnose des Rektumkarzinoms wird heute üblicherweise **endoskopisch** oder auch **radiologisch im Rahmen einer Dickdarm-Doppelkontrastuntersuchung** gestellt. Der entscheidende diagnostische Vorteil der Rektoskopie liegt bei guter endoskopischer Zugängigkeit in der Möglichkeit zur *bioptischen Gewebeentnahme.*

Die Größe eines tumorös befallenen Schleimhautareals kann sowohl endoskopisch als auch anhand der Doppelkontrast-Untersuchung beurteilt werden. Die präoperative Feststellung der Tumorhöhe und der chirurgisch wichtigen Distanz des distalen Tumorrandes zum inneren Ende des Analkanals ist jedoch endoskopisch (aus technisch-methodischen Gründen) nur ungenau möglich und wird am verläßlichsten radiologisch mit der **seitlichen Doppelkontrast-Distanzaufnahme** des Rektums bestimmt.

Die für die Krankheitsprognose wesentliche Beurteilung der Tiefe der Tumorinfiltration gelingt vor allem in frühen Stadien ausgezeichnet mittels **endorektaler Sonographie**. Die endorektale Sonographie hat heute ihren festen Platz sowohl im *prätherapeutischen Staging* des Rektumkarzinoms als auch in der *Tumornachsorge.*

Die Bedeutung der **CT** liegt vor allem in der *Abklärung der Umgebungsinfiltration* bzw. *Penetration in umliegende Organe* bei größeren Tumoren. Eine CT ist in diesen Fällen sinnvoll und angezeigt. Eine routinemäßig durchzuführende präoperative CT kann jedoch nicht generell empfohlen werden.

Wichtig und unbedingt zu empfehlen ist hingegen eine **postoperative Basis-CT-Untersuchung** 2 bis 4 Monate nach der Operation als Ausgangsbefund für weitere CT-Kontrolluntersuchungen. Denn eine weitere Domäne der CT liegt in der *postoperativen* bzw. *posttherapeutischen Tumornachsorge.* Die CT ist die derzeit am besten geeignete Methode zur Beurteilung eines *Therapieerfolges* (Tumorverkleinerung nach Strahlen- und Chemotherapie) oder aber zur *rechtzeitigen Erkennung eines Rezidivgeschehens* nach Rektumexstirpation und bietet dabei die Möglichkeit der CT-gezielten Biopsie von suspekten Veränderungen.

Ein zuverlässiges *Lymphknotenstaging* ist derzeit mit keinem bildgebenden Verfahren möglich.

Es bleibt zu hoffen, daß alle diagnostischen und therapeutischen Strategien das Ziel, der Verbesserung der Überlebensrate und der Lebensqualität des einzelnen Patienten, ein Stück näherbringen.

Danksagung

Wir danken Frau Dr. Andrea Maier (Univ.-Klinik für Radiodiagnostik, Abteilung für Chirurgische Fächer; Vorstand: Univ.-Prof. Dr. G. Lechner) für ihre konstruktive Kritik und die Bereitstellung der Abb. 1–3.

Literatur

1. Berichte über das Gesundheitswesen in Österreich im Jahre 1991 (1991) Bundeskanzleramt und Österreichisches Statistisches Zentralamt, Wien
2. TNM Atlas (UICC) (1989) Illustrated guide to the TNM (pTNM) classification of malignant tumors. Springer, Berlin Heidelberg New York Tokyo
3. Dukes CE, Bussey HJR (1958) The spread of rectal cancer and its effect on prognosis. Br J Cancer 12: 309
4. Laufer I, Levine MS (1992) The rectum. In: Laufer I, Levine MS (eds) Double contrast gastrointestinal radiology, 2nd edn. Saunders, Philadelphia, p 647
5. Gall FP, Hermanek P (1981) Kontinenzerhaltende Operationen beim Rektumkarzinom. Langenbecks Arch Chir 354: 45
6. Wilson SM, Beahrs OH (1976) The curative treatment of carcinomas of the sigmoid, rectosigmoid and rectum. Ann Surg 183: 556
7. Waneck R, Lechner G, Jantsch H, et al (1984) Lateral distant view for improved accuracy in locating rectal tumors. Am J Roentgenol 142: 519
8. Maier A, Lechner G (1992) Sonographie des Rektums. In: Neugebauer H (Hrsg) Was gibt es Neues in der Medizin. Medizinisches Jahrbuch 92. Dr. Peter Müller Verlag, Wien, S 239
9. Feifel G, Hildebrandt U (1990) Endosonography in gastroenterology, gynecology and urology. Springer, Berlin Heidelberg New York Tokyo
10. Burnett SJD, Bartram CI (1990) Endosonographic variations in the normal internal anal sphincter. Int J Colorectal Dis 6: 2
11. Hildebrandt U, Feifel G (1986) Endosonographische Bestimmung der Infiltrationstiefe und Beurteilung von Lymphknoten beim Rektumkarzinom. Ultraschall 1: 89
12. Konishi F, Ugajin H, Ito K, et al (1990) Endorectal ultrasonography with a 7,5 MHz linear array scanner for the assessment of invasion of rectal carcinoma. Int J Colorectal Dis 5: 15
13. Rifkin MD, Ehrlich SM, Marks G (1989) Staging of rectal carcinoma: prospective comparison of endorectal US and CT. Radiology 170: 319
14. Thoeni RF, Moss AA, Schnyder P, et al (1981) Detection and staging of primary rectal and rectosigmoid cancer by computed tomography. Radiology 141: 135
15. van Waes PFGM, Koehler PR, Feldberg MAM (1983) Management of rectal carcinoma: impact of computed tomography. Am J Roentgenol 140: 1137
16. Thompson WM, Halvorsen RA, Foster WL, et al (1986) Preoperative and postoperative CT staging of rectosigmoid carcinoma. Am J Roentgenol 146: 703
17. Koehler RE, Balfe DM, Stanley RJ (1989) Gastrointestinal tract. In: Lee JKT, Sagel SS, Stamley RJ (eds) Computed body tomography with MTI correlation, 2nd edn. Raven Press, New York, p 503
18. Küper K, Bautz W, Gnann H (1985) Wertigkeit der MR Tomographie für die Diagnostik des Rektumkarzinoms und dessen Rezidiv im Vergleich zur CT. Fortschr Röntgenstr 143: 301
19. Beynon J, Mortensen NJM, Foy DMA, et al (1988) The detection and evaluation of locally recurrent rectal cancer with rectal endosonography. Dis Colon Rectum 32: 509

20. Cass AW, Million RR, Pfaff WW (1976) Patterns of recurrence following surgery alone for adenocarcinoma of the colon and rectum. Cancer 37: 2861
21. Moss AA, Thoeni RF, Schnyder P, et al (1981) Value of computed tomography in the detection and staging of recurrent rectal carcinoma. J Comput Assist Tomogr 5: 870
22. Husband JE, Hodson NJ, Parsons CA (1980) The use of computed tomography in recurrent rectal tumors. Radiology 134: 677

Bildgebende Verfahren in der Diagnostik von Fernmetastasen

G. H. Mostbeck

Lebermetastasen

Die Leber ist aufgrund der portalvenösen Blutversorgung der häufigste Ort von Fernmetastasen gastrointestinaler Tumoren. Lebermetastasen stellen auch die häufigsten malignen Lebertumoren dar. Metastasen sind fast ausschließlich durch die Arteria hepatica und nur gering durch die Vena portae perfundiert [1].

In der **Sonographie** hängt die Erkennbarkeit von Lebermetastasen vom Impedanzunterschied der Läsion zum umgebenden Lebergewebe ab. Daneben müssen die Zeichen der Raumforderung wie Infiltration und Verlagerung von Gefäßen und Vorwölbung der Kontur beachtet werden. Das räumliche Auflösungsvermögen moderner Ultraschallgeräte ermöglicht den Nachweis von Metastasen ab einer Größe von 0,5 cm bis 1,0 cm [2–4]. Sonographisch gibt es unterschiedliche Erscheinungsbilder von Lebermetastasen [2–4]. Echoreiche Metastasen, echoreiche Metastasen mit echoarmem Randsaum oder mit echoarmem Zentrum (Bull's eye lesion) und Metastasen mit Verkalkungen werden meist bei gastrointestinalen Tumoren beobachtet [5]. Es muß jedoch betont werden, daß Aussagen über den Primärtumor aufgrund der Sonomorphologie nicht möglich sind. Ein *echoarmer Halo* um die Läsion ist jedoch ein charakteristisches Zeichen einer Metastase [6]. Trotzdem stellt die sonographische Differenzierung von Metastasen gegenüber benignen Läsionen ein Problem dar. Der Prozentsatz der sonographisch nachgewiesenen fokalen Leberläsionen bei Tumorpatienten, die keine Metastase darstellen, wird mit bis zu 17% angegeben [2]. Die Treffsicherheit der Sonographie im Nachweis von Metastasen liegt bei ca. 90%, die Spezifität bei 85%–97% [2, 3].

Die intraoperative Sonographie hat in der Metastasenchirurgie der Leber eine große Bedeutung [7]. Während oberflächennahe Metastasen durch Inspektion und Palpation erfaßt werden, sind tiefere, nur wenige Millimeter große Metastasen, die der präoperativen bildgebenden Diagnostik entgangen sind, erst durch die intraoperative Sonographie faßbar [5].

In der **Computertomographie (CT)** ist der Nachweis von Metastasen abhängig vom CT-Gerät, der Untersuchungsmodalität und der Differenz der

Absorptionswerte zwischen Leberherd und Leberparenchym [5]. Die i.v. Applikation von Kontrastmittel beabsichtigt, die Dichtedifferenz zwischen Läsion und normalem Lebergewebe, die zum Nachweis mindestens 10–15 HE betragen muß, zu erhöhen. Die i.v. Infusion und die dynamische CT mit i.v. Bolusapplikation haben in der Praxis die wichtigste Bedeutung. Die Applikation von Kontrastmittel über die Arteria hepatica (*CT-Arteriographie*) sowie die über die Vena portae (*CT-Portographie*, Kontrastmittelapplikation über einen Katheter in der Arteria mesenterica superior) zeigen die höchsten Sensitivitäten im *Nachweis fokaler Läsionen*, bleiben aber aufgrund ihrer Invasivität und technischen Aufwendigkeit präoperativen Fragestellungen vorbehalten [8, 9]. Die **Spiral-CT** der Leber, bei der das gesamte Organ im Atemstillstand untersucht wird, läßt eine Verbesserung im Nachweis von Lebermetastasen im Vergleich zur konventionellen CT erwarten, da kleine Läsionen durch unterschiedliche Inspirationslage nicht mehr „weggeatmet" werden können und die rasche Scan-Zeit eine bessere Kontrastmittelausnützung (größerer Dichteunterschied zwischen Leber und Tumor) ermöglicht [10].

Die **Magnetresonanztomographie (MRT)** ist eine ausgezeichnete Methode zum Nachweis von Lebermetastasen. Die Sensitivität wird zum Teil höher angegeben als für die CT [11, 12]. Metastasen sind in T1-gewichteten Bildern hypoindens und in T2-gewichteten Bildern unterschiedlich hyperindens [5]. In Erprobung sind *superparamagnetische Kontrastmittel*, die in den Kupffer-Zellen aufgenommen werden, nicht jedoch in den Tumorzellen der Metastase und den Leber-Tumor-Kontrast erhöhen [13]. Die Verbesserung der Geräteverfügbarkeit, die technische Weiterentwicklung der Geräte selbst und neue Kontrastmittel lassen für die Zukunft auch einen hohen praktischen Stellenwert der MRT im Metastasennachweis der Leber erwarten.

Zusammenfassend sollte bei Patienten mit gastrointestinalem Tumor in der Fragestellung nach Lebermetastasen als erste Untersuchung die **Sonographie** eingesetzt werden. Beim charakteristischen sonographischen Befund von Lebermetastasen bringt die **CT** nur in Ausnahmefällen Zusatzinformationen, z.B. im Nachweis eines Hämangioms durch das charakteristische Kontrastmittelanfärbeverhalten dieser Läsion. Die Durchführung von Sonographie und CT erhöht jedoch insgesamt die Sensitivität im Metastasennachweis. Die **MRT** hat unter den nicht-invasiven Modalitäten die höchste Sensitivität im Nachweis von Leberfiliae, ist jedoch derzeit leider noch nicht breit verfügbar. *Invasive Formen der Kontrastmittelapplikation* in der CT bleiben *präoperativen* Fragestellungen vorbehalten. Die **intraoperative Sonographie** kann wenige Millimeter große Metastasen nachweisen und beeinflußt das operative Vorgehen. Die *perkutane Sonographie* oder *CT-gezielte Feinnadelbiopsie einer fokalen Leberläsion* bei einem Patienten mit gastrointestinalem Tumor zur spezifischen Gewebsdiagnose sollte immer dann durchgeführt werden, wenn vom Ergebnis eine therapeutische Entscheidung zu erwarten ist.

Lungenmetastasen

Die **konventionelle Thoraxaufnahme in zwei Ebenen** ist eine einfache und effektive Methode zum Nachweis von Lungenmetastasen. Die **konventionelle**

Ganzlungentomographie zeigt in rund 10% der Tumorpatienten einen Rundherd, bei denen das Thoraxröntgen unauffällig war. Die konventionelle Tomographie hat aber in dieser Fragestellung heute keine Indikation mehr, da schon sehr früh gezeigt werden konnte, daß die **CT** eine höhere Sensitivität aufweist [14, 15]. Bei 32 von 91 Patienten wurden mehr Rundherde mit der CT als mit der konventionellen Ganzlungentomographie gefunden; bei 5 dieser 32 Patienten war die Ganzlungentomographie überhaupt negativ [14]. Auch bei kooperativen Patienten besteht in der CT die Möglichkeit, daß durch verschieden tiefe Inspirationslagen während der Scans Teile des zu untersuchenden Volumens der Lunge nicht – oder aber doppelt – abgebildet werden. Vor allem kleine pulmonale Herde können so dem Nachweis entgehen. Die kontinuierliche Erfassung des gesamten Lungenvolumens während eines einzigen Atemanhaltemanövers in der Spiral-CT und die überlappende Rekonstruktion lösen dieses Problem. Die Überlegenheit der **Spiral-CT** gegenüber der konventionellen CT im Nachweis von pulmonalen Rundherden konnte gezeigt werden [16]. Die Spiral-CT stellt heute den bildgebenden „Goldstandard" im Nachweis pulmonaler Rundherde dar. Trotzdem muß betont werden, daß nicht jeder in der CT dargestellte Rundherd bei einem Patienten mit bekanntem malignem Tumor eine Metastase darstellt. 10%–60% kleiner pulmonaler Rundherde, die nur in der CT gefunden wurden, waren bei Malignompatienten benigne [14, 15]. Weiterführende diagnostische Maßnahmen, wie CT-gezielte Biopsie und Thorakotomie, müssen gegebenenfalls eingesetzt werden, um die Dignität eines pulmonalen Rundherds zu klären.

Hirnmetastasen

Die **CT** ist die Standardmethode zum Nachweis intrazerebraler Metastasen [17]. Die meisten Metastasen kommen als Herde verminderter Dichte, die nach i.v.-Applikation von Kontrastmittel eine deutliche Dichteanhebung zeigen, zur Darstellung. Meist sind Metastasen von einem perifokalen Ödem umgeben. Die **MRT** ist der CT hinsichtlich des Metastasennachweises überlegen [18]. Metastasen sind auf T1-gewichteten Aufnahmen isoindens oder hypoindens, auf T2-gewichteten Aufnahmen überwiegend hyperindens, wobei das perifokale Ödem als hyperindenser Ring auf T2-gewichteten Aufnahmen zur Darstellung kommt. Die Kontrastmittelgabe (Gadolinium-DTPA) erhöht die Nachweisrate kleiner Metastasen gegenüber Nativaufnahmen und sollte in dieser Fragestellung obligat erfolgen [18].

Skelettmetastasen

Skelettmetastasen sind bei gastrointestinalen Tumoren relativ selten; beim Kolonkarzinom werden sie in weniger als 7% der Patienten gefunden [19]. Wenn jedoch die Prävalenz von Skelettmetastasen bei gastrointestinalen Tumoren mit der Inzidenz dieser Malignome korreliert wird, stellen diese die dritt- oder vierthäufigste Ursache von Skelettmetastasen dar [19]. Die **Skelettszintigraphie** ist die primäre bildgebende Methode [19]. Symptomatische Körperregionen und suspekte Speicherungen in der Szintigraphie sollten gezielt radiologisch (**Nativröntgen**) untersucht werden.

Literatur

1. Lin G, Hägerstrand I, Lunderquist A (1984) Portal blood supply of liver metastases. Am J Roentgenol 143: 53
2. Görich J, van Kaick G (1988) Sonographische Differentialdiagnostik herdförmiger Leberläsionen. Radiologe 28: 349
3. Hauenstein KH, Wimmer B, Friedburg H, et al (1988) Aussagekraft der Kernspintomographie im Vergleich zu Sonographie und Computertomographie in der Diagnostik fokaler Leberläsionen. Radiologe 28: 362
4. Brick SH, Hill MC, Lande IM (1987) The mistaken or indeterminate CT diagnosis of hepatic metastasis: the value of sonography. Am J Roentgenol 148: 723
5. Felix R, Langer R, Langer M (1993) Bildgebende Diagnostik bei Lebererkrankungen. Springer, Berlin Heidelberg New York Tokyo, S 133
6. Wernecke K (1989) Sonographische Diagnostik von Leber- und Pankreastumoren. Röntgenblätter 42: 378
7. Parker GA, Lawrence W, Horsely S (1989) Intraoperative ultrasound of the liver affects operation decision making. Ann Surg 209: 569
8. Göthlin J, Gutierrez D, Dondelinger R, et al (1986) Computed tomographic arteriography (CTA) of the liver. Evaluation of technique, results and indications. Eur J Radiol 6: 191
9. Matsui O, Takashima T, Kadoya M, et al (1987) Liver metastases from colorectal cancers: detection with CT during arterial portography. Radiology 165: 65
10. Bluemke DA, Fishman EK (1993) Spiral CT arterial portography of the liver. Radiology 186: 576
11. Rummeny E, Saini S, Wittenberg J, et al (1988) MR imaging of liver neoplasms. Am J Roentgenol 152: 493
12. Ferruci JT, Freeny PC, Stark DD, et al (1988) Advances in hepatobiliary radiology. Radiology 168: 319
13. Wittenberg J (1990) MRI of hepatic metastatic disease. In: Ferruci JT, Stark DD (eds) Liver imaging. Andover Med, Boston, p 153
14. Muhm JR, Brown LR, Crowe JK, et al (1978) Comparison of whole lung tomography and computed tomography for detecting pulmonary nodules. Am J Roentgenol 131: 981
15. Shaner EG, Chang AE, Doppman JL, et al (1978) Comparison of computed and conventional whole lung tomography in detecting pulmonary nodules: a prospective radiologic-pathologic study. Am J Roentgenol 131: 51
16. Remy-Jardin M, Remy J, Giraud F, et al (1993) Pulmonary nodules: detection with thick section spiral CT versus conventional CT. Radiology 187: 513
17. Deck MDF, Messina AV, Sackett JF (1976) Computed tomography in metastatic disease of the brain. Radiology 119: 115
18. Uhlenbrock D (1990) Hirntumoren. In: Uhlenbrock D (Hrsg) Kernspintomographie des Kopfes. Thieme, Stuttgart New York, S 102
19. Stoker DJ (1992) Metastatic bone disease. In: Resnick D, Pettersson H (eds) Skeletal radiology. Merit Communications, London, p 321

Staging und operative Therapie maligner gastrointestinaler Tumoren

Plattenepithelkarzinom des Ösophagus

B. Rau und *P. M. Schlag*

Das Ösophaguskarzinom ist ein Tumor mit nach wie vor schlechter Prognose. Earlam und Cunha-Melo [1] geben aufgrund einer retrospektiven Analyse eine Resektabilitätsrate von 22% und eine 5-Jahres-Überlebensrate von 3% an. Diese Arbeit wird immer wieder als Argument zugunsten nicht operativer Therapieformen beim Ösophaguskarzinom zitiert. In der Zwischenzeit konnte jedoch durch Verbesserung des perioperativen Management als auch durch gezielte Selektion der Patienten im Rahmen einer präzisen Diagnostik die perioperative Letalität gesenkt und die 5-Jahres-Überlebenszeit gesteigert werden. So berichteten Huang et al. [2] über eine Resektionsrate von 84% und Iizuka und Kato [3] über eine 5-Jahres-Überlebensrate von 61%. An deutschen Zentren wird eine Resektionsrate von 76%–95% erreicht (Tabelle 1 [4–8]). Die kumulative 5-Jahres-Überlebensrate schwankt zwischen 20% und 24% [6, 7].

Tabelle 1. Operabilität und Resektabilität beim Ösophaguskarzinom

Autor	Jahr	Intervall	Patienten-anzahl	Operabilität	(%)	Resektabilität	(%)
Sugimachi et al. [4]	1989	1965–88	587			370	(63)
Lerut et al. [5]	1992	1975–88	257	232	(77)	198	(85)
Siewert et al. [6]	1992	1982–91	674	457	(68)	432	(95)
Schumpelick et al. [7]	1992	1986–92	110			84	(76)
Schlag [8]	1992		69			54	(78)
Zusammenstellung [7]	1992		18163			10563	(58)

Staging

Das Ziel der präoperativen Diagnostik besteht beim Ösophaguskarzinom nach der histologischen Sicherung in der Stadiendefinition, der Bestimmung der allgemeinen Operabilität, sowie der lokalen Resektabilität (Tabelle 2). Das Er-

Tabelle 2. Diagnostisches Vorgehen und Sicherung des Stadiums beim Plattenepithelkarzinom des Ösophagus (Certainty C2–3)

	Endoskopie	Röntgen Ösophagus	Computertomographie	Endosonographie	Sonographie Abdomen
Lokalisation					
Höhe ab Zahnreihe	+++	+	o	++	o
Passierbarkeit	+++	+	+	++	o
Längenausdehnung	wenn passierbar +++	+++	++	+++	o
Abstand zur Kardia	wenn passierbar +++	+++	+	++	o
Zuordnung zervikal	+	+++	++	++	o
supra-bifurkal	+	+++	++	++	o
bifurkal	+	+++	++	++	o
infra-bifurkal	+	+++	++	++	o
Morphologie	+++	+	o	+	o
T Tiefeninfiltration					
Submukosa	o	+	+	++	o
Muskularis propria	o	+	+	++	o
Adventitia	o	+	+	++	o
Benachbarte Strukturen	o	++	+	++	o
Deviation	+	+++	o	+	o
Achsenknick	+	+++	o	+	o
N Lymphknotenbefall					
Paratracheal	o	o	+	++	o
Paraösophageal	o	o	+	++	o
Parakardial	o	o	+	++	++(+)
Truncus coeliacus	o	o	++	++	++(+)
M Metastasen					
Leber	o	o	+++	o	+++
Lunge	o	o	+++	o	o
Lymphknoten	o	o	++	++	++(+)

Genauigkeit in der Aussagesicherheit: o keine Aussage; + befriedigend; ++ gut; +++ sehr gut

gebnis der präoperativen Diagnostik hat Einfluß auf die weitere Therapie und bestimmt die Entscheidung über eine präoperative Vorbehandlung, die alleinige Operation oder ausschließliche palliative Therapie.

Kriterien zur allgemeinen Operabilität

Die Einteilung des operativen Risikos erfolgt üblicherweise nach den anästhesiologischen Richtlinien der ASA-Klassifikation [9], und diese beinhaltet die *kardiopulmonale Funktionsdiagnostik* in Form der Belastungselektrokardiographie, sowie der Lungenfunktionsprüfung mit Belastung und insbesondere der Ermittlung der Sekundenkapazität, der Vitalkapazität und des Atemgrenzwertes als wesentliche pulmonale Funktionsparameter.

Bei einer globalen respiratorischen Insuffizienz mit einem $PaO2 < 10$ mmHg des altersabhängigen Normalwertes und einem $PaCO2 > 45$ mmHg besteht eine Kontraindikation für Oberbaucheingriffe, da dann mit einer sehr schwer zu beeinflussenden respiratorischen Insuffizienz gerechnet werden muß. Bei normalen Ausgangswerten sollte eine frühzeitige Extubation angestrebt werden, um Komplikationen, die durch eine Beatmung entstehen können, vorzubeugen. Die hepatogene und renale Stoffwechselfunktion muß ebenfalls geprüft werden. Hierfür sind Leberenzyme, Quickwert, Bilirubin und Kreatinin-Clearance heranzuziehen. Bei Einschätzung des präoperativen Risikos in drei Gruppen, unter Berücksichtigung der pulmonalen, kardiovaskulären, hepatogenen und renalen Funktionsstörungen, steigt die postoperative Letalität von 3%–5% auf 7%–15% und in der Gruppe mit dem höchsten präoperativen Risiko auf 20% an [6].

Die HNO-Untersuchung sollte präoperativ sowohl zur Diagnostik einer Rekurrensparese, mit Hinweis auf Lymphknoten-Metastasen im aortopulmonalen Fenster bzw. paratracheal, als auch zum Ausschluß eines Zweittumors im Hals-Nasen-Ohren-Bereich, der zu 2%–4% synchron zu erwarten ist [10], durchgeführt werden.

Staging des Primärtumors

Die Diagnostik des Ösophaguskarzinoms sollte über die Tumorlokalisation, die longitudinale und auch über die Tiefen-Ausdehnung eine möglichst exakte Aussage treffen (Abb. 1 A, B [11]).

Die *Tumorlokalisation* wird durch Endoskopie und Ösophagusbreischluck ausreichend festgelegt. Hierbei ist die Lagebeziehung zur Trachealbifurkation von Interesse. Die Tumoren oberhalb der Bifurkation sind meist nicht radikal resezierbar (R1/R2-Resektionen), da ein hoher Prozentsatz der Tumoren die schmalen Grenzschichten im Bereich des Tracheobronchialsystem frühzeitig infiltrieren. Die Tumoren unterhalb der Bifurkation hingegen haben aufgrund ihrer anatomischen Lagebeziehung eine fast unbegrenzte Resektionsquote (Tabelle 3 [5–7, 12, 13]).

Die *longitudinale Tumorausdehnung* wird mit dem Ösophagusbreischluck und der Computertomographie (CT) definiert. Die Endoskopie kann hierzu nicht

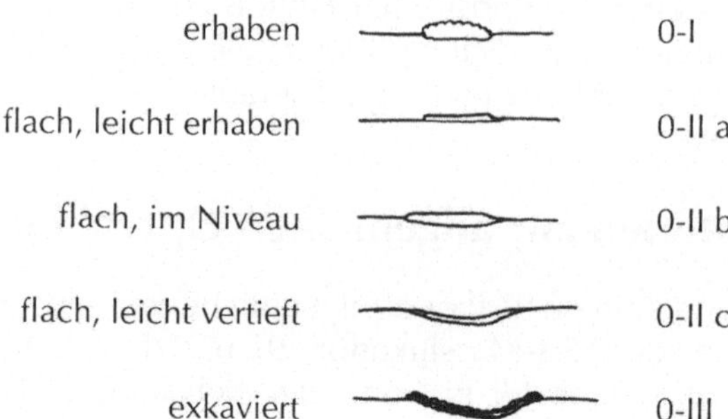

Abb. 1A. Endoskopische Klassifikation des oberflächigen Ösophaguskarzinoms (nach Siewert und Dittler [11])

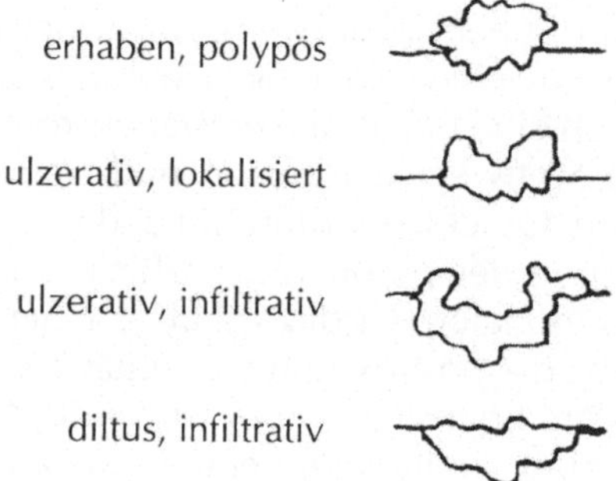

Abb. 1B. Endoskopische Klassifikation des fortgeschrittenen Ösophaguskarzinoms (nach Siewert und Dittler [11]

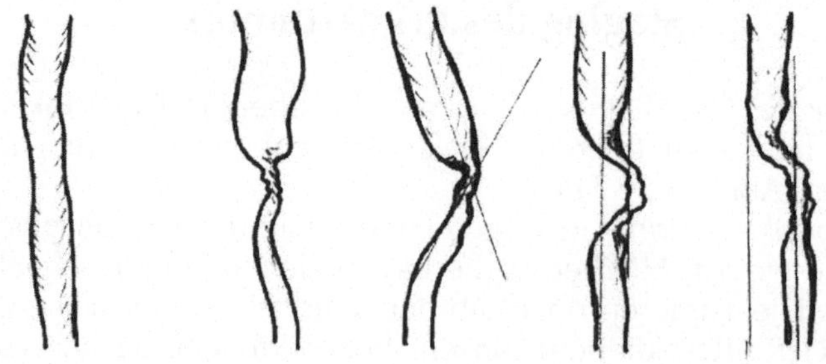

Abb. 2. Ösophagusachsenabweichungen aus der Sicht der radiologischen Barium-Darstellung (aus Reeders und Bartelsman [16])

Tabelle 3. Lokalisation des Ösophaguskarzinoms

Autor	Jahr	Intervall	Anzahl an Operationen	Platten-epithel-karzinom	(%)	Zervikal	(%)	Supra-bifurkal	(%)	Bifurkal	(%)	Infra-bifurkal	(%)
Hankins et al. [12]	1989	1977–87	78	67	(86)			11	(16,4)	53	(79,1)	3	(4,5)
Lerut et al. [5]	1992	1975–88	257	257				45	(17,5)	100	(38,9)	112	(43,6)
Siewert et al. [6]	1992	1982–91	457	256	(56)	14	(5,5)	63	(24,6)	52	(20,3)	127	(49,6)
Pichlmaier et al. [13]	1992	1983–92	127[a]	127		13	(10,2)	13	(10,2)	52	(41,0)	49	(38,6)
Schumpelick et al. [7]	1992	1986–92	84	80	(95)			14	(17,5)	37	(46,3)	29	(36,3)

[a] Ergebnisse transhiatal resezierter Patienten

Tabelle 4. Vorhersagegenauigkeit (%) in der Diagnostik des Ösophaguskarzinoms

Autor	Jahr	Methode	Infiltration tracheo-bronchial	Infiltration Aorta	Infiltration mediastinal	Infiltration parakardial	Magen-befall	LK regional	LK abdominal	Leber-metastasen
Reeders und Bartelsman [16]	1993	CT	94	86	82	96	81	44	75	97
		MRT	94	96	84			70	77	
Lehr et al. [17]	1988	CT	73	63				56	45	
		MRT	71	67				56	46	

LK Lymphknoten; *CT* Computertomographie; *MRT* Magnetresonanztomographie

immer eine Aussage treffen, da eine Passage mit dem Gerät oftmals wegen Stenosierung, ohne Bougierung des Tumors, nicht möglich ist. Eine Tumorlängenausdehnung > 6 cm korreliert nach Yamada [14] zu 50% mit einer Infiltration von Nachbarstrukturen. Dies wird aber nicht allgemein bestätigt [15].

Schwieriger zu bestimmen ist die *Infiltrationstiefe des Tumors* in die Speiseröhrenwand. Als indirektes Infiltrationszeichen wird die Abknickung in der Ösophaguslängsachse angesehen [15] (Abb. 2 [16]). Auch mit der CT-Untersuchung kann lediglich eine Aussagegenauigkeit von 50% erreicht werden [17] (Tabelle 4 [16, 17]). Erfolgversprechend sind die Erfahrungen mit der *endoluminalen Ultraschalluntersuchung,* mit der die Tumorinfiltrationstiefe mit einer Genauigkeit von 86%–92% vorhergesagt werden kann [18, 19] (Tabelle 5 [18–25]).

Staging von Lymphknotenmetastasen

Der exakte präoperative Nachweis von tumorbefallenen Lymphknoten stellt derzeit noch ein erhebliches diagnostisches Problem dar (Abb. 3). In der CT-Untersuchung kann bei den *thorakalen Lymphknotenmetastasen* lediglich eine Aussagegenauigkeit von 56% erreicht werden. Die Endosonographie scheint auch hierbei überlegen zu sein [18] (Tabelle 5 [18–25]). Die *abdominellen*

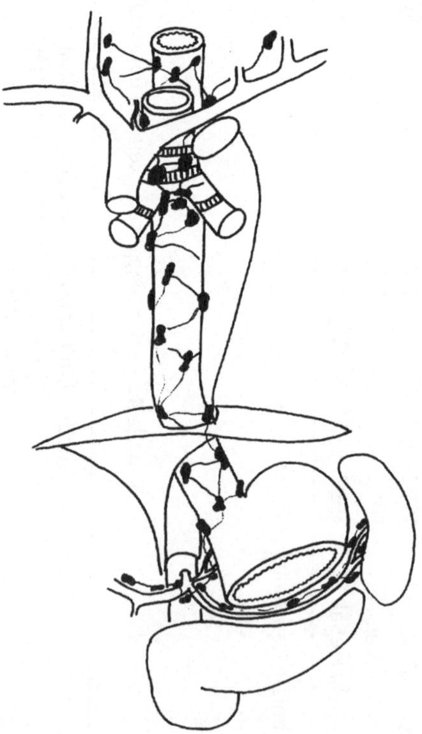

Abb. 3. Lymphabfluß des Ösophagus

Tabelle 5. Vergleichende Diagnostik in ihrer vorhergesagten Genauigkeit beim Ösophaguskarzinom

Autor	Jahr	Methode	Tiefeninfiltration					Lymphknoten		
			Genauigkeit %	T1 %	T2 %	T3 %	T4 %	Genauigkeit %	Sensitivität %	Spezifität %
Tio et al. [20]	1989	EUS	89							
Grimm et al. [21]	1989	EUS	85					80		
Sugimachi et al. [22]	1990	EUS	90					93		
Tio et al. [23]	1990	EUS						81	95	50
Rösch et al. [24]	1992	EUS	82					70		
Heintz et al. [25]	1992	EUS	89	92		86			84	44
Dittler und Siewert [18]	1993	EUS	86	81	77	89	88	73	75	70
Hordijk et al. [19]	1993	EUS	76	92						
		CT	49	69						

T1 Invasion der Mukosa und/oder Submukosa; *T2* Invasion der Muskularis propria; *T3* Invasion über die Muskularis propria hinaus; *T4* Infiltration in angrenzende Organe; *EUS* Endosonographie; *CT* Computertomographie

Lymphknotenmetastasen werden durch die CT mit einer Genauigkeit von 75% erfaßt [16]. Die abdominelle Sonographie ist oftmals durch Artefakte (Meteorismus) in ihrer Aussage eingeschränkt. Als zusätzliche präoperative Untersuchung sollte bei einem lokal fortgeschrittenen Ösophaguskarzinom die *operative Laparoskopie* vorgeschaltet werden. Hierbei können pathologisch veränderte Lymphknoten auch im retrogastralen Raum (Truncus coeliacus) inspiziert und zur histologischen Untersuchung exzidiert werden und, je nach Ergebnis, einen wesentlichen Beitrag zur Behandlungsstrategie in Form von primärer Operation bzw. zur Durchführung neoadjuvanter Therapieformen leisten.

Staging von Fernmetastasen

Die Fernmetastasen beim Ösophaguskarzinom sind überwiegend in Leber (ca. 30%) oder Lunge (ca. 20%) zu erwarten [11]. Die übrigen Organmanifestationen sind primär relativ selten. Zur Diagnostik der Fernmetastasen eignet sich die CT-

Untersuchung, die beide Organmanifestationen (Leber, Lunge) und zusätzlich vergrößerte mediastinale und abdominale Lymphknoten erkennen kann. Die Sonographie scheint lediglich bei optimalen Untersuchungsbedingungen überlegen zu sein.

Präoperative Vorbereitung

Die meisten Patienten mit einem Ösophaguskarzinom leiden unter einer Mangelernährung. Um eine präoperative Verbesserung des Ernährungsstatus zu erreichen, sollte eine parenterale hochkalorische Ernährung für mindestens zwei Wochen vor der Operation erfolgen [26]. Dadurch profitieren die Patienten im postoperativen Verlauf [27]. Des weiteren empfiehlt sich während dieser Zeit intensive Atemgymnastik zur Stärkung der Atemhilfsmuskulatur und Physiotherapie mit medikamentöser Unterstützung durch Bronchodilatatoren bei schlechter broncho-pulmonaler Funktion durchzuführen.

Operative Primärtherapie unter kurativer Zielsetzung

Zur operativen Behandlung des Primärtumors ist die Lokalisation des Tumors von entscheidender Bedeutung. Tumoren am ösophagogastralen Übergang bzw. Tumoren im distalen Drittel des Ösophagus werden durch eine *abdomino-thorakale Ösophagusresektion* behandelt. Bei Ösophaguskarzinomen, die höher liegen, wird über einen thorako-abdomino-zervikalen Zugang eine *komplette Ösophagektomie* durchgeführt. Die Passage wird in der Regel durch eine Magenschlauchbildung, in Ausnahmen (technisch, nach vorausgegangener Magenresektion oder bei sehr jungen Patienten wegen der besseren funktionellen Ergebnisse) auch durch ein Koloninterponat wiederhergestellt.

Bei *Ösophaguskarzinomen im oberen und mittleren Drittel* erfolgt zunächst eine *postero-laterale Thorakotomie rechts* zur Bestimmung der lokalen Operabilität. Hierzu wird nach Ausschluß pulmonaler oder pleuraler Fernmetastasen der Ösophagus mit dem tumortragenden Anteil kurzstreckig skelettiert und oral sowie aboral das tumortragende Segment abgebunden. Dann wird die gesamte Speiseröhre, ausgehend von der Pleura parietalis unter Mitnahme der Vena azygos, des Ductus thoracicus und des gesamten mediastinalen Fettgewebes mit Lymphabflußgebieten monobloc mobilisiert und reseziert.

Es schließt sich die *mediane Laparotomie* an. Zunächst wird der Bauchraum exploriert. Anschließend erfolgt die Durchtrennung des kleinen Netzes lebernah. Das Ligamentum gastrocolicum wird nach Eröffnung der Bursa omentalis unter Schonung der Arteria gastroepiploica dextra durchtrennt. Die Arteria gastrica sinistra wird zentral unter Mitnahme der Lymphknoten des Pankreasoberrandes abgesetzt (Kompartiment II). Zur Entfernung der Lymphknoten am Pankreasschwanz und im Bereich des Milzhilus kann eine *Splenektomie* durchgeführt werden. Bei *Ösophaguskarzinomen im unteren Drittel* wird analog abdomino-thorakal vorgegangen. Bei Sitz des Tumors in der Hiatuszwinge werden die entsprechenden Anteile des Zwerchfells mitreseziert.

Die Durchtrennung des Magens erfolgt abschließend mit einem Klammernahtgerät unter gleichzeitiger distaler Magenschlauchbildung. Hierbei verbleibt Kardia und Magenfundus sowie Magenkorpus mit Netz und gastralem Lymphabflußgebiet (Arteria gatrica sinistra) am Resektat.

Da bei der stumpfen transmediastinalen Ösophagusresektion (Blunt-Dissection) keine standardisierte Lymphonodektomie erfolgt, genügt dieser Eingriff nicht den Anforderungen, welche an ein adäquates chirurgisch-onkologisches Vorgehen zu stellen sind. Inwieweit diese durch eine mediastinoskopisch instrumentelle Dissektion erfüllt werden, müssen derzeit noch laufende Studien endgültig zeigen [12].

Rekonstruktive Maßnahmen und Techniken

Die Durchtrennung des Magens mit einem Linear-Stapler erfolgt so, daß der Magenkorpus großkurvaturseitig tubusiert und somit ein Magenschlauch gebildet wird. Bei thorako-abdominellem Vorgehen wird der Magenschlauch retrosternal hochgezogen und links-zervikal mit dem Ösophagus anastomosiert. Bei abdomino-thorakalem Vorgehen erfolgt der Hochzug im alten Ösophagusbett. Die Anastomose mit dem hochgeführten Magenschlauch kommt in der oberen Thoraxapertur zu liegen.

Die *Anastomosierung* erfolgt entweder per Hand mit einer einreihigen durchgreifenden Mukosarückstichnaht oder alternativ bei intrathorakaler Anastomose auch mit einem Zirkular-Stapler.

Aufwendiger ist die Rekonstruktion der Nahrungspassage mittels Koloninterposition. Hierfür findet meist das an der Arteria colica media gestielte Colon ascendens Verwendung. Die Anastomosierung proximal mit der Speiseröhre erfolgt hierbei mit dem terminalen Ileum oder Zökum und aboral mit dem distalen Magenrest. Die Kontinuität von Dünn- und Dickdarm wird durch Ileotransversostomie wiederhergestellt, so daß im Vergleich zum Magenhochzug zwei zusätzliche Anastomosen notwendig werden.

Palliative operative Therapie

Eine Ösophagektomie unter palliativer Zielsetzung sollte möglichst vermieden werden. Die Überlebensrate von Patienten mit R1- oder R2-Resektionen ist im allgemeinen nicht günstiger als unter alleiniger primärer Radio-Chemotherapie, jedoch mit einer erhöhten perioperativen Morbidität und Mortalität belastet. Die palliative Ösophagusresektion bietet auch im Hinblick auf die Passagewiederherstellung bei stenosierend wachsenden Tumoren keine Vorteile, da diese in der Regel durch *Laservaporisation* und Bougierung bis zum Ansprechen auf die Radio-Chemotherapie ebenso wirkungsvoll erreicht werden kann [4, 28, 29].

Ösophago-tracheale Fisteln und primär vor allem rasch rezidivierende Tumorstenosen im distalen Ösophagusdrittel werden durch *endoskopische Tubusimplantation* erfolgreich angegangen. Ein palliativer operativer Eingriff beim Ösophaguskarzinom ist somit im wesentlichen nur nach Ausschöpfung endoskopischer Maßnahmen und konservativer Behandlungsmöglichkeiten (Radio-Chemotherapie) in Betracht zu ziehen. Die Gesamtsituation dieser Patienten mit vorausgegangenen multiplen Therapien lassen dann ohnehin nur als ultima ratio bei unüberwindlicher Tumorstenose die Anlage einer gastralen Ernährungsfistel zu. Diese kann heutzutage auch auf laparoskopischem Wege schonend angelegt werden.

Multimodale Behandlungskonzepte im Rahmen der operativen Primärtherapie

Trotz zunehmender Standardisierung der operativen Therapie des Ösophaguskarzinoms [30] sind die Langzeitergebnisse vor allem beim lokal fortgeschrittenen Karzinom nicht befriedigend [31]. Die ungünstige Prognose wird durch die *niedrige kurative Resektabilitätsrate* und das *hohe Rezidivrisiko* sowie durch das Auftreten von *Fernmetastasen* bestimmt. Um bessere Ergebnisse zu erreichen, bieten sich neoadjuvante oder adjuvante Therapiemodalitäten an. Hier sind beim Plattenepithelkarzinom des Ösophagus die alleinige Chemotherapie bzw. Strahlentherapie oder die Kombination beider Therapieformen von Interesse.

Nachdem eine alleinige präoperative Strahlentherapie oder postoperative Chemotherapie nicht zu einer entscheidenden Verbesserung der Therapieresultate führte, wird zunehmend auf sogenannte *neoadjuvante kombinierte Therapiekonzepte* (präoperative Chemotherapie oder Radio-Chemotherapie) gesetzt. Es soll hierdurch versucht werden, die Resektabilität durch eine Tumorverkleinerung und die Prognose durch gleichzeitige Vernichtung von Mikrometastasen zu verbessern. In den einzelnen Studien wurden Remissionen bis zu 50% der behandelten Patienten erreicht. In randomisierten Studien (neoadjuvante Therapie gegen alleinige Operation) konnte allerdings bislang die Wertigkeit einer neoadjuvanten Therapie beim Ösophaguskarzinom nicht untermauert werden. Nach eigenen Erfahrungen war die präoperative Chemotherapie mit einer hohen Rate von Nebenwirkungen vergesellschaftet und führte weder zu einer Steigerung der Resektabilität noch zu einer Verbesserung der Überlebenszeit [32] (Tabelle 6 [8, 33–36]). Aufgrund der gesteigerten zytostatikaabhängigen perioperativen Morbidität und Letalität konnte insgesamt keine Verbesserung des Gesamtüberlebens der Patienten erzielt werden.

Phase II-Studien mit präoperativer Radio-Chemotherapie zeigen bislang mit einer medianen Überlebenszeit von 2 Jahren gute Ergebnisse (Tabelle 7 [6, 32, 37–39]; Tabelle 8 [2, 40–42]). Allerdings ist die behandlungsbezogene perioperative Morbidität und Letalität beträchtlich [39], so daß auch diese Vorbehandlung einer weiteren Evaluation in klinischen Studien bedarf, bevor sie als allgemeiner Standard empfohlen werden kann.

Tabelle 6. Literaturübersicht der präoperativen Chemotherapie des Ösophaguskarzinoms

Autor	Jahr	Therapie	Patienten-anzahl	Resek-tabilität	pCR	Peri-operative Letalität	Mediane ÜLZ (Monate)
Kelsen et al. [33]	1984	DVB	34	28/34	1/34	2/28	18
Carey et al. [34]	1986	DDP/5-FU	24	19/24	1/24	1/19	17
Ajani [36][a]	1987	DDP/5-FU	25	12/25	18/25	0/12	21
Schlag et al. [35]	1988	DVB	42	36/40	2/42	5/36	16
De Besi [36][a]	1990	DDP/5-FU	94	32/94	40/94	5/32	13
Preusser [36][a]	1991	DDP/5-FU/ Etoposid	27	10/27	14/27	2/10	15
Stahl [36][a]	1991	DDP/LV/ 5-FU/Etoposid	26	12/16	13/26	1/12	21
Schlag [8]	1992	DDP/5-FU	34	19/27	2/34	3/19	10
Gesamt			306	58%	29%	11%	16

[a] Nach Siewert und Fink 1992 [36]
pCR Pathologisch komplette Remission; *ÜLZ* Überlebenszeit; *DVB* Cisplatin, Vindesin, Bleomycin; *DDP* Cisplatin; *5-FU* 5-Fluouracil; *LV* Leucoverin

Nachsorge und Rehabilitation

Die Tumornachsorge sollte sich auf die Erkennung und Therapie behandlungsbedürftiger Folgezustände beschränken. Die therapeutischen Möglichkeiten bei Nachweis eines lokalen oder metastatisch bedingten asymptomatischen Tumorrezidivs sind äußerst beschränkt. Auf eine invasive Diagnostik bei asymptomatischen Patienten ist daher eher zu verzichten.

Operative Behandlung bei Tumorrückfall

Bei einem lokalen Tumorrezidiv ist nach kurativer Therapie ein operatives Vorgehen meist nicht mehr möglich. Hier kommen in der Regel *palliative Therapieformen* zum Einsatz, wie die Bougierung und Laserung des Tumors, die lokale Bestrahlung, gegebenenfalls auch endoluminal, und bei Ausbildung von ösophago-trachealen Fisteln die Implantation eines Tubus.

Tabelle 7. Literaturüberblick zur präoperativen Radio-Chemotherapie beim Ösophaguskarzinom

Autor	Jahr	Therapie	Patienten-anzahl	Resek-tabilität	pCR	Peri-operative Letalität	Mediane ÜLZ (Monate)
Leichman et al. [32][a]	1984	30 Gy DDP/5-FU	21	15/19	5/19	5/19	18
Poplin et al. [32][a]	1987	30 Gy DDP/5-FU	106	75/86	19/86	8/86	12
Seydel et al. [37]	1988	30 Gy DDP/5-FU	41	27/41			13
Steiger et al. [32][a]	1989	30 Gy MMC/5-FU	30	23/23	6/23	3/23	13
Steiger et al. [32][a]	1989	30 Gy DDP/5-FU	19	15/19	5/19	3/19	16
Stewart et al. [38]	1989	45 Gy DDP/5-FU/ MMC	29	13/29	48%	1/13	22
Bidoli [6][b]	1990	RT DDP/5-FU	34	25/34	27/34	5/25	24
Gill et al. [39]	1992	36 Gy DDP/5-FU	46	42/46	21/46	6/42	22
Gesamt			326	79%	37%	14%	18

[a] Aus Schlag 1991 [32]; [b] aus Siewert et al. 1992 [6]
pCR Pathologisch komplette Remission; *ÜLZ* Überlebenszeit; *RT* Radiotherapie; *DDP* Cisplatin; *5-FU* 5-Fluouracil; *MMC* Mitomycin-C; *Gy* Gray

Tabelle 8. Literaturüberblick zur präoperativen Radiotherapie beim Ösophaguskarzinom

Autor	Jahr	Intervall	Therapie Gray	Patienten-anzahl	Resekta-bilität	%	pCR	%	Perioperative Letalität (%)	Mediane ÜLZ (Monate)	5-Jahres-ÜLR %
Launois et al. [40]	1981	1973–76	40	62	47/62	(76)			23	12	10
Huang et al. [2]	1986	1977–76	40	83	79/83	(95)			2		12
Gignoux et al. [41] EORTC	1987		33	115	88/115	(77)	2/115	(2)	1	11	16
Iizura et al. [43]	1988		30	104	69/104	(66)				6	
Wang et al. [42]	1989	1977–85	40			(93)			5		35

pCR Pathologisch komplette Remission; *ÜLZ* Überlebenszeit; *ÜLR* Überlebensrate

Tabelle 9. Post-operative Komplikationen nach Ösophagektomie wegen Karzinom

Autor	Jahr	Intervall	Anzahl an Operationen	Komplikationen											
				Gesamt	(%)	Pulmonal	(%)	Kardiovaskuläre	(%)	Hepatogen	(%)	Anastomosen Insuff.	(%)	Sonstige	(%)
Sugimachi et al. [4]	1989	1965–88	370	218	(59)	89	(41)	6	(3)	27	(12)	59	(27)	37	(17)
Lerut et al. [5]	1992	1975–88	198	63	(32)	28	(44)	4	(6)			19	(30)	12	(19)
Siewert et al. [6]	1992	1982–91	432	57	(13)	14	(25)	7	(12)	3	(5)	16	(28)	17	(30)
Schumpelick et al. [7]	1992	1986–92	84	27	(32)	11	(41)					8	(30)	8	(30)
Schlag [8]	1992		42	24	(57)	13	(54)					11	(46)		

Carter et al. [28] stellten in einer randomisierten Studie heraus, daß Patienten, die wegen eines stenosierenden Tumors an Dysphagie leiden, durch die Laserrekanalisation eine bessere Palliation erreichen als durch die alleinige Tubusbehandlung.

Postoperative Morbidität und Mortalität

Die häufigsten postoperativen Komplikationen sind auf respiratorische Probleme und Folgen einer Anastomoseninsuffizienz (Tabelle 9 [4–8]), die auch für die Mehrzahl der Fälle die postoperative Letalität bestimmen (Tabelle 10 [4, 5, 7, 8, 13, 44]), zurückzuführen.

Das postoperative *Lungenversagen,* welches zu 50% für die postoperative Letalität verantwortlich ist [4, 5], kann sowohl durch eine seitengetrennte Beatmung während der Operation, aber auch durch die Manipulation an der Lunge während des operativen Eingriffs selbst (Kompressionsatelektasen) begünstigt werden. Pulmo-dynamisch spiegelt sich das sowohl in der Abnahme der funktionellen Residualkapazität (FRC) als auch in der Vitalkapazität und FEV1 um über 30%, verglichen zu den präoperativen Ausgangswerten, wider [45]. Die therapeutische Konsequenz ist eine postoperative Nachbeatmung mit positivem endexpiratorischen Druck (PEEP). Auf eine Nachbeatmung kann in der Regel nicht verzichtet werden, es sei denn, daß aufgrund einer präoperativ guten Lungenfunktion, der postoperative Abfall des PaO2 nicht zum Tragen gekommen ist.

Die *Anastomoseninsuffizienz,* die in 20%–30% zur postoperativen Letalität beiträgt [4, 5], ist in der Regel nicht mehr auf die Nahttechnik, sondern im

Tabelle 10. Letalität bei operativer Behandlung des Ösophaguskarzinoms

Autor	Jahr	Anzahl an Operationen	Klinikletalität	(%)	Pulmonal	(%)	Anastomosen-Insuffizienz	(%)	Sonstige	(%)
Sugimachi et al. [4]	1989	370	18	(4,9)	9	(50)	4	(22)	5	(28)
Lerut et al. [5]	1992	198	19	(9,6)	10	(53)	5	(26)	4	(21)
Pichlmaier et al. [13]	1992	127	8	(6,3)						
Schumpelick et al. [7]	1992	84	8	(9,5)	5	(63)			3	(38)
Schlag [8]	1992	42	4	(9,5)						
Siewert [6]	1992	432	38	(8,7)						
Zusammenstellung [44]	1988	1559	94	(6)						

Tabelle 11. Radikalität und Überlebensraten bei operativer Behandlung des Ösophaguskarzinoms

Autor	Jahr	Intervall	Anzahl an Operationen	Operations-Radikalität R0	(%)	R1	(%)	R2	(%)	Mediane Überlebenszeit R0	R1	R2	Kummulative 5-Jahres-ÜLR %
Lerut et al. [5]	1992	1975–88	198	54	(27)	75	(38)	69	(35)	49%[a]		13%[a]	28
Siewert et al. [6]	1992	1982–91	256	176	(69)	53	(21)	27	(11)	37%[a]	11 Monate	6 Monate	24
Schumpelick et al. [7]	1992	1986–92	84							28%[a]			20
Schlag [8]	1992		33	19	(58)			14	(42)[b]	18 Monate		6 Monate[b]	[c]

[a] 5-Jahres-Überlebensrate; [b] R1 und R2 zusammen; [c] nur 35 Monate mediane Nachbeobachtungszeit
R0 Kein Residualtumor; *R1* nur mikroskopisch nachzuweisender Residualtumor; *R2* Residualtumor verblieben; *ÜLR* Überlebensrate

Tabelle 12. 5-Jahres-Überlebensrate in Abhängigkeit vom Stadium beim Ösophaguskarzinom

Autor	Jahr	Intervall	Anzahl der Operationen	5-Jahres-Überlebensraten % Stadium I	Stadium II a	Stadium II b	Stadium III	Stadium IV
Sugimachi et al. [46]	1988	1965–88	370	42/370 (11%) 57				
Lerut et al. [5]	1992	1975–88	198	23/198 (12%) 90	42/198 (21%) 56	4/198 (2%)	75/198 (38%) 15	54/198 (27%) 0
Schumpelick et al. [7]	1992	1986–92	84	6/84 (7%) 83	30/84 (36%) 33	10/84 (12%)	28/84 (33%) 15	10/84 (12%) 0

Wesentlichen auf die Spannungs- und Durchblutungsverhältnisse im Anastomosenbereich zurückzuführen. So werden Insuffizienzen bei zervikalen Anastomosen häufiger beobachtet als bei intrathorakal angelegten. Die Morbidität bei thorakalen Insuffizienzen ist jedoch mit Ausbildung eines Pleuraempyems und konsekutiver Mediastinitis beträchtlich höher. Bei zervikalen Insuffizienzen ist bei guter Drainierung nach außen, seltener mit vitalen Komplikationen zu rechnen.

Die Letalität der chirurgischen Therapie hat sich durch größere operative Erfahrung und bessere postoperative Überwachungsmöglichkeiten deutlich senken lassen. Sie reduzierte sich von 20% in den 70er Jahren auf um die 10% in den 90er Jahren (Tabelle 10).

Prognose

Nach radikaler Tumorchirurgie (R0-Resektionen) können 5-Jahresüberlebensraten von 30%–50% erreicht werden (Tabelle 11 [5–8]). Bei Patienten mit einem Frühkarzinom sind nach Literaturangaben 5-Jahres-Überlebensraten von bis zu 90% [5] (Tabelle 12 [5, 7, 46]) durchaus realistisch.

Entscheidend für eine Verbesserung der Prognose ist daher unverändert die *Frühdiagnostik. Es* ist dabei von entscheidender Rolle Risikofaktoren und Frühsymptome zu beachten und gefährdete Patienten zielstrebig der Diagnostik zuzuführen. Dabei sind vor allem Patienten mit einem erhöhten nutritiven Risiko (vermehrter Alkoholkonsum, Nikotinabusus) regelmäßig zu untersuchen. In einer Studie mit 196 Patienten mit einem oberflächigen Plattenepithelkarzinom im Stadium I zeigten lediglich 11% keinerlei Symptome, hingegen gaben 89% zwar geringe, aber relevante Schluckstörungen an [31].

75% der Patienten mit einem Ösophaguskarzinom betreten die Klinik bereits mit einem Stadium III und IV. Dies gilt es zu verbessern.

Literatur

1. Earlam R, Cunha-Melo JR (1980) Oesophageal squamous cell carcinoma. I: A critical review of surgery. Br J Surg 67: 381
2. Huang GJ, Gu XZ, Wang LJ, et al (1986) Experience with combined preoperative irradiation and surgery for carcinoma of the esophagus. Gann Monogr Cancer Res 31: 159
3. Iizuka T, Kato H (1987) Standard operation and treatment results for esophageal carcinoma. Geka Chiryou 56: 410
4. Sugimachi K, Ohno S, Matsuda H, et al (1989) Clinicopathologic study of early stage esophageal carcinoma. Br J Surg 76: 759
5. Lerut T, De Leyn P, Coosemans W, et al (1992) Die Chirurgie des Oesophaguscarcinoms. Der Chirurg 63: 722
6. Siewert JR, Bartels H, Bollschweiler E, et al (1992) Plattenepithelcarcinom des Oesophagus. Behandlungskonzept der Chirurgischen Klinik der Technischen Universität München. Der Chirurg 63: 693

7. Schumpelick V, Faß J, Truong S, et al (1992) Behandlungsergebnisse des Oesophaguscarcinoms. Der Chirurg 63: 715
8. Schlag P (1992) Randomisierte Studie zur präoperativen Chemotherapie beim Plattenepithelcarcinom des Ösophagus. Der Chirurg 63: 709
9. Lutz H, Klose R (1979) Operationsvorbereitung aus anästhesiologischer Sicht. Medizinische Welt 30: 639
10. Cahan WG, Castro EB, Rosen PB, et al (1976) Separate primary carcinomas of the oesophagus and head and neck region in the same patient. Cancer 37: 85
11. Siewert JR, Dittler HJ (1993) Esophageal carcinoma: impact of staging on treatment. Endoscopy 25: 28
12. Hankins JR, Attar S, Coughlin TR, et al (1989) Carcinoma of the esophagus: a comparison of the result of transhiatal versus transthoracic resection. Ann Thorac Surg 47: 700
13. Pichlmaier H, Müller JM, Zieren U (1992) Plattenepithelcarcinom des Oesophagus. Behandlungskonzept der Chirurgischen Klinik der Universität zu Köln. Der Chirurg 63: 701
14. Yamada A (1979) Radiological assessment of resectability and prognosis in oesophageal carcinoma. Gastrointest Radiol 4: 213
15. Mori S, Kasai M, Watanabe T, et al (1979) Preoperative assessment of resectability for carcinoma of the thoracic oesophagus. Ann Surg 190: 100
16. Reeders JWAJ, Bartelsman JFWM (1993) Radiological diagnosis and preoperative staging of oesophageal malignancies. Endoscopy 25: 10
17. Lehr L, Rupp N, Siewert JR (1988) Assessment of resectability of esophageal cancer by computed tomography and magnetic resonance imaging. Surgery 103: 344
18. Dittler HJ, Siewert JR (1993) Role of endoscopic ultrasonography in esophageal carcinoma. Endoscopy 25: 156
19. Hordijk ML, Zander H, van Blankenstein M, et al (1993) Influence of tumor stenosis on accuracy of endosonography in preoperative T staging of esophageal cancer. Endoscopy 25: 171
20. Tio TL, Cohen P, Coene PP, et al (1989) Endosonography and computed tomography of esophageal carcinoma. Gastroenterology 96: 1478
21. Grimm H, Soehendra N, Hamper K, et al (1989) Beitrag der Endosonographie zum präoperativen Staging bei Oesophagus- und Magencarcinomen. Der Chirurg 60: 684
22. Sugimachi K, Ohno S, Fujishima H, et al (1990) Endoscopic ultrasonographic detection of carcinomatous invasion and lymph nodes in the thoracic esophagus. Surgery 107: 366
23. Tio TL, Coene PP, Den Hartog Jager FCA, et al (1990) Preoperative classification of the esophageal carcinoma by endosonography. Hepatogastroenterology 37: 376
24. Rösch T, Lorenz R, Zenker K, et al (1992) Local staging and assessment of resectability in carcinoma of the esophagus, stomach, and duodenum by endoscopic ultrasonography. Gastrointest Endosc 38: 460
25. Heintz A, Wahl W, Mildenberger P, et al (1992) Endosonographie beim Oesophaguscarcinom. Ergebnisse einer klinischen Untersuchung und einer In-vitro-Analyse. Der Chirurg 63: 629
26. Schlag P, Fritz T, Hölting T (1988) Prognostic significance of nutritional status in cancer surgery. Recent Results Cancer Res 108: 154
27. Sato N, Matsubara Y, Muto T (1993) Preoperative nutritional support in patients with esophageal cancer. Gan To Kagaku Ryoho 19: 601
28. Carter R, Smith JS, Anderson JR (1992) Laser recanalization versus endoscopic intubation in the palliation of malignant dysphagia: a randomized prospective study. Br J Surg 79: 1167

29. Segalin A, Little AG, Ruol A, et al (1989) Surgical and endoscopic palliation of esophageal carcinoma. Ann Thorac Surg 48: 267
30. De Meester TR, Barlow AP (1988) Surgery and current management for cancer of the esophagus and cardia. Part II. Curr Probl Surg 25: 535
31. Giuli R (1989) Cancer of the oesophagus. In: Veronesi U (ed) Surgical oncology. An European handbook. Springer, Berlin Heidelberg New York Tokyo, p 514
32. Schlag P (1991) Results of surgery in multimodality therapy of esophageal cancer. Onkologie 14: 13
33. Kelsen DP, Bains M, Hilaris B, et al (1984) Combined modality therapy of esophageal cancer. Semin Oncol 11: 169
34. Carey RW, Hilgenberg AD, Wilkins EW, et al (1986) Preoperative chemotherapy followed by surgery with possible postoperative radiotherapy in squamous cell carcinoma of the esophagus: evaluation of the chemotherapy component. J Clin Oncol 4: 697
35. Schlag P, Herrmann R, Raeth V, et al (1988) Preoperative chemotherapy in esophageal cancer. A phase II study. Acta Oncol 27: 811
36. Siewert JR, Fink U (1992) Multimodale Therapieprinzipien bei Tumoren des Gastrointestinaltraktes. Der Chirurg 63: 242
37. Seydel HG, Leichman L, Byhardt R, et al (1988) Preoperative radiation and chemotherapy for localized squamous cell carcinoma of the esophagus: a RTOG study. Int J Radiat Oncol Biol Phys 14: 33
38. Stewart FM, Harkins BJ, Hahn SS, et al (1989) Cisplatin, 5-Fluorouracil, Mitomycin C, and concurrent radiation therapy with and without esophogectomy for esophageal carcinoma. Cancer 64: 622
39. Gill PG, Denham JW, Jamieson GG, et al (1992) Patterns of treatment failure and prognostic factors associated with the treatment of esophageal carcinoma with chemotherapy and radiotherapy either as sole treatment or followed by surgery. J Clin Oncol 10: 1037
40. Launois B, Delarue D, Campion JP, et al (1981) Preoperative radiotherapy for carcinoma of the esophagus. Surg Gynecol Obstet 153: 690
41. Gignoux M, Roussel A, Paillot B, et al (1987) The value of preoperative radiotherapy in esophageal cancer: results of a study of the E.O.R.T.C. World J Surg 11: 426
42. Wang M, Gu XZ, Yin W, et al (1989) Randomized clinical trial on the combination of preoperative irridiation and surgery in the treatment of esophageal carcinoma: report on 206 patients. Int J Radiat Oncol Biol Phys 16: 325
43. Iizuka T, Ide H, Kakegawa T, et al (1988) Preoperative radioactive therapy for esophageal carcinoma. Randomized evaluation trial in eight institutions. Chest 93: 1054
44. Siewert JR, Hölscher AH, Roder J, Bartels H (1988) En-Bloc Resektion der Speiseröhre beim Ösophaguscarcinom. Langenbecks Arch Chir 378: 367
45. Imamura M, Yanagibashi K, Tobe T, et al (1988) Transthoracic resection of esophageal cancer in patients with pulmonary dysfunction. Ann Surg 601: 605
46. Sugimachi K, Ohno S, Matsuda H, et al (1988) Lugol-combined endoscopic detection of minute malignant lesions of the thoracic esophagus. Ann Surg 208: 179

Magentumoren

Ch. Kettelhack, H. J. Gütz und *P. M. Schlag*

Das Magenkarzinom zeigt in den letzten 20 Jahren eine deutlich abnehmende Inzidenz. Es stellt jedoch weiterhin die dritthäufigste Todesursache bei Patienten mit Malignomen dar. Parallel zur Abnahme der Gesamtinzidenz hat eine Verschiebung der Verteilung der Tumorlokalisationen stattgefunden, wobei der Anteil an Tumoren im proximalen Magen bzw. im Kardiabereich deutlich zugenommen hat (30%). Tumoren im distalen Magenabschnitt machen dagegen nur noch ca. 25% aller Magentumoren aus. Gerade die Tumoren im proximalen Magendrittel stellen sehr hohe Anforderungen an die operative Behandlung und die postoperative Intensivtherapie.

Die Prognose des Magenkarzinoms kann durch ein standardisiertes operatives Vorgehen und eine radikale Lymphadenektomie bei Patienten mit kurativem Therapieansatz verbessert werden. Da mit zunehmender operativer Erfahrung gleichzeitig die postoperative Sterblichkeit gesenkt werden konnte, sind die Gesamtüberlebensraten vor allem an größeren Behandlungszentren verbessert worden.

Staging

Staging des Primärtumors und der regionalen Lymphknoten

Die Methode der Wahl zur Diagnostik und Differentialdiagnostik maligner Tumoren des Magens ist die Endoskopie. Neben der präzisen histologischen Diagnose ermöglicht sie zugleich eine genaue Angabe über die flächenhafte Ausdehnung des Tumors und einen möglichen Übergriff auf Ösophagus oder Duodenum [1].

Eine Aussage über die Tiefeninfiltration des Tumors ist dagegen nicht möglich, Hinweise hierauf können sich aber durch die Röntgenuntersuchung des Magens in Doppelkontrasttechnik ergeben [2].

Ein diagnostisches Sonderproblem stellen die verschiedenen Formen des Magenfrühkarzinoms dar (Abb. 1). Prinzipiell sind diese auch mit einer subtilen Röntgenuntersuchung im Doppelkontrast darstellbar. Die entscheidende Methode zur Diagnose und vor allem zur histologischen Sicherung ist aber auch hier die Gastroskopie. Ob es sich bei dem entdeckten Tumor endgültig um ein „early gastric cancer" handelt, kann nur durch den Pathologen nach exakter Aufarbeitung des Operationspräparates beurteilt werden [3].

Durch die Einführung der Endosonographie hat sich die Situation bezüglich der präoperativen Bestimmung der Wandinfiltration des Primärtumors weiter gebessert. Nach den bisherigen Berichten kann die Tiefenausdehnung des Tumors relativ genau bestimmt werden. Dies trifft zwar für das Magenkarzinom insgesamt zu, ist aber von besonderem Wert für die Magenfrühkarzinom-Diagnostik [4].

Mit der Endosonographie wird es auch möglich, Lymphknoten der unmittelbaren Nachbarschaft darzustellen. Häufig ist es allerdings nicht möglich, reaktive Lymphknoten von tumorös befallenen sicher zu unterscheiden. Zur Klärung dieser Frage sind sicher noch weitere intensive prospektive Studien nötig [5].

Die transabdominelle Ultraschalluntersuchung spielt für die Beurteilung der Ausdehnung des Primärtumors nur eine geringe Rolle. Bei größeren Tumoren des Magenkorpus und des Antrums kann allerdings häufig eine pathologische Magenkokarde nachgewiesen werden. Anhand von fehlenden Relativbewegungen zwischen dem Tumor und den Nachbarstrukturen kann in manchen Fällen ein Hinweis für eine Infiltration in die Umgebung, vor allem die Bauchdecke, gefunden werden. Auch der Verdacht auf Lymphome in der Umgebung kann geäußert werden, eine sichere Aussage, vor allem auch zur Dignität, ist meist nicht möglich.

In die Computertomographie hatte man ursprünglich große Hoffnungen gesetzt. Diese haben sich aber für die sichere Bestimmung der lokalen Tumoraus-

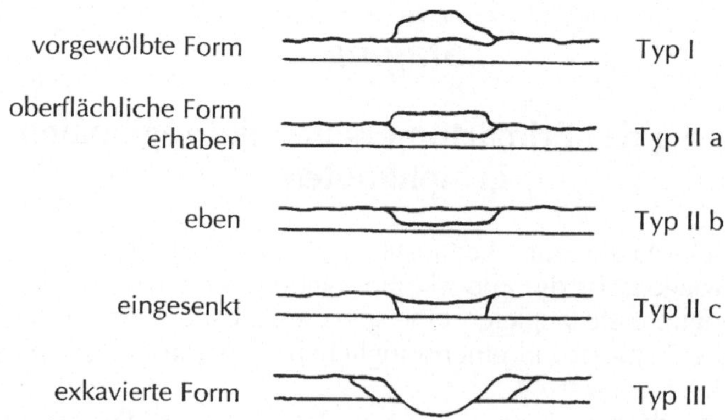

Abb. 1. Wachstumsformen des Magenfrühkarzinoms (aus: Hermanek P [1983] Pathohistologische Begutachtung von Tumoren. Perimed, Erlangen)

dehnung nicht erfüllt. Ein Einbruch in die Umgebung, vor allem in das Pankreas, kann nicht immer sicher dargestellt werden, insbesondere dann nicht, wenn infolge reduzierten Ernährungszustandes das Fettgewebe in der Umgebung des Magens fehlt und somit kein sicheres Interface zwischen den einzelnen Organen vorhanden ist. Einbrüche des Tumors in die Leber oder in die vordere Bauchwand lassen sich verläßlicher darstellen.

Staging von Fernmetastasen

Der Nachweis bzw. der Ausschluß von Fernmetastasen ist entscheidendes Kriterium, inwieweit chirurgische Behandlungsmaßnahmen kurativ sind, oder ob nur palliative Therapiekonzepte zur Anwendung kommen können. Neben den Organmetastasen und peritonealen Absiedelungen wird auch ein Befall von entfernteren Lymphknotenregionen z.B. im Ligamentum hepatoduodenale einer Fernmetastasierung gleichgesetzt (M1 LYPH, UICC 1987).

Die Fernmetastasen des Magenkarzinoms sind am häufigsten im Peritoneum und in der Leber zu finden. Weitaus seltener sind Lunge, Knochen, Gehirn oder die Haut Metastasierungsort. Von Interesse ist der Befall supraklavikulärer Lymphknoten, da die „Virchowsche Drüse" bei der klinischen Untersuchung nachgewiesen werden kann und eine Metastasierung ggf. bioptisch einfach zu sichern ist.

Eine wichtige Untersuchung im Rahmen der Metastasendiagnostik ist die Ultraschalluntersuchung. Aszites als Hinweis auf eine peritoneale Aussaat ist meist gut nachzuweisen. Ein Tumorbefall des Peritoneums, der noch nicht zu Aszites geführt hat, entgeht aber häufig der Sonographie. Lebermetastasen lassen sich ab einer Größe von 1 cm Durchmesser nachweisen. Die untere Nachweisgrenze liegt bei 5 mm. Die Computertomographie wird in aller Regel eingesetzt, wenn bei der Ultraschalluntersuchung der Verdacht auf Lebermetastasen ausgesprochen wurde oder keine klare Befunderhebung möglich war.

Von Bedeutung für die Ausbreitungsdiagnostik des Magenkarzinoms ist in letzter Zeit zunehmend die operative Laparoskopie geworden [6, 7]. Durch die moderne Weiterentwicklung der konventionellen Laparoskopie ist die gesamte Abdominalhöhle inklusive retrogastralem Raum einsehbar geworden. Gleichzeitig können auch ausgedehntere Gewebeentnahmen (z.B. Lymphknoten) durchgeführt werden.

Lebermetastasen, auch wenn sie kleiner als 5 mm sind, können rein vom Aspekt her oder mittels laparoskopisch geführter Ultraschalluntersuchung erkannt und durch Punktions- oder Zangenbiopsie gesichert werden. Gleiches gilt für eine tumoröse Beteiligung des Peritoneums. Kleinste Herde, die meist zuerst in den Zwerchfellkuppeln und im kleinen Becken zu finden sind, können leicht dargestellt und bioptisch gesichert werden.

Es wird daher zunehmend die Meinung vertreten, daß vor einer Laparotomie wegen eines fortgeschrittenen Magenkarzinoms die operative Laparoskopie erfolgen sollte. Sie ist in der Regel wenig belastend, kostengünstig und ermöglicht eine verläßlichere Aussage als die anderen nichtinvasiven diagnostischen Verfahren [8].

Tabelle 1. TNM/pTNM-Staging des Magenkarzinoms (UICC 1987)

T is	Präinvasives Karzinom
T 1	Invasion der Lamina propria oder Submukosa
T 2	Tumor mit Invasion der Muscularis propria oder der Subserosa
T 3	Tumor mit Penetration der Serosa ohne Befall benachbarter Strukturen
T 4	Tumor mit Invasion benachbarter Strukturen (Pankreas, Kolon, Mesokolon transversum, Zwerchfell, Leber, Bauchwand)
N 0	Kein Lymphknotenbefall
N 1	Befall der perigastrischen Lymphknoten an beiden Kurvaturen im Abstand von 3 cm vom Primärtumor
N 2	Befall der regionären Lymphknoten mehr als 3 cm vom Primärtumor entfernt, einschließlich der Lymphknoten entlang der Arteria gastrica sinistra, Arteria splenica, Arteria coeliaca und Arteria hepatica communis
M 0	Keine Fernmetastasen
M 1	Fernmetastasen
M 1, Lym	Befall der hepatoduodenalen, retropankreatischen, mesenterialen, paraaortalen Lymphknoten

Die pT-, pN- und pM-Kategorien entsprechen den T-, N- und M-Kategorien.

Präoperative Vorbereitung

Zur Beurteilung des individuellen Operationsrisikos dienen neben der klinischen Einschätzung die Basisverfahren Elektrokardiogramm, Laborparameter und Röntgen-Thoraxaufnahme. Bei eingeschränkter Leistungsfähigkeit des Patienten müssen mögliche kardio-pulmonale Risiken durch zusätzliche Untersuchungen wie Belastungs- oder Langzeit-Elektrokardiographie, Lungenfunktionsprüfung mit Blutgasanalyse und Echokardiographie abgeklärt werden. Entsprechend den Ergebnissen dieser Untersuchungen ist eine medikamentöse Vorbehandlung angezeigt. Alle Patienten werden mit einem atemgymnastischen Programm vorbereitet.

In vielen Fällen hat der Magentumor zu einer zum Teil sehr ausgeprägten Anämie geführt. Eine präoperative Therapie mit Eisen zum Ausgleich dieser Anämie führt in der kurzen Zeit bis zur Operation nicht zum Erfolg. Inwieweit es in dieser Situation möglich ist, durch rekombinantes Erythropoietin eine Verbesserung zu erreichen, muß noch durch klinische Studien geklärt werden. Eine präoperative Transfusion ist in der Regel bei einem Hämoglobin-Wert unter 10 g/dl erforderlich.

Der Wert einer präoperativen parenteralen Infusionstherapie liegt möglicherweise in der Senkung vor allem infektiöser postoperativer Komplikationen [9, 10]. Ob hiervon allerdings auch Patienten ohne deutliche präoperative Mangelerscheinungen profitieren, ist bisher nicht eindeutig geklärt. In der klinischen

Tabelle 2. Stadieneinteilung (UICC 1987)

Stadium 0	pTis	pN0	pM0
Stadium Ia	pT1	pN0	pM0
Stadium Ib	pT1	pN1	pM0
	pT2	pN0	pM0
Stadium II	pT1	pN2	pM0
	pT2	pN1	pM0
	pT3	pN0	pM0
Stadium IIIa	pT2	pN2	pM0
	pT3	pN1	pM0
	pT4	pN0	pM0
Stadium IIIb	pT3	pN2	pM0
	pT4	pN1	pM0
Stadium IV	pT1–4	pN1–2	pM1
	pT4	pN2	pM0–1

Routine hat sich die parenterale Therapie als generelle Operationsvorbereitung nicht durchgesetzt.

Bei Patienten mit einer hochgradigen Magenausgangsstenose muß auf Störungen des Säure-Basen- und des Elektrolythaushaltes geachtet werden. Diese Patienten erhalten präoperativ eine Magensonde, um den Magen zu dekomprimieren und einer Aspiration bei Narkoseeinleitung vorzubeugen.

Operative Primärtherapie unter kurativer Zielsetzung

Primärtumor

Vor der Entscheidung über das Ausmaß der Resektion bei einem Magenkarzinom sollten sowohl die genaue Tumorlokalisation und -ausdehnug (Tabelle 3), als auch der histologische Tumortyp nach Lauren bekannt sein. Es besteht Einigkeit darüber, daß bei einem Tumor vom diffusen Typ die Resektionsgrenzen prinzipiell weiter (8–10 cm), bei einem Tumor vom intestinalen Typ die Grenzen dagegen etwas enger (4–5 cm) gewählt werden können. Daraus folgt, daß eine subtotale Resektion unter kurativer Zielsetzung in der Regel nur bei einem Tumor vom intestinalen Typ nach Laurén gerechtfertigt und die Gastrektomie als Regeloperation beim Magenkarzinom anzustreben ist (Gastrectomie de principe [11, 12]). Die Gastrektomie erfolgt als En-bloc-Präparat mit den Lymphknoten der Kompartimente I und II unter Mitnahme von Omentum majus und Milz.

Tabelle 3. Häufigkeit (%) der Tumorlokalisationen beim Magenkarzinom [42]

Oberes Drittel	Mittleres Drittel	Unteres Drittel	Gesamter Magen
30,0	38,9	26,3	4,8

Bei einer subtotalen Magenresektion mit gleichzeitiger radikaler Lymphadenektomie werden die Arteria und Vena gastrica sinistra mit reseziert. Es muß darauf geachtet werden, daß über die Arteriae gastricae brevis und subphrenische Kollateralarterien die Durchblutung des Restmagens gewährleistet bleibt. Dadurch wird die Lymphadenektomie im Bereich des Milzhilus und beidseits parakardial eingeschränkt [13, 14]. Ansonsten ist das Ausmaß der Operation identisch zur En-bloc-Gastrektomie.

In der Regel führen wir beim Magenkarzinom auch bei distalem Tumorsitz eine Gastrektomie durch, vor allem wenn ein diffuser Tumortyp nach Laurén vorliegt. Ausnahmen bilden kleine intestinal differenzierte Tumoren im präpylorischen Antrum und Tumoren bei älteren Patienten.

Unter dem Begriff Kardiakarzinom werden Adenokarzinome zusammengefaßt, die entweder in einem Endobrachyösophagus entstehen (Barrett-Karzinom), oder Karzinome im Bereich der Kardia selbst oder im Bereich des Fundus mit Übergriff auf die Kardia und den distalen Ösophagus entstehen. Im fortgeschrittenen Tumorstadium ist diese Unterscheidung jedoch oft nicht mehr zu treffen. Die Lymphknotenmetastasierung des Kardiakarzinoms erfolgt parakardial (Station 1 und 2), und in Richtung des Truncus coeliacus, aber auch paraösophageal (Station 110) und parapankreatisch. An der eigenen Klinik werden beim Kardiakarzinom üblicherweise eine abdomino-thorakale Kardia-Fundus- und partielle Korpusresektion mit distaler Ösophagektomie sowie Netzresektion und Splenektomie durchgeführt. Die Absetzung des Ösophagus erfolgt unterhalb der Trachealbifurkation. Am Ösophagus ist hierbei ein Sicherheitsabstand von mindestens 5 cm zum proximalen Tumorrand zu gewährleisten. Der Restmagen wird ähnlich wie in der Ösophaguskarzinom-Chirurgie zu einem Schlauch umgeformt und intrathorakal hochgezogen. Die bei der früher geübten einfachen Ösophago-Antrostomie sehr häufig beobachteten Probleme eines starken Refluxes werden bei Bildung eines Magenschlauchs seltener beobachtet. Eine Pyloroplastik ist nach unseren Erfahrungen meist nicht notwendig, sodaß hierdurch einem Reflux von galligem Sekret in den Magen vorgebeugt wird.

Der abdomino-thorakale Zugang erlaubt eine ausreichende Lymphknotendissektion paraösophageal, im hinteren Mediastinum sowie im Oberbauch, wobei hier ebenfalls die Kompartimente 1 und 2 disseziert werden. Bei älteren Patienten und bei palliativer Zielsetzung wird jedoch versucht, den Tumor von abdominell mit entsprechender Erweiterung des Zwerchfellhiatus zu resezieren.

Bei der von einigen Autoren [15, 16] für das Kardiakarzinom befürworteten prinzipiellen Gastrektomie mit distaler Ösophagusresektion ist für die anschließende Rekonstruktion häufig die Interposition von Kolon erforderlich, da das Jejunum in vielen Fällen nicht ausreichend gestielt werden kann. Dies bedeutet eine erhebliche Ausweitung des Eingriffes mit Erhöhung der Morbidität und der

Mortalität, sodaß dieses Vorgehen nur bei jüngeren Patienten angewendet werden sollte. Gleichzeitig sollte dieser Eingriff in jedem Fall nur auf die Patienten mit tatsächlicher Kurabilität (R0-Resektion) beschränkt bleiben. Dies setzt ein subtiles intraoperatives Lymphknotenstaging voraus (z.B. Lymphknotenbefall am Leberhilus = M1 LYPH – und damit keine Möglichkeit der Kuration mehr gegeben). Daß durch eine Gastrektomie eine Verbesserung der Prognose für die Patienten mit Kardiakarzinomen erreicht werden kann, ist bisher nicht ausreichend prospektiv untersucht [17].

In bis zu 25% der Fälle kann der Magen auch bei einer extranodalen Manifestation eines Non-Hodgkin-Lymphoms betroffen sein. Der Magenbefall ist die häufigste extranodale Manifestation eines NHL [18, 19]. Bei lokalisiertem Befall des Magens (Stadium IE) ist die operative Resektion des Tumors meist kurativ. Die Operation muß aber in jedem Fall im Sinne einer Staging-Laparotomie durchgeführt werden, um bei weitergehendem Befall die genaue Stadieneinteilung als Grundlage der Therapie zu erhalten [20].

Der Eingriff der Wahl beim Lymphom ist die subtotale Magenresektion mit regionaler Lymphadenektomie [21, 22]. Die aus Gründen des Stagings notwendige Splenektomie kann allerdings die Durchblutung des Restmagens gefährden, sodaß dann operationstechnisch eine Gastrektomie erforderlich wird [23].

Lymphknoten

Die lymphogene Metastasierung (Abb. 2) des Magenkarzinoms erfolgt zuerst in die direkt paragastralen Lymphknotenstationen 1–4; beim Kardiakarzinom sind hier auch die paraösophagealen und beim Antrumkarzinom die paraduodenalen (5 und 6) Lymphknoten betroffen. Ein Lymphknotensprung, d.h. ein Befall entfernter Stationen ohne tumornahe Lymphknotenmetastasen, ist außerordentlich selten [24].

Beim Magenkarzinom verfolgt die Lymphadenektomie sowohl das Ziel eines möglich exakten Stagings, als auch jenes der Verbesserung der Prognose bei Fehlen effektiver adjuvanter Therapiemaßnahmen. Die sehr guten Ergebnisse japanischer Arbeitsgruppen, welche schon seit Jahren eine minutiöse und sehr radikale Lymphadenektomie durchführen, belegen die Wirksamkeit dieser Maßnahme sehr eindrucksvoll [25–28].

Die Lymphadenektomie umfaßt standardmäßig die Kompartimente I und II. Dies beinhaltet die Lymphknotenstationen 1–11 der japanischen Klassifikation. Das Lymphknotenkompartiment I wird monobloc mit Magen, Milz und Omentum majus ausgeräumt. Die Dissektion entlang des Truncus coeliacus, der Arteria hepatica communis und des Pankreasoberrandes (Kompartiment II) erfolgt gesondert im Anschluß.

Fernmetastasen

Die Prognose bei Fernmetastasen eines Magenkarzinoms ist außerordentlich schlecht. Die mediane Überlebensrate beträgt weniger als 12 Monate. Die häufigsten Metastasenlokalisationen neben Absiedelungen in den Lymphknoten

Abb. 2. Einteilung der Lymphknotengruppen beim Magenkarzinom (aus: Japanese Research Society for Gastric Cancer Study – Allgemeine Richtlinien für Chirurgie und Pathologie der japanischen Magencarcinomstudie [1985] Chirurg 56: 539–552)

des Liamentum hepatoduodenale (M1 LYPH) sind das Peritoneum und auch die Ovarien sowie Leber und Lunge. Werden bei der Operation des Primärtumors Fernmetastasen festgestellt, so sollten diese in jedem Fall histologisch verifiziert werden. Eine Lebensverlängerung nach operativer Behandlung selbst singulärer Fernmetastasen konnte bisher nicht an größeren Kollektiven aufgezeigt werden. Daher kommt eine Resektion nur in Ausnahmefällen in Betracht, wie z.B. bei isolierten Metastasen nach längerem krankheitsfreiem Intervall.

Rekonstruktive Maßnahmen und Techniken

Nach subtotaler Magenresektion wird die Passage mit einer nach Y-Roux ausgeschalteten, retrokolisch hochgeführten Jejunumschlinge wieder hergestellt.

Die rekonstruktiven Maßnahmen nach Gastrektomie verfolgen neben der bloßen Wiederherstellung der Kontinuität im wesentlichen drei Ziele:

1. Bildung eines ausreichend großen Reservoirs, um die Aufnahme der Speisen zu ermöglichen;
2. Verhinderung des Refluxes von Dünndarminhalt in den Ösophagus;
3. Erzielen einer dosierten Abgabe des Speisebreis aus diesem Reservoir in den Dünndarm.

Neben dem einfachen, bereits von Schlatter 1897 beschriebenen Hochzug einer Jejunumschlinge gibt es eine Vielzahl von operativen Verfahren und Varianten für die Rekonstruktion nach Gastrektomie. Unterscheiden kann man hierbei vor allem zwischen Verfahren mit einfacher Jejunumschlinge und solchen mit der Bildung eines Reservoirs aus Dünndarm, um die Reservoirkapazität zu erhöhen.

Der Hochzug einer einfachen Jejunumschlinge stellt operativ-technisch die einfachste und schnellste Variante der Rekonstruktion dar. Die Reservoirkapazität ist hierbei jedoch oft nicht ausreichend, und die Entleerung kann zum Teil sehr schnell und sturzartig erfolgen mit der Folge des Dumpings. Weiterhin hat ein Großteil der so operierten Patienten eine deutliche Refluxsymptomatik. Um diese Probleme möglichst zu minimieren, sollte unbedingt auf eine ausreichende Länge der interponierten Jejunumschlinge (Y-Roux) geachtet werden (40 cm). Die Indikation zu diesem Rekonstruktionsverfahren wird aus den genannten Gründen nur noch sehr selten und vor allem in palliativen Situationen gestellt.

Um die Aufnahmekapazität für Nahrung zu erhöhen, sind Rekonstruktionsverfahren mit der Bildung eines sogenannten Ersatzmagens aus Jejunum entwikkelt worden. Die Ersatzmagenbildung verlängert die Operationsdauer nur unwesentlich im Vergleich zu einer einfachen Ösophago-Jejunostomie. Die von den Autoren favorisierte Methode ist eine Modifikation der Ersatzmagenbildung nach Hunt-Lawrence-Rodino ([29], Abb. 3). Durch die Doppelung der Dünndarmschlinge wird ein ausreichend großes Reservoir gebildet. Die gegenläufige Peristaltik in den beiden Darmschlingen führt zu einer längeren Verweildauer des Speisebreis im Ersatzmagen und einer dosierten Abgabe in den Dünndarm. Ein wesentlicher Bestandteil der Rekonstruktion ist die Plikatur der Jejunumschlinge um die Ösophago-Jejunostomie und den distalen Ösophagus. Sie bietet zum einen einen Schutz bei Anastomosenleckagen, zum anderen wird hierdurch aber auch ein Antirefluxmechanismus geschaffen (Tabelle 3).

Eine Reihe von Autoren bevorzugt bei der Rekonstruktion die Wiederherstellung der duodenalen Passage, zum Teil auch mit vorgeschalteter Ersatzmagenbildung [30]. Anhand von Stoffwechseluntersuchungen wurde versucht, Vorteile dieser Verfahren gegenüber einer nicht-duodenalen Rekonstruktion nachzuweisen [31, 32]. Unterschiede bezüglich des subjektiven Wohlbefindens, der Eßgewohnheiten und des Gewichtsverlaufes der Patienten lassen

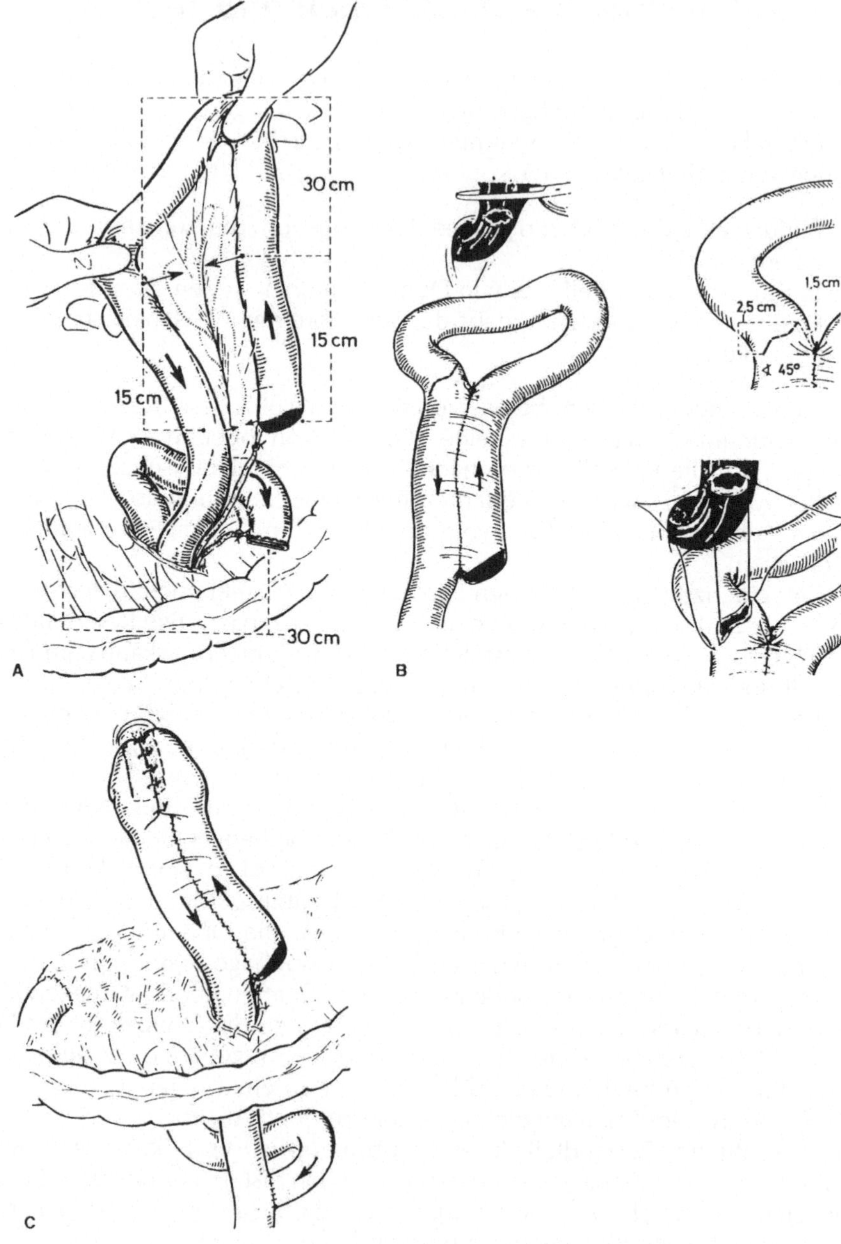

Abb. 3. Bildung des Jejunumersatzmagens nach Gastrektomie [29]

sich jedoch nicht finden. Da lediglich die Glukoseutilisation nach duodenaler Passagewiederherstellung physiologischer abläuft, ist diese Maßnahme nicht zwingend erforderlich.

Palliative operative Therapie

Eine palliative Situation besteht bei Vorliegen eines lokal weit fortgeschrittenen Tumors oder bei einer Fernmetastasierung. Die Indikation zur palliativen Operation ist zu stellen, wenn Komplikationen wie Stenose oder Blutung aus dem Tumor auftreten [33, 34]. Auch wenn durch eine bevorstehende systemische Therapie in einem hohen Prozentsatz mit Komplikationen von seiten des Tumors zu rechnen ist (z.B. Blutung), kann eine palliative Operationsindikation gestellt werden.

Eine Resektion des Tumors ist vor allem bei lokal fortgeschrittener Erkrankung mit breiter Infiltration in die Umgebung nicht möglich. Zur Umgehungsanastomose ist hier die antekolische Gastro-Enteroanastomose mit Braun'scher Fußpunktanastomose am besten geeignet. Seit einigen Jahren wird an der eigenen Klinik hierbei die Cross-section-Technik verwendet [35]. Bei Resektabilität des Tumors wird bei distalem Tumorsitz die subtotale Magenresektion mit BII-Rekonstruktion (Y-Roux) durchgeführt. Ist eine Gastrektomie erforderlich, so streben die Autoren in der Regel auch in der palliativen Situation die Bildung eines Ersatzmagens an.

Bei Tumorsitz im Bereich der Kardia ist die Indikation zur palliativen Resektion wesentlich strenger zu stellen. Gerade bei fortgeschrittenen Tumoren liegt hier oft eine lokale Inoperabilität mit Infiltration bis an die Aorta und den Pankreaskorpus vor. Hinzu kommt, daß in der Mehrzahl der Fälle ein abdominothorakales Vorgehen erforderlich ist, verbunden mit einer deutlich höheren Morbidität und Mortalität. Erst seit Einführung der maschinellen Nahtgeräte (EEA) ist es in zunehmendem Maße möglich geworden, die intrathorakalen Anastomosen auch bis in Höhe der Trachealbifurkation von abdominell her auszuführen. Dennoch bleiben die nicht operativen Verfahren zur Palliation, wie Laserung und endoskopische Tubuseinlage, gerade bei Tumoren der Kardiaregion eine wirkungsvolle und wenig belastende Alternative zur operativen Therapie.

Multimodale Behandlungskonzepte im Rahmen der operativen Primärtherapie

Der Wert einer adjuvanten Chemo- oder Strahlentherapie nach Operation eines Magenkarzinoms ist bisher im europäischen Raum nicht belegt [36]. Dies steht im Widerspruch zu den japanischen Erfahrungen, ohne daß die Gründe für diesen Unterschied aufgezeigt werden konnten.

Bei lokal fortgeschrittenen, primär nicht resektablen Tumoren kann durch eine präoperative Chemotherapie versucht werden, eine Tumorgrößenreduktion und damit eine sekundäre Resektabilität zu ermöglichen. Bei Einsatz eines relativ aggressiven Therapieschemas (Etoposid, Adriamycin, Cisplatin) wurden Tumorremissionen bei über der Hälfte der behandelten Patienten erreicht [37]. Bei einem großen Teil der Patienten war anschließend eine Resektion des Tumors möglich. Diese vielversprechenden Ergebnisse konnten bisher allerdings noch nicht allgemein bestätigt werden. Der Therapieansatz kann jedoch prospektiv im Rahmen klinischer Studien weiter verfolgt werden.

Nachsorge und Rehabilitation

Neben dem Versuch, ein mögliches Tumorrezidiv frühzeitg zu erkennen, liegt ein weiterer Schwerpunkt der Nachsorgeuntersuchung in der Erkennung und Behandlung von Folgezuständen und Spätkomplikationen operativer Magenkarzinombehandlung. Hierzu zählen Refluxösophagitits, Dumping-Symptomatik und Pankreasinsuffizienz. Auch auf einen chronischen Eisenmangel ist zu achten. Durch häufige kleine Mahlzeiten kann diesen Problemen in den meisten Fällen wirksam vorgebeugt werden. Die regelmäßige Vitamin-B12-Substitution ist obligatorisch.

Neben der allgemeinen klinischen Untersuchung stehen zur Tumorsuche die Röntgenuntersuchung des Thorax und die Oberbauchsonographie zur Verfügung. Parallel sollten die Tumormarker CEA (Karzinoembryonales Antigen) und CA 19-9 bestimmt werden, um die Treffsicherheit der Diagnostik zu erhöhen. Mit der Endoskopie können sowohl Refluxerscheinungen als auch Rezidive am besten erkannt werden. Bei Entleerungsstörungen aus dem Ersatzmagen bietet die Röntgendarstellung die größte Information über die Passage. Alle weiterführenden Untersuchungen ergeben sich aus der jeweiligen speziellen Problematik bzw. Symptomatik des Patienten.

Die Nachsorge findet in den ersten zwei Jahren in kürzeren Abständen statt, und die Untersuchungsintervalle können dann ausgedehnt werden. Nach fünf Jahren brauchen die Patienten nur noch einmal pro Jahr untersucht werden.

Der Wert einer engmaschigen Nachuntersuchung von Patienten mit Magenkarzinomen ist häufig in Frage gestellt worden. Eine lebensverlängernde Wirkung bei frühzeitig einsetzender Therapie eines Rezidivs ist nur in Ausnahmefällen zu erwarten. Vor diesem Hintergrund sind Ansätze zur Umwandlung der generellen „Nachsorge" in eine gerichtete „Nachbehandlung" symptomatischer Patienten zu diskutieren.

Operative Behandlung beim Tumorrückfall

Eine erneute Resektion bei Auftreten eines Rezidivs ist nur bei den wenigsten Patienten möglich [38]. Vor allem bei auf die Anastomosenregion (s. Tabelle 4) beschränktem Befund ist unter Umständen Aussicht auf einen potentiell kurativen Eingriff gegeben. In den Fällen mit einer ausgedehnten Infiltration in die Umgebung oder mit fortgeschrittenem Lymphknotenbefall besteht lokale Inoperabilität und Inkurabilität.

Tabelle 4. Häufigkeit und Formen des Magenkarzinomrezidivs [38]

Anastomosenrezidiv, Restmagen	10–30%
Lokoregionales Rezidiv	10–40%
Peritonealkarzinose	30–70%
Fernmetastasen	20–60%

Tabelle 5. Funktionelle Ergebnisse bei Patienten (n = 20) mit Ersatzmagenbildung [29]

Aufstoßen	nie	11
	selten	6
	öfter	3
Sodbrennen	nie	16
	selten	4
Ösophagitis (15 Patienten endoskopiert)	keine	14
	leicht	1
	schwer	0
Stuhlfrequenz	1–2	14
	2–3	3
	> 3	3

Bei fehlenden Möglichkeiten der operativen Rezidivtherapie steht heute die Laserbehandlung der Stenose im Vordergrund, die gegebenenfalls mehrfach wiederholt werden kann. Auch durch eine endoskopische Bougierung und anschließende Tubuseinlage kann die Stenose wirksam behandelt werden. Eine operative Tubuseinlage ist heute kaum noch indiziert.

Zusätzlich zur Laserung bzw. Tubuseinlage kann eine palliative externe Strahlentherapie oder eine Chemotherapie eingeleitet werden. Dies sollte jedoch von der Gesamtsituation des Patienten und seinem Therapiewunsch abhängig gemacht werden, da eine deutliche Verlängerung der Überlebenszeit hierdurch nach den bisherigen Erfahrungen nicht zu erwarten ist.

Prognose, postoperative Mortalität und Morbidität

Eine hohe postoperative Letalität von 20%–30% nach einer Gastrektomie war lange Zeit wesentliches Argument gegen die prinzipielle Gastrektomie beim Magenkarzinom. Durch verbesserte operative Technik und perioperative Behandlung konnte in den letzten 10 Jahren die Letalität deutlich unter 10% gesenkt werden. Nach eigenen Erfahrungen bei 88 Patienten an der Chirurgischen Universitätsklinik Heidelberg [29] betrug die Letalität 2,3% bei kurativer Gastrektomie.

Die schwerstwiegende Komplikation nach Gastrektomie ist die Anastomoseninsuffizienz. Sie betrug 3,4% bei den kurativ operierten Patienten [29]. Die Bildung eines Ersatzmagens wirkte sich positiv auf die postoperative Komplikationsrate aus.

Die postoperativen Komplikationen nach Gastrektomie sind somit nicht wesentlich höher als nach subtotaler Resektion. Da auch die funktionellen Ergebnisse vergleichbar sind, halten die Autoren dies für ein zusätzliches Argument für die prinzipielle Gastrektomie beim Magenkarzinom.

Die postoperative Komplikationsrate und Letalität des Kardiakarzinoms sind deutlich höher als beim auf den Magen beschränkten Karzinom. Die Hauptgründe hierfür liegen sicherlich in dem kombinert abdomino-thorakalen operativen Vorgehen mit einer erhöhten Rate pulmonaler Komplikationen und der höheren Rate an Anastomoseninsuffizienzen. Die Klinikletalität liegt in diesem Krankengut zwischen 5,6% und 26,1% (Übersicht bei [16]).

Langzeitprognose und prognostische Faktoren

Gesamtkollektiv

Die Prognose aller Patienten mit einem Magenkarzinom zusammengenommen (unselektioniertes Krankengut) ist ungünstig. Die 5-Jahres-Überlebensraten liegen hier bei ca. 20%–30% [39]. Betrachtet man nur die kurativ operierten Patienten (R0-Resektion), so sind 5-Jahres-Überlebensraten von bis zu 50% zu erreichen. Die Prognose von Patienten mit einem Karzinom im präpylorischen Antrum oder im Korpus unterscheidet sich nach den meisten Untersuchungen nicht wesentlich. Bei Vorliegen eines Kardiakarzinoms ist die Überlebenswahrscheinlichkeit dagegen deutlich geringer [16, 39]. Dies ist zum Teil sicherlich Ausdruck des komplexeren Metastasierungsmusters und einer nicht immer konsequent durchgeführten radikalen Operation. Tumoren vom intestinalen Typ nach Laurén führen wesentlich seltener zu Lymphknotenmetastasen (58%) als solche vom diffusen Typ (83%) [40]. Die Prognose beider Tumoren ist somit auch deutlich verschieden. Selbst bei Vorliegen des gleichen Tumorstadiums ist die Prognose des diffusen Karzinoms schlechter [41]. Mit zunehmender Infiltrationstiefe steigt auch die Metastasierungshäufigkeit des Magenkarzinoms an. Während für Frühkarzinome 5-Jahres-Überlebensraten von über 90% zu erreichen sind, fällt diese Zahl bei weiterer Wandinfiltration des Tumors deutlich ab. Bei T2-Tumoren betragen die Überlebensraten 45%–65%, bei T3-Tumoren 10%–25% und bei T4-Tumoren 0%–10% [42, 43]. Bei tumorfreien Lymphknoten liegt die Lebenserwartung nach 5 Jahren bei ca. 70%, bei Tumorbefall von Lymphknoten fällt diese jedoch unter 595 ab [42, 43].

Diese Zahlen machen die insgesamt schlechte Prognose des Magenkarzinoms deutlich, zeigen aber auch, daß es durch eine frühzeitige Erkennung der Tumoren mit einer qualifizierten Frühdiagnostik möglich sein muß, die Prognose für die Patienten zu verbessern.

Literatur

1. Colin-Jones DG, Rösch T, Dittler HJ (1993) Staging of gastric cancer by endoscopy. Endoscopy 25: 46
2. Halpert RD, Feczko PJ (1993) Role of radiology in the diagnosis and staging of gastric malignancy. Endoscopy 25: 39
3. Nagayo T (1986) Histogenesis and precursors of human gastric cancer. Springer, Berlin Heidelberg New York Tokyo
4. Dittler HJ, Siewert JR (1993) Role of endoscopic ultrasonography in gastric carcinoma. Endoscopy 25: 162
5. Lightdale CJ (1992) Endoscopic ultrasonography in the diagnosis, staging and follow-up of esophageal and gastric cancer. Endoscopy 24: 297
6. Boyce HW, Henning H (1992) Diagnostic laparoscopy 1992: time for a new look. Endoscopy 24: 671
7. Jacobasch K-H, Gütz H-J, Reitzig P, et al (1986) Klinische Diagnostik der Ausbreitung von Tumoren des Magen-Darm-Traktes. Z Klin Med 41: 1111
8. von Ditfuhrt B, Betzler M (1993) Diagnostische Laparoskopie in der Onkologie. Münch Med Wochenschr 135: 168
9. Joyeux H, Solassol C, Dubois JB, et al (1979) Total parenteral nutrition in regional surgery for gastric cancer. In: Herfarth C, Schlag P (eds) Gastric cancer. Springer, Berlin Heidelberg New York Tokyo, p 327
10. Saito T, Zeze K, Kuwahara A, et al (1990) Correlations between preoperative malnutrition and septic complications of esophageal cancer surgery. Nutrition 6: 303
11. Meyer HJ, Pichelmayr R, Geerlings H (1985) Die Gastrektomie als Regeloperation beim Magenkarzinom. In: Bünte H, Langhans P, Meyer HJ, et al (Hrsg) Aktuelle Therapie des Magenkarzinoms. Springer, Berlin Heidelberg New York Tokyo, S 61
12. Lindahl AK, Harbitz TB, Liavag I (1988) The surgical treatment of gastric cancer: a retrospective study with special reference to total gastrectomy. Eur J Surg Oncol 14: 55
13. Böttcher K, Becker K, Busch R, et al (1992) Prognosefaktoren beim Magenkarzinom. Chirurg 63: 656
14. Huscher C, Chiodini S, Recher A, et al (1992) Adequacy of cardial node dissection and clearance of lesser curve in subtotal vs total gastrectomy for antral cancer. Proc ASCO 11: A 510
15. Papachristou DN, Fortner JG (1980) Adenocarcinoma of the gastric cardia. The choice of gastrectomy. Ann Surg 192: 58
16. Siewert JR, Hölscher AH, Becker K, et al (1987) Kardiakarzinom: Versuch einer therapeutischen Klassifikation. Chirurg 58: 25
17. Raguse T, Riesener K, Simon D, et al (1985) Spezielle Gesichtspunkte der proximalen Magenresektion. In: Bünte H, Langhans P, Meyer HJ, et al (Hrsg) Aktuelle Therapie des Magencarcinoms. Springer, Berlin Heidelberg New York Tokyo, S 67
18. Ampil FL (1987) Primary gastrointestinal lymphoma. Oncology 44: 214
19. Musshoff K (1977) Klinische Stadieneinteilung der Nicht-Hodgkin-Lymphome. Strahlentherapie 153: 218
20. Rosen CB, van Heerden JA, Martin JK (1987) Is an aggressive surgical approach to the patient with gastric lymphoma warranted? Ann Surg 205: 634
21. Shepard FA (1988) Chemotherapy following surgery for stage IE and IIE non Hodgkin lymphoma of the gastrointestinal tract. J Clin Oncol 6: 252
22. Thomas CR, Share R (1991) Gastrointestinal lymphoma. Med Pediatr Oncol 19: 48
23. Schlag P, Hünerbein M (1993) Therapie gastrointestinaler Lymphome. Münch Med Wochenschr 135: 137
24. Maruyama K, Gunven P, Okabayashi K, et al (1989) Lymph node metastases of gastric cancer. General pattern in 1931 patients. Ann Surg 210: 596

25. Maehara Y, Okuyama T, Moriguchi S, et al (1992) Prophylactic lymph node dissection in patients with advanced gastric cancer promotes increased survival time. Cancer 70: 392
26. Kaibara N, Sumi K, Yonekawa M, et al (1990) Does extensive dissection of lymph nodes improve the results of surgical treatment of gastric cancer? Am J Surg 159: 218
27. Akoh JA, Macintyre IM (1992) Improving survival in gastric cancer: review of 5-year survival rates in english language publications from 1970. Br J Surg 79: 293
28. Secco GB, Fardelli R, Campora E, et al (1992) Extension of lymph node dissection and survival in primary gastric cancer. Int Surg 77: 242
29. Herfarth C, Schlag P, Buhl K (1987) Surgical procedures for gastric substitution. World J Surg 11: 689
30. Schreiber HW, Eichfuss HP, Schumpelick V (1978) Magenersatz. Chirurg 49: 72
31. Siewert JR, Schattenmann G, Ebert R (1979) Importance of the duodenal passage following gastrectomy. In: Herfarth C, Schlag P (eds) Gastric cancer. Springer, Berlin Heidelberg New York Tokyo, p 242
32. Bittner R, Beger HG (1979) Significance of the duodenum for carbohydrate metabolism in patients after total gastrectomy. In: Herfarth C, Schlag P (eds) Gastric cancer. Springer, Berlin Heidelberg New York Tokyo, p 242
33. Monson JR, Donohue JH, McIlrath DC, et al (1991) Total gastrectomy for advanced cancer. A worthwhile palliative procedure. Cancer 68: 1863
34. Hallissey MT, Allum WH, Roginski C, et al (1988) Palliative surgery for gastric cancer. Cancer 62: 440
35. Thiele H, Trede M (1987) Die „Cross-section" Gastroenterostomie. Eine Alternative zur konventionellen Gastroenterostomie. Chirurg 58: 274
36. Lise M, Nitti D, Marchet A, et al (1991) Adjuvant treatment for gastric cancer. Anticancer Drugs 2: 433
37. Wilke H, Preusser P, Fink U, et al (1989) Preoperative chemotherapy in locally advanced and nonresectable gastric cancer: a phase II study with etoposide, doxorubicin, and cisplatin. J Clin Oncol 7: 1318
38. Schlag P, Buhl K, Beck J, et al (1985) Indikationen und Möglichkeiten operativer Therapie beim Magenkarzinomrezidiv. In: Bünte H, Langhans P, Meyer HJ, et al (Hrsg) Aktuelle Therapie des Magencarcinoms. Springer, Berlin Heidelberg New York Tokyo, S 129
39. Rohde H, Gebbensleben B, Bauer P, et al (1989) Has there been any improvement in the staging of gastric cancer? Findings from the German Castric Cancer TNM Study Group. Cancer 64: 2465
40. Giedl J, Hermanek P, Husemann B (1980) Häufigkeit und Typ der lymphogenen Metastasierung des Magenkrebses. Langenbecks Arch Chir 359: 191
41. Schlag P, Meister H, Merkle P, et al (1980) Prognose des Magenfrühkarzinoms in Abhängigkeit vom histologischen Tumortyp. In: Beger HG, Bergemann W, Oshima H (Hrsg) Das Magencarcinom – Frühdiagnose und Therapie. Thieme, Stuttgart New York, S 211
42. Böttcher K, Roder JD, Busch R, et al (1993) Epidemiologie des Magenkarzinoms aus chirurgischer Sicht. Ergebnisse der Deutschen Magenkarzinom-Studie 1992. Dtsch Med Wochenschr 118: 729
43. Schlag P, Buhl K, Schwarz V, et al (1989) Die neue TNM-Klassifizierung und ihre Auswirkung auf die chirurgische Behandlung des Magencarcinoms. Chirurg 60: 8
44. Longmire WP (1947) Total gastrectomy for carcinoma of the stomach. Surg Gynecol Obstet 82: 21
45. Merkle P, Schlag P, Herfarth C (1979) Influence of the choice of surgical procedure in gastric cancer on the 5-year survival time. In: Herfarth C, Schlag P (eds) Gastric cancer. Springer, Berlin Heidelberg New York Tokyo, p 217

Maligne Tumoren des Dünndarms

M. Hünerbein und *P. M. Schlag*

Obwohl der Dünndarm 75% der Länge und 90% der Mukosa-Oberfläche des Gastrointestinaltrakts repräsentiert, treten hier nur 1% der malignen Darmtumoren auf. Insgesamt sind maligne Tumoren des Dünndarms mit einem Anteil von 0,3% aller Malignome extrem selten [1]. Die Gründe für die geringe Inzidenz dieser Malignome sind noch nicht hinreichend geklärt. Es existieren verschiedene Hypothesen zur Erklärung dieses Phänomens [2]:

a) Verminderte Exposition des Dünndarmes mit dem Darminhalt durch rasche Passage von Zellgiften.
b) Schnelle Proliferation und Erneuerung der Mukosazellen.
c) Detoxifizierung der Karzinogene durch mikrosomale Enzyme, insbesondere der Benzpyren-Hydroxylase.
d) Lokale Suppression der Karzinogenese durch immunkompetente Zellen.
e) Relative Steriliät des Darminhaltes.

Mit einem Anteil von 20%–50% ist das **Adenokarzinom** der häufigste maligne Tumor des Dünndarmes. Karzinoide weisen eine ähnlich hohe Inzidenz auf, während Lymphome 5%–15% und Leiomyosarkome bis zu 8% der Malignome des Dünndarmes stellen [3]. Als absolute Raritäten sind Angiosarkome, Hämangioperizytome und Rhabdomyosarkome im Bereich des Dünndarmes anzusehen (Tabelle 1). Insgesamt ist das *Ileum* mit ca. 50% der Fälle am häufigsten betroffen, wobei sich jedoch deutlich Prädeliktionsorte für die einzelnen Tumoren abgrenzen lassen. Während Karzinoide ebenso wie Lymphome und Leiomyosarkome eine deutliche Affinität für das Ileum aufweisen, findet sich die Mehrzahl der Adenokarzinome im Duodenum (Tabelle 2) [3, 4].

Staging

Im allgemeinen präsentieren Patienten mit Dünndarmtumoren eine uncharakteristische gastrointestinale Symptomatik. Die schlechte Prognose der malignen Dünndarmtumoren ist daher zumeist auf die späte Diagnose nach Auftreten von

Tabelle 1. Inzidenz der malignen Dünndarmtumoren

Adenokarzinom	35–45%
Karzinoid	20–45%
Lymphom	5–15%
Leiomyosarkam	2–8%
Angiosarkom	< 1%
Hämangioperizytom	< 1%
Rhabdomyosarkom	< 1%

Tabelle 2. Lokalisation der malignen Dünndarmtumoren [3]

Histologie	Lokalisation		
	Duodenum	Jejunum	Ileum
Adenokarzinom	53%	32%	15%
Karzinoid	7%	5%	88%
Lymphom	12%	31%	57%
Leiomyosarkom	16%	32%	52%
Gesamt	22%	29%	49%

Fernmetastasen zurückzuführen. Häufig führt erst eine diagnostische Laparatomie zu einer definitiven Klärung. Als *bildgebendes radiologisches Verfahren* ist fraktionierte Dünndarmpassage insbesondere in der *Doppelkontrastdarstellung* nach Sellink die Untersuchungsmethode der Wahl zum Nachweis eines Dünndarmtumors. Bei den meist gut durchbluteten Leiomyosarkomen des Dünndarmes kann eine selektive Angiographie zur Diagnostik mit beitragen. Das Duodenum und das distale Ileum sind zusätzlich der *endoskopischen Diagnostik* zugänglich. Damit ist auch die histologische Sicherung dort lokalisierter Tumoren möglich. Bildgebende Verfahren, wie die *Sonographie* und die *abdominelle Computertomographie* können nur selten die Diagnose eines Dünndarmtumors sichern. Sie werden aber zum Nachweis abdomineller Lymphknoten- bzw. Fernmetasten herangezogen. Hierdurch kann das Stadium der Erkrankung präoperativ besser definiert werden, was von Relevanz für die therapeutische Strategie ist. Unter den *Laborparametern* ist der Serotonin-Spiegel im Serum und der Nachweis von Hydroxyindolessigsäure im Urin von Bedeutung für die Diagnostik eines Karzinoidtumors. Die Bestimmung sogenannter Tumormarker bringt keinen Gewinn in der Primärdiagnostik der Dünndarmmalignome. Allerdings kann karzinoembryonales Antigen (CEA) als Verlaufsparameter bei Adenokarzinomen verwertet werden.

Verbindliche *Staging-Richtlinien* für Dünndarmtumoren existieren auf Grund der Seltenheit dieser Neoplasien bisher noch nicht. Bei den **Karzinomen** kann man sich an die *TNM-Klassifikation* kolorektaler Karzinome anlehnen. In den angloamerikanischen Ländern wird eine *modifizierte Dukes-Klassifikation* angewandt (Tabelle 3).

Das Staging ist von besonderer Bedeutung für die Therapie **gastrointestinaler Lymphome.** Das zumeist angewandte *Ann Arbor Staging-System* erweist sich als nicht ausreichend, da keine Differenzierung zwischen dem Befall regionaler und entfernter Lympknotenstationen möglich ist. Das *Staging-System nach Musshoff,* das eine Unterteilung des Stadiums II in den Befall lokaler (II_{E1}) und entfernter Lymphknoten (II_{E2}) beinhaltet, stellt eine Verbesserung dar [5] (Tabelle 4). Bei einer Operation sollte daher in jedem Fall im Sinne einer Staging-Laparatomie vorgegangen werden. Dabei müssen die verschiedenen intraabdominellen Lymphknotenstationen biopsiert werden. Darüber hinaus sollte je ein Punktionszylinder aus dem linken und rechten Leberlappen, ebenso wie jeweils eine Keilexzision entnommen werden. Zur Komplettierung des Stagings ist eine Splenektomie anzustreben [6].

Tabelle 3. Staging der malignen Dünndarmtumoren

Stadium (mod. nach Dukes)	
A	Infiltration der Submukosa
B_1	Infiltration der Muscularis propria
B_2	Durchbruch durch Muscularis propria
C_1	Infiltration der Muscularis propria Lymphknotenmetastasen
C_2	Durchbruch durch Muscularis propria Lymphknotenmetastasen
D	Fernmetastasen

Tabelle 4. Vergleich der Staging-Systeme bei gastrointestinalen Non-Hodgkin-Lymphomen

Stadieneinteilung nach Ann-Arbor	Stadieneinteilung nach Musshoff [5]	
I_E	I_E	Befall eines extralymphatischen Organs
II_E	II_E	Befall extralymphatischer Organe und von Lymphknoten auf der gleichen Zwerchfellseite
	II_{E1}	Befall regionaler Lymphknoten
	II_{E2}	Befall entfernter Lymphknoten
III_E	III_E	Befall beidseits des Zwerchfells
IV_E	IV_E	Disseminierter Befall

Präoperative Vorbereitung

Die Vorbereitung des Patienten auf die Operation kann nach den gleichen Grundsätzen wie bei Eingriffen am oberen Gastrointestinaltrakt erfolgen. Da es sich jedoch bei der operativen Therapie der Dünndarmtumoren oft um eine Notfallsituation wie Ileus, Blutung oder Perforation handelt, kann häufig keine ausgedehnte Vorbereitung der Patienten erfolgen. Wenn möglich, sind präoperativ Flüssigkeits- und Elektrolytstörungen, die durch eine Ileuskrankheit verursacht sein können, auszugleichen. *Eine perioperative Antibiotika- und Thromboseprophylaxe* ist anzustreben.

Operative Therapie

Abgesehen von den Non-Hodgkin Lymphomen des Dünndarmes ist die therapeutische Strategie bei den übrigen Dünndarmmalignomen ähnlich. Die chirurgische Therapie des Dünndarmkarzinoms ist inbesondere von der *Lokalisation* und dem *Stadium der Tumorerkrankung* abhängig. **Malignome des Duodenums** sollten durch eine Whipple-Operation reseziert werden [7, 8]. Die kurative Therapie von **Karzinomen des Jejunums** besteht aus der großzügigen Resektion des involvierten Darmabschnittes. Diese erfolgt unter Mitnahme des Mesenteriums einschließlich der benachbarten Radialgefäße bis an den Hauptstamm der Arteria mesenterica superior (Abb. 1). Ziel dieses Vorgehens ist die komplette Entfernung der drei ableitenden Lymphknotengruppen, wobei die erste nahe am

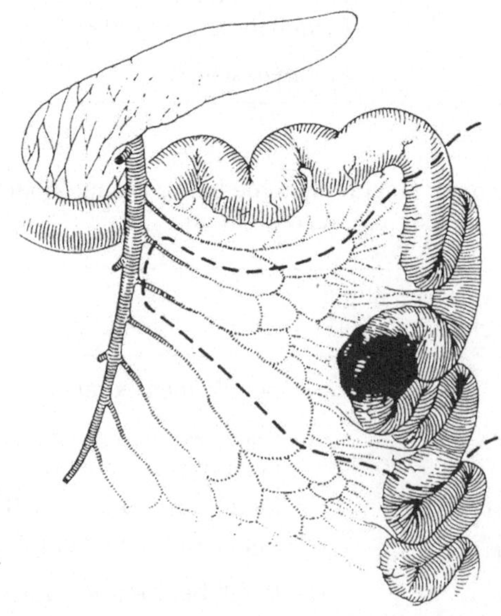

Abb. 1. Resektionsgrenzen bei malignen Dünndarmtumoren

Darm, die zweite in der Mesenterialmitte und die dritte an der Mesenterialwurzel in direkter Nähe der Arteria und Vena mesenterica superior lokalisiert ist. Da ein wirklich radikales Vorgehen in Hinblick auf die Nähe der drainierenden Lymphgefäße und -knoten zu den versorgenden Gefäßen des Jejunums nicht möglich ist, hat sich die weite lokale Resektion unter Schonung der Hauptstämme der Arteria mesenterica superior als Standardverfahren etabliert. Die Resektionsgrenzen können dabei durch Palpation von Lymphknoten im Mesenterium festgelegt werden. Bei der radikalen Entfernung der mesenterialen und regionalen Lymphknoten ist dabei auf deren Nähe zur Arteria und Vena mesenterica superior zu achten [3]. Obwohl inkonsistente Daten zur Häufigkeit von Lymphknotenmetastasen beim **Leiomyosarkom** existieren, sollte eine Resektion des infiltrierten Dünndarmsegmentes unter großzügiger Mitnahme des Mesenterium durchgeführt werden, da Lymphknotenmetastasen nicht auszuschließen sind und die feingewebliche Diagnose meist erst endgültig postoperativ gestellt wird [9].

Weiterhin ist die Entfernung von suspekten Lymphknotenstationen außerhalb dieses en bloc extirpierten Bereichs und die Resektion eventuell infiltrierter Nachbarorgane anzustreben, wenn dadurch eine R_0-Resektion erreicht wird. Umstritten ist der Wert der *paraaortalen Lymphadenektomie,* da in diesen Fällen eine weitergehende Metastasierung angenommen werden muß. Bei **Tumoren des distalen Ileum** ist eine Ileumresektion mit rechtsseitiger Hemikolektomie indiziert [10–12].

Wesentliche Faktoren bei der Festlegung der therapeutischen Strategie bei **gastrointestinalen Lymphomen** sind die *Lokalisation des Tumors,* das *Ausbreitungsstadium,* der *histologische Subtyp* und das *Alter des Patienten* [6]. Vor der Entscheidung zum operativen Vorgehen sollte eine disseminierte Erkrankung, d.h. ein Stadium III und IV, ausgeschlossen werden. Trotz aller Fortschritte in der Diagnostik werden weiterhin nahezu 50% der gastrointestinalen Lymphome erst intra- oder postoperativ gesichert [13]. Dies liegt vor allem darin begründet, daß sich die Indikation zur Operation bei einem Teil der Patienten aufgrund einer Notfallsituation (Blutung, Perforation, Ileus) ergibt. Andererseits kann präoperativ durch fehlende Möglichkeiten einer anderweitigen bioptischen Klärung meist ohnehin keine definitive Diagnose gestellt werden. Der prinzipielle Vorteil eines operativen Vorgehens beim extranodalen Non-Hodgkin-Lymphom besteht zunächst in der unmittelbaren Entfernung der Geschwulst. Gleichzeitig kann durch die chirurgische Exploration eine genaue histologische Subtypisierung anhand des Präparates erfolgen und das Stadium der Erkrankung definitiv festgelegt werden.

Wenn durch die präoperative Diagnostik die Generalisation eines Non-Hodgkin-Lymphoms ausgeschlossen wurde, ist im Stadium I_E und II_E die *operative Monobloc-Resektion* des Tumors unter *Mitnahme der lokoregionären Lymphknoten* die Therapie der Wahl. Abhängig von der Lokalisation sollte im Stadium I_E eine segmentale Resektion des infiltrierten Darmabschnittes durchgeführt werden. Um ein potentiell kuratives Ergebnis zu erzielen, muß eine En-bloc-Resektion mit tumorfreien Resektionsrändern unter Mitnahme des Mesenteriums und der regionalen Lymphknoten erfolgen [14].

Selbst im Stadium II_E mit einer primär organübergreifenden Manifestation des Lymphoms kann eine primäre chirurgische Therapie indiziert sein. Kurative

Ergebnisse können hier jedoch nur durch Resektion der befallenen Organe erzielt werden, so daß das Ausmaß des Eingriffs und das Operationsrisiko in einem sinnvollen Verhältnis zum Vorteil der Operation stehen sollten. Im Stadium II ist eine postoperative Chemo- oder Radiotherapie obligat.

Auch unter *palliativen Gesichtspunkten* sollte bei malignen Dünndarmtumoren möglichst eine Resektion oder zumindest eine Umgehungsanastomose im Bereich des involvierten Darmsegments erfolgen. Bei verzögertem oder fehlendem Ansprechen auf die Chemotherapie würde es sonst bei Tumorprogression rasch zu einem Darmverschluß kommen.

Auch wenn eine radikale Entfernung des Primärtumors beim Karzinoid nicht möglich sein sollte, ist zumindest eine möglichst weitreichende Resektion anzustreben, da hierdurch die Prognose verbessert wird. Bei Vorliegen einer disseminierten Erkrankung mit Lebermetastasen kann ein Tumor-Debulking mittels Leberteilresektion oder eine Embolisation der tumorversorgenden Gefäße durchgeführt werden. Diese palliativen Therapiekonzepte können zumindest die klinische Symptomatik des Karzinoid-Syndromes wesentlich lindern.

Multimodale Behandlungskonzepte im Rahmen der operativen Therapie

Bei den Dünndarmtumoren verbessert eine *adjuvante Chemo- oder Strahlentherapie* in der Regel die Prognose nicht. **Nicht operable Karzinoide** können in einigen Fällen durch Chemotherapie mit 5-Fluorouracil oder Streptozozin kontrolliert werden [15]. In neueren Publikationen erscheint eine Therapie mit Interferon als Alternative. Eine symptomatische Therapie der Flush-Symptomatik kann mit dem Serotonin-Antagonist Methysergid erfolgen. Als weiterer konservativer Behandlungsansatz kommt die Applikation von Somatostatin und dessen länger wirksamen Analogon Octreotid zum Tragen [16].

Einen festen Stellenwert besitzt die postoperative Chemo- und Strahlentherapie beim **Non-Hodgkin-Lymphom** des Dünndarms. Eine *postoperative Radiotherapie* erfolgt in der Regel mit 2000–3000 Rad über dem gesamten Abdomen. In einer Studie an 52 Patienten mit den **Stadien I_E und I_E** war die Überlebensrate der Patienten mit postoperativer Radiotherapie nach 10 Jahren 71% im Vergleich zu 50% in der Kontrollgruppe [17]. Bei hohem Malignitätsgrad des Tumors ist eine adjuvante Therapie bereits im Stadium I_E indiziert. Das Risiko eines systemischen Tumorrezidives beim gastrointestinalen Lymphom läßt eine prinzipielle *Chemotherapie* sinnvoll erscheinen. Eine Kombinations-Chemotherapie (z.B. CHOP) hat sich insbesondere bei hoch malignen Lymphomen als überaus effizient erwiesen [18–20].

Prinzipiell ist bei einer generalisierten Manifestation des Lymphoms mit gastrointestinalem Befall (**Stadium III + IV**) eine systemische Therapie der Operation vorzuziehen. Die Indikation zur Operation kann sich aber aus einer Notfallsituation (Blutung, Perforation) ergeben. Ebenso sollte die Indikation zur „prophylaktischen" Resektion des Darmtumors diskutiert werden, da unter primärer Chemo- und Radiotherapie gehäuft Komplikationen wie gastrointestinale

Blutungen (22%) oder Perforationen (38%) auftreten können [21]. Inwieweit sich ein Tumor-Debulking auf den Erfolg einer Poly-Chemotherapie bzw. Strahlentherapie selbst positiv auswirkt, ist anhand der vorhandenen Erfahrungen noch nicht zu entscheiden.

Nachsorge

Die Nachsorgeintervalle sind vom *histologischen Typ* und dem *Stadium der Erkrankung,* d.h. dem Risiko eines Rezidivs abhängig. Hierbei sollten innerhalb der ersten drei Jahre nach der Operation engmaschig *Kontrolluntersuchungen* stattfinden. Obligat ist eine *abdominelle Sonographie* zum Nachweis von Lebermetastasen oder vergrößerten Lymphknoten. Bei unklaren Befunden kann eine *Computertomographie des Abdomens* sinnvoll sein. Unter den *Laborparametern* sollte besonderer Wert auf die Kontrolle des CEA beim Adenokarzinom und beim Karzinoid auf die Kontrolle des Serotonin-Spiegels sowie die Bestimmung von Chromogranin A und Hydroxyindolessigsäure gelegt werden.

Ausgedehnte Resektionen, bei denen mehr als 40% des Dünndarms entfernt werden, können ein *Short Bowel-Syndrom* zur Folge haben. Insbesondere, wenn das proximale Duodenum oder das distale Ileum betroffen sind, können postoperativ behandlungsresistente Diarrhoen und Malassimilationssyndrome mit Gewichtverlust, Steatorrhoe und Vitaminmangel-Symptomen auftreten. Von großer Bedeutung ist daher eine entsprechende (par)enterale Ernährung und Substitution von Vitaminen.

Prognose und prognostische Faktoren

Das **Adenokarzinom des Dünndarms** ist neben dem Karzinoid der häufigste Dünndarmtumor. Mit einer maximalen Inzidenz in der siebten Lebensdekade ist das Adenokarzinom ein Tumor des *Alters* [22]. In der *Lokalisation* zeigt dieses Karzinom eine deutliche Präferenz für das Duodenum, während es seltener in den distalen Dünndarmabschnitten auftritt. Als Risikoerkrankungen gelten *Morbus Crohn, Sprue* und das *Peutz-Jegher-Syndrom.* Eine maligne Transformation von villösen Adenomen wurde beschrieben [23]. Auffällig ist die hohe Inzidenz von Zweittumoren bei Vorliegen eines Duodenalkarzinoms. In bis zu 25% wurden multiple primäre gastrointestinale Karzinome beschrieben [24].

Insgesamt ist die Prognose mit einer 5-Jahres-Überlebensrate von 15%–30% schlecht. Dies ist unter anderem auf die hohe Rate an Metastasen (30%–70%) bei der Erstdiagnose zurückzuführen [25]. Als Faktoren von prognostischer Relevanz haben sich das *Tumorstadium* sowie die *Lokalisation des Primärtumors* und das *histologische Grading* erwiesen. Ouriel und Adams [11] demonstrierten in einer Studie mit 65 Patienten eine 5-Jahres-Überlebensrate von 70% bei negativem Lymphknotenstatus, während bei Lymphknotenmetastasen die Überlebensrate nur 13% betrug. Eine Lokalisation des Primärtumors im Jejunum ließ mit einer 5-Jahres-Überlebensrate von 45% die beste Prognose erwarten. Im Gegensatz dazu wiesen Adenokarzinome des Duodenums oder Ileums eine 5-Jahres-Überlebensrate von 25% bzw. 20% auf. Ein signifikanter Überlebensvorteil konnte für Patienten mit gut differenzierten Karzinomen im Vergleich zu mäßig oder gering differenzierten Karzinomen festgestellt werden [10].

Karzinoide sind endokrin aktive Tumoren, die von den Zellen des Amine precursor uptake and decarboxylation- (APUD) -Systems ausgehen. Etwa 85% der Karzinoide sind im Gastrointestinaltrakt lokalisiert. Am häufigsten finden sich Karzinoide in der Appendix, gefolgt von Rektum und Ileum. Im Dünndarm zeigt sich eine deutliche Häufung der Inzidenz dieses Tumors in den distalen Abschnitten (Tabelle 2). Immunhistochemisch zeigen die gastrointestinalen Karzinoide meist eine multihormonale Aktivität [16]. Bei einer Karzinoid-Symptomatik liegt in einem Großteil der Fälle bereits eine disseminierte Erkrankung mit Fernmetastasen vor. Die Prognose des Karzinoids ist wesentlich von der *Lokalisation des Primärtumors* und dem *Stadium der Erkrankung* abhängig. Die Metastasierung der Dünndarmkarzinoide erfolgt hauptsächlich in die Lymphknoten des Mesenteriums, die Leber, Lunge und das Peritoneum. Während die 5-Jahres-Überlebensrate von Appendixkarzinoiden 99% beträgt, reduziert sich dieser Anteil auf 54% bei einer Lokalisation des Karzinoids im Dünndarm. Eine deutlich bessere Prognose mit einer 5-Jahres-Überlebensrate von bis zu 73% wurde bei lokalem Befall des Dünndarmes ohne systemische Metastasierung festgestellt [26]. Insgesamt weisen Karzinoide die beste Prognose unter den Dünndarmtumoren auf.

Obwohl **Lymphome** nur 5% der gastrointestinalen Malignome repräsentieren, ist der Gastrointestinaltrakt der häufigste extranodale Manifestationsort dieser Tumoren. In Autopsien fand sich bei mehr als 50% der Non-Hodgkin-Lymphome eine Infiltration gastrointestinaler Organe [27]. In westlichen Ländern ist der Magen am häufigsten involviert, gefolgt von Dünndarm, Zökum und Kolon. Ein unterschiedliches Verteilungsmuster findet sich in den arabischen Ländern, wo der Dünndarm besonders häufig betroffen ist und die Erkrankung als Immunoproliferative small intestinal disease (IPSID) bezeichnet wird [28]. Die Ätiologie der Erkrankung ist noch nicht vollständig geklärt. Es wird jedoch postuliert, daß diese Lymphome durch maligne Entartung des Mukosa assoziierten lymphatischen Gewebes (mucosa associated lymphoid tissue = MALT) entstehen [29]. Nach dem Adenokarzinom und dem Karzinoid ist das Dünndarmlymphom der dritthäufigste Dünndarmtumor mit einem Anteil von bis 20% der gesamten Tumoren. Die Inzidenz des Dünndarmlymphoms ist bei Patienten mit chronisch entzündlichen Darmerkrankungen, Malabsorptionssyndromen, Erkrankungen des Immunsystems (AIDS) und unter immunsuppressiven Medikamenten deutlich erhöht. In bis zu 15% der Fälle zeigen Dünndarmlymphome ein multizentrisches Verteilungsmuster; Lymphknotenbefall liegt in bis zu 30%–70% vor. Während bei Patienten mit dem Tumorstadium I_E eine Langzeit-Überlebensrate von 60%–80% erzielt werden kann, sind das Stadium II_E mit 40%–60% sowie die Stadien III und IV mit 10%–20% mit einer wesentlich schlechteren Prognose assoziiert.

Bis zu 10% aller Sarkome gehen vom Gastrointestinaltrakt aus, wobei mehr als 30% im Dünndarm entstehen. Hier zeigen die **Dünndarmsarkome** eine deutliche Präferenz für das Jejunum [9]. Die Symptomatik ist wie bei allen

Dünndarmtumoren uncharakteristisch. Aufgrund der Hypervaskularität der Leiomyosarkome des Dünndarms kommt es jedoch gehäuft zu Blutungen. Als prognostisch relevant hat sich die *Zeitspanne vom Beginn der Symptome bis zur Therapie* erwiesen. Bei einer länger als einem Jahr bestehenden Symptomatik erreichten die Patienten eine 5-Jahres-Überlebensrate von nur 14%, bei einem kürzeren Intervall 63% [30]. Weitere prognostisch ungünstige Faktoren sind eine *Tumorgröße über* 9 cm, ein *hohes Grading* des Primärtumors sowie die *Infiltration benachbarter Organe* oder der *metastatische Befall von Lymphknoten* [9]. Insgesamt ergibt sich aber eine relativ gute Prognose mit einer 5-Jahres-Überlebensrate von 50%, wobei die chirurgische Resektion die Therapie der Wahl ist [31]. Nach einer radikalen Operation (R_0-Resektion) kann mit einer 5-Jahres-Überlebensrate von 60%–65% gerechnet werden, im Gegensatz zu 10% nach R_1- oder R_2-Resektion [9].

Literatur

1. Zollinger RM, Sternfeld WC, Schreiber H (1986) Primary neoplasms of the small intestine. Am J Surg 151: 654
2. Mittal VK, Bodzin JH (1987) Primary malignant tumours of the small bowel. Am J Surg 140: 396
3. Wilson JM, Melvin DB, Gray GF, et al (1974) Primary malignancies of the small bowel. Ann Surg 180: 175
4. Paulson S, Sheehan RG, Stone MS (1983) Large cell lymphomas of the stomach: improved prognosis with complete resection of all intrinsic gastrointestinal disease. J Clin Oncol 1: 263
5. Musshoff K (1977) Klinische Stadieneinteilung der Nicht-Hodgkin-Lymphome. Strahlentherapie 153: 218
6. Schlag PM, Hünerbein M (1993) Therapie gastrointestinaler Lymphome. Münch Med Wochenschr 135: 337
7. Michelassi F, Erroi F, Dawson PJ, et al (1980) Experience with 647 consecutive tumors of the duodenum, ampulla, head of the pancreas and distal common bile duct. Ann Surg 210: 544
8. Carragher A, Russel (1987) Carcinoma of the duodenum. Postgrad Med J 63: 907
9. McGrath PC, Neifeld JP, Lawrence W (1987) Gastrointestinal sarcomas: analysis of prognostic factors. Ann Surg 206: 706
10. Joesting DR, Beart RW, van Heerden JA, et al (1981) Improving survival in adenocarcinoma of the duodenum. Am J Surg 141: 228
11. Ouriel K, Adams JT (1984) Adenocarcinoma of the small intestine. Am J Surg 147: 66
12. Desa LAJ, Bridger J, Grace MS, et al (1981) Primary jejunoileal tumors: a review of 45 cases. World J Surg 15: 81
13. Fleming ID, Turk PS, Murphy SB, et al (1990) Surgical implications of primary gastrointestinal lymphoma of childhood. Arch Surg 125: 252
14. Rackner VL, Thirbly RC, Ryan JA (1991) Role of surgery in multimodality therapy for gastrointestinal lymphoma. Am J Surg 161: 570
15. Moertel CG, Hanley JA (1979) Combination chemotherapy trials in metastatic carcinoid syndrome. Cancer Clin Trials 2: 327
16. Creutzfeld W, Stöckmann F (1987) Carcinoids and carcinoid syndrome. Am J Med 82 [Suppl 5b]: 4

17. Gospodarowitz MK, Sutcliffe SB, Clark RM (1990) Outcome analysis of localized gastrointestinal lymphoma treated with surgery and postoperative irradiation. Int J Radiat Oncol Biol Phys 19: 1351
18. Herrmann R, Panahon AM, Barcus MP (1980) Gastrointestinal involvement in non-Hodgkin's lymphoma. Cancer 46: 215
19. Auger MJ, Allen NC (1990) Primary ileocoecal lymphoma. A study of 22 patients. Cancer 65: 358
20. Shiu MH, Nisce LZ, Lourdes AN (1986) Recent results of multimodal therapy of gastric lymphoma. Cancer 58: 1389
21. Weingrad DN, Decosse JJ, Sherlck P (1982) Primary gastrointestinal lymphoma: a 30 year review. Cancer 49: 1258
22. Awrich AE, Irish CE, Vetto RM, et al (1980) A 25 year experience with primary malignant tumours of the small intestine. Surg Gynecol Obstet 151: 9
23. Chappuis CW, Divincenti F, Cohn I (1989) Villous tumors of the duodenum. Ann Surg 209: 593
24. Williamson RCN, Welch CE, Malt RA (1983) Adenocarcinoma and lymphoma of the small intestine. Distribution and etiologic associations. Ann Surg 197: 172
25. Lioe TF, Biggart JD (1990) Primary adenocarcinoma of the jejunum and the ileum: clinicopathological review of 25 cases. J Clin Pathol 43: 533
26. Barclay THC, Schapira DV (1983) Malignant tumors of the small intestine. Cancer 51: 878
27. Ampil FL (1987) Primary gastrointestinal lymphoma. Oncology 44: 214
28. Khojasteh A, Haghshenass M, Haghighi P (1983) Current concepts – immunoproliferative small intestinal disease. A Third World lesion. N Engl J Med 308: 1401
29. Isaacson P, Wright DH (1984) Extranodal malignant lymphoma arising from mucosa-associated lymphoid tissue. Cancer 53: 2515
30. Chiotasso PJP, Fazio VW (1982) Prognostic factors of 28 leiomyosarcomas of the small intestine. Surg Gynecol Obstet 155: 197
31. Deck KB, Silbermann H (1979) Leiomyosarcomas of the small intestine. Cancer 44: 323–325

Kolonkarzinom

U. Liebeskind und *P. M. Schlag*

Das Karzinom des Kolons besitzt auf Grund seiner zunehmenden Häufigkeit im Rahmen aller malignen Neubildungen sowie seiner potentiell kurativen Behandlungsmöglichkeit für die onkologische Chirurgie eine wesentliche Bedeutung. Die Inzidenz und Mortalität steigt in den entwickelten Industrieländern weiter an. Die Inzidenzraten liegen zwischen 20–30/100.000 [1–3], Männer erkranken häufiger als Frauen [2, 4]. Die Erkrankung findet ihren Altersgipfel im 5. bis 7. Dezenium.

Therapie der Wahl mit potentieller Kuration ist der chirurgische Eingriff. In Abhängigkeit vom Tumorstadium können Heilungsraten von 20% bis 100% erreicht werden.

Staging

Staging des Primärtumors

Die malignen Neubildungen des Kolons gehen fast ausschließlich vom Schleimhautepithel aus und sind daher **Adenokarzinome**. Das Plattenepithelkarzinom sowie das adenosquamöse Karzinom stellt eher eine Seltenheit dar.

Für das Staging des Primärtumors ist dessen Infiltrationstiefe in die einzelnen Wandschichten des Kolons von Bedeutung. Die Union Internationale contre le Cancer (UICC) klassifiziert die malignen Tumoren des Dickdarms, wie bei anderen Lokalisationen ebenfalls üblich, nach dem TNM-System (Tabelle 1).

Diese klinische Klassifikation beruht auf den Befunden, die vor der definitiven Behandlung erhoben werden. Sie stützen sich auf klinische Untersuchungen, bildgebende Verfahren, Endoskopie und Biopsie sowie Exploration während der Operation.

Ein exaktes präoperatives Staging des Primärtumors ist jedoch nur schwer möglich. Da aber durch den koloskopischen Nachweis eines Dickdarmkarzinoms die Operationsindikation ohnehin gegeben ist, besteht aus klinischer Sicht auch keine zwingende Notwendigkeit. Allerdings ist zu beachten, daß

Tabelle 1. TNM-Klassifikation der Union Internationale contre la Cancer (UICC 1994) für Dickdarmkarzinome

T: Primärtumor	
Tx	Primärtumor kann nicht beurteilt werden
T0	Kein Anhalt für Primärtumor
Tis	Karzinoma in situ
T1	Tumor infiltriert Submukosa
T2	Tumor infiltriert Muscularis propria
T3	Tumor infiltriert durch die Muscularis propria in die Subserosa oder in nicht peritonealisiertes perikolisches Gewebe
T4	Tumor perforiert das viszerale Peritoneum oder infiltriert direkt in andere Organe oder Strukturen
N: regonäre Lymphknoten	
Nx	Reginäre Lymphknoten können nicht beurteilt werden
N0	Keine reginären Lymphknotenmetastasen
N1	Metastasen in 1–3 perikolischen Lymphknoten
N2	Metastasen in 4 oder mehr perikolischen Lymphknoten
N3	Metastasen im Lymphknoten entlang eines benannten Gefäßstammes bzw. vom Operateur markierten Grenzlymphknoten
M: Fernmetastasen	
Mx	Das Vorliegen von Fernmetastasen kann nicht beurteilt werden
M0	Keine Fernmetastasen
M1	Fernmetastasen
pTNM: Pathologische Klassifikation	
Die pT-, pN- und pM-Kategorien entsprechen den T-, N- und M-Kategorien	
G: Histopathologisches Grading	
Gx	Differenzierungsgrad kann nicht bestimmt werden
G1	Gut differenziert
G2	Mäßig differenziert
G3	Schlecht differenziert
G4	Undifferenziert

Kolonkarzinome in 3%–4% als Mehrfachkarzinome vorkommen. Ebenso müssen Adenome, die als Vorstufen des Karzinoms gelten, ausgeschlossen bzw. beim Vorhandensein entsprechend behandelt werden. Somit ist es erforderlich, das gesamte Kolon präoperativ abzuklären.

Ein sicheres, auch für die Prognose des Tumorleidens relevantes Staging wird durch die histopathologische Aufarbeitung des Operationspräparates erreicht. Danach wird die Klassifikation der UICC präzisiert und diese Kategorie als pT bezeichnet.

Staging der Lymphknotenmetastasen

Die Lymphgefäße des Dickdarms beginnen in der Submukosa und setzen sich dort in Form von Netzen fort. Nach dem Verlassen der Darmwand ziehen sie in das entsprechende Mesokolon. Dort befinden sich zahlreiche Lymphknoten. Sie gehören zur *ersten Lymphknotenstation* und werden als perikolische bzw. mesokolische Lymphknoten bezeichnet. Die *zweite Station* bilden die Lymphknoten entlang des Stammes der Arterie des jeweiligen Kolonabschnittes. Die paraaortalen Lymphknoten – sie beginnen jeweils am Abgangspunkt der Arteria mesenterica superior bzw. der Arteria mesenterica inferior – bilden dann die *dritte Lymphknotenstation.*

Ein präoperatives Staging von Lymphknotenmetastasen gelingt nur selten und beeinflußt wiederum nicht die Operationsindikation. Ebenso wie beim Primärtumor erfolgt das histopathologische Staging am Operationspräparat (pN).

Staging der Fernmetastasen

Die Prognose des gesamten Verlaufs der Erkrankung wird beim Vorliegen von Fernmetastasen erheblich verschlechtert. Beim Kolonkarzinom erfolgt die haematogene Metastasierung infolge des Venenabflusses über das Pfortadersystem zunächst in die *Leber.* Die häufigsten Fernmetastasen finden sich somit in diesem Organ. Das folgende Manifestationsorgan ist dann die *Lunge,* die entweder über das Blut aus der Leber durch das kavale System und das Herz oder unter Umgehung der Leber über die Vertebral- und Lumbalvenen erreicht wird. Die weitere Metastasierung erfolgt dann nach dem Lungentyp, d.h. Hirn, Knochen und Nieren können befallen werden.

Für eine definitive Planung des therapeutischen Vorgehens ist die Information über das Vorhandensein von Fernmetastasen von Bedeutung. Mit Hilfe der Sonographie und der Computertomographie als zwei einander ergänzende diagnostische Verfahren ist der Nachweis mit einer Sensitivität von ca. 85% möglich.

Durch die Zusammenfassung der Kategorien T, N und M ergibt sich folgende Stadiengruppierung (Tabelle 2).

Tabelle 2. Stadieneinteilung für Dickdarmkarzinome

Stadium 0	Tis	N0	M0
Stadium I	T1	N0	M0
	T2	N0	M0
Stadium II	T3	N0	M0
	T4	N0	M0
Stadium III	jedes T	N1	M0
	jedes T	N2, N3	M0
Stadium IV	jedes T	jedes N	M1

Präoperative Vorbereitung

Im Hinblick auf den Umfang der präoperativen Vorbereitung ist die Dringlichkeit der Operationsindikation entscheidend. Handelt es sich um einen elektiven Eingriff, so sind alle diagnostischen Maßnahmen auszuschöpfen, um hierauf basierend subtile Überlegungen zur Strategie und Taktik des operativen Vorgehens zu ermöglichen. Das beinhaltet ebenso die präoperative Vorbereitung des Patienten mit dem Ziel, das Risiko des Eingriffs auf das kleinstmögliche Niveau zu senken.

Hat dagegen ein bereits fortgeschrittenes Tumorstadium zum Ileus oder zur kreislaufwirksamen Blutung geführt, bleibt wegen der Dringlichkeit der Operationsindikation naturgemäß wenig Zeit für eine ausgiebige präoperative Diagnostik und Vorbereitung.

Elektiveingriffe

Häufiges Allgemeinsymptom bei Kolonkarzinomen ist die Anämie. Besonders bei rechtsseitigen Prozessen ist sie oft erstes klinisches Zeichen der Tumorerkrankung. Ein präoperativer Ausgleich durch Bluttransfusionen erscheint oftmals notwendig. Jedoch ist die Indikation in Kenntnis des möglichen Einflusses auf den Verlauf der Tumorerkrankung sorgfältig abzuwägen.

Inwieweit eine präoperative Applikation von Erytropoetin die Notwendigkeit einer Bluttransfusion mindem kann, muß durch klinische Studien bewiesen werden.

Neben der allgemeinen Vorbereitung des Patienten richtet sich die Aufmerksamkeit des Chirurgen beim Dickdarmkarzinom auf die Vorbereitung des zu operierenden Organs.

Um eine intraoperative Stuhlkontamination zu vermeiden, sollte eine präoperative Darmvorbereitung erfolgen. Die zahlreichen Varianten hierfür [5, 6] haben alle die mechanische Reinigung des Dickdarms mit maximaler Keimzahlreduktion zum Ziel.

Die orale Darmreinigung mit Gollitely-Lösung oder Prepacol zeigt eine gute Reinigungswirkung mit relativ wenig Nebenwirkungen [6]. Die Applikation erfolgt am Vortag der Operation bei vorausgegangener Reduktion ballaststoffhaltiger Nahrung. Die Trinkmenge sollte mindestens 3 bis 4 Liter Flüssigkeit betragen. Kardiopulmonale Begleiterkrankungen sind dabei besonders zu beachten. Die Kontrolle der Serumelektrolyte sowie des Haematokritwertes am Operationstag ist notwendig.

Eine orthograde Darmspülung oder sallinische Abführmittel sind bei Patienten mit *subtotal stenosierenden Tumoren* problematisch und weitgehend kontraindiziert. Wenn retrograde Einläufe und ballaststofffreie Ernährung nicht zum Erfolg führen, empfiehlt sich eine intraoperative Darmspülung. Dafür speziell gefertigte Sets ermöglichen die Spülung über eine Kolotomie (z.B. Appendixstumpf) und die Ableitung der Spülflüssigkeit aus dem Operationsgebiet ohne Stuhlkontamination [5, 7].

Ein weiterer wichtiger Faktor zur Prophylaxe infektiöser Komplikationen in der Kolonkarzinom-Chirurgie ist die *perioperative parenterale Antibiotika-Applikation.* Unter der Vorstellung, zum Zeitpunkt des Eröffnens des Darmlumens einen wirksamen Blutspiegel des Medikaments zu erreichen, sollte diese unmittelbar präoperativ erfolgen. Als Antibiotikum eignen sich Cephalosporine (z.B. Spizef) der zweiten Generation. Im allgemeinen erfolgt die Anwendung als einmalige Gabe [5, 8]. Vor allem nach längeren und blutreicheren Eingriffen ist jedoch eine zweite Applikation zu empfehlen.

Noteingriffe

Unter den Bedingungen der Notfallchirurgie ist eine präoperative Darmvorbereitung nicht möglich. Einerseits zwingt die Erkrankung, die in der Regel ihren Ausdruck im klinischen Bild des akuten Abdomens findet, zum zügigen Handeln. Andererseits verbietet die Ursache der Erkrankung, wie Perforation oder Ileus, eine präoperative Manipulation am Darm. Hier bietet sich wiederum die *intraoperative Darmspülung* an. Diese eröffnet zudem die Möglichkeit, auch bei linksseitigen Kolonprozessen eine primäre Resektion mit Reanastomosierung durchzuführen [7].

Eine *Antibiotikatherapie* ist bei kotiger Peritonitis (Perforation) oder massiver intraoperativer Stuhlkontamination (Ileusstuhl) indiziert. Die Kombination von einem Cephalosporin (z.B. Rozephin) mit Metronidazol (Clont) hat sich uns hier bewährt.

Operative Primärtherapie unter kurativer Zielsetzung

Primärtumor

Im Vordergrund der Behandlung des Kolonkarzinoms mit potentiell kurativer Zielsetzung steht die radikale chirurgische Entfernung des Primärtumors. Dabei ist das Ausmaß der Resektion mit den notwendigen Sicherheitsabständen im Hinblick auf die postoperative Lebensqualität weniger problematisch als vergleichsweise beim Rektumkarzinom. Die Resektionsgrenzen werden einerseits durch den Tumorsitz bestimmt, andererseits muß durch die Notwendigkeit der Lymphadenektomie das Gebiet des jeweils versorgenden Gefäßstiels komplett mitreseziert werden. Daraus ergeben sich oftmals am Darm weitere Resektionsgrenzen und Sicherheitsabstände als dies durch den Tumorsitz allein notwendig wäre.

Die *radikalen Operationen* umfassen beim Karzinom des Zökums und Colon ascendens die Hemikolektomie rechts, beim Karzinom des Colon transversum die Transversumresektion und beim Karzinom des Colon deszendens sowie des Colon sigmoideums die Hemikolektomie links.

Bei einer Tumorlokalisation im Bereich oder der Nähe der Flexuren ist eine erweiterte Hemikolektomie rechts bzw. links erforderlich.

Liegt ein **lokoregional fortgeschrittender Tumor** vor, der in Nachbarstrukturen oder Organe infiltriert, sollten diese mit reseziert werden, soweit hierdurch eine R_0-Resektion erreicht werden kann. Häufige Tumorinfiltrationen findet man in Niere, Dünndarm, Blase sowie im inneren Genitale. In Abhängigkeit vom Ausmaß der Infiltration sowie von der Bedeutung des jeweiligen Organs sollte dieses teilweise oder vollständig mitentfernt werden. Derartige *multiviszerale Eingriffe* haben in den letzten Jahren zahlenmäßig zugenommen, der Anteil explorativer Laparatomien hingegen, die mit der Anlage einer Umgehungsanastomose endeten, ist zurückgegangen [9].

Zur Taktik des Vorgehens hat sich das Prinzip der *„No Touch Isolation"* [10] bewährt, das folgende Schritte beinhaltet:

1. Feststellen der lokalen Operabilität ohne brüske Palpation oder Mobilisation des Tumors;
2. Aufsuchen und Ligatur des proximalen Gefäßstils;
3. Unterbinden des Darmlumens oberhalb und unterhalb des Tumors, Einschlagen des Tumors in eine Kompresse;
4. En-bloc-Resektion des entsprechenden Darmabschnittes mit dem dazugehörigen Mesenterium;
5. vor Anastomosierung intraluminales Einbringen von zytotoxischen Substanzen.

Unter sehr strenger Indikationsstellung ist auch bei Kolonkarzinomen in Sonderfällen ein weniger radikales Vorgehen möglich. Der Nachweis eines invasiven Karzinoms in einem endoskopisch abgetragenen, gestielten oder kleinem breitbasigem Adenom (unter 20 mm Durchmesser) erfordert nur dann eine chirurgische Nachresektion, wenn es sich um ein undifferenziertes Karzinom handelt oder ein Einbruch des Tumors in Gefäße nachweisbar ist. Die Häufigkeit von Lymphknotenmetastasen beträgt bei T_1-Tumoren 15%. Somit darf die Indikation zur endoskopischen Abtragung nur bei endosonographisch nachweisbarem uT_1 und uN_0 erfolgen [11].

Lymphknoten

Geht man von einer chirurgischen Behandlung mit kurativer Zielsetzung aus, so genügt die lokale Entfernung des tumortragenden Darmabschnittes allein nicht. Häufig nehmen Rezidive von den bei der Primäroperation belassenen metastatisch infiltrierten Lymphknoten ihren Ausgang. Somit ist die *regionale Lymphadenektomie* einerseits Staging, andererseits auch Therapie. Die Wahrscheinlichkeit des regionalen Lymphknotenbefalls hängt von der lokalen Tumorausdehnung sowie vom histopathologischen Grading ab.

In der Dickdarmchirurgie besteht das Prinzip der Lymphadenektomie in einer En-bloc-Resektion des tumortragenden Darmabschnittes einschließlich der dazugehörigen Mesokolon-Anteile unter hoher Ligatur und Mitnahme des versorgenden Lymphgefäßbündels.

Somit ergibt sich bei einer *rechtsseitigen Hemikolektomie* zunächst die Mitnahme von Vena und Arteria ileocolica. Zwangsläufig wird damit auch das terminale Ileum zum Operationspräparat gelangen. Die Arteria colica dextra wird an ihrem Abgang aus der Arteria mesenterica superior durchtrennt. Der entsprechende Anteil des großen Netzes verbleibt im Bereich des mitresezierten Querkolons am Operationspräparat (Abb. 1). Indiziert ist dieser Eingriff bei Karzinomen des **Zökum** und des **Colon ascendens.**

Bei der *erweiterten Hemikolektomie* rechts liegt die aborale Resektionsgrenze proximal der linken Kolonflexur. Die Arteria colica media wird mitreseziert, und die Durchblutung der Anastomose erfolgt über die Arteria colica sinistra. Notwendig wird dieser Eingriff bei **Karzinomen der rechten Flexur und des proximalen Colon transversums** (Abb. 2).

Karzinome im Zentralbereich des Colon transversums können durch eine *Querkolonresektion* mit Dissektion des Lymphgebietes der Arteria colica media behandelt werden (Abb. 3). Für das **Transversumkarzinom**, welches links der Mittellinie gelegen ist, sollte die *erweiterte Hemikolektomie* links angestrebt werden, da der Lymphabfluß dieser Karzinomlokalisation sowohl das Stromgebiet der Arteria mesenterica superior als auch das der Arteria mesenterica inferior erreichen kann. Hier erfolgt neben der Ligatur und Durchtrennung der Arteria colica sinistra die Dissektion des Abflußgebietes der Arteria colica media. Die Arteriae sigmoidiae werden in diesem Falle zur Durchblutung erhalten. Die orale Resektionsgrenze liegt vor der rechten Kolonflexur, die distale am deszendosigmoidalen Übergang (Abb. 4).

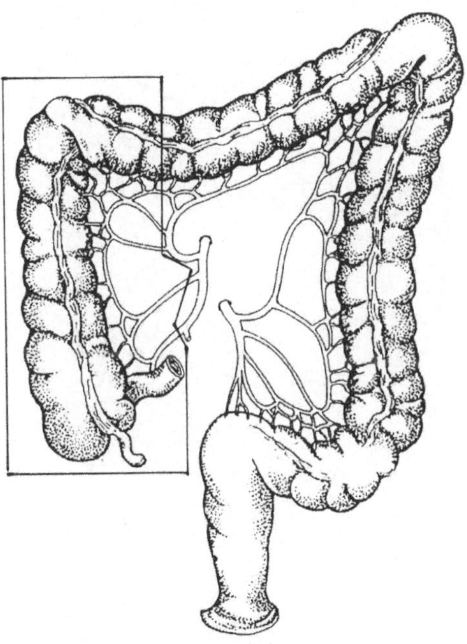

Abb. 1. Hemikolektomie rechts

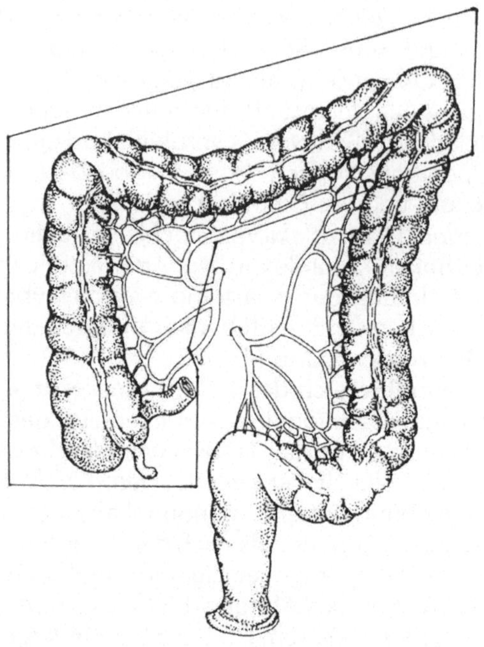

Abb. 2. Erweiterte Hemikolektomie rechts

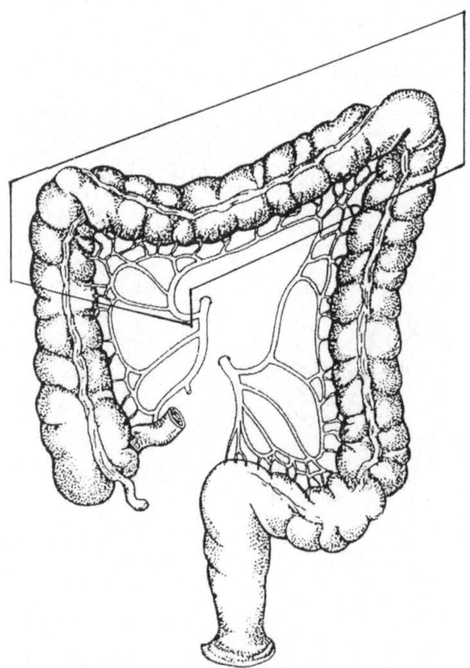

Abb. 3. Transversumresektion

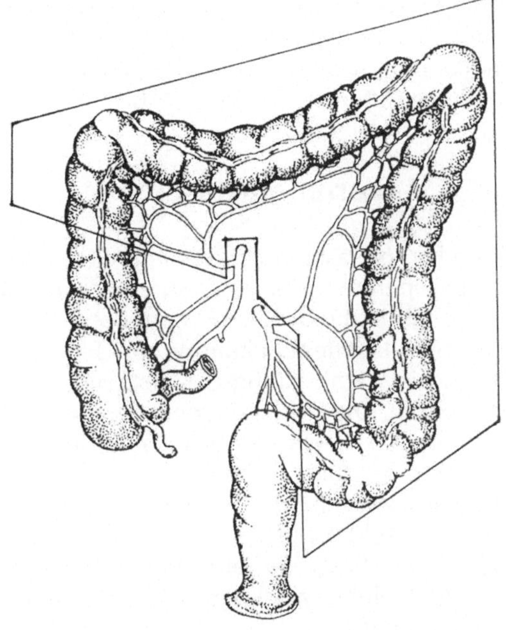

Abb. 4. Erweiterte Hemikolektomie links

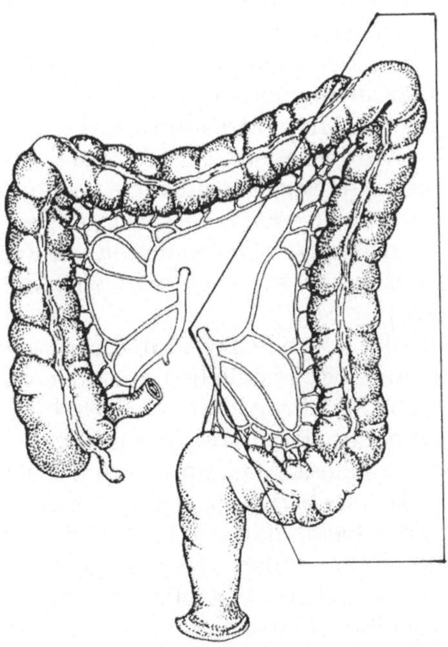

Abb. 5. Hemikolektomie links

Die *linksseitige Hemikolektomie* beinhaltet das Lymphgefäßbündel entlang der der Arteria mesenterica inferior. Diese wird an ihrem Stamm aortennah ligiert und reseziert. Die Indikation für diesen Eingriff ergibt sich bei **Karzinomen des Colon descendens und des Colon sigmoideum** (Abb. 5).

Fernmetastasen

Das Vorhandensein von Fernmetastasen zum Zeitpunkt der Primäroperation läßt sich häufig durch das präoperative Staging bestimmen und stellt keine Kontraindikation für einen lokoregional radikalen Eingriff dar.

Auf Grund der Zugehörigkeit des Dickdarms zum Pfortadersystem bildet die Leber ein Filterorgan und ist damit häufig das erste Manifestationsorgan einer hämatogenen Metastasierung. Oftmals ist sie sogar der einzige Ort einer Metastasierung. So konnten in einer Analyse von 801 Fällen mit hämatogenen Metastasen kolorektaler Karzinome zum Zeitpunkt der Obduktion bei 307 Fällen ausschließlich Lebermetastasen gefunden werden [12].

Die zweite Filterstation bildet die Lunge. Auch diese muß zunächst von Tumorzellen passiert werden, bevor fernere Organe befallen werden können. Daraus ergibt sich die Vorstellung, *singuläre oder solitäre Metastasen in Leber und/oder Lunge* chirurgisch mit primär kurativer Zielsetzung entfernen zu können. Unter den Bedingungen einer ausreichend radikalen Entfernung des Primärtumors ergeben sich dabei Einjahres-Überlebensraten von 70% [13] sowie Fünfjahres-Überlebensraten von etwa 30% [14].

Bei ausgedehnten solitären Lebermetastasen, die bereits die Organgrenze überschritten haben und in benachbarte Strukturen infiltrieren, wird die mediane Überlebenszeit nach einer Resektion im Vergleich zu Resektionen von auf die Leber begrenzten Metastasen ungünstiger [15].

Beim Vorliegen von *synchronen Lebermetastasen* ist eine simultane Resektion des Primärtumors sowie der Lebermetastasen nur dann sinnvoll, wenn kleine solitäre Metastasen durch eine Segmentresektion entfernt werden können. Ausgedehntere Eingriffe, wie z.B. eine Hemihepatektomie, sollten wegen des höheren Risikos eher zweizeitig erfolgen. Das Auftreten von Rezidiven nach simultan resezierten Lebermetastasen ist wesentlich häufiger und früher als nach zweizeitigen Resektionen [16].

Kommt es im Verlauf nach radikaler Primärtherapie zur Entwicklung von Lebermetastasen, muß vor einem möglichen operativen Eingriff ein sorgfältiges Restaging erfolgen. Das bedeutet zunächst den Ausschluß eines lokoregionalen Rezidivs. Dazu können neben der Endoskopie und der endoskopischen Sonographie auch radioaktiv markierte Antikörper zum Einsatz kommen [17]. Extrahepatische Metastasen sollten ebenfalls ausgeschlossen werden.

Zur Einschätzung der *Operabilität* von Lebermetastasen muß zunächst die genaue Lokalisation bestimmt werden. Das gelingt in der Regel mit der *transabdominellen Sonographie* und gegebenenfalls in Ergänzung mit der *CT*. Einen wesentlichen Beitrag zur Indikationsstellung sowie zur Festlegung der operativen Taktik leistet die *Angiographie*. Ebenso sollte auf eine *Splenoportographie* nicht verzichtet werden.

Unmittelbar vor dem leberchirurgischen Eingriff sollte dann die *intraoperative Sonographie* erfolgen. Sie ergänzt die Lokalisationsdiagnostik und kann zusätzlich der präoperativen Diagnostik entgangene Metastasen aufdecken [18].

Rekonstruktive Maßnahmen und Techniken

Nach Resektionen im Bereich des Dickdarms, wie sie oben beschrieben wurden, wird zur Wiederherstellung der Darmkontinuität eine Vereinigung der korrespondierenden Resektionsränder erfolgen. Diese Anastomose zwischen Dünndarm und Dickdarm bzw. zwischen zwei Dickdarmabschnitten wird als End-zu-End-Anastomose hergestellt.

Als *Anastomosentechnik hat* sich die einreihige, allschichtige Mukosarückstichnaht mit resorbierbarem atraumatischem Nahtmaterial (4-0 Vicryl) durchgesetzt. Untersuchungen der Mikrozirkulation im Anastomosenbereich haben gezeigt, daß hierbei die günstigsten Heilungsvoraussetzungen gegeben sind [19].

Werden bei der Resektion operationstaktische Fehler gemacht, können diese zu Mikrozirkulationsstörungen der Anastomose führen. Ein Mesenterialhämatom oder die Quetschung der Darmwand mit der Schere können die Durchblutung erheblich beeinträchtigen. Eine fehlerhafte Nahttechnik kann zu einem direkten Gefäßtrauma führen oder durch Sägen des Fadens bzw. Einschnüren von größeren Gewebeabschnitten erhebliche Durchblutungsstörungen verursachen.

Schonendes Präparieren unter Beachtung der Durchblutungsverhältnisse sowie eine sorgfältige Nahttechnik mit atraumatischem Nahtmaterial sind Grundvoraussetzung für eine ungestörte Anastomosenheilung.

Palliative operative Therapie

Ein chirurgischer Eingriff ist immer dann als radikal und damit als potentiell kurativ zu bezeichnen, wenn alles Tumorgewebe entfernt werden konnte (R_0-Resektion). Diese Behandlungssitution ist, wenn immer möglich (gegebenenfalls durch multiviszerale Resektion), anzustreben. Ist diese Bedingung operationstechnisch nicht zu erfüllen, liegt lediglich eine palliative chirurgische Therapie vor. Letztere hat ihr Ziel in der Vermeidung bzw. Beseitigung tumorbedingter Komplikationen. Wenn dadurch nicht in allen Fällen eine Lebensverlängerung erreicht werden kann, so doch eine deutliche Verbesserung der Lebensqualität.

Die plimare Entscheidung zur palliativen Behandlung eines Kolonkarzinoms ist immer unter Berücksichtigung mehrerer Faktoren zu fällen.

Zunächst ist das **Erkrankungsstadium** und der Allgemeinzustand des Patienten ausschlaggebend für die therapeutische Zielsetzung. Fernmetastasen in mehreren Organen, die sich nicht mit kurativer Zielstellung entfernen lassen, oder das Vorliegen einer Peritonealkarzinose limitieren das chirurgische Behandlungsresultat des Primärtumors als palliativ. Des weiteren kann unter Umständen die lokoregionale Ausbreitung des Primärtumors eine kurative chirurgische Behandlung begrenzen. Das ist insbesondere dann der Fall, wenn die Tumorinfiltration in die Umgebung auch unter Berücksichtigung der Möglichkeit eines multiviszeralen Vorgehens keine R_0-Resektion ermöglicht.

Der **Allgemeinzustand** des Patienten ist ebenso für die Planung des operativen Handelns von Bedeutung. Das Lebensalter an sich schränkt die Möglichkeit einer kurativen Therapie weniger ein, als die mit höherem Lebensalter immer häufiger werdende Multimorbidität. Die unmittelbaren Folgen einer lokalen oder generalisierten Tumorerkrankung erlauben unter Notfallbedingungen oft nur den kleinsten möglichen Eingriff.

Nicht zuletzt spielen aber auch **Erfahrungen und Können des Chirurgen** eine Rolle. Somit liegt die Entscheidung über eine lokale Inoperabilität oftmals in der Hand des Operateurs. Diese wird nach seinem Ermessen hinsichtlich Kenntnisstand, Erfahrungen und Fertigkeiten getroffen.

Insgesamt hat die palliative Therapie des Kolonkarzinoms unter Berücksichtigung der fallweisen Inkurabilität einen wichtigen Stellenwert. Bei Inoperabilität des Primärtumors besteht die Möglichkeit einer *Umgehungsanastomose,* um den tumortragenden Darmabschnitt aus der Passage auszuschalten. Die Anlage einer Kolostomie sollte nach Möglichkeit vermieden werden, da die Lebensqualität negativ beeinflußt wird.

Andererseits stellt das *Vorhandensein von multiplen Fernmetastasen* keineswegs eine Kontraindikation für eine operative Entfernung des Primärtumors dar, wenn dies technisch machbar ist. Dadurch werden wiederum lokale Komplikationen wie Ileus, Perforation oder Blutung verhindert. Die palliative Resektion kann allerdings in ihrem Ausmaß im Vergleich zu einer radikalen, den Prinzipien der onkologischen Chirurgie entsprechenden Resektion, eingeschränkt sein, da eine umfassende Lymphadenektomie hier keine therapeutischen Konsequenzen hat.

Multimodale Behandlungskonzepte im Rahmen der operativen Primärtherapie

Durch Senkung der Operationsletalität und Verfeinerung der chirurgischen Technik und Strategie konnte die Prognose von Patienten mit Kolonkarzinomen zunehmend verbessert werden. Chirurgisch nicht zu beeinflussen sind aber die tumorbiologischen Risikofaktoren für das Auftreten von lokalen Rezidiven oder Metastasen. Hier ist der Ansatzpunkt für eine *adjuvante Therapie* nach potentiell kurativer Resektion (R_0-Resektion) gegeben.

Beim Vorliegen eines frühen Tumorstadiums (Stadium I) ohne metastatischen Befall der regionalen Lymphknoten erscheint eine solche adjuvante Therapie auf Grund der ohnehin exzellenten Langzeitprognose nicht sinnvoll. Liegt dagegen ein Tumorstadium III, das heißt metastatischer Befall von Lymphknoten, vor, sollte eine adjuvante Therapie diskutiert werden.

Mehrere randomisierte Studien der letzten Jahre sprechen dafür, daß durch eine adjuvante 5-Fluorourazil-Kombinationstherapie mit Levamisol oder Leukovorin das Auftreten eines Rezidivs signifikant gegenüber nicht postoperativ chemotherapierten Patienten gesenkt werden kann [20–23].

Unter den Bedingungen einer palliativen Primärtherapie ist der Einsatz einer systemischen Chemotherapie als Monotherapie mit 5-Fluorourazil oder in Kombination mit Leukovorin Behandlung der Wahl. Die Kombinationstherapie ist hinsichtlich der resultierenden Verlängerung der Überlebenszeiten der Monotherapie jedoch überlegen. Die Ansprechraten liegen zwischen 30% und 40%. Ein vorübergehender Wachstumsstillstand wird in 70% bis 80% der Fälle beschrieben [24]. Die mediane Überlebenszeit liegt für diese Gruppe von Patienten zwischen sechs und acht Monaten.

Nachsorge

Nach potentiell kurativer (R_0-Resektion) operativer Behandlung eines Kolonkarzinoms sind konsequente Nachsorge-Untersuchungen angezeigt, da hierdurch die Prognose der betroffenen Patienten verbessert werden kann [25]. Die Nachsorge hat zum Ziel, lokoregionale Rezidive und Metastasen möglichst früh zu erfassen und deren eventuell noch kurative Behandlung zu ermöglichen [26]. Des weiteren dient die Nachsorge auch der Entdeckung metachroner Karzinome, mit denen bei 10% bis 15% der Patienten zu rechnen ist. Adenome können so frühzeitig gefunden werden, daß ihre endoskopische Abtragung gelingt. Dadurch kann die Entstehung eines metachronen Karzinoms verhindert werden.

Annähernd 70% der lokoregionalen Rezidive und Metastasen treten in den ersten drei Jahren nach der Primärtherapie auf [27]. Daher sind die Intervalle der Nachsorgeuntersuchungen in dieser Zeit eng zu bemessen. Eine große Anzahl von Nachsorgeprogrammen mit unterschiedlichen Methodenspektren und Untersuchungsintervallen wurde empfohlen. Dabei setzen jedoch die Compliance der Patienten und die Kosten-Nutzen-Relation Grenzen. Eine ungezielte Überdiagnostik ohne therapeutische Konsequenzen ist abzulehnen. Nachsorgeprogramme, die Anamnese, klinische Untersuchung, Kontrollen der Serumspiegel des Karzinoembyonalen Antigens (CEA), abdominelle Sonographie und endoskopische Kontrollen des Restkolons enthalten, sind vollkommen ausreichend. Entscheidend ist, daß bei pathologischen Befunden rechtzeitig weitere diagnostische und therapeutische Konsequenzen gezogen werden. So sollte insbesondere ein kontinuierlicher Anstieg eines postoperativ normalisierten CEA-Serumspiegels intensiv abgeklärt und gegebenenfalls eine *Second-Look-Operation* nach sich ziehen [28].

Operative Behandlung bei Tumorrückfall

Das *lokoregionale Rezidiv* stellt für den auf Heilung hoffenden Patienten einen ernsthaften Einschnitt in seinem Krankheitsverlauf dar. Seine Entstehung kann sowohl *operationstechnisch* aber auch *tumorbedingt* sein. So können lokoregionale Rezidive aus Lymphknoten entstehen, die im Abflußgebiet des Primärtumors liegen und bei der Erstoperation belassen wurden. Diese Patienten sind oftmals beschwerdefrei und zeigen in der Nachsorge einen endoskopisch unauffälligen Befund. Häufig ist ein CEA-Serumspiegel-Anstieg das einzige Hinweiszeichen für die Entwicklung eines solchen extraluminalen Rezidivs. Hier können angiographische Untersuchungen der Äste der Arteria mestenterica inferior

Hinweise auf die bei der Primäroperation belassenen Gefäße und damit Lymphknotenabflüsse erbringen [29].

Eine operative Behandlung des Tumorrezidivs ist in der Regel nur dann sinnvoll, wenn hierdurch erneut eine *R_0-Resektion* erreicht werden kann. Dies wird um so eher der Fall sein, je frühzeitiger das Rezidiv erkannt und je weniger aggressiv der Tumor wächst. Anastomosenrezidive, solange sie auf die Darmwand begrenzt sind, bieten somit die besten Aussichten für eine potentiell kurative Resektion.

Leider konnte trotz aller Anstrengungen in den letzten Jahren nur eine geringe Zunahme des Anteils potentiell kurativer Eingriffe beim Vorliegen eines Tumorrezidivs erreicht werden.

Prognose, postoperative Morbidität und Mortalität

Die postoperative Morbidität wird entscheidend vom Ausmaß der Resektion bestimmt. Neben den allgemeinen postoperativen Komplikationsmöglichkeiten, die mit etwa 30% anzunehmen sind [30], ist die Möglichkeit der Anastomoseninsuffizienz gegeben. Durch die Anwendung von atraumatischem Nahtmaterial und sorgfältiger Anastomosentechnik sollte die Insuffizienzrate jedoch in der Kolonchirurgie unter 2% liegen [19, 30].

Die *Langzeitmorbidität* stellt nach Resektionen im Bereich des Kolons kein wesentliches Problem dar. Mit der Normalisierung der Nahrungsaufnahme spielt sich auch die Stuhlgangstätigkeit nach zunächst häufigeren und dünneren Stühlen wieder ein. Die Resorbtionsleistung für Wasser und Elektrolyte ist nach konventionellen Resektionen ausreichend. Eine Beeinträchtigung der Lebensqualität ist nicht sehr wahrscheinlich.

Die Operationsletalität konnte ebenfalls unter den Bedingungen der modernen Intensivtherapie deutlich gesenkt werden. Sie liegt bei den Standardeingriffen der Kolonkarzinomchirurgie unter 3% und bei multiviszeralen Resektionen zwischen 4% und 7% [9, 30].

Jedoch ist die Operationsletalität bei palliativen Eingriffen, vorwiegend bedingt durch den schlechten Allgemeinzustand des Patienten, vergleichsweise hoch. Sie kann bei elektiven palliativen Operationen auf bis zu 20% und bei Notfalleingriffen auf sogar 30% ansteigen [14, 31].

Langzeitprognose und prognostische Faktoren

Wesentliche prognostische Faktoren sind in der *Biologie des Tumors zu* finden. So korrelieren lokale Tumorausdehnung und Invasionsmuster, Lymphknotenmetastasen, Blutgefäßeinbrüche sowie die lymphozytere Reaktion an der Tumorinvasionsfront mit der Prognose der Erkrankung.

Nach adäquater chirurgischer Therapie eines Kolonkarzinoms im Stadium I ist eine 5-Jahres-Überlebensrate von 90% und im Stadium II von 75%–80% zu erreichen. Im Stadium III dagegen, das heißt also bei metastatischem Lymphknotenbefall, sinkt diese auf unter 50% ab [9, 32].

Hinsichtlich des *histopathologischen Gradings* ist eine Korrelation der Rezidivhäufigkeit mit dem Differenzierungsgrad des Tumors zu beobachten. So findet man nach potentiell kurativer Resektion von G1-Tumoren in etwa 20% Rezidive, wohingegen sie bei G3-Tumoren in bis zu 50% der Fälle auftreten können [33].

Ein weiterer prognostischer Faktor ist der *CEA-Serumspiegel.* Neben seiner Wertigkeit für die Verlaufsbeobachtung nach chirurgisch adäquat behandelten Kolonkarzinomen korreliert ein hoher prätherapeutischer CEA-Spiegel mit einer schlechten Prognose [34].

Die *DNA-Analyse* von Kolonkarzinomzellen zeigt bei aneuploiden Tumoren eine höheres Tumorstadium, eine höhere Wachstumstendenz sowie eine Korrelation mit anderen histopathologischen Parametern einer schlechten Prognose [35].

Literatur

1. La Rosa F, Tozzi P, Saltalamacchia G, et al (1889) Epidemiologia descrittiva dei tumori maligni del colon e del retto. Ann Ig 5: 899
2. Levi F, La Vecchia C, Randimbison L, et al (1991) Patterns of large bowel cancer by subsite, age, sex and marital status. Tumori 77: 246
3. Mc Credi M, Coates M, Ford M (1990) Epidemiologiy of alimentary cancers in New South Wales 1973–1982. Aust N Z J Surg 60: 93
4. Chow WH, Devesa SS, Blot WJ (1991) Colon cancer inzidence: recent trends in the United States. Cancer Causes Control 2/6: 419
5. Nagy A, Barandy G (1987) Antibioticaprophylaxe in der Dickdarmchirurgie. Zentralbl Chir 112: 577
6. Stelzner F (1993) Darmvorbereitung für die Chirurgie an Anus, Rektum und Kolon. Chirurg 64: 48
7. Lehur PA, Petiot JM, Leborgne J (1990) Intraoperative colonic irrignation in emergency colorectal surgery. Ann Chir 44: 348
8. Martin P, Couin F (1992) Pharmacocinetics and tissue penetration of single-dose cefotean used for antimicrobial prophylaxis in patients undergoing colorectal surgery. J Hospital Infect 21: 73
9. Gall FP, Hermanek P (1992) Wandel und derzeitiger Stand der chirurgischen Behandlung des colorectalen Carcinoms. Chirurg 63: 227
10. Turnbull RB, Kyle K, Watson FR, et al (1967) Carcinoma of colon, the influence of the no touch isolation technique on survival rate. Ann Surg 166: 420
11. Herfarth Ch, Hohenberger P (1992) Radikalität mit eingeschränkter Resektion in der Carcinomchirurgie des Gastrointestinaltraktes. Chirurg 63: 235
12. Weiss L, Grundmann E, Torhorst J, et al (1986) Haematogenous metastatic patterns in colonic carcinoma: an analysis of 1541 necropsies. J Pathol 150: 195
13. Hohenberger P, Schlag P, Schwart V, et al (1988) Leberresektion bei Patienten mit Metastasen kolorektaler Karzinome. Chirurg 59: 410
14. Schildberg FW, Meyer G (1988) Palliative Operationsverfahren beim fortgeschrittenen Kolonkarzinom. Chirurg 59: 625
15. Hohenberger P, Schlag P, Herfarth Ch (1993) Erweiterte Resektion von Lebermetastasen beim colorectalen Carcinom. Langenbecks Arch Chir 378: 110
16. Schlag P, Hohenberger P, Herfarth Ch (1990) Resection of liver metastasis in colorectal cancer – competitive analysis of treatment results in synchronous versus metachronous metastasis. Eur J Surg Oncol 16: 360

17. Arnold MW, Schneebaum S, Berens A, et al (1992) Intraoperative detection of colorectal cancer with Redioimmunogiuded surgery and CC 49, a second generation monocluonal antibody. Ann Surg 46: 627
18. Höscher AH, Stadler J (1989) Intraoperative Sonografie zum Nachweis occulter Lebermetastasen beim colorectalen Carcinom. Langenbecks Arch Chir 374: 363
19. Schäfer K, Stanka H, Erst R, et al (1990) Ausdehnung und Bedeutung von Mikrozirkulationsstörungen für die Pathogenese der Nahtinsuffuziens bei Coloanastomosen. Chir Gastroenterol 3: 303
20. Laurie JA, Moertel ChG, Glemming TR, et al (1989) Surgecal adjuvant therapy of large-bowel carcinoma: an evaluation of levamisole and combination of levamisole and fluorouracil. J Clin Oncol 7: 1447
21. Link KH, Berger HG (1992) Was ist gesichert in der Chemo- und Immunotherapie solider Tumoren? Chirurg 63: 401
22. Moertel ChG, Fleming TR, Mac Donald JS (1990) Levamisole and fluorouracil for adjuvant therapy of resected colon carcinoma. N Engl J Med 322: 352
23. Siewert JR, Fink U (1992) Multimodale Behandlungsprinzipien bei Tumoren des Gastrointestinaltraktes. Chirurg 63: 242
24. Fink U, Klein HO, Preusser P, et al (1988) Wo ist die Chemotherapie bei gastrointestinalen Tumoren derzeit von gesichertem Wert? Langenbecks Arch Chir 373: 318
25. Eigler FW, Gross E, Heckmann R (1985) Wertigkeit der diagnostischen Verfahren und Nachsorgeprobleme bei lokalen und regionalen Tumorrezidiven im Gastrointestinaltrakt. Chirurg 56: 485
26. Wenzl E, Wunderlich M, Herbst F, et al (1986) Konsequenzen der Nachsorge beim kolorektalen Karzinom. Wien Klin Wochenschr 98: 851
27. Böhm B, Nouchirvani K, Hucke HP, et al (1991) Morbidität und Letalität nach elektiven Resektionen kolorektaler Karzinome. Langenbecks Arch Chir 376: 93
28. Quentmeier A, Schlag P, Herfarth Ch (1986) Schlüsselrolle des CEA-Testes für die Diagnostik und chirurgische Therapie des rezidivierenden colorectalen Carcinoms. Chirurg 57: 83
29. Hohenberger P, Schlag P, Kretschmar U, et al (1991) Das regionäre Lymphknotenrezidiv beim colorectalen Carcinom. Chirurg 62: 110
30. Böhm B, Nouchirvani K, Hucke H-P, et al (1991) Morbidität und Letalität nach elektiven Resektionen kolorektaler Karzinome. Langenbecks Arch Chir 376: 93
31. Runkel NS, Schlag P, Schwarz V, et al (1991) Outcome after emergency surgery for cancer of the large intestine. Br J Surg 78: 183
32. Cohen AM, Tremiterra S, Candels F, et al (1991) Prognosis of node-positive colon cancer. Cancer 76: 1859
33. Mentges B, Rumpelt HJ, Brückner R, et al (1988) Zur Relevanz des histopathologischen Gradings beim Coloncarcinom. Chirurg 59: 425
34. Barone C, Astone A, Albanese C, et al (1990) Advanced colon cancer: staging and prognosis by CEA test. Oncology 47: 128
35. Crissmann JD, Zarbo RJ, Ma CK, et al (1989) Histopathologic parameters and DNA analysis in colorectal adenocarcinomas. Pathol Ann 24: 103

Rektumkarzinom

W. Slisow und *P. M. Schlag*

Laut Angaben verschiedener Krebsregister beträgt der Anteil des Rektumkarzinoms in Deutschland etwa 6% von allen malignen Tumoren (Tabelle 1). Seine Inzidenz bewegt sich in den einzelnen Bundesländern zwischen 14 und 20/ 100.000 Einwohner. Das Rektumkarzinom befällt das männliche Geschlecht häufiger als das weibliche (Abb. 1). Der Anstieg der jährlichen Neuzugangszahl ist nicht die Folge alleiniger Verschiebung in der Altersstruktur zu Gunsten älterer Menschen, sondern auch des Anstieges der Inzidenzraten in diesen Altersgruppen. Die Morbidität in den Altersgruppen bis 40 Jahre bleibt weiterhin gering [77, 78, 104, 138].

Staging

Für die Festlegung eines sinnvollen therapeutischen Konzeptes beim Rektumkarzinom sind folgende Informationen über den tumorösen Prozeß notwendig:

- Lokalisation (Höhe ab Lin. dentata),
- Größe sowie makroskopische Wachstumsform,
- Wandinfiltrationstiefe,
- histologischer Typ und Differenzierungsgrad,
- Status der regionalen Lymphknoten,
- Ausschluß bzw. Nachweis von Fernmetastasen.

Staging des Primärtumors

Die *digitale rektale* Untersuchung erlaubt, den Tumor in etwa 50% der Fälle zu erreichen (Tabelle 2). Mit dieser einfachen Untersuchung, deren Relevanz nicht selten unterschätzt wird [137], kann eine Vorstellung über Lokalisation, Größe und Wachstumsform des Tumors erreicht werden. Außerdem gelingt durch

Tabelle 1. Prozentsatz der primär erfaßten Rektumkarzinomfälle unter allen malignen Tumoren

Krebsregister	Jahr-	Männlich			Weiblich		
	gang	alle Npl.	Rektum-Ca N	Rektum-Ca %	alle Npl.	Rektum-Ca N	Rektum-Ca %
Baden-Württemberg [138]	1986	6347	428	6,7	8647	396	4,6
Hamburg [77]	1988	3342	145	4,3	3684	212	5,8
O-Deutschland [78]	1987	25165	1588	6,3	30078	1778	5,9
Saarland [103]	1989	2426	95	3,9	2499	105	4,2

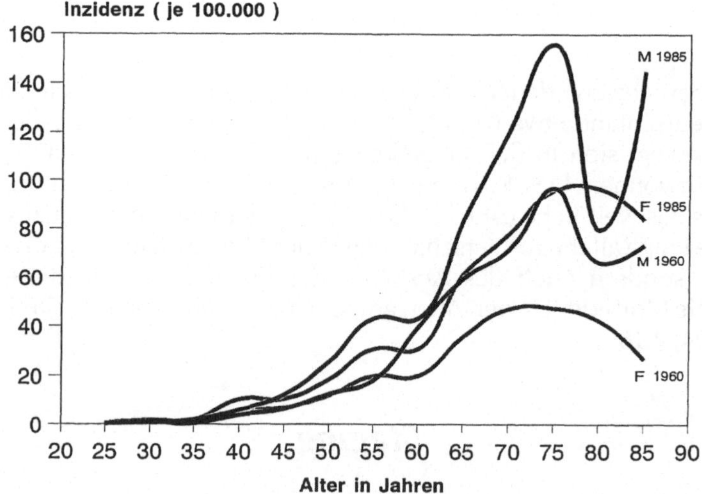

Abb. 1. Altersabhängige Rektumkarzinominzidenz (Ostdeutschland)

Mobilitätsüberprüfung der digital erreichbaren Tumoren in 75%–80% der Fälle eine brauchbare Aussage zur Wandinfiltration [89, 107].

Die *Rektoskopie* mit dem starren Instrumentarium ist eine seit Jahrzehnten etablierte diagnostische Technik, die auch nach Einführung flexibler Endoskope ihre Bedeutung nicht verloren hat.

Die Rektoskopie ermöglicht im gesamten Rektum nicht nur, den Tumor zu entdecken, sondern auch eine exakte Aussage zu seiner Lokalisation, Größe und Wachstumsform zu treffen. Dank der durchzuführenden Zangenbiopsien kann der tumoröse Prozeß morphologisch verifiziert werden. Dabei ist im Falle eines Karzinoms die Angabe zum Differenzierungsgrad obligat.

Die *röntgenologische* Untersuchung mit Konstrastmittel-Einlauf stellt die nächst anzuwendende Standardmethode im Staging des Rektumkarzinoms dar, deren hohe Aussagekraft beim Einsatz der Doppelkontrastmethode [152] unbestritten ist.

Tabelle 2. Karzinomlokalisation im Rektum nach Angaben des ehemaligen Nationalen Krebsregisters der DDR, 1980

Unteres Drittel			Mittleres Drittel			Oberes Drittel		
n	cm	%	n	cm	%	n	cm	%
667		24,7	1003		37,2	1027		38,1
	–1	5,7		6	10,6		11	4,3
	2	2,0		7	5,5		12	5,9
	3	4,9		8	9,5		13	3,8
	4	6,2		9	3,9		14	3,0
	5	3,0		10	4,6		15	9,5
	o. A.	2,9		o. A.	3,1		o. A.	11,6

Neben der präzisierenden Information über Lokalisation, Größe und Wachstumsform des Karzinoms sowie Stenosierungsgrad und Infiltrationstiefe (Abstandvergrößerung zwischen dem Kreuzbein und der Darmwand) erlaubt die Röntgenuntersuchung, den gesamten Kolonrahmen zu dokumentieren und den Rektumtumor nicht nur für den Untersucher zu visualisieren. Dabei können auch synchrone Karzinome und Polypen höherer Darmabschnitte, die nach Literaturangaben in 2%–8% bzw. 30%–40% vorkommen [12, 58, 76, 105] ausgeschlossen werden. Außerdem liefern die Röntgenaufnahmen im Gegensatz zur Koloskopie zusätzliche Information (z.B. Fistelung), was für die Planung der Operation bedeutsam sein kann.

Die *totale Koloskopie* ist häufig eine notwendige Ergänzung zur Röntgenuntersuchung. Sie ist unerläßlich, falls ein pathologischer Prozeß im Kolon festgestellt wurde, dessen Dignität bisher unklar blieb. Durch die Möglichkeit der Biopsie oder Schlingenexzision läßt sich eine verläßliche Diagnosesicherung, unter Umständen sogar Therapie erreichen, die mit einem Röntgen-Kontrasteinlauf (Trochoskopie) nicht zu erzielen sind.

Die *endorektale Sonographie* stellt heutzutage eine der wichtigsten diagnostischen Methoden beim präoperativen Staging des Rektumkarzinoms dar. Mit einer Sensitivität und Spezifität von über 90% ermöglicht sie eine exakte Bestimmung der Wandinfiltrationstiefe [1, 46, 69, 71, 110].

Die *Computertomographie* ist hinsichtlich der differenzierten Aussage zur Infiltrationstiefe eines noch intramuralen Rektumtumors der endorektalen Sonographie deutlich unterlegen [69, 121].

Die Durchführung einer Computertomographie bleibt dem lokoregional fortgeschrittenen Rektumkarzinom zum Ausschluß der Infiltration von Nachbarorganen sowie in Fällen mit hochgradiger und durch den Ultraschall-Scanner nicht überwindbarer Stenose vorbehalten.

Falls die abdominelle Sonographie eine Harnstauung ergibt, ist die *Ausscheidungsurographie* durchzuführen. Diese liefert Information über Ureterenverlauf, Stenosehöhe und Ausscheidungsfähigkeit der Nieren.

Bei Verdacht auf einen Durchbruch der ventralen Darmwand ist eine Zystoskopie bzw. bei der Frau eine gynäkologische Untersuchung angezeigt.

Staging regionaler Lymphknotenmetastasen

Weder die *CT* noch die *MRT* erbrachten für das Lymphknotenstaging akzeptable Leistungen [39, 85, 121]. Die Ursache hierfür dürfte vor allem in der Lymphknotengröße sein: über 60% der perirektalen bzw. 30% der metastatisch befallenen Lymphknoten sind unter 5 mm im Durchmesser groß [57, 64].

Die von einigen Autoren früher propagierte *Lymphszintigraphie* [1, 17, 64] ist wegen aufwendiger technischer Voraussetzungen sowie geringer Sensitivität und Spezifität heute obsolet.

Wenn überhaupt, dann ermöglicht derzeit nur die *endorektale Sonographie* eine diskutable Aussage zum regionalen Lymphknotenstatus. Die Verläßlichkeit der Aussage wird bis zu 80% eingestuft [46, 110]. Daher ist die Endosonographie auch aus diesem Grund zum unverzichtbaren Bestandteil im präoperativen Staging und für die Festlegung einer therapeutischen Taktik beim Rektumkarzinom geworden.

Staging von Fernmetastasen

Zum Ausschluß von *Lebermetastasen,* die in über 30% aller neudiagnostizierten Fälle mit Rektumkarzinom am häufigsten zu erwarten sind [52, 135], stellt die Sonographie des Oberbauches die Methode der ersten Wahl dar [84].

Die abdominelle CT-Untersuchung der Leber ist dann indiziert, wenn sonographisch ein unklarer Befund erhoben oder die sonographische Aussage durch Meteorismus bzw. Adipositas eingeschränkt ist.

Metastasen der *Lunge* als zweithäufigste Lokalisation einer hämatogenen Metastasierung [62, 135] sollten präoperativ durch die Röntgen-Thoraxuntersuchung in 2 Ebenen ggf. bei unklarem Befund durch eine Thorax-Computertomographie weitgehend ausgeschlossen werden.

Vorwiegend zur Verlaufskontrolle und damit auch besseren Einschätzung der Kurativität des operativen Eingriffs ist die Bestimmung von CEA sowie CA 19-9 im Serum prä- und postopeativ von Bedeutung [19, 75, 86].

Präoperative Vorbereitung

Die präoperative Vorbereitung beginnt mit dem *Aufnahmegespräch.* Es wird die Diagnose mitgeteilt sowie die Notwendigkeit und das vorgesehene Operationsausmaß besprochen. Falls der Sphinktererhalt unmöglich oder fraglich erscheint, wird unter Zuziehung einer Stomatherapeutin schon präoperativ auf die Funktion und die Pflege eines eventuellen Kolostomas eingegangen.

Die Kolostomalage soll präoperativ bestimmt und markiert werden. Es ist folgendes zu berücksichtigen:

- für eine dichte Beutelversorgung muß ein Anus praeter sigmoidalis fern von Nabel, Beckenkamm, Narben und Falten sein; die letzten sieht man besser am sitzenden Patienten,
- zwecks Vorbeugung einer parastomalen Hernie sollte das Stoma durch den M. rectus abdominis angelegt werden.

Die möglicherweise infolge des Hauptleidens vorhandenen und durch die *Laboruntersuchung* festgestellten Störungen (wie Anämie, Eisenmangel, Elektrolytentgleisungen, Hypoproteinämie) müssen beseitigt werden. Wegen schon bekannter oder neu entdeckter *Nebenerkrankungen* (EKG, Rö.-Thorax, Laboruntersuchung, Ergooxytensiometrie) ist die fachärztliche sowie frühzeitige anästhesiologische Vorstellung obligat.

Als wichtigste Voraussetzung für eine komplikationsarme Rektumchirurgie ist der kotfreie Darm anzusehen [80, 94, 131]. Die Art der *Darmvorbereitung* hängt vom Ausmaß einer evtl. vorliegenden Passagestörung ab.

Bei freier Darmpassage stellt die orthograde Darmspülung ein gutes Verfahren dar [142]. Die orthograde Spülung verlangt aber eine besondere Überwachung der Patienten speziell bei kardialer bzw. renaler Insuffizienz. Die Kontrolle der Serumelektrolyte ist unbedingt notwendig [80]. Der Darm kann aber auch etwas weniger aufwendig durch zweimalige orale Gabe von Klean-Prep® (1 Btl./1 l Wasser) bzw. Golitelly-Lösung mit gutem Effekt gereinigt werden. Bei stenosebedingter Koprostase (Subileus) ist folgender mehr schonenderer Weg zu wählen:

- über 4–5 Tage flüssige Kost mit Zusatz von kalorienreichen voll resorbierbaren Präparaten,
- tägliche Gabe von milden Abführmitteln (Obstinol®-mild, Abführtee Depuraflux®) und vorsichtige Einläufe sowie
- für die zwei präoperativen Tage perorale Verabreichung von Neomycin 2–4 g/d (Bykommycin®, Neomycin 250) sowie Metronidazol 1–1,5 g/d (Arilin®, Clont®, Rathimed®) [4, 11, 20, 53, 92].

Nach Literaturangaben muß davon ausgeangen werden, daß über 50% der operierten onkologischen Patienten eine klinisch latente Phlebothrombose, deren Häufigkeit mit Alter und Operationsdauer zunimmt, entwickeln. Um eine evtl. hieraus resultierende Embolie zu vermeiden, setzte sich die subkutane low-dose-Heparinisierung als *Thromboembolieprophylaxe* durch [2, 22, 54, 140]. Es wird empfohlen, die Heparinapplikation (unfraktioniertes Heparin 3 x 5.000 IE/d bzw. niedermolekuläres Heparin – Monoembolex® oder Clexane® 1 x 0,2 ml/d) präoperativ zu beginnen und bis zur Mobilisierung fortzusetzen.

Die perioperative systemische *Antibiotikaprophylaxe* hat sich als wirksames Mittel zur Reduktion postoperativ septischer Komplikationen bewährt [68, 81, 82, 88, 149, 150]. Dabei hat sich die Kurzzeitprophylaxe mit Kombination gegen Anaerobier und Aerobier wirksamer Präparate (z.B. Cinacef®) durchgesetzt [26, 53, 82, 88, 145].

Operative Primärtherapie unter kurativer Zielsetzung

Die Behandlung des Rektumkarzinoms ist primär chirurgisch. Die Leistungszahlen können durch ein standardisiertes operatives Vorgehen optimiert werden. Daß eine solche alters- und stadienangepaßte Taktik sinnvoll ist, bestätigen überzeugend die Erfahrungen spezialisierter Kliniken [7, 8, 18, 21, 33, 34, 63, 83, 113, 118, 128].

Primärtumor

Für die Entfernung des Primärtumors stehen gegenwärtig folgende Operationsverfahren zur Auswahl:

- abdomino-perineale Rektumexstirpation mit Anlage eines endständigen Bauchwand-Kolostoma,
- vordere oder abdomino-anale Rektumresektion mit Wiederherstellung der Darmkontinuität,
- Diskontinuitätsresektion nach Hartmann,
- eingeschränkt radikale Verfahren wie posteriore Resektion oder die transanale Karzinomexstirpation.

Die Verfahrenswahl wird vor allem durch Lokalisationshöhe, Stadium, Differenzierungsgrad und Größe des Tumors bestimmt (Tabellen 3 und 4). Allerdings hängt sie auch von den individuellen Erfahrungen des Operateurs ab [90a].

Bei einem Karzinom mit Lokalisation im oberen Rektumdrittel ist eine *hohe vordere* Resektion in den meisten Fällen durchführbar [36, 41, 43, 66, 139].

Eine *tiefe vordere Rektumresektion* ist bei Karzinomen im mittleren und unteren Rektum die Therapie der Wahl soweit ein ausreichender Sicherheitsabstand nach distal eingehalten werden kann [32, 41, 43, 61, 106, 139]. Nach unserer Meinung sollte der Sicherheitsabstand von Wachstumsform und Differenzierungsgrad des Tumors abhängig gemacht werden. In Fällen mit polypösem, gut bis mäßig differenziertem Adenokarzinom ist ein Abstand zum aboralen Rand am frisch entfernten, nicht angespannten Resektat von 2 cm ausreichend. Bei einem flachexulzerierten bzw. infiltrativ wachsenden Tumor niedrigen Differenzierungsgrades sollte eine anteriore Resektion nur mit einem Sicherheitsabstand von mindestens 3 cm durchgeführt werden. Gleichzeitig muß gewährleistet sein, daß das mesorektale Gewebe radikal wie bei einer Rektumexstirpation reseziert wird. Dies kann erreicht werden, wenn die Rektummobilisation unter kompletter Mitnahme des Mesorektums und beckenwandnaher Durchtrennung der seitlichen Ligamenta erfolgt [43, 90, 141, 153].

Tabelle 3. Prozentsatz der abdomino-perinealen Rektumextirpation (APE) im radikal operierten Krankengut nach Literaturangaben

Autor	Berichtsjahr	Gesamtzahl	APE (%)
Braun [12]	1991	106	66,0
Gall et al. [41]	1987	1480	42,4
Gemsenjäger [44]	1984	189	19,0
Kiene et al. [66]	1987	105	66,7
Mc Dermott et al. [93]	1985	1008	36,1
Minsky et al. [96]	1988	168	62,0
Utkin et al. [148]	1985	223	30,9

Tabelle 4. Prozentsatz der Operationsarten bei R_0-resezierten Patienten

Autor/Zeitraum	n	APE (%)	VR (%)	H (%)	EV (%)
CAO-Studie					
1985–1988	2366	38,3	57,4	3,3	1,0
Gall et al. [41]					
1969–1971	124	80,6	18,5	–	0,9
1982–1985	445	36,4	55,7	–	7,9
R.-Rössle-Klinik					
1984–1985	134	45,5	38,8	0,7	14,9
1989–1990	125	28,0	42,4	8,8	20,8

APE Abd.-perineale Rektumexstirpation; *VR* vordere Resektion; *H* Operation nach Hartmann; *EV* eingeschränkte Verfahren

Falls diese Bedingungen nicht zu erfüllen sind, ist von einer tiefen vorderen Resektion Abstand zu nehmen und eine abdomino-perineale Rektumexstirpation durchzuführen. Bei Verdacht auf eine Tumorinfiltration des weiblichen Genitale oder der Harnblase sollten in Abhängigkeit vom Befund Uterus, Scheiden- und Harnblasenwand unter kurativer Zielsetzung mono bloc mitreseziert werden [7, 33, 43].

Inwieweit die Anastomose bei tiefer vorderer Rektumresektion manuell oder maschinell angelegt wird, hängt von den Erfahrungen des Operateurs sowie der Klinikausrüstung ab [43, 63, 65, 73, 83, 114, 139].

Die Anlage eines protektiven Kolostomas ist bei effektiver Darmvorbereitung sowie sicherer kolorektaler oder koloanaler Anastomose routinemäßig nicht erforderlich [65, 83, 118, 139].

Die *Diskontinuitätsoperation* nach Hartmann ist in der Regel nur bei Patienten im Notfall und hohem Operationsrisiko gerechtfertigt [66, 114, 116, 117]. Die Kontinuität kann dann später nach Erholung des Patienten wiederhergestellt werden.

Die Erfahrungen der letzten Jahrzehnte zeigen, daß bei einem Teil der Patienten mit tiefsitzendem, kleinflächigem Rektumkarzinom eine *lokale Tumorexzision* durch eine Vollwandresektion kurativ sein kann [24, 27, 42, 67, 130, 136].

Unserer Meinung nach ist der transanale Zugang im Vergleich zur Rectotomia posterior [89] von Vorteil: er ist weniger traumatisierend und dadurch weniger kontinenzbeeinträchtigend. Dieser technisch schwierigere Zugang konnte durch das Operationsproktoskop, das eine rasche Entwicklung der transanalen endoskopischen Mikrochirurgie förderte, vereinfacht werden [16a].

Bei uns hat sich für die transanale Tumorchirurgie der Einsatz des seitlich gefensterten Glasspekulums nach Dewey ausgezeichnet bewährt [130, 136].

Die Indikationsstellung zu einem eingeschränkt-radikalen Eingriff wird aufgrund eines potentiell höheren lokalen Rezidivrisikos und vor allem der immer noch unsicheren präoperativen Einschätzung des perirektalen Lymphknotenstatus noch teilweise sehr unterschiedlich gehandhabt. So sehen Gall et al. das eingeschränkte Verfahren lediglich in Fällen mit G1 T1-Tumoren indiziert [42]. Ausgehend von den eigenen, auf mehr als 100 Operationen basierenden Erfahrungen, die mit Angaben von Killingback übereinstimmen, sind wir der Meinung, daß der Patientenkreis für lokale Therapie erweitert werden kann [136]. Die Indikation zur lokalen Karzinomexstirpation durch Vollwandresektion mit kurativer Absicht erscheint unter Studienbedingungen gerechtfertigt bei (Tabelle 5):

- endosonographisch ausgeschlossenem metastatischen Lymphknoten-Befall;
- Tumorgröße bis 9 qcm;
- ventralem Sitz bis 5 cm und dorsalem bis 7 cm supraanal sowie
- G1 uT1–2, G2 uT1-Tumoren.

In den Grenzfällen G1 pT3, G2 pT2 und G3 pT1 sollte eine lokale Tumorexzision nur in Kombination mit einer Nachbestrahlung durchgführt werden [97, 119].

Die Entscheidung, ob die lokale Karzinomexzision durch die Vollwandresektion als definitiv anzusehen oder ein größerer Eingriff notwendig ist, kann nur nach mikroskopischer Untersuchung des Operationspräparates endgültig gefällt werden. Außerdem ist das postoperative Verhalten der CEA- sowie CA 19-9-Werte bei tumormarker-positiven Karzinomen von Bedeutung. Im Zweifelsfall ist eine konventionelle Operation (abdomino-perineale Exstirpation) unverzüglich anzuschließen.

Die Nachsorge der Patienten nach einem eingeschränkten Verfahren soll engmaschig und durch den Operateur selbst durchgeführt werden, der damit die Verantwortung für die rechtzeitige Reoperation trägt.

Obwohl die lokale Exzision des tiefsitzenden, kleinflächigen Karzinoms nur bei 5%–10% des gesamten Krankengutes in Frage kommen kann (Ta-

Tabelle 5. Rezidiv- und Metastasenhäufigkeit nach lokalen Karzinomextirpationen in Abhängigkeit von Differenzierungsgrad (G) und Infiltrationstiefe (T), 5-Jahres-Beobachtungszeit [136]

G	T	Pat.-Zahl	Leben			Verstorben an		
			tumor-frei	n. Reop. wegen		Rezidiv	Meta-stase	andere Ursache
				Rez.	Meta			
G1	T1	5	4					1
	T2	6	5					1
	T3	4	4					
G2	T1	2	2					
	T2	3		1		2		
	T3	2		1	1			
G3	T1							
	T2	1					1	
	T3	1		1				

belle 4), bereichert sie die Palette der sphinktererhalten Operationen und ermöglicht bei adäquater Indikationsstellung, eine Überbehandlung und Mutilation zu vermeiden.

Lymphknoten

Die vollständige Entfernung der pararektalen Lymphknoten kann nur bei beckenwandnaher Durchtrennung der Aa. rectales mediae und kompletter Mitnahme des Mesorektums, die durch die dorsale Rektummobilisation zwischen den Laminae visceralis et parietalis fasciae endopelvinae erreicht wird, gelingen [90, 141, 153].

Die von einigen Autoren empfohlene obligate erweiterte Lymphknotendissektion [41, 44, 55] wird immer noch kontrovers diskutiert, weil ihre therapeutische Effektivität nicht bewiesen [43, 45, 115], aber ihre Morbidität (Potenz-, Blasenentleerungsstörung) beträchtlich ist.

Fernmetastasen

Die chirurgische Metastasenentfernung in der Primärtherapie des Rektumkarzinoms kommt in Frage, wenn der Tumor lokoregional radikal entfernt werden kann und die Metastasen lediglich in Leber oder Lunge solitär bzw. singulär sind. Synchrone Lebermetastasen kolorektaler Karzinome findet man in 20%–25% der primär diagnostizierten Fälle [16, 37, 143]. In einem von Klimenkov et al. analysierten Krankengut hatten 43% der primär palliativ operierten Rektumkarzinompatienten Lebermetastasen [70]. Bei 40% der Lebermetastasenträger ist zusätzlich mit extrahepatischen Metastasen zu rechnen. Nach Literaturangaben kommt maximal bei einem Viertel der Lebermetastasenträger überhaupt eine chirurgische Entfernung in Frage. Die therapeutische Taktik bei synchroner und metachroner Leber- sowie Lungenmetastasen wird ausführlich in einem gesonderten Kapitel behandelt.

Rekonstruktive Maßnahmen und Techniken

Nach einer *tiefen vorderen* und insbesondere *abdomino-analen Rektumresektion* entstehen bei vielen Patienten Kontinenzprobleme unterschiedlichen Grades, die sich jedoch in den meisten Fällen spontan bessern können [32]. So berichten Schumpelick et al., daß die Kontinenzleistung 9 Monate nach Rektumresektion mit koloanaler Anastomose bei 85% der Patienten perfekt bis gut war [139]. Die funktionellen postoperativen Störungen werden vor allem bei den Patienten beobachtet, die schon präoperativ klinisch kompensierte Kontinenzstörungen hatten. Deshalb ist eine präoperative diagnostische Funktionsuntersuchung notwendig [13]. Nach Feststellung von latenten Defekten des Sphinkterapparates kann u.a. die Bildung eines *Kolon-Pouch* hilfreich sein [63, 87, 112].

Der Verlust des Kontinenzorgans sowie die Anlage eines Kolostomas an der Bauchwand nach abdomino-perinealer Rektumexstirpation ist in jedem Fall psychisch traumatisierend. Trotz der vielseitigen Möglichkeiten der modernen Kolostomie-Versorgung ist damit eine Einschränkung der Lebensqualität gegeben. Es wurde daher versucht, die Kolostomaanlage zu umgehen und den Sphincter ani externus aus Oberschenkel- oder Glutealmuskulatur zu imitieren. Die Ergebnisse solcher Operationen waren unbefriedigend, weil den quergestreiften Muskelfasern die Fähigkeit zum Dauertonus fehlt (Lit. bei [36]).

Fedorov et al. berichteten 1989 über hoffnungsvolle Ergebnisse nach Anlage eines perinealen Kolostomas mit Imitation des Sphincter ani internus durch Bildung einer seromuskulären Manschette aus der Darmwand. Die Operation kann sowohl primär als auch sekundär durchgeführt werden [35].

Palliative operative Therapie

Unter *palliativen* Eingriffen im engeren Sinne werden jene tumorresezierenden Operationen verstanden, bei denen man aufgrund weit fortgeschrittener Prozeßausbreitung Tumorreste belassen muß.

Durch eine Tumorreduktion wird versucht, nicht nur Komplikationen zu beseitigen oder zu verhindern, sondern auch die Lebenserwartung der Patienten zu verlängern. Da die palliativ operierten Patienten nicht geheilt werden, bedarf die Indikation zur Palliativoperation einer besonderen Nutzen-Risiko-Abwägung.

Die Analyse der Krankheitsverläufe nicht operierter Rektumkarzinompatienten zeigt eine Reihe von schwerwiegenden lokoregionalen Komplikationen, die von quälenden Tenesmen, Schmerzen und übelriechender Absonderung begleitet werden [72]. Die postoperative Morbidität und Mortalität nach palliativen Operationen ist vertretbar. Außerdem überleben 15%–20% der palliativ Operierten 3 Jahre und 3%–5% sogar 5 Jahre [10, 74, 109]. Deshalb kann einer Tumorresektion auch unter palliativer Zielsetzung eine Priorität eingeräumt werden.

Bei *Fernmetastasen* und resektablem Primärtumor im oberen und mittleren Rektum ist daher eine vordere Resektion anzustreben. Beim tiefsitzenden Karzinom mit Fernmetastasen ist in Fällen mit längerer Lebenserwartung eine abdomino-perineale Exstirpation zu erwägen; in Fällen mit kurzer Lebenserwartung ist dagegen unter palliativer Zielsetzung die Rekanalisierung des Rektums mittels Laser- und Strahlentherapie vorzuziehen.

Beim *lokoregional fortgeschrittenen,* jedoch palliativ (R2,1 M0) resezierbaren Karzinom im oberen Rektum ist eine Resektion anzustreben. Von einer Wiederherstellung der Darmkontinuität sollte jedoch Abstand genommen werden, um:

- eine postoperative Bestrahlung mit kurativer Dosis ohne stärkere, kolitische Nebenwirkung durchführen zu können sowie
- einer zweiten Operation bei Auftreten einer Tumorprogression mit Restenosierung des Darmes vorzubeugen.

Beim tiefsitzenden, in der Umgebung fixierten Karzinom sollte eine palliative abdomino-perineale Rektumxstirpation nur ausnahmsweise durchgeführt werden. In der Regel ist eine der symptomatischen chirurgischen oder endoskopischen Möglichkeiten (in Kombination mit einer Radiatio) zu wählen.

Multimodale Behandlungskonzepte

Obwohl gegenwärtig nur eine radikale chirurgische Operation dem Rektumkarzinompatienten eine reale Heilungschance bietet, ist die Behandlung auch dieser Karzinomlokalisation eine interdisziplinäre Aufgabe, deren Notwendigkeit mit dem Fortschreiten des Tumorprozesses offensichtlicher wird.

Zur Reduktion der Rezidivrate versucht man, seit Anfang der 60er Jahre die *Strahlentherapie* adjuvant einzusetzen. Die veröffentlichten Ergebnisse sind leider widersprüchlich (Lit. bei [30, 47, 133]). Viele Autoren sind jedoch der Meinung: die alleinige präoperative Bestrahlung ermöglicht, die Resektabilität zu erhöhen und die Zahl der lokoregionalen Rezidive, vor allem in den Gruppen T3–4 sowie N+, ohne Beeinflussung der 5-Jahre-Überlebensrate zu reduzieren [6, 146]. Neue Aspekte ergeben sich aus dem Bericht von Krook et al. über eine signifikante Verbesserung der Spätergebnisse beim fortgeschrittenen Rektumkarzinom, durch die Nachbestrahlung in Kombination mit 5-FU [79]. Aufgrund dessen könnte gegenwärtig auch außerhalb klinischer Studien die *Radio-Chemotherapie präoperativ* in den Fällen mit breiter Umgebungsinfiltration sowie bei einem massiven metastatischen Lymphknotenbefall empfohlen werden [3].

Die Effektivität einer *adjuvanten Chemotherapie* konnte bisher auch nicht eindeutig bewiesen werden [28, 51, 102, 144]. Die ermutigenden Ergebnisse der NCCTG nach dem Einsatz von der 5-FU/Levamisole-Kombination [100] sind noch auf ihre Reproduzierbarkeit in den klinischen Studien zu prüfen.

Nachsorge und Rehabilitation

Eine qualifizierte Nachsorge dient dem Ziel, Rezidive und Metastasen frühzeitig zu erkennen, metachrone Zweittumoren im Kolon und Rektum aufzuspüren und Störungen als Folge der durchgeführten Operation festzustellen und zu behandeln. Eine weitere Aufgabe ist die psychosoziale Rehabilitation der Patienten und ihre ärztliche Betreuung.

Nach potentiell kurativer chirurgischer Therapie eines Rektumkarzinoms (R0-Resektion) ist ebenso wie beim Kolonkarzinom durch eine konsequente Nachsorge eine Verbesserung der Prognose wahrscheinlich. Eine Behandlung von lokalen Rezidiven und Metastasen ist bei kolorektalen Karzinomen aussichtsreicher als bei anderen Tumorlokalisationen. Lokoregionale Rezidive und Metastasen werden zu 80%–85% in den ersten zwei Jahren nach der Operation manifest [25, 56]. Daher werden von den meisten Autoren engmaschige klinische Kontrolluntersuchungen empfohlen, in der Regel alle drei Monate während der ersten zwei Jahre postoperativ, danach halbjährlich bis zum fünften Jahr, später jährlich. Nach kontinenzerhaltender Operation eines Rektumkarzinoms ist die regelmäßige endoskopische und endosonographische Kontrolle der Anastomosenregion anzuraten. Nach Rektumexstirpation ist die Computertomographie des Beckenraumes und bei Rezidiv-Verdacht eine CT-gestützte Biopsie angebracht. Zusätzlich kann bei Rezidvverdacht die MRT und bei Frauen auch die transvaginale Sonographie eingesetzt werden.

Die Leber ist am häufigsten der Sitz von Fernmetastasen, daher kommt der Lebersonographie als Suchtest besondere Bedeutung zu.

In der Nachsorge des Rektumkarzinoms ist auch die Bestimmung CEA und CA 19-9 im Serum von Relevanz. Hinweis auf eine Rezidiv- oder Metastasenbildung ist der Wiederanstieg des Titers der Tumormarker nach postoperativem Abfall auf Normalwerte [19]. Bei Wiederanstieg des CEA-Titers sollte die Indikation für eine second look-Operation auch bei symptomfreien Patienten überlegt werden [91]. Allerdings ist bei der CEA-Verlaufskontrolle mit 10% falschpositiver Befunde zu rechnen [122].

Die Nachsorge nach einer Rektumkarzinom-Operation sollte in enger Kooperation zwischen Operateur und Hausarzt erfolgen. Als sehr nützlich hat sich bei Stomaträgern auch die Kontaktaufnahme zu Selbsthilfegruppen (z.B. Ilco) erwiesen.

Operative Behandlung beim Tumorrückfall

Bei etwa 40% aller radikal operierten Patienten (R0-Resektion) ist mit einem *Tumorrückfall* zu rechnen [93, 95, 134], der oft schwer zu behandeln ist. Die zum Tode führenden Ursachen von den radikal operierten Patienten wegen eines Rektumkarzinoms sind in Tabelle 6 dargestellt.

Die radikalen Reoperationsraten beim *lokoregionalen Rezidiv* werden in der Literatur mit 0%–33% angegeben [56, 59, 95, 109, 124]. Diese Schwankung ist Folge der Inhomogenität des beobachteten Krankengutes (Tabelle 7). Angaben zu Spätergebnissen sind selten. Nach Hermanek et al. betrug die 5-Jahres-Überlebensrate nach R0-Resektion 33%, nach nicht radikalen Resektionen lediglich 8% [56]. Mentges et al. teilten mit, daß kein einziger Patient nach R0-Exstirpationen eines perinealen bzw. präsakralen Rezidivs, jedoch 2 von 7 Patienten mit einem Rezidiv im Anastomosenbereich 5 Jahre überlebten [95].

Diese Ergebnisse demonstrieren, daß bei lokoregionalen Rezidiven nach vorderer Rektumresektion die Möglichkeit einer kurativen Operation, zwar selten, aber in Einzelfällen durchaus real ist. Dagegen ist die Rezidivbeeinflussung nach abdomino-perinealer Rektumexstirpation äußerst eingeschränkt. Nur in Ausnahmefällen ist ein erneuter operativer Eingriff indiziert und gewinnbringend für den Patienten.

Fernmetastasen eines Rektumkarzinoms sind bei etwa 50% der im Spätverlauf nach radikaler Operation verstorbenen Patienten nachweisbar [125, 135]. Bei ca. 10% dieser Patienten ist eine chirurgische Therapie erfolgversprechend [9, 14, 23, 37, 40, 60, 62, 108, 120, 125, 126, 135, 143, 151]. Auf Einzelheiten der chirurgischen Metastasenbehandlung wird in einem gesonderten Kapitel des

Tabelle 6. Todesursachen der im Spätverlauf verstorbenen radikaloperierten Rektumkarzinompatienten [134]

Infiltrations-tiefe des Primärtumors	Fallzahl n = 100%	Lokal-rezidiv	Metastasen	Rezidiv/ Metastasen	Andere Ursache, tumorfrei
T1–2	32	6%	16%	19%	59%
T3 beg.	99	27	19	34	19
T3br.–4	17	47	18	29	6
Insgesamt	148	25%	18%	30%	27%

Tabelle 7. R0-Resektabilität in Abhängigkeit von der Art der Primäroperation sowie Lokalisation des Rezidivs

Autor	EV	VR	APE	
			perineal	präsakral Rez.
	n/N	n/N	n/N	n/N
Hermanek et al. [56]	7/10	25/90	–	1/74
	70%	28%	–	1,3%
Mentges et al. [95]	–	7/17	5/8	3/37
	–	41%	62%	9%

EV Eingeschränkte Verfahren; *VR* vordere Resektion; *APE* abdomino-perineale Exstirpation; *n/N* Zahl der radikal operierten von der Zahl der behandelten Patienten

Buches eingegangen. Die 5-Jahres-Überlebensraten werden nach R0-Resektion von Lebermetastasen zwischen 22–42% und nach R0-Resektion von Lungenmetastasen mit 9%–46% angegeben [9, 38, 120, 123, 125, 154].

Postoperative Mortalität und Morbidität

Die postoperative *Mortalität* nach radikaler Operation wegen eines Rektumkarzinoms schwankt zwischen 4,1%–11,5% [8, 12, 36, 41, 66, 111, 114, 148]. Die Angaben differieren erheblich auch in Abhängigkeit von Operationsverfahren. So beträgt der Anteil der postoperativ Verstorbenen nach abdomino-perinealen Exstirpationen 0,5%–14,5% sowie nach vorderen Resektionen 1,7%–12,7% [7, 12, 36, 41, 65, 66, 83, 111, 148]. Die postoperative Mortalität hängt eindeutig vom Alter ab. Während sie in der Altersgruppe bis 60 Jahre 3,2%–5,6% beträgt, erreicht sie bei den älteren Patienten 9,7%–21,7% [36, 41, 127]. Ursächlich sind vor allem septische und kardiopulmonale Komplikationen.

Die Angaben zur postoperativen *Morbidität* variieren zwischen 26% und 52% [36, 83, 114, 148]. Sie ist nach abdomino-perinealer Exstirpation höher (bis zu 56,5%) als nach vorderer Resektion [8, 66, 83, 111, 148]. Auch hier spielen septische Komplikationen eine wichtigste Rolle. Die manifeste Nahtinsuffizienz nach vorderer Resektion wird in der Literatur von 0,8%–17,3% angegeben [36, 65, 66, 83, 90, 111, 114, 118].

Langzeitprognose und prognostische Faktoren

Die *Prognose* beim Rektumkarzinom wird durch folgende Faktoren bestimmt [5, 29, 36, 41, 48, 49, 98, 99, 129, 133, 147, 153]:

1. das Stadium der Erkrankung, das die Infiltrationstiefe sowie den Lymphknoten- und Organbefall berücksichtigt und nach den Regeln des TNM-Systems klassifiziert wird;
2. der Differenzierungsgrad und der histologische Typ des Karzinoms, in denen sich das biologische Verhalten des Tumors (Wachstumstempo, Invasionsfähigkeit und Festigkeit der interzellulären Kontakte) widerspiegelt;
3. die Höhenlokalisation des Karzinoms im Rektum aufgrund unterschiedlicher Metastasierungswege, unterschiedlicher Möglichkeiten der Ausbreitung per continuitatem auf die umgebenden Organe sowie aufgrund der sich daraus ergebenden operationstaktischen Voraussetzungen.

Die alterskorrigierte 5-Jahres-Überlebensrate nach radikalen Operationen konnte während der letzten Jahrzehnte in den auf kolorektale Chirurgie spezialisierten Kliniken bis auf 70% verbessert werden. Im TNM-Stadium I erreichen 80%–98%, Stadium II 57%–68% und Stadium III 35%–50% der radikal Operierten die 5-Jahresgrenze [36, 41, 55, 115].

Die Spätergebnisse nach radikalen Operationen an Hand des wenig oder nicht selektierten Krankengutes sind mit 40% bescheidener [12, 50].

Äußerst unbefriedigend bleibt die 5-Jahres-Überlebensrate im gesamten selektionsfreien Krankengut. Sie beträgt 15%–20%. Möglicherweise könnte sie durch die Behandlung aller Rektumkarzinompatienten in den spezialisierten Einrichtungen optimiert werden [50, 101, 132].

Literatur

1. Accarpio G, Scopinaro G, Claudiani F, et al (1989) The role of endorectal echotomography in the choice between radical and local excision (russ.). Voprosy Onkologii 35: 339
2. Adolf J, Roder J (1993) Thromboembolieprophylaxe in der Allgemeinchirurgie. Heparin-Podium 14.–15. 5. 93 Würzburg (Abstracts, S 14)
3. Deutsche Krebsgesellschaft e.V. (1992) Adjuvante und neoadjuvante Radiochemotherapie und Radioimmuntherapie des Rektumkarzinoms. Studienprotokoll Nr. 120 CAO/ARO/AIO
4. Alexander-Williams J, Keighley MRB (1982) Assessing the problem preparing the patient, minimizing the risks in rectal cancer surgery. World J Surg 6: 150

5. Bentzen SM, Balslev I, Petersen M (1988) A regression analyse of prognostic factors after resection of Dukes B and C carcinoma of the rectum and rectosigmoid. Br J Cancer 58: 195
6. Bentzen SM, Balslev I, Pedersen M, et al (1992) Time to loco regional recurrence after resection of Dukes B and C colorectal cancer with or without adjuvant postoperative radiotherapy. Br J Cancer 65: 102
7. Bondar GV, Basheev VC, Osaulenko E (1990) Combined surgery including bladder resection for colorectal cancer treatment (russ.). Voprosy Onkologii 36: 875
8. Bondar GV, Basheev VC, Dumanski JV (1987) Surgical treatment of complicated carcinoma of the rectum (russ.) Vestnik Chirurgii H. 12: 35
9. Boese-Landgraf J, Häring R, Berger G, et al (1991) Therapiestrategien zur Behandlung von Lebermetastasen. Zentralbl Chir 116: 4439
10. Bordos DC, Baker, RR, Cameron JL (1974) An evaluation of palliative abdominoperineal resection for carcinoma of the rectum. Surg Gyn Obst 139: 731
11. Brass C, Richards GK, Ruedy J, et al (1978) The effect of metronidazole on the incidence of postoperative wound infection in elective colon surgery. Am J Surg 135/91
12. Braun L (1991) Das Rektumkarzinom: Analyse der 10-Jahre-Ergebnisse. Zentralbl Chir 116: 453
13. Braun J, Steinau G, Schumpelick V (1988) Anorektale Funktionsdiagnostik Präoperativer Aussagewert zur Kontinenzleistung nach tiefer anteriorer Rektumresektion mit koloanaler Anastomose. Zentralbl Chir 113: 1120
14. Brölsch Ch (1990) Erweiterte Leberresektion. Chirurg 61: 692
15. Bross I DJ (1980) The biostatical and biological basis for a cascade theory of human metastasis. In: Grundmann E (ed) Metastatic tumor growth. Fischer, Stuttgart, p 207
16. Brown CE, Warren S (1938) Visceral metastasis from rectal carcinoma. Surg Gyn Obst 66: 611
16a. Buess G, Hutterer F, Theiß J, et al (1984) Das System für die transanale endoskopische Rektumoperation. Chirurg 55: 677
17. Bykov A, Metelev VV (1989) Life-time study of lymph drainage in rectal cancer (russ.). Voprosy Onkologii 35: 1059
18. Cherny VA, Kikot VA, Kononenko NG, et al (1988) Pelvic evisceration – an effective means for raising resectability of advanced rectal cancer (russ.). Voprosy Onkologii 34: 222
19. Chu DZ, Erickson CA, Russell MP, et al (1991) Prognostic significance of carcinoembryonic antigen in colorectal carcinoma. Serum levels before and after resection and before recurrence. Arch Surg 126: 314
20. Clarke JS, Condon RE, Barlett JG, et al (1977) Preoperative oral antibiotics reduce septic complications of colon operations. Ann Surg 186: 251
21. Clevert HD, Kattner A, Mohnhaupt A, et al (1988) Der alte chirurgische Patient. Zentralbl Chir 113: 556
22. Collins R, Scrimgeour A, Yusuf S, et al (1988) Reduction in fatal pulmonary embolism and venous thrombosis by perioperative administration of subcutaneous heparin. N Engl Med 318: 1162
23. Coppa GF, Eng K, Ranson JHC (1985) Hepatic resection for metastatic colon and rectal cancer. Ann Surg 202: 203
24. Decosse JJ, Wong RJ, Quan SHO, et al (1989) Conservative treatment of distal rectal cancer by local excision. Cancer 63: 219
25. Delbrück H (1988) Tumornachsorge. Thieme, Stuttgart New York
26. Dellinger EP, Wertz MJ, Lennard ES, et al (1986) Efficacy of short-course antibiotic prophylaxis after penetrating intestinal injury. Arch Surg 121: 23

27. Denecke H (1991) Die posteriore Rektumresektion. Chirurg 62: 8
28. Douglass HO (1987) Adjuvant treatment in colorectal cancer: an Update. World J Surg 11: 478
29. Dukes CE (1932) The classification of cancer of the rectum. J Path Bact 35: 325
30. Duncan W (1987) Preoperative radiotherapy in rectal cancer. World J Surg 11: 439
31. Eder M (1984) Die Metastasierung – Fakten und Probleme aus human-pathologischer Sicht. Verh Dtsch Ges Pathol 68: 1
32. Eigler FW (1991) Die peranale Anastomose nach tiefer Rektumresektion. Chirurg 62: 12
33. Fedorov VD, Odarjuk TS, Shelygin JA (1986) The expediency of combined operations in extended rectal cancer (russ.). Chirurgia H 6: 74
34. Fedorov VD, Odarjuk S, Shelgygin JA (1988) Hemicorporectomy (russ.). Chirurgia H 10: 5
35. Fedorov VD, Odaryuk TS Shelgygin JA, et al (1989) Method of creation of a smooth-muscle cuff at the site of the perineal colostomy after extirpation of the rectum. Dis Col Rect 32: 562
36. Fedorov VD (1987) Das Rektumkarzinom (russ.). Medicina-Verlag, Moskva
37. Finan PJ, Marshall RJ, Cooper EH, et al (1985) Factors affecting survival in patients resenting with synchronous hepatic metastases from colorectal cancer: a clinical and computer analysis. Br J Surg 72: 373
38. Forster JH (1978) Survival after liver resection for secondary tumors. Am J Surg 135: 389
39. Freeny PS, Marks WM, Ryan JA, et al (1986) Colorectal carcinoma evaluation with CT. Radiology 158: 347
40. Fritsch A, Funovics JM, Prisching A (1983) Leberresektionen bei Metastasen. 100. Kongreß der Deutschen Gesellschaft für Chirurgie (Referat Nr. 194).
41. Gall FP, Hermanek P (1987) Gegenwärtiger Stand der Therapie des Rektumkarzinoms. Zentralbl Chir 112: 943
42. Gall FP, Hermanek P (1988) Cancer of the rectum – local excision. Surg Clin North Am 68: 1353
43. Gall FP (1991) Die tiefe Rektumresektion – transabdominaler Zugang. Chirurg 62: 1
44. Gemsenjäger E (1984) Zur Operationstechnik der abdomino-transanalen Rektumentfernung. Chirurg 55: 670
45. Glass RE, Ritchie JK, Thomson HR, et al (1985) The results of surgical treatment of cancer of the rectum by radical resection and extended abdomino iliac lymphadenectomy. Br J Surg 72: 59
46. Glaser F, Friedl P, Ditfurth B, et al (1990) Influence of endorectal ultrasound on surgical treatment of rectal cancer. Eur J Surg 16: 304
47. Griem KL (1989) Radiation therapy in the management of rectal cancer. Haematol Oncol Clin North Am 3: 103
48. Grinell RS (1939) The grading and prognosis of the carcinoma of the colon and rectum. Ann Surg 109: 500
49. Grinell RS (1942) The lymphatic and venous spread of carcinoma of the rectum. Ann Surg 116: 200
50. Haas F, Staneczek W, Mehnert WH (1985) Zur Epidemiologie der kolorektalen Tumoren unter besonderer Berücksichtigung der Situation in der DDR. Zentralbl Chir 110: 76
51. Hafström L, Ruedenstam CM, Domellöf L, et al (1985) A randomized trial of oral 5-fluoroucal versus placebo as adjuvant therapy in colorectal cancer Dukes' B and C: results after 5 years observation time. Br J Surg 72: 138
52. Hager J, Riedler L, Heftstädter F (1988) Seltene Tochtergeschwülste des Rektumkarzinoms. Münch Med Wochenschr 130: 198

53. Hagen TB, Bergan T, Liavag I (1980) Prophylactic metronidazole in elective colorectal surgery. Acta Chir Scand 146: 71
54. Hamelmann H, Voigt J (1986) Heparin zur Tromboembolieprophylaxe in der Chirurgie. Zentralbl Chir 111: 1289
55. Herfarth Ch, Schlag P, Hohenberger P (1985) Therapeutische Möglichkeiten bei locoregionären Rezidiven der Carcinome des Gastrointestinaltraktes. Chirurg 56: 492
56. Hermanek P, Gall FP, Altendorf A (1982) Lokalrezidive nach Rectumcarcinom – Entstehung, Diagnose, Prognose. Langenbecks Arch Chir 356: 289
57. Hermanek P, Giedl J, Dvorak O (1989) Two programmes for examintion of regional lymph nodes in colorectal carcinoma with regard to the new pN classification. Pathol Res Pract 185: 867
58. Hermann W, Kaft-Kinz J, Wolf G, et al (1985) Vierfaches metachrones Dickdarmkarzinom. Zentralbl Chir 110: 316
59. Hohenberger P, Schlag P, Kretzschmar U, et al (1991) Das regionäre Lymphknotenrezidiv beim colorectalen Carcinom. Chirurg 62: 110
60. Hohenberger P, Schlag P, Herfarth C (1993) Erweiterte Resektion von Lebermetastasen beim kolorektalen Karzinom. Langenbecks Arch Chir 378: 110
61. Hajo K (1986) Anastomotic recurrence after sphincter-saving resection for rectal cancer. Length of distal clearance of the bowel. Dis Colon Rectum 29: 11
62. Huges KS, Rosenstein RB, Simon R, et al (1988) Resection of the liver for colorectal cârcinoma metastases – a multiinstitutional study of indication for resection. Surgery 103: 278
63. Huguet C, Harb J, Bona S (1990) Coloanal anastomosis after resection of low rectal cancer in the eldery. World Surg 14: 619
64. Kanaev SB, Metelev VV, Bykov SA, et al (1988) The role of lymphszintigraphy in the diagnosis of rectal cancer (russ.). Voprosy Onkologii 34: 814
65. Kantartzis M, Lersmacher J, Utalowski L, et al (1988) Senkt die Retroperitonalisierung der Anastomosen bei linksseitigen Dickdarmresektionen die postoperative Letalität? Langenbecks Arch Chir 373: 143
66. Kiene S, Schenker U (1987) Zur chirurgischen Therapie des Rektumkarzinoms. Zentralbl Chir 112: 958
67. Killingback MJ (1985) Indications for local excision of rectal cancer. Br J Surg 72: 52
68. Kläy K, Hassler A, Aeberhard C (1983) Perioperative Antibiotikaprophylaxe in der Kolonchirurgie. Schweiz Med Wochenschr 113: 392
69. Kleinau H, Klühs L (1990) Die Bedeutung der Endosonographie für die Tumordiagnostik. Arch Geschwulstforsch 60: 55
70. Klimenkov KK, Knysh VI, Komov DV, et al (1980) Metastatic lesion of the liver in tumors of the gastrointestinal tract (russ.). Chirurgia H 4: 47
71. Klühs L, Klühs G (1991) Präoperatives lokales Tumorstaging des Rektumkarzinoms unter besonderer Berüksichtigung der intrarektalen Ultraschalltomographie. Dissertation, Humboldt-Universität (Charité) Berlin, 19. 02. 91
72. Knysh VI, Grigorjan VS (1972) Regionale Ausbreitung, Metastasierung und Todesursachen der nicht operierten Rektumkarzinompatienten (russ.). Vestnik AMN SSSR H 10: 81
73. Knysch VI (1984) Moderne Prinzipien in der Behandlung des Rektumkarzinoms (russ.). Ajstan Erevan
74. Knysch VI, Elmuradov AN, Ananiev VS (1987) Palliative resections and extirpations in carcinoma of the large intestine (russ.). Chirurgia H 9: 97
75. Koch OM (1992) Tumormarker in der Diagnostik solider Tumoren. Internist 33: W 79

76. Koshug SD, Vladanov IP (1989) Clinical course diagnostic and treatment of primary multiple synchronous cancer of the colon (russ.). Voprosy Onkologii 35: 352
77. Krebs in Hamburg: Neumeldungen 1988 des Hamburgischen Krebsregisters (Hrsg) (1991) Hamburgisches Krebsregister der Behörde für Arbeit, Gesundheit und Soziales, Hamburg
78. Krebsinzidenz in der DDR 1987 (1991) Hrsg vom Bereich Krebsregister und Epidemiologie des Zentralinstituts für Krebsforschung, Berlin
79. Krook JE, Moertel CG, Gunderson LL, et al (1991) Effective surgical adjuvant therapy for high-risk rectal carcinom. N Engl J Med 325: 519
80. Kujat RE, Grosse R, Gams E, et al (1981) Veränderungen im Wasser- und Elektrolythaushalt nach orthograder Darmspülung. Chirurg 52: 586
81. Kujath P, Bruch HP, Schmidt E, et al (1984) Untersuchungen zur präoperativen Prophylaxe in der elektiven colorectalen Chirurgie. Chirurg 55: 519
82. Kusche J, Stahlknecht C-D (1981) Antibioticaprophylaxe bei colorectalen Operationen – gibt es ein Mittel der Wahl? Chirurg 52: 577
83. Kux M, Fuchsjäger N (1985) Einseitige anteriore Resektion mit manueller Naht als Regeloperation des cranialen und mittleren Rectumdrittels. Langebecks Arch Chir 363: 283
84. Jacobasch KH, Gütz HJ, Reizig P, et al (1986) Klinische Diagnostik der Ausbreitung von Tumoren des Magen-Darm-Traktes. Z Klin Med 41: 1111
85. Lange EE, Fechner RE, Edge SB, et al (1990) Preoperative staging of rectal carcinoma with MR imaging surgical and histopathologic correlation. Radiology 176: 623
86. Lauterbach M, Dehne A, Hesse V, et al (1987) Die CEA-Bestimmung zur Verlaufsbeobachtung kolorektaler Karzinome. Zentralbl Chir 112: 986
87. Lazorthes F, Fages P, Chiotasso P, et al (1986) Resection of the rectum with construction of a colonic reservoir for rectal carcinoma. Br J Surg 73: 139
88. Lohr J, Wagner PK, Rothmund M (1984) Perioperative Antibioticaprophylaxe (Einmal oder Mehrfachgabe) bei elektiven colorectalen Eingriffen. Chirurg 55: 512
89. Mason AY (1974) Transsphincteric surgery of the rectum. Prog Surg 13: 66
90. MacFarlane JK, Ryall RDH, Heald RJ (1993) Mesorectal excision for rectal cancer. Lancet 341: 457
90a. McArdle CS, Hole D (1991) Impact of variability among surgeons on postoperative morbidity and mortality and ultimate survival. BMJ 302: 1501
91. Martin EW, Minton JP, Caren LC (1985) Second-look surgery in the asymptomatic patients after primary resection of colorectal cancer. Ann Surg 202: 310
92. Matheson DM, Arabi Y, Baxter-Smith D, et al (1978) Randomized multicentre trial of oral bowel preparation and antimicrobials for elective colorectal operations. Br J Surg 65: 597
93. MacDermott FT, Hughes ESR, Pihl E, et al (1985) Local recurrence after potentialy curative resection for rectal cancer in a series of 1008 patients. Br J Surg 72: 34
94. Menaker GJ, Litvak S, Bendix R, et al (1981) Operations on the colon without preoperative oral antibiotic therapy. Surg Gyn Obst 152: 36
95. Mentges B, Mentges W, Grüner R, et al (1988) Art und Prognose des lokoregionalen Rezidivs beim Rektumkarzinom. Dtsch Med Wochenschr 113: 806
96. Minsky BD, Mies C, Recht A, et al (1988) Resectable adenocarcinoma of the rectosigmoid and rectum. Cancer 61: 1408
97. Minsky BD, Rich T, Recht A, et al (1989) Selection criteria for local excision with or without adjuvant radiation therapy for rectal cancer. Cancer 63: 1421
98. Minsky B, Mies C, (1989) The clinical significance of vascular invasion in colorectal cancer. Dis Col Rect 32: 793
99. Minsky B, Mies C, Rich T, et al (1989) Lymphatic vessel invasion is an indepent prognostic factor for survival in colorectal cancer. Int J Rad Oncol Biol Phys 17: 3111

100. Moertel CG, Flemming TR, Macdonals JS, et al (1990) Levamisole and Fluorouacil for adjuvant therapy of resected colon carcinoma. N Engl J Med 332: 352
101. Möhner M, Slisow W (1990) Influence of centralized treatment on the survival rates of cancer patients. 15th International Cancer Congress Hamburg, August 16–22, abstracts part I, p 385
102. Molzahn E, Gruenagel HH, Freund U, et al (1988) Konzepte zur Prophylaxe und Behandlung von Lebermetastasen beim colorectalen Carcinom durch regionale Chemotherapie. Chirurg 59: 34
103. Morbidität und Mortalität an bösartigen Neubildungen im Saarland 1989. Jahresbericht des Saarländischen Krebsregisters (Hrsg) Staatliches Landesamt Saarland
104. Muir C, Waterhous J, Mack T, et al (1987) Cancer incidence in five continents, vol V. ARC, Lyon
105. Nalivkin AI, Ektov BJ (1981) Synchronous primarily multiple tumours of the colon and rectum (russ.). Chirurgia H 11: 41
106. Nichols RJ, Ritchie JK, Wadsworth J, et al (1979) Total excision of restorative resection for carcinoma of the middle third of the rectum. Br J Surg 66: 625
107. Nicholls RJ, Mason AY, Morson BC, et al (1982) The clinical staging of rectal cancer. Br J Surg 69: 404
108. Neuhaus P, Blumhardt G (1990) Atypische und Segmentresektionen der Leber. Chirurg 61: 685
109. Odarjuk TS, Sevastianov SI, Mitkov VV, et al (1988) Rezidiv des Rektumkarzinoms (russ.). Chirurgia H 12: 58
110. Orrom WJ, Wong WD, Rothenberger DA, et al (1990) Endorectal ultrasound in the preoperative staging of rectal tumors. Dis Col Rect 33: 654
111. Pahlig H, Wolff H, Abri O, et al (1986) Ergebnisse der Therapie des Rektumkarzinoms nach anteriorer Resektion sowie abdomino-perinealer Rektumamputation. Zentralbl Chir 11: 339
112. Parc R, Tiret E, Frileux P (1986) Resection and colo-anal anastomosis with colonic reservoir for rectal carcinoma. Br J Surg 66: 625
113. Pearlmann NW, Donohue RE, Stiegmann GV (1987) Pelvic and sacro-pelvic exenteration for locally advanced or recurrent anorectal cancer. Arch Surg 122: 537
114. Petrov VP, Lazarev GV (1987) Surgical treatment of carcinoma of the rectum (russ.). Chirurgia H 4: 86
115. Pezim ME, Nicholls SR (1984) Survival after high or low ligation of the inferior mesenteric artery during curative surgery for rectal cancer. Ann Surg 200: 729
116. Re Mine SG, Dozois RR (1981) Hartmann's procedure: it's use with complicated carcinomas of sigmoid colon and rectum. Arch Surg 116: 630
117. Rieger, R, Waclawiczek HW, Pimpl W (1987) Die Inkontinuitätsresektion nach Hartmann als notfallmäßige Behandlung. Zentralbl Chir 112: 365
118. Röher HD (1984) Chirurgie im höheren Lebensalter. Chirurg 55: 537
119. Rosenthal SA, Yeung RS, Weese JL, et al (1992) Conservative management of extensive low-lying rectal carcinomas with transanal local excision and combined preoperative and postoperative radiation therapy. Cancer 69: 353
120. Rothmund M (1989) Chiurgische Therapie von Lebermetastasen. In: Rothmund M (Hrsg) Metastasenchirurgie. Thieme, Stuttgart New York, S 62
121. Ruf G, Hauenstein KH, Rudolf M, et al (1986) Präoperatives Staging des Rectumcarcinoms mit der Computertomographie. Langenbecks Arch Chir 363: 3
122. Sandler RS, Freund DA, Herbst CA, et al (1983) Cost effectivness of postoperative carcinoembryonogenic antigen monitoring in colorectal cancer. Cancer 63: 1350
123. Scheele J, Altendorf-Hofmann A, Stangl R, et al (1989) Die Resektion von Lungenmetastasen des kolorektalen Karzinoms – Indikation und Indikationsgrenzen. Zentralbl Chir 114: 639

124. Schildberg FW, Lange V, Thies E, et al (1985) Zur Therapie der Rezidive colorectaler Carcinome. Chirurg 56: 509
125. Schildberg FW, Meyer G, Wenk H (1986) Der Stellenwert der Chirurgie bei der Therapie von Tumormetastasen. In: Eigler FW (Hrsg) Stand und Gegenstand chirurgischer Forschung. Springer, Berlin Heidelberg New York Tokyo, S 457
126. Schlag P, Hohenberger P, Herfarth C (1990) Resection of liver metastases in colorectal cancer – comparative analysis of treatment results in synchronous versus metachronous metastases. Eur J Surg Oncol 16: 360
127. Schmidt CD (1983) Kolonoperationen im Greisenalter. Zentralbl Chir 108: 1241
128. Schnyder S, Flüe M, Vogt B (1987) Sacrum Resektion. Chirurg 58: 612
129. Seifart W, Wildner GP (1983) Die prognostische Bedeutung der zellulären Stromareaktion vom Tumorrand und der Reaktion in den regionalen Lymphknoten bei Adenokarzinomen des Rektums. Arch Geschwulstforsch 53: 579
130. Seifart W, Dewey P (1986) Zur Technik und Indikation der peranalen elektrochirurgischen Rektumwandresektion. Zentralbl Chir 111: 355
131. Siemer P, Maskow G, Herfurth S (1979) Erfahrungen mit der orthograden Darmspülung in der Kolonchirurgie. Zentralbl Chir 104: 1491
132. Slisow W, Möhner M (1989) Surgical treament for rectal cancer in GDR (russ.). Voprosy Onkologii 35: 1089
133. Slisow W, Marx G, Oehler W, et al (1990) Adjuvante postoperative Bestrahlung beim Rektumkarzinom in einer Risikogruppe. Zentralb Chir 115: 827
134. Slisow W, Möhner M (1990) Potentielle Möglichkeiten einer adjuvanten Bestrahlung beim Rektumkarzinompatienten unter dem Aspekt des spontanen Krankheitsverlaufs. Arch Geschwulstforsch 60: 445
135. Slisow W, Möhner M (1990) Zur Häufigkeit des isolierten metastatischen Organbefalls beim Rektumkarzinom im Obduktionsgut. Zentralbl Chir 115: 399
136. Slisow W, Seifart W, Marx G, et al (1991) Stellenwert der lokalen Exstirpation von kleinflächigen, tiefsitzenden Rektumkarzinomen mit kurativer Zielstellung. Zentralbl Chir 116: 1245
137. Slisow W, Marx G, Krüger J (1992) Zur iatrogenen Diagnosverzögerung beim Rektumkarzinom. Zentralbl Chir 117: 73
138. Schrage R (1991) Krebsregister Baden-Württemberg 1985–1986. Krebsverband. Krebsverband Stuttgart e.V.
139. Schumpelick V, Braun J (1991) Rectumresektion mit coloanaler Anastomose – Ergebnisse der Kontinenz und Radikalität. Chirurg 62: 25
140. Schürmann M, Stiegler, H, Riel KA, et al (1992) Lungenembolien im chirurgischen Krankengut – eine retrospektive Studie über 9 Jahre. Chirurg 63: 811
141. Stelzner F, Hansen H (1984) Begründung und Ergebnisse der knappen Rektumkontinenzresektion beim Carcinom. Lanbenbecks Arch Chir 363: 17
142. Stock W, Eckert T, Schaal KP (1980) Klinische Erfahrungen mit der orthograden Darmspülung in der Dickdarmchirurgie. Med Welt 31: 446
143. Taylor I (1985) Colorectal liver metastases – to treat or not to treat? Br J Surg 72: 511
144. Taylor I, Machint D, Mullee M, et al (1985) A randomized controlled trial of adjuvant portal vein cytotoxic perfusion in colorectal cancer. Br J Surg 72: 359
145. Thiede A, Jostarndt L, Hamelmann H (1985) Interpretation der Ergebnisse klinischer Studien für die praktische Kolon- und Rektumchirurgie. Zentralbl Chir 110: 539
146. Tobin RL, Mohuidin M, Marks G (1991) Preoperative irradiation for cancer of the rectum with extrarectal fixation. Int J Radiat Oncol Biol Phys 21: 1127
147. Uljanov VI (1985) Prognosefaktoren beim Rektumkarzinom. Azernesr-Verlag, Baku

148. Utkin VV, Ceplite PK, Gardoskis IL (1985) Behandlungsergebnisse beim Rektumkarzinom (russ.). Voprosy Onkologii 31: 81
149. Vallent K, Bodnar A, Weltner J (1983) Erfahrungen mit intravenöser Metronidazolgabe bei der Vorbereitung zu Dickdarmoperationen. Zentralbl Chir 108: 1293
150. Wacha H, Probst M (1984) Die Heilung der sacralen Wundhöhle nach abdominoperinealer Rektumexstirpation. Chirurg 55: 29
151. Wagner JS, Adson MA, Heerden JA, et al (1984) The natural history of hepatic metastases from colorectal cancer. Ann Surg 199: 502
152. Welin S (1962) Über die röntgenologische Untersuchung des Dickdarmes mit Doppelkontrastmethode. Radiologie 2: 87
153. Westhues H (1934) Die pathologisch-anatomischen Grundlagen der Chiurgie des Rektumkarzinoms. G Thieme, Leipzig
154. Wilking N, Petrelli NJ, Herrera L, et al (1985) Surgical resection of pulmonary metasteses from colorectal adenocarcinoma. Dis Col Rect 28: 562

Primäre Lebertumoren und Lebermetastasen

P. Hohenberger und *P. M. Schlag*

Staging

Das Ziel der diagnostischen Bemühungen bei Verdacht auf das Vorliegen einer malignen Leberläsion verfolgt verschiedene Ziele:

1. Festlegung der Dignität.
2. Bestimmung der Anzahl an Tumoren (solitär, singulär, multipel), und die Beurteilung, ob ein die Leber als Organ überschreitendes Wachstum vorliegt.
3. Lokalisation der Raumforderung in Relation zu den großen Ästen der Venae hepaticae, der Pfortader bzw. des Ductus choledochus, mithin Klärung der lokalen Operabilität.

Im Gegensatz zu gastrointestinalen Primärtumorlokalisationen liegt eine international verbindliche *Stadieneinteilung* weder für das primäre Lebermalignom noch für Lebermetastasen vor. Für Lebermetastasen haben verschiedene Autoren die Zahl und Größe der Metastasen, ihre Resektabilität, Störungen der Leberfunktion, Symptomatologie bzw. des Anteils von durch Tumor ersetzten Lebergewebes ihren jeweiligen Vorschlägen für ein Klassifikationssystem zu Grunde gelegt (Übersicht bei [1]). Gegenwärtig erscheint das von Gennari 1982 erstmals vorgestellte (Tabelle 1) und 1987 modifizierte Schema [2], das die Zahl der Läsionen, ihre Lokalisation, extrahepatische Ausbreitung und Störung der Leberfunktion berücksichtigt, am ehesten anwendbar. Von seiten der UICC wird derzeit eine Feldstudie zur TNM-Klassifikation von Lebermetastasen durchgeführt.

Beim primären Leberzellkarzinom (PLC) liegt zur Zeit keine weltweit übereinstimmend akzeptierte Klassifikation vor. Bei der histogenetischen Einteilung ist neben dem hepatozellulären Karzinom (ca. 90% der Fälle) und den Tumoren cholangiozelluären Ursprungs das fibrolamelläre Karzinom [3] als eigene Entität herauszustellen. Nach Edmondson und Steiner [4] erfolgt das histologische

Tabelle 1. Klassifikation von Lebermetastasen nach Gennari [78]

H1	Tumorbefallenes Leberparenchym gleich oder weniger als 25%
H2	Tumorbefallenes Leberparenchym über 25%, aber maximal 50%
H3	Tumorbefallenes Leberparenchym mehr als 50%
s	Solitäre Metastase
m	Multiple Lebermetastasen, beschränkt auf einen Leberlappen
b	Metastasen in beiden Leberlappen
I	Infiltration in benachbarte Organe oder Strukturen
F	Leberfunktionsstörung
Stadieneinteilung	
Stadium I	H1s
Stadium II	H1m, b oder H2s
Stadium III	H2m, b oder H3s, m, b
Stadium IV	a) minimale, intraabdominale, extrahepatische Tumorausbreitung, entdeckt bei Laparatomie
	b) extrahepatische Tumorausbreitung

Grading. Die Klassifikation von Okuda [5] ist relativ weit verbreitet und wird als Basis für die Stratifikation von Patientengruppen in Studien angewendet (Tabelle 2). Durch die UICC wurde 1987 eine TNM-Klassifikation vorgelegt [6], bei der neben der Zahl der Tumoren auch Lokalisation, Größe, Gefäßinvasion sowie Lymphknotenbefall und Fernmetastasen einfließen (Tabelle 2). Allerdings gilt diese Klassifikation sowohl für das hepatozelluläre Karzinom (HCC) als auch für Tumoren, die von den intrahepatischen Gallenwegen ausgehen; eine Klassifikation für primäre Leberkarzinome im Kindes- und Jugendalter ist in Erprobung [7].

Staging zur Dignitätsabklärung

Dignitätsabklärung beim primären Leberzellkarzinom

Biochemische Lebertests wie die Bestimmung der Alkalischen Phosphatase, SGOT, SGPT, LDH oder der Bilirubinspiegel im Serum haben sich für die Abklärung als zu unspezifisch erwiesen [8].

Für das *hepatozelluläre Karzinom (HCC)* auf dem Boden einer Leberzirrhose ist das alpha Fetoprotein (AFP) mit hoher Sicherheit für ein Leberzellkarzinom beweisend, wenn die Serumspiegel 100 ng/l überschreiten. Wird gleichzeitig in bildgebenden Verfahren eine Läsion in der Leber festgestellt, ist mit einer Sensitivität von über 85% und einer Spezifität von über 90% ein hepatozelluläres Karzinom durch erhöhte AFP-Spiegel nachweisbar [9, 10].

Demgegenüber liegt beim *cholangiozellulären* bzw. dem *fibrolamellären Karzinom* der AFP-Wert im Serum meist im Normbereich, gelegentlich finden sich Erhöhungen des Tumormarkers CA 19-9 oder des Karzino-embryonalen Antigens (CEA).

Tabelle 2. Stadieneinteilung des hepatozellulären Karzinoms

Kriterien nach Okuda [5]:

- Tumorgröße übersteigt 50% des Lebervolumens
- Serum Bilirubin über 3 mg/dl
- Serum Albumin unter 3 g/dl
- Aszites

Kein Kriterium erfüllt	Stadium I
1–2 Kriterien erfüllt	Stadium II
3–4 Kriterien erfüllt	Stadium III

TNM-Stadieneinteilung für das primäre Leberkarzinom (1992)

T – Primärtumor

Tx Primärtumor kann nicht beurteilt werden

T0 Kein Anhalt für Primärtumor bei histologischer Untersuchung

T1 Solitärer Tumor unter 2 cm größter Ausdehnung ohne Gefäßinvasion

T2 Solitärer Tumor unter 2 cm mit Gefäßinvasion oder multiple Tumoren begrenzt auf einen Leberlappen jeder unter 2 cm, ohne Gefäßinvasion

T3 Solitärer Tumor mehr als 2 cm mit Gefäßinvasion oder multiple Tumoren in einem Leberlappen keiner mehr als 2 cm mit Gefäßinvasion oder multiple Tumoren in einem Leberlappen einer mehr als 2 cm mit oder ohne Gefäßinvasion

T4 Multiple Tumoren in mehr als einem Leberlappen, oder Tumoren mit Befall eines größeren Astes der Vv. portae oder Vv. hepaticae

N – Regionäre Lymphknoten

Hierzu zählen lediglich diejenigen am Leberhilus (Lig. hepatoduodenale), alle anderen Stationen gelten als Fernmetastasen (Nx: kann nicht beurteilt werden, N0: keine regionären LK-Metastasen, N1: Regionäre LK-Metastasen)

M – Fernmetastasen

In Analogie zu den Lymphknoten: Mx: kann nicht beurteilt werden, M0: keine Fernmetastasen, M1: Fernmetastasen

Stadieneinteilung

Stadium I	T1	N0	M0
Stadium II	T2	N0	M0
Stadium III	T1	N1	M0
	T2	N1	M0
	T3	N0, N1	M0
Stadium IV	T4	jedes N	M0
	jedes T	jedes N	M1

Bildgebende Verfahren zur Dignitätsabklärung sind abhängig von einer Grunderkrankung der Leber einsetzbar. Liegt keine Zirrhose zugrunde, schwanken Sensitivität und Spezifität von Sonographie und Computertomographie zwischen 52% und 95%. Beim Vorliegen einer Zirrhose kann beim Nachweis umschriebener Läsionen in der Leber mit einer über 90%igen Sensitivität und Spezifität sonographisch ein Malignom erkannt werden, da der Impedanzunterschied zwischen Tumor und Umgebung gegenüber dem Normalgewebe durch das Vorliegen zirrhotischer Umbauvorgänge verbessert wird [1].

Spezielle Formen der Computertomographie (Angio-CT, dynamisches CT) gelten derzeit als die sensitivsten bildgebenden Verfahren zur Darstellung auch kleiner Lebertumoren, wobei vorwiegend während der portalvenösen Strömungsphase eine gute Abgrenzung zum normalen Lebergewebe erfolgt [12]. Ihr Stellenwert liegt jedoch vorwiegend in der Mitbeurteilung der Operabilität. Die magnetische Resonanztomographie (MRT), hier insbesondere T1-gewichtete Bilder ergeben der CT mindestens vergleichbare Stagingergebnisse. Bei verbesserter MRT-Technik und durch Anwendung von Kontrastmitteln (Gadolinium-DPTA) ist künftig damit zu rechnen, daß die CT- von der MRT-Diagnostik abgelöst wird. Insbesondere kann durch die Gabe superparamagnetischer Kontrastmittel wohl noch eine bessere Abgrenzung zu benignen Läsionen erreicht werden [13]. Als „Goldstandard" wird derzeit das Angio-CT mit portalvenöser Phase angesehen.

Die Abgrenzung benigner von malignen Lebertumoren muß durch eine Kombination von Untersuchungen erfolgen. Zystische Prozesse können meist durch Sonographie allein erkannt werden. Parasitäre Erkrankungen (Echinococcus) machen sich durch Kalkeinlagerungen in der Zystenwand im Ultraschall bzw. der Computertomographie und durch eine pathologische Veränderung von Serumparametern bemerkbar. Allerdings sind in bis zu 20% diese Untersuchungen nicht beweisend.

Hämangiome der Leber können durch Angiographie bzw. Erythrozytenszintigraphie (Single-Photon-Emission-Computed Tomography, SPECT) mit einer Sensitivität und Spezifität von über 90% erkannt werden [14, 15]. Dies gilt auch für die fokal noduläre Hyperplasie (FNH), die sich durch ein charakteristisches CT-Bild bei gleichzeitiger Kontrastmittelgabe erkennen läßt. Zur Abgrenzung der FNH von einem Leberzelladenom und einem HCC kann auch die hepatobiliäre Sequenzszintigraphie (HBSS) dienen. Das Fehlen von Gallengangsanteilen im Leberzelladenom und beim HCC läßt eine biliäre Nuklidausscheidung nur bei der FNH erkennen. Die MR-Tomographie mit gleichzeitiger Gadoliniumapplikation ergibt sowohl für das Hämangiom als auch die FNH charakteristische Signalkurvenverläufe, so daß die Spezifität der Untersuchungen bei über 85% liegt [16].

Dignitätsabklärung bei Lebermetastasen

Die Ausführungen für die bildgebenden Verfahren in der Dignitätsklärung beim primären Leberzellkarzinom gelten auch beim Verdacht auf Lebermetastasen. Durch *Immunszintigraphie* mit monoklonalen Anti-CEA Antikörpern können Lebermetastasen kolorektaler Karzinome mit einer Sensitivität zwischen 50% und 77% und einer Spezifität bis 78% erkannt werden [17]. Beeinflußt werden die Ergebnisse durch die Spezifität des Antikörpers, die Bindungscharakteristik des verwendeten Nuklids und das verwendete Detektionsverfahren (planare Schichten versus SPECT-Technik). Beim Verdacht auf Lebermetastasen neuroendokriner Tumoren kann die Diagnose durch den Nachweis einer Speicherung in der Octreotid®-Szintigraphie wahrscheinlich gemacht werden [18]. Hinsichtlich laborchemischer Untersuchungen steht mit dem CEA ein Serumparameter zur Verfügung, der bei ca. 90% der Patienten mit kolorektalen Lebermetastasen im pathologischen Bereich (über 5 ng/ml) liegt [19]. Die Kombination aus der Vorgeschichte eines kolorektalen Karzinoms, dem sonographischen Nachweis von Raumforderungen in der Leber und einem pathologisch erhöhten Serum-CEA-Wert ist bei 95% der Patienten beweisend für Lebermetastasen [20]. Demgegenüber ist der Stellenwert der Leberenzyme (GOT, GPT, Alkalische Phosphatase, gamma-GT) von untergeordneter Bedeutung, da erst bei multiplen Metastasen oder großen Solitärmetastasen, die mehr als 25% des Leberparenchyms einnehmen, mit pathologischen Serumspiegeln zu rechnen ist.

Der Stellenwert des CA 19-9 bei Patienten mit Lebermetastasen kolorektaler Karzinome ist demgegenüber nicht eindeutig. Zwar ist bei der überwiegenden Mehrzahl der Patienten der Serumspiegel erhöht, Sensitivität und Spezifität erreichen jedoch lediglich 60% bis 65% [21].

Bei Lebermetastasen eines Mammakarzinoms liegen neben einer Erhöhung des Tumormarkers CA 15-3 häufig die leberspezifischen Enzyme im pathologischen Bereich [8].

Staging hinsichtlich lokaler Operabilität

Zur Abklärung der Operabilität primärer und sekundärer Lebertumoren ist ein Ausschluß der *Infiltration des oberen Leberhilus* (Venae revehentes) bzw. des Pfortaderhauptstammes bzw. seiner Aufzweigung erforderlich. Hierzu eignen sich neben der MRT insbesondere die Angio-CT bzw. die Beurteilung der portalvenösen Phase des Angio-CT [22]. Eine Infiltration in die zwerchfellnahen Lebervenen signalisiert im allgemeinen Inoperabilität, demgegenüber kann die Infiltration des rechten oder linken Pfortaderastes durch Hemihepatektomie reseziert werden, wenn wenigstens ein Abstand von 1 cm zum Pfortaderhauptstamm besteht. Eine Infiltration in die Gallenblase stellt keine Einschränkung der Operabilität dar. Die Resektabilität kann mit einer präoperativen Sicherheit von bis zu 88% der Patienten eingeschätzt werden, während der positive Vorhersagewert der Nichtresektabilität bei etwa 73% liegt [23].

Die lokale Operabilität hängt jedoch nicht nur von der Infiltration großer Gefäßstrukturen in der Leber ab. Der präoperative Ausschluß eines *multizentrischen Wachstums* beim primären Leberzellkarzinom ist insbesondere beim Vorliegen einer Leberzirrhose erforderlich, da die Resektion unter solchen Umständen nicht sinnvoll ist.

Beim Vorliegen kolorektaler Lebermetastasen wird meist von einer Resektion Abstand genommen, wenn mehr als 3 Lebermetastasen auf beide Leberlappen verteilt sind. Insofern ist die sichere Festlegung der Zahl der Metastasen und ihrer Verteilung in der Leber bzw. Zuordnung zu bestimmten Lebersegmenten erforderlich [24]. Hierzu ist die präoperative Sonographie und Computertomographie nur eingeschränkt geeignet. Verglichen mit dem Befund der *intraoperativen Sonographie* ergeben sich in bis zu 40% zusätzliche Informationen, die zu einer Änderung der geplanten Behandlung zwingen bzw. eine Leberresektion nicht indiziert erscheinen lassen [25]. Die Laparoskopie mit laparoskopischer Sonographie kann hier zukünftig wesentlich zu einem exakteren präoperativen Staging beitragen [26].

Untersuchungen, inwieweit die Höhe des *präoperativen Serum CEA-Spiegel* sein Kriterium für die Operabilität von Lebermetastasen ist, konnten demgegenüber keinen Grenzwert für die Resektabilität angeben [19, 27].

Die Größe des zu resezierenden Tumors ist bei Lebermetastasen eher von untergeordneter Bedeutung. Allenfalls beim primären Leberzellkarzinom wird die Therapieentscheidung über Leberresektion oder -transplantation von der *Tumorgröße* abhängig gemacht. Wichtiger ist die Einschätzung des postoperativ verbleibenden Anteils funktionsfähigen Leberparenchyms. Die Beurteilung der *Leberfunktionsreserve* durch Indocyan-Grün-Test (ICG-Clearance [28]), bzw. der von Xylocain (MEG-X Test [29]) oder der Relation der arteriellen Ketonkörper [30] sind bei Kenntnis einer zugrunde liegenden Leberzirrhose notwendig. Des weiteren ist für die Einschätzung des Operationsrisikos und des operativen Vorgehens der Ausschluß einer Pfortaderthrombose zwingend. Insofern ist bei der präoperativen Diagnostik die Durchführung einer Zöliakographie und Mesenterikographie mit jeweiliger venöser Phase notwendig.

Staging extrahepatischer Tumorausbreitung

Die Ausbreitung des primären Leberzellkarzinoms erfolgt auf lymphatischen Weg über die perihepatischen Lymphbahnen zum Thorax sowie hämatogen vorwiegend in die Lunge. Eine computertomographische Untersuchung der Thoraxorgane ist somit präoperativ erforderlich. Allerdings sind gerade beim HCC häufig Fernmetastasen in sonst nur selten betroffenen Organen wie Nebenniere, Milz, Gastrointestinaltrakt, Knochen und Niere zu finden. Die Häufigkeit des Lymphknotenbefalls am Lig. hepatoduodenale wurde zwischen 15% und 45% angegeben [31], wobei Patienten mit einer Leberzirrhose seltener Lymphknotenmetastasen aufweisen. Die präoperative Laparaskopie kann dazu beitragen, nur Patienten einer Resektion zuzuführen, bei denen diese Konstellation ausgeschlossen ist [32].

Bei Lebermetastasen wurde die Häufigkeit lymphogener Metastasen mit 8% bis 9% beschrieben [33], in bis zu 15% liegt eine Infiltration über die Leberkapsel hinaus in benachbarte Strukturen (Pfortader, Omentum, Zwerchfell) vor [34].

Nur selten wird dies präoperativ erkannt: bis zu 26% der Patienten mit negativer Umfelddiagnostik weisen nach Laparotomie eine extrahepatische Tumorausbreitung zusätzlich zu Lebermetastasen auf [33]. Zwar können diese Metastasen reseziert werden, jedoch ist von einer wesentlich ungünstigeren Prognose auszugehen [34].

Hinweise auf extrahepatische Tumormetastasen können bei Patienten mit nicht-kolorektalem Primärtumor auch durch Immunszintigraphie mit spezifischen Antikörpern (z.B. Anti-Myosin beim Sarkom, Octreotid® bei neuroendokrinen Tumoren) erhalten werden.

Präoperative Maßnahmen

Für einen leberresezierenden Eingriff sind neben EKG, Röntgenuntersuchung des Thorax in 2 Ebenen, der Ausschluß relevanter kardio-pulmonaler Funktionseinschränkungen ggf. durch Echokardiographie, arterielle Blutgasanalyse, Lungenfunktionsprüfung und Bodypletysmographie sowie eine Angiographie der leberversorgenden Gefäße mit Beurteilung der portalen Strömungsphase erforderlich. Neben dem Ausschluß von Gefäßanomalien muß die Offenheit der V. portae nachgewiesen werden, sofern dies nicht durch Duplexsonographie möglich ist. Die Möglichkeit *zur Eigenblutspende* ist unbedingt zu nutzen, da die meisten segmentorientierten Resektionsverfahren bei der Metastasenresektion mit der Transfusion von weniger als 2 Blutkonserven – mithin durch Eigenblutspende – durchführbar sind. Alternativ bleibt hierzu die Möglichkeit der isovolämischen Hämodilution zu Narkosebeginn.

Laborchemisch sind Cholinesterase, Albumin, Fibrinogen, Quickwert für die Beurteilung der Leberfunktionsreserve heranzuziehen, desgleichen die Tumormarker zu bestimmen, um einen Ausgangswert für postoperative Kontrollen zu besitzen.

Bei der Planung von Leberresektionen bei *Leberzirrhose* ist zu berücksichtigen, daß bei diesen Patienten die Synthese von Gerinnungsfaktoren beeinträchtigt ist, Entgiftungsvorgänge von Narkotika verzögert ablaufen, sowie bei portaler Hypertension durch Aszites ein erheblicher Eiweißverlust entsteht. Bei Vorliegen einer Splenomegalie verstärkt sich wegen des erhöhten Erythrozytenabbaus die Blutungsgefahr, auch ist bei eingeschränkter Nierenfunktion das Risiko eines hepato-renalen Syndroms gegeben. Die Einteilung nach Child-Pugh ermöglicht eine Einschätzung des Risikos. Bei Patienten mit einer Einschätzung der Gruppe Child C (ungünstigste Voraussetzungen) ist eine Op-Indikation nur mit äußerster Zurückhaltung zu stellen, auch sollten parenchymsparende Resektionen (Segmentektomien) angestrebt werden. Auf jeden Fall ist präoperativ eine portale Hypertension zu behandeln (Betablocker, Shuntimplantation), eine Prophylaxe der postoperativen Aszitesbildung durch Gabe von Aldosteronantagonisten und eine Leberkomaprophylaxe durch enterale Applikation von Laktulose vorzunehmen.

Eine *Lebertransplantation* muß Zentren vorbehalten bleiben. Es treten präoperativ eine Reihe spezifischer Vorbereitungen hinzu, wie die HLA-Typisierung, Auschluß entzündlicher Foci, Bestimmung von Virusantikörpertitern, beratendes Gespräch durch gemeinsames Konsil von Chirurg, Hepatologe und Psychologe/Psychiater.

Operative Therapie unter kurativer Zielsetzung

Indikation zur Operation

Der Metastasierungsweg von Karzinomen des Kolon und oberen Rektum über das Zustromgebiet zur Vena portae machen die Leber zu einem ersten Filter für Metastasen, ohne daß extrahepatische Tumorabsiedlungen vorliegen müssen. Zusätzlich bestehen – im Gegensatz zum Mamma- oder Magenkarzinom – häufig solitäre Metastasen von kontinuierlichem Größenwachstum [35]. Hieraus leitet sich die rationale Basis für die Metastasenchirurgie ab. Vor allem solitäre, aber auch singuläre Metastasen (maximal drei auf einen Leberlappen beschränkt) stellen deshalb die Indikation zur Resektion mit kurativer Zielsetzung dar. Bei vier und mehr Metastasen in einem Leberlappen oder Absiedlungen in beiden Leberlappen ist kaum von einer kurativen Zielsetzung auszugehen, so daß eine Resektion als Routinemaßnahme außerhalb von Studien nicht zu rechtfertigen ist.

Bei *nicht kolorektalen Lebermetastasen* ist nur in seltenen Fällen davon auszugehen, daß eine vermeintlich solitäre Lebermetastase nicht Ausdruck eines generalisierten Tumorleidens ist. Die Operationsindikation ist dementsprechend nur in Einzelfällen mit längerfristigem Nachweis einer solitären Tumorabsiedlung gerechtfertigt. Einzelfälle eines Langzeitüberlebens nach Resektion von *Melanom-* oder *Hypernephrommetastasen* wurden berichtet [36, 37]. Beim *Mammakarzinom* haben vordergründig auf die Leber begrenzte Fernmetastasen auch unter intraarterieller Chemotherapie eine außerordentlich ungünstige Prognose, so daß hier primär systemische Therapieansätze indiziert sind [38]. Beim in die Leber infiltrierenden *Magenkarzinom* wird nach En-bloc-Resektion über Langzeitüberlebende berichtet, jedoch nicht nach Resektion synchron oder metachron aufgetretener Metastasen. Somit stellt letztere Konstellation keine Indikation zur Leberresektion dar [39].

Eine andere Beurteilung erfährt die Situation bei Metastasen endokriner Tumoren mit Primärtumorlokalisation im Drainagebereich der V. portae. Hier kann die Resektion auch multipler Metastasen angezeigt sein, um bei hormonbildenden Tumoren eine effektive Palliation zu erreichen, ggf. auch durch extrakorporale Resektion [40].

Bei in die Leber metastasierten Tumoren ist eine Transplantation wegen der notwendigen Immunsuppression keine sinnvolle Maßnahme. Inwieweit diese Einschätzung durch die Ergebnisse der „Cluster"-Transplantation [41] bei endokrinen Tumoren des Oberbauchs verändert wird, muß abgewartet werden.

Beim *primären Leberzellkarzinom* stellt die Resektion die Therapie der Wahl dar, allerdings liegt die Resektionsrate nur bei 20%–50%. Die *Resektion* oder Transplantation ist beim Nachweis von Lymphknotenmetastasen im Ligamentum hepatoduodenale oder Truncus coeliacus nicht indiziert. Die Resektionsindikation wird gestellt, wenn im Child Stadium A Tumoren auf einen Leberlappen beschränkt sind. Bei Patienten des Child B/C Stadiums mit einer Leberzirrhose ist die Indikation zur Resektion gerechtfertigt, wenn prä- und intraoperativ ein solitäres Tumorwachstum unter 5–10 cm nachgewiesen werden kann, keine Pfortaderthrombose vorliegt und eine parenchymsparende (Segment-)resektion möglich ist. Bei Gefäßinvasion oder größeren Tumoren muß eine präoperative Therapie (siehe Abschnitt „Multimodale Therapie") oder Lebertransplantation überdacht werden.

Die Indikation zur *Lebertransplantation* wird zunehmend zurückhaltend gestellt, auch im Hinblick auf die Verfügbarkeit von Spenderorganen. Beim cholangiozellulären Karzinom sind die Behandlungsergebnsisse am ungünstigsten, so daß hier die Indikation kaum vertreten werden kann. Am ehesten kommen Patienten mit einem kleinen HCC oder fibrolamellärem Karzinom in Frage. Bei Patienten mit einem auf dem Boden einer Leberzirrhose entstandenen HCC kommt nach gegenwärtigem Kenntnisstand eine Transplantation in Frage, wenn maximal zwei Tumoren mit jeweils weniger als 3 cm Durchmesser vorliegen und ein Verschluß des Pfortaderhauptstammes ausgeschlossen ist [42].

Technisches Vorgehen

Der operative Zugang zur Leber erfolgt sinnvollerweise durch eine quere Oberbauchlaparotomie rechtsseitig, die nach links erweitert werden kann und durch Verlängerung der Schnittführung zum Xiphoid („Mercedesstern-Schnitt") mit Einsatz von Retraktoren des Rippenbogens beidseits. Dies ermöglicht eine optimale Exposition der Leber und läßt alle Möglichkeiten resezierender Verfahren bis hin zur Transplantation offen, so daß ein abdomino-thorakales Vorgehen nur in Ausnahmefällen erforderlich ist.

Nach Öffnung des Abdomens wird dies zunächst sorgfältig auf eine extrahepatische Tumorausbreitung hin überprüft. Dazu zählt insbesondere neben den Lymphknotenstationen der Ausschluß eines lokalen Tumorrezidivs im Bereich des ehemaligen Primärtumorlagers im Kolorektum. Die Anschlingung und Exploration des Ligamentum hepato-duodenale mit dem Ziel der Abklemmung („Pringle-Manöver") schließt sich als nächster Schritt an. Lassen sich tumorbefallene Lymphknoten im Lig. hepatoduodenale nachweisen, kann von der Leberresektion her keine Kuration mehr erwartet werden. In Abhängigkeit von der Zahl und Ausbreitung der Lebermetastasen muß zwischen einem Abbruch des Eingriffs und einer Resektion mit konsekutiver Strahlentherapie des Leberhilus abgewogen werden.

Die *intraoperative Sonographie (IOUS)* kommt als nächster Schritt zum Einsatz, um präoperativ nicht erkannte Metastasen auszuschließen und die Lage der zu resezierenden Tumoren in Relation zu Pfortaderästen bzw. den V. revehentes zu erkennen.

Die Durchführung der eigentlichen Leberresektion geschieht für größere segmentorientierte (Bisegmentektomie) und lappenresezierende Eingriffe nach Abklemmung des Lig. hepatoduodenale. Segmentektomien oder „Wedge-sections" mit Resektion randständiger Lebermetastasen machen einen solchen Schritt meist nicht erforderlich. Die Abklemmzeit bei segmentorientierten Resektionen ist in aller Regel kürzer als 20 Minuten, so daß keine seitengetrennte Abklemmung erforderlich ist.

Zur Festlegung segment- oder lappenorientierter Resektionsgrenzen dient neben der Kava-Gallenblasen-Linie (Trennung Segmente 1–4 von 5–8 [Hemihepatektomie rechts]) das Ligamentum falciforme (Grenze der Segmente 4a/b zu den Segmenten 2/3). Die IOUS ist eine entscheidende Hilfe für die Zuordnung der Lebersegmente zu den segmentären Pfortader- und Gallengangsaufzweigungen. Eine genaue Kenntnis der funktionellen Anatomie der Leber und der sich auf die Leberoberfläche projizierenden Segmente ist unerläßlich [43].

Für die anatomischen Lappenresektionen (Hemihepatektomie rechts) bzw. Bisegmentektomie II/III (sogenannte Hemihepatektomie links) ist die Ischämie dieses Leberanteils zur Erkennung der Demarkationsgrenze wertvoll. Die Präparation des Leberhilus mit seitengetrennter Anschlingung und Abklemmung der Pfortader- und arteriellen Äste ist hierfür erforderlich. Nach kompletter Mobilisation der zu resezierenden Leberhälfte vom Zwerchfell und den retroperitonealen Verwachsungen wird danach zunächst mit dem Elektrokauter die Leberkapsel inzidiert und dadurch das Resektionsausmaß markiert. Wegen der Gefahr einer Drehung um die oberen Lebervenen soll bei einer zu erwartenden Hemihepatektomie rechts der linke Leberlappen nicht vom Zwerchfell mobilisiert werden. Je nach zur Verfügung stehenden technischen Mitteln wird entweder durch „finger-fracture-Technik" oder durch Verwendung eines Ultraschalldissektors das Leberparenchym durchtrennt, so daß lediglich Pfortaderäste, Gallengänge und Arterien stehenbleiben, die gezielt mit Klemmen gefaßt und unterbunden werden. Wesentlich für die exakte Erkennung und Versorgung der retrohepatischen Venen, einschließlich der Venae suprarenales rechts ist, daß die Leber durch den ersten Assistenten mit konstantem Zug nach ventral aus dem Retroperitoneum abgehoben wird. Die in die Vena cava mündenden Lebervenen (auch kleine Äste) sollen mit monofilem, nicht-resorbierbarem Nahtmaterial durchstochen bzw. fortlaufend übernäht werden. Zwar ist die Versorgung kleinerer Gefäße mittels Clips zeitsparender, beim Auftreten einer Blutung besteht jedoch die Gefahr, daß diese Clips weggewischt werden und sich neue Blutungsquellen ergeben. Einen weiteren wichtigen Schritt stellt die Präparation des oberen Hilus dar. Hier muß sichergestellt werden, daß das verbleibende Restparenchym und dessen drainierende Vene nicht eingeengt werden. Dieses Risiko besteht für die mittlere Lebervene bei der Hemihepatektomie rechts sowie auch bei der Bisegmentektomie 2/3 (sogennnte Hemihepatektomie links).

Nach Versorgung der Gallengänge, Arterien und Lebervenen und der Resektionsfläche, kann durch Freigabe des Blutstroms zur Leber eine Überprüfung der Blutstillung erfolgen. Zur Versorgung von diffusen Blutungen aus dem Leberparenchym haben sich unterschiedliche Verfahren wie Heißluftkoagulation, Laserkoagulation, Infrarot (Saphir-)koagulator, Aufsprühen von Fibrinkleber und Aufbringen fibrinhaltiger Schwämme etwa gleich gut bewährt [44]. Ist eine der Lebervenen nahe zur Resektionsfläche gelegen, soll eine Adaptation der Resektionsränder unterbleiben, um eine Behinderung des venösen Abstroms und damit des portalen Einstroms zu vermeiden. Die Resektionsfläche wird mit zwei Silikondrainagen als Blutungsdrainage versorgt.

Die Abklemmung des Leberhilus kann ohne Risiko mindestens für 30 Minuten vorgenommen werden, nach ca. 5 bis 10 min. Eröffnung werden in der Regel erneut 15 bis 30 min. Leberischämie ohne wesentliche Funktionsausfälle toleriert [45], allerdings abhängig von der durch die Resektion entstehenden Gesamtsituation (Blutverlust, Schockzustand).

Zur Resektionsbehandlung von Lebermetastasen endokriner Primätumoren wurde von Pichlmayr das Verfahren der *extrakorporalen Resektion* unter hypothermer Perfusion der Leber („bench-procedure") angegeben [40]. Hierbei kann eine subtile Resektion (Enukleation) von multiplen Lebermetastasen erfolgen. Während der anhepatischen Phase wird bei dem Patienten ein cavo-/porto-systemischer Shunt implantiert.

Das technische Vorgehen bei der *Lebertransplantation* soll nur kurz skizziert werden. Nach Hepatektomie werden am Spenderorgan sorgfältig alle in die retrohepatische Vena cava einmündenden Venen unterbunden, sowie eine Cholezystektomie vorgenommen. Die Implantation eines porto-systemischen Shunts für die anhepatische Phase wird in den verschiedenen Zentren unterschiedlich gehandhabt. Bei der Leberimplantation wird zunächst die V. cava superior, dann die V. cava inferior, danach die Pfortader anastomosiert. Nach Fertigstellung der arteriellen Anastomose erfolgt die Seit-zu-Seit Vereinigung des D. choledochus, wobei über den D. cysticus-Stumpf eine Anastomosendrainage eingebracht wird.

Multimodale Therapie

Prä-resektionale Behandlung beim Leberzellkarzinom

Die Kombination aus transarterieller Embolisation mit konsekutiver Resektion stellt bei Patienten mit primär nicht resektablen Tumoren einen Behandlungsansatz dar. Resektabilität konnte danach bei 25% bis 31% der Patienten erreicht werden, ohne daß eine erhöhter Blutverlust oder gesteigerte Komplikationsrate zu verzeichnen war [46, 47]. Auch die Kombination aus einer systemischen Chemotherapie vor Lebertransplantation scheint nach Ausschluß der postoperativen Letalität im Vergleich zu einer historischen Kontrollgruppe zu einer um die Hälfte niedrigeren Rezidivinzidenz und mit 59% günstigen 3-Jahres-Überlebensrate zu führen [48].

Prä-resektionale Behandlung bei Lebermetastasen

Bei der Indikationsabklärung von Patienten mit einem kurzen Zeitintervall zwischen Primärtumor und Auftreten metachroner Lebermetastasen (unter 6–12 Monaten) bzw. Patienten mit ungünstigen tumorbiologischen Parametern des Primärtumors (pT4, pN2/3, G3) ist zu überlegen, zunächst eine systemische Chemotherapie z.B. über einen Zeitraum von 3 Monaten vorzunehmen. Bei Patienten, deren Metastasen eine Größenkonstanz aufweisen oder kleiner werden und keine neuen Tumorabsiedlungen auftreten, kann nach diesem Zeitintervall die Leberresektion durchgeführt werden. Beim Auftreten extrahepatischer oder zusätzlicher Lebermetastasen ist eine Leberresektion dagegen nicht mehr indiziert. Das Risiko, daß unter systemischer Chemotherapie eine Metastasierung aus der Leber stattfindet, die durch Metastasenresektion hätte unterbunden werden können, erscheint gering. Die perioperative Morbidität und Mortalität wurde kaum beeeinflußt, Daten über das Langzeitüberleben liegen jedoch noch nicht vor [49].

Postoperativ adjuvante Therapie beim Leberzellkarzinom

Derzeit sind keine gesicherten adjuvanten tumorspezifischen Therapiemaßnahmen nach Leberresektion bekannt, die eine Verlängerung des rezidivfreien oder Gesamtüberlebens bewirken. Dies gilt auch für Patienten nach Lebertransplantation. Patienten einer Arbeitsgruppe mit sehr günstigen Überlebenszeiten nach Lebertransplantation erhielten postoperativ eine Therapie mit Doxorubicin und 5-Fluorouracil für 9 Monate [50, 51].

Postoperativ adjuvante Therapie bei Lebermetastasen

Randomisierte Studien zur Überprüfung intraportaler, intraarterieller, intraperitonealer oder systemischer Chemotherapie konnten keine Verlängerung der

Tabelle 3. Ergebnisse adjuvanter Chemotherapie nach Leberresektion wegen kolorektaler Metastasen

Applikationsweg	Zahl Patienten (n)	Mediane Überlebenszeit	5-Jahres-Überleben	Literatur
Intraarteriell				
Resektion	15	21 Mon.	f. A.	
Resektion + FUdR	15	24 Mon.	f. A.	[79]
Resektion	6	9 Mon.	50%	
Resektion + FUdR	5	31 Mon.	40%	[80]
Resektion	42	34 Mon.	f. A.	
Resektion + FUdR	51	45 Mon.	f. A.	[81] [a]
Intraperitoneal				
Resektion	12	50 Mon.	36%	
Resektion + 5-FU	17	nicht erreicht	90% (3-Jhr.)	[82] [a]
Systemisch				
Resektion	26	30 Mon.	f. A.	[83]
Resektion + 5-FU/Semustin	26	34 Mon.	f. A.	

[a] Studie nicht randomisiert

Überlebenszeit oder des rezidivfreien Intervalls postoperativ nachweisen (Tabelle 3). Im eigenen Vorgehen wird derzeit der Stellenwert einer aktiv spezifischen Immuntherapie mit Newcastle-Disease-Virus modifizierten, autologen Tumorzellen überprüft [52]. Eine Indikation zur adjuvanten Therapie außerhalb klinischer Studien ergibt sich daher nicht.

Palliative operative Therapie

Eine palliative Resektion von Lebermetastasen (geplante R2-Resektion) kann nur in Ausnahmefällen indiziert sein. Unter den Palliativmaßnahmen hat die regionale Chemotherapie kolorektaler Lebermetastasen eine weite Verbreitung gefunden. Vom Konzept her überzeugend, wird durch Infusion von Zytostatika mit hoher hepatische Extraktionsrate (70%–90% für 5-FU und FUDR) über die Art. hepatica eine höhere Dosis an den Tumor gebracht unter Minimierung der systemischen Toxizität [53].

Während das Verfahren zu Anfang der 80er Jahre enthusiastisch aufgenommen wurde und die initialen Therapieresultate denen der Leberresektion identisch erschienen, hat sich nach Durchführung randomisierter Studien keine Überlegenheit der intraarteriellen gegenüber einer systemischen Chemotherapie hinsichtlich der Überlebenszeit der Patienten nachweisen lassen [54]. Allerdings ist der Anteil partieller Remissionen höher als unter systemischer Behandlung.

Eine Indikation zur primär regionalen Chemotherapie über einen Art. hepatica-Katheter ist deshalb nicht gegeben. Die Morbidität des Eingriffs [55] ist nicht durch eine a priori bessere Behandlungschance gerechtfertigt.

Die *Indikation zur regionalen Chemotherapie* sehen wir derzeit bei auf die Leber beschränkter Metastasierung und Progredienz unter systemischer Therapie. Am günstigsten schneiden dabei diejenigen Patienten ab, bei denen unter systemischer Therapie zunächst eine partielle Remission erzielt werden konnte [56]. Hier kann durch erhöhte Zytostatikakonzentration am Tumor möglicherweise eine erneute Remission erreicht werden.

Die Indikation zur primär-regionalen Therapie kann bei Patienten mit synchronen Lebermetastasen vertreten werden. Da eine Laparotomie zur Primärtumorresektion ohnehin erforderlich ist, stellt die zusätzliche Implantation eines Art. hepatica keine wesentliche Vergrößerung des Operationsaufwandes dar, kann dem Patienten jedoch eine spätere Relaparotomie zur Katheterimplantation ersparen.

Unter intraarterieller Therapie mit 5-FU sowie Kombinationen aus FUdR, Leukovorin und Dexamethason können mediane Überlebenszeiten von über 20 Monaten erwartet werden [57].

Andere Palliativmaßnahmen stellen die ultraschallgestützte Kryochirurgie [58], die intermittierende Desarterialisation der Leber über einen Okkluder mit nachfolgender intraarterieller Chemotherapie [59], die Chemoembolisation oder die perkutane Injektion von Alkohol in die Metastasen [60] dar. Ihr Stellenwert bei Lebermetastasen kolorektaler Karzinome ist hinsichtlich einer Lebensverlängerung unsicher. Bei Metastasen hormonbildender Tumoren ist die Chemoembolisation ein häufig angewendetes, jedoch nicht komplikationsarmes Verfahren [61]. Demgegenüber bietet die selektive Chemoembolisation mit Lipiodol® beim hepatozellulären Karzinom in frühen Stadien eine der Resektionsbehandlung vergleichbare Überlebensrate [62]. Für Lebermetastasen endokriner Tumoren mit Anreicherung in der Octreotid®-Szintigraphie kann eine Radionuklidtherapie in Erwägung gezogen werden [18].

Nachsorge und Rehabilitation

Bei Patienten nach Resektion von Lebermetastasen ist in der Nachsorge die Erkennung eines Tumorrezidivs intra- oder extrahepatisch von vorrangiger Bedeutung. Leituntersuchungen der Nachsorge sind deshalb die Röntgenuntersuchung des Thorax, Sonographie der Leber, und Tumormarkerbestimmung (CEA), was insbeondere auch einen Indikator für Residualtumor darstellt [63]. Bei Patienten nach (erweiterter) Hemihepatektomie ist mit einer postoperativen hepatischen Insuffizienz mit protrahiertem Ikterus sowie einer Störung der Lebersynthese- und Clearing-Leistung zu rechnen.

Demgegenüber ist bei Patienten nach Leberresektion wegen eines hepatozellulären Karzinoms auf dem Boden einer Leberzirrhose die Erholungsphase protrahiert und von erheblicher Morbidität gekennzeichnet. Die Rehabilitation dieser Patienten muß eine Ernährungsberatung umfassen, aber ggf. auch eine psychologische Betreuung, sofern Suchtverhalten Teil der Grunderkrankung ist.

Bei Patienten nach Lebertransplantation stehen die Probleme der Immunsuppresssion unter Cortison-, Cyclosporin- oder Azathiopringabe zur Verhinderung der Transplantatabstoßung im Vordergrund.

Als Leituntersuchungen hinsichtlich der Erkennung eines Tumorrezidivs sind ebenfalls die Röntgenuntersuchung des Thorax, Sonographie der Leber und Bestimmung des Serum-AFP, sofern präoperativ erhöht, anzusehen.

Operative Therapie beim Tumorrückfall

Lebermetastasen

Die Rezidivinzidenz von Lebermetastasen nach Resektion ist hoch und beträgt am Ende des ersten postoperativen Jahres mehr als 50%. Sehr häufig ist dies kombiniert intra- und extrahepatisch lokalisiert, so daß systemische Behandlungsverfahren (Chemotherapie) anstehen, deren mediane Überlebenszeit allerdings weniger als 12 Monate beträgt [64]. Bei wenigen Patienten stellen sich erneut solitäre oder singuläre Lebermetastasen ein, die einer zweiten Resektion zugänglich sind. Bei strenger Patientenselektion und adäquater operativer Erfahrung können Zweit- und Drittresektionen an der Leber mit vertretbarer perioperativer Morbidität und Mortalität vorgenommen werden. Derzeit liegen Erfahrungen etwa bei 100 Patienten vor, wobei die Letalität des Re-Eingriffes unter 5% liegt, bei einer medianen Überlebenszeit zwischen 18 und 28 Monaten [65, 66].

Verglichen mit anderen Therapieverfahren von Rezidivmetastasen (systemisch oder regionale Chemotherapie) haben Patienten nach erneuter Leberresektion die längste Überlebenszeit [64]. Es ist jedoch zu berücksichtigen, daß ein auf die Leber beschränktes Tumorrezidiv eine günstige Selektion hinsichtlich der zugrunde liegenden Tumorbiologie darstellt.

Primäres Leberzellkarzinom

Die Inzidenz des Tumorrezidivs nach Leberresektion beträgt bereits nach 12 Monaten über 60% [67], mit meist multizentrischem Tumorwachstum. Über die Hälfte der Rezidive sind intrahepatisch und etwa ein Viertel extrahepatisch lokalisiert. Ein auf die Leber beschränktes Tumorrezidiv nach Leberresektion kann gelegentlich mit akzeptabler Morbidität einer Zweitresektion zugeführt werden. Diese Patienten weisen eine längere Überlebenszeit auf als jene, bei denen eine Zweitresektion nicht möglich war [68]. Erfahrungen mit einer Transplantation nach vorausgegangener Leberresektion wegen eines HCC sind in der westlichen Hemisphäre begrenzt, einige der Patienten überlebten zwischen ein und drei Jahren tumorfrei [69]. Bei Nichtresektabilität und fehlender Indikation zur Lebertransplantation ist die Chemoembolisation Therapie der Wahl [70]. Extrahepatische Tumorrezidive sind in weniger als 5% der Fälle resektabel. Meist handelt es sich um Implantationsmetastasen der Bauchwand oder Lungenfiliae, allerdings überlebte kein Patient längerfristig tumorfrei [71] .

Nach Lebertransplantation beträgt die Rezidivinzidenz je nach präoperativer Patientenselektion zwischen 25% und 65%. Gelegentlich ist eine Rezidivresektion in der transplantierten Leber möglich, meist ist sonst die Indikation zur Chemoembolisation zu überprüfen [69].

Prognose, postoperative Mortalität und Morbidität

Die perioperative Mortalität nach Leberresektionen wegen *Metastasen* hat sich in den letzten Jahren durch ein zunehmend standardisiertes operatives Vorgehen, schonendere Resektionsverfahren und die Möglichkeiten der Minimierung post- und intraoperativer Blutverluste verbessert. Für anatomische Lappenresektionen muß eine Letalität um 5% bis 10% jedoch auch an Zentren erwartet werden, während Segmentresektionen meist ohne Mortalität durchführbar sind [72].

Hinsichtlich der Morbidität stellen subphrenische Abszesse, Pneumonien und passagere Leberfunktionsstörungen die wesentliche Gefährdung für den Patienten dar. Es ist davon auszugehen, daß hiervon ca. 30% bis 35% der Patienten betroffen sind. Zugrunde liegende Faktoren sind insbesondere die Notwendigkeit einer abdomino-thorakalen Resektion. Unter Ausnutzung der queren Oberbauchlaparotomie und Verlängerung medial bis zum Xyphoid ist die Notwendigkeit zur Thoraktomie selten geworden.

Ein die Morbidität begünstigender Faktor sind durch akuten intraoperativen Blutverlust bedingte hypotensive Krisen. Es konnte nachgewiesen werden, daß Patienten, deren arterieller Mitteldruck um mehr als 30% unter den Ausgangswert absinkt, einen signifikant ungünstigeren postoperativen Verlauf mit kürzerer medianer Überlebenszeit haben [73].

Die mediane Überlebenszeit nach potentiell kurativer (R0) Resektion von Lebermetastasen beim kolorektalen Karzinom liegt zwischen 28 und 35 Monaten. Die 5-Jahres-Überlebensrate beträgt 30% bis 35%, wobei nur ein geringer Teil der Patienten rezidivfrei bleibt.

Die operative Mortalität nach *Resektion beim Leberzellkarzinom* beträgt bei Patienten der westlichen Hemisphäre zwischen 4% und 19% [74], bei Vorliegen einer Leberzirrhose jedoch zwischen 14% und 26% [69]. Häufigste Komplikationen sind Nachblutung, subphrenischer Abszeß, Pleuraerguß und Wundinfekt, wobei mit einer Häufigkeit von 25%–40% zu rechnen ist. Ein Leberversagen sowie biliokutane Fisteln sind andere Faktoren der Morbidität.

Die Letalität nach *Lebertransplantation* wird ebenfalls stark von einer präexistenten Leberzirrhose mit erhöhtem Risiko einer postoperativen Nachblutung bestimmt. Die 30-Tage-Letalität beträgt 7%–13% bei Patienten ohne Zirrhose gegenüber 22–28% bei solchen mit Zirrhose, das 3-Monats-Überleben liegt bei 77% vs. 68% [69, 75, 76].

Langzeitprognose und prognostische Faktoren

Die Langzeitprognose von Patienten nach *Leberresektion wegen kolorektaler Metastasen* kann davon ausgehen, daß nach 5 Jahren weniger als 10% der

Patienten tumorfrei überleben und weitere 15%–20% der Patienten mit einem Tumorrezidiv am Leben sind. Das operativ-technische Vorgehen ist nicht von Bedeutung: eine Lappenresektion verspricht bei einem Resektionsabstand von mindestens 1 cm keine günstigeren Therapieergebnisse als eine segmentorientierte Resektion. Charakteristika von Patienten mit langfristigem tumorfreien Überleben sind solitäre metachrone Metastasen mit langem Zeitintervall zum Primärtumor, sowie einem CEA Wert, der nach Resektion in den Normalbereich zurückkehrt [63].

Bei Patienten mit Lebermetastasen *nicht-kolorektaler Karzinome* ist nur in Ausnahmefällen ein langfristiges Überleben berichtet worden. Weder für die Resektion von Metastasen beim Nierenzell-, Magen- oder Mammakarzinom oder von Weichteilsarkomabsiedlungen liegen Untersuchungen zu prognostischen Faktoren vor.

Für die Prognose der *primären Lebermalignome* ist der histologische Typ ein entscheidender Parameter. Patienten mit einem fibrolamellären Karzinom haben eine wesentlich günstigere 5-Jahres-Überlebensrate nach Resektion (bis über 50%) als solche mit Tumoren vom cholangio- oder hepatozellulären Typ, bei denen lediglich von einer 25%–30% Überlebensrate ausgegangen werden kann. Bei unbehandelten Patienten ist die Überlebenszeit in Abhängigkeit von der Okuda-Klassifikation mehrfach nachgewiesen worden [5, 77].

An prognostischen Faktoren ist beim Karzinom das Vorliegen einer Leberzirrhose, Tumorgröße von über 5 cm sowie eine Infiltration von Pfortaderästen und eine R1-Resektion mit einem signifikant ungünstigeren Überleben nach *Leberresektion* verbunden [62].

Die Behandlungsergebnisse der *Lebertransplantation* sind beim cholangiozellulären Karzinom am ungünstigsten. Beim hepatozellulären Karzinom wurden 5-Jahres-Überlebensraten zwischen 21% und 55% und Langzeitüberlebenden bis 15 Jahre nach Transplantation berichtet [42, 62]. Überwiegend lag bei diesen Patienten ein fibrolamelläres Karzinom oder ein kleines akzidentell entdecktes HCC bei Transplantation wegen einer Leberzirrhose vor. Als prognostisch ungünstige Faktoren stellten sich die Infiltration der Pfortader, Tumorgröße über 5 cm sowie Multizentrizität heraus [42, 69].

Literatur

1. Van de Velde GJH (1986) The staging of hepatic metastases. In: Herfarth C, Hohenberger P, Schlag P (eds) Recent results in cancer resarch, vol 100. Therapeutic strategies in primary and metastatic liver cancer. Springer, Berlin Heidelberg New York Tokyo, p 85
2. Gennari L, Doci R, Bozzetti F, et al (1986) Proposal for staging liver metastases. In: Herfarth C, Hohenberger P, Schlag P (eds) Recent results in cancer research, vol 100. Therapeutic strategies for primary and metastatic liver cancer. Springer, Berlin Heidelberg New York Tokyo, p 80
3. Craig JR, Peters RL, Edmondson HA, et al (1980) Fibrolamellar carcinoma of the liver: a tumor of adolescents and young adults with distinctive clinico-pathologic features. Cancer 46: 372

4. Edmondson HA, Steiner PE (1954) Primary carcinoma of the liver. A study of 100 cases among 48900 necropsies. Cancer 7: 462
5. Okuda K, Ohtsuki T, Obata H (1985) Natural history of hepatocellular carcinoma and prognosis in relation to treatment. Cancer 56: 918
6. UICC (1992) TNM classification of malignant tumours. Springer, Berlin Heidelberg New York Tokyo
7. UICC (1993) TNM Supplement. Springer, Berlin Heidelberg New York Tokyo
8. Clark CP, Foreman ML, Peters GN, et al (1988) Efficacy of preoperative liver function tests and ultrasound in detecting hepatic metastasis in carcinoma of the breast. Surg Gynecol Obstet 167: 510
9. Imberti D, Fornari F, Sbolli G, et al (1993) Hepatocellular carcinoma in liver cirrhosis. A prospective study. Scand J Gastroenterol 28: 540
10. Tang ZY, Yu YQ, Zhou XD, et al (1993) Subclinical hepatocellular carcinoma: an analysis of 391 patients. J Surg Oncol [Suppl] 3: 55
11. Koito K, Suga T, Murashima Y (1993) Radiologic diagnosis and staging of hepatocellular carcinoma. Endoscopy 25: 131
12. Heiken JP, Weyman PJ, Lee JK, et al (1989) Detection of focal hepatic masses: prospective evaluation with CT, delayed CT, CT during arterial portography, and MR imaging. Radiology 171: 47
13. Wernecke K, Rummeny E, Bongartz G (1991) Detection of hepatic masses in patients with carcinoma comparative sensitivity of sonography, CT and MRI imaging. Am J Radiol 65: 731
14. Bimbaum BA, Noz ME, Chapnick J, et al (1991) Hepatic hemangiomas: diagnosis with fusion of MR, CT, and Tc-99m-labeled red blood cell SPECT images. Radiology 18: 469
15. McPeake JR, O'Grady JG, Zaman S, et al (1993) Liver transplantation for primary hepatocellular carcinoma: tumor size and number determine outcome. J Hepatol 18: 226
16. Choi BI, Han MC, Kim CW (1990) Small hepatocellular carcinoma versus small cavernous hemangioma: differentiation with MR imaging at 2.0 T. Radiology 176: 103
17. Barzen G, Felix R (1992) Radioimmunszintigraphie kolorektaler Tumoren: State of the Art. Akt Radiol 2: 262
18. Krenning EP, Kwekkeboom DJ, Bakker WH, et al (1994) Somatostatin receptor scintigraphy with 111In-DTPA-D-Phe and 123I-Tyr-Octreotide: the Rotterdam experience with more than 1000 patients. Eur J Nucl Med 20: 716
19. Steele GJ, Bleday R, Mayer RJ, et al (1991) A prospective evaluation of hepatic resection for colorectal carcinoma metastases to the liver: Gastrointestinal Tumor Study Group Protocol 6584. J Clin Oncol 9: 1105
20. Sugarbaker PH, Gianola FJ, Dwyer A, et al (1987) A simplified plan for follow-up of patients with colon and rectal cancer supported by prospective studies of laboratory and radiologic test results. Surgery 102: 79
21. Thomas WM, Robertson JF, Price MR, et al (1991) Failure of CA19-9 to detect asymptomatic colorectal carcinoma. Br J Cancer 63: 975
22. Sugarbaker PH, Nelson RC, Murray DR, et al (1990) A segmental approach to computerized tomographic portography for hepatic resection. Surg Gynecol Obstet 171: 189
23. Vogel SB, Drane WE, Ros PR, et al (1994) Prediction of surgical resectability in patients with hepatic colorectal metastases. Ann Surg 219: 508
24. Nelson RC, Chezmar JL, Sugarbaker PH, et al (1990) Preoperative localization of focal liver lesions to specific liver segments: utility of CT during arterial portography. Radiology 176: 89

25. Parker GA, Lawrence WJ, Horsley JS, et al (1989) Intraoperative ultrasound of the liver affects operative decision making. Ann Surg 209: 569
26. Miles WF, Patterson-Brown S, Garden OJ (1992) Laparascopic contact hepatic ultrasonography. Br J Surg 79: 419
27. Moertel CG, O'Fallon JR, Go VLW (1986) The preoperative carcinoembryonic antigen test in the diagnosis, staging, and prognosis of colorectal cancer. Cancer 58: 603
28. Paumgartner G (1975) The handling of indocyanine green by the liver. Schweiz Med Wochenschr 105 [Suppl]: 5
29. Oellerich M, Burdelski M, Ringe B (1989) Lignocaine metabolite formation as a measure of pretransplant liver function. Lancet 25: 640
30. Yamaoka Y, Shimamara T, Nakatani K (1988) Clinical role of blood ketone body ratio as an indicator evaluating hepatic tolerance for portal trias cross-clamping in cirrhotic liver resection. Surg Res Comm 3: 87
31. Nakashima T, Kojiro M (1987) Hepatocellular cancer. Springer, Berlin Heidelberg New York Tokyo
32. Al'Hadeedi S, Choi TK, Wong J (1990) Extended hepatectomy for hepatocellular carcinoma. Br J Surg 77: 1247
33. Lefor AT, Hughes KS, Shiloni E, et al (1988) Intra-abdominal extrahepatic disease in patients with colorectal hepatic metastases. Dis Colon Rectum 31: 100
34. Hohenberger P, Schlag PM, Herfarth C (1993) Erweiterte Leberresektion bei Metastasen kolorektaler Karzinome. Langenbecks Arch 378: 110
35. Eder M (1984) Die Metastasierung: Fakten und Probleme aus humanpathologischer Sicht. In: Hübner K (Hrsg) Metastasen – Verhandlungsband der Deutschen Gesellschaft für Pathologie. Fischer, Stuttgart, S 1
36. Hohenberger P (1993) Surgery of liver metastases of renal cell cancer. In: Staehler G, Pomer S (eds) Contemporary research on renal cell cancer. Springer, Berlin Heidelber New York Tokyo, p 10
37. Stoelben E, Sturm J, Schmoll J, et al (1994) Resektion von solitären Lebermetastasen des malignen Melanoms. Chirurg 66: 40
38. Elias D, Lasser P, Spielmann M, et al (1991) Surgical and chemotherapeutic treatment of hepatic metastases from carcinoma of the breast. Surg Gynecol Obstet 172: 461
39. Bines SD, England G, Deziel DJ, et al (1993) Synchronous, metachronous, and multiple hepatic resections of liver tumors originating from primary gastric tumors. Surgery 114: 799
40. Pichlmayr R (1990) Technique and preliminary results of extracorporeal liver surgery (bench procedure) and surgery on the in situ preserved liver. Br J Surg 77: 21
41. Tzakis A, Todo S, Madariaga J, et al (1991) Upper abdominal exenteration in transplantation for extensive malignancies for the upper abdomen – an update. Transplantation 51: 727
42. Bismuth H, Chiche L, Adam R, et al (1993) Liver resection versus transplantation for hepatocellular carcinoma in cirrhotic patients. Ann Surg 218: 145
43. Bismuth H (1982) Surgical anatomy and anatomical surgery of the liver. World J Surg 6: 3
44. Postema RR, Plaisier PW, ten Kate FJ, et al (1993) Haemostasis after partial hepatectomy using argon beam coagulation. Br J Surg 80: 1563
45. Hannoun L, Borie D, Delva E, et al (1993) Liver resection with normothermic ischaemia exceeding 1 h. Br J Surg 80: 1161
46. Wu Y, Campbell KA, Sitzmann JV (1993) Hormonal and splanchnic hemodynamic alterations following hepatic resection. J Surg Res 55: 44
47. Morino M, Miglietta C, Grosso M, et al (1993) Preoperative chemoembolization for hepatocellular carcinoma. J Surg Oncol [Suppl] 73: 91

48. Stone M, Klintmalm G, Polter D (1993) Neoadjuvant chemotherapy and liver transplantation for hepatocellular carcinoma: results in 20 patients. Gastroenterology 104: 196
49. Fowler WC, Eisenberg BL, Hoffman JP (1992) Hepatic resection following systemic chemotherapy for metastatic colorectal carcinoma. J Surg Oncol 51: 122
50. Venook AP (1993) Liver transplantation for hepatocellular carcinoma. Hepatology 18: 218
51. Carr BI, Selby R, Madariaga J, et al (1993) Prolonged survival after liver transplantation and cancer chemotherapy for advanced-stage hepatocellular carcinoma. Transplant Proc 25: 1128
52. Schlag PM, Manasterski M, Gerneth T, et al (1992) Active specific immunotherapy with Newcastle-disease-virus-modified autologous tumor cells following resection of liver metastases in colorectal cancer. First evaluation of clinical response of a phase II-trial. Cancer Immunol Immunother 35: 325
53. Hohenberger P, Schlag PM (1989) Lokoregionale Chemotherapie von Lebermetastasen. Z Gastroenterol Verh 24: 186
54. Kemeny N, Daly J, Reichman B, et al (1987) Intrahepatic or systemic infusion of fluorodeoxyuridine in patients with liver metastases from colorectal carcinoma. A randomized trial. Ann Intern Med 107: 459
55. Curley SA, Chase JL, Roh MS, et al (1993) Technical considerations and complications associated with the placement of 180 implantable hepatic arterial infusion devices. Surgery 114: 928
56. Hohenberger P, Schlag PM, Herrmann R, et al (1989) Intrahepatic 5-FU retreatment of liver metastases of colorectal cancer that were progressive under previous systemic chemotherapy. Am J Clin Oncol 12: 447
57. Kemeny N, Seiter K, Conti JA, et al (1994) Hepatic arterial floxuridine and leucovorin for unresectable liver metastases from colorectal carcinoma. New dose schedules and survival update. Cancer 73: 1134
58. Ravikumar TS, Steele GJ, Kane R, et al (1991) Experimental and clinical observations on hepatic cryosurgery for colorectal metastases. Cancer Res 51: 6323
59. Persson BG, Jeppsson B, Ekberg H, et al (1990) Repeated dearterialization of hepatic tumors with an implantable occluder. Cancer 66: 1139
60. Giovannini M, Seitz JF (1994) Ultrasound-guided percutaneous alcohol injection of small liver metastases. Results in 40 patients. Cancer 73: 294
61. Marlink RG, Lokich JJ, Robins JR, et al (1990) Hepatic arterial embolization for metastatic hormone-secreting tumors. Technique, effectiveness and complications. Cancer 65: 2227
62. Farmer DG, Rosove MH, Shaked A, et al (1994) Current treatment modalities for hepatocellular carcinoma. Ann Surg 21: 236
63. Hohenberger P, Schlag PM, Gerneth T, et al (1994) Pre- and postoperative carcinoembryonic antigen determinations in hepatic resection for colorectal metastases. Ann Surg 219: 135
64. Hohenberger P, Schlag P, Schwarz V, et al (1990) Tumor recurrence and options for further treatment after resection of liver metastases in patients with colorectal cancer. J Surg Oncol 44: 245
65. Fowler WC, Hoffman JP, Eisenberg BL (1993) Redo hepatic resection for metastatic colorectal carcinoma. World J Surg 17: 658
66. Hohenberger P, Schlag P (1995) Recurrent liver metastases of colorectal cancer – how to prevent and how to treat. Eur J Cancer (submitted)
67. Lai ECS, Choi TK, Tong SW, et al (1986) Treatment of unresectable hepatocellular carcinoma: results of a randomized controlled trial. World J Surg 10: 501
68. Nagasue N, Yukaya H, Ogawa Y, et al (1986) Second hepatic resection for recurrent hepatocellular carcinoma. Br J Surg 73: 434

69. Ringe B, Pichlmayr R, Wittekind C, et al (1991) Surgical treatment of hepatocellular carcinoma: experience with liver resection and transplantation in 198 patients. World J Surg 15: 270
70. Sasaki Y, Imaoka S, Fujita M (1987) Regional therapy in the management of intrahepatic recurrence after surgery for hepatoma. Ann Surg 206: 40
71. Lo CM, Lai ECS, Fan ST, et al (1994) Resection for extrahepatic recurrence of hepatocellular carcinoma. Br J Surg 81: 1019
72. Stimpson RE, Pellegrini CA, Way LW (1987) Factors affecting the morbidity of elective liver resection. Am J Surg 153: 189
73. Stephenson KR, Steinberg SM, Hughes KS, et al (1988) Perioperative blood transfusions are associated with decreased time to recurrence and decreased survival after resection of colorectal liver metastases. Ann Surg 208: 679
74. Zieren J, Zieren HU, Müller JM (1994) Leberresektion wegen primärer Lebermalignome. Langenbecks Arch Chir 379: 159
75. O'Grady JG, Polson RJ, Rolles K (1988) Liver transplantation for malignant disease. Ann Surg 207: 373
76. Pichlmayr R, Ringe B, Wittekind Ch (1989) Liver grafting for malignant disease. Transplant Proc 21: 2403
77. Calvet X, Bruix J, Gines P, et al (1990) Prognostic factors of hepatocellular carcinoma in the west: a multivariate analysis in 206 patients. Hepatology 12: 753
78. Sigurdson ER, Ridge JA, Kemeny N, et al (1987) Tumor and liver drug uptake following hepatic artery and portal vein infusion. J Clin Oncol 5: 1836
79. Kemeny MM, Goldberg D, Beatty D, et al (1986) Results of a prospective randomized trial of continuous regional chemotherapy and hepatic resection as treatment of hepatic metastases from colorectal primaries. Cancer 57: 492
80. Wagman LD, Kemeny MM, Leong L, et al (1990) A prospective randomized evaluation of the treatment of colorectal cancer metastatic to the liver. J Clin Oncol 8: 1885
81. Lorenz M, Hottenrott C, Encke A (1993) Adjuvante, regionale Chemotherapie nach Resektion von Lebermetastasen kolorektaler Primärtumoren. Zentralbl Chir 118: 279
82. August DA, Sugarbaker PH, Pttow RT, et al (1985) Hepatic resection for colorectal metastases. Ann Surg 201: 210
83. O'Connell MJ, Adson MA, Schutt AJ, et al (1985) Clinical trial of adjuvant chemotherapy after surgical resection of colorectal cancer metastatic to the liver. Mayo Clin Proc 60: 517

Pankreaskarzinom

K. T. Moesta und *P. M. Schlag*

Das Pankreaskarzinom steht an fünfter Stelle der durch Krebs bedingten Todesfälle. Die Ursache hierfür ist eine in der Regel frühe lymphatische, hämatogene und peritoneale Metastasierung, aber auch das Fehlen typischer Frühsymptome, der Mangel an effektiven Screening-Methoden und die schlechte diagnostische Abklärbarkeit des retroperitoneal gelegenen Organs. Es ist damit um so wichtiger, bei Vorliegen eines klinischen Verdachtes das volle diagnostische und therapeutische Spektrum zu nutzen. Nur so kann der zur Zeit deprimierend niedrige Anteil von kurativ behandelbaren Patienten gesteigert werden.

Sowohl für das Staging wie für die operative Therapie ist es wichtig, zwischen Karzinomen des exokrinen Pankreas, der Ampulla vateri und Tumoren des endokrinen Pankreas zu unterscheiden.

Ausgangsort der exokrinen Pankreaskarzinome ist das Gangepithel, mehr als 80% aller bösartigen Neubildungen des Pankreas sind duktale Adenokarzinome. Deutlich seltener sind Zystadenokarzinome, muzinöse und adenosquamöse Karzinome. Karzinome azinären Ursprungs sind sehr selten [1]. Das Karzinom der Ampulla vateri ist als separate Tumorentität zu werten, da es prognostisch wesentlich günstiger einzustufen ist. Dieser Unterschied entsteht sowohl durch eine lokalisationsbedingt frühere Diagnosestellung wie durch ein geringeres Metastasierungspotential [2]. Endokrine Tumoren des Pankreas sind selten. In Deutschland wird eine klinische Inzidenz von 1 Tumor pro 2 Millionen Einwohnern pro Jahr angenommen [3]. Die Tumoren werden nach dem produzierten Hormon bezeichnet und klassifiziert. Die Diagnosestellung erfolgt auch in der Regel durch die hormonell spezifische Symptomatik. Der Anteil der Malignome ist ebenfalls je nach Tumortyp verschieden, so sind zum Beispiel mehr als 80% der Insulinome benigne, aber 80% der Gastrinome maligne. Weitere Typen von relevanter Häufigkeit sind das Karzinoid, das VIPom und das Glukagonom [4].

Staging

Ein akkurates präoperatives Tumorstaging ist gerade beim Pankreaskarzinom außerordentlich wichtig, da nur etwa 20% der Fälle resektabel sind und die

Laparotomie alleine bei dieser Erkrankung eine nicht unerhebliche Mortalität besitzt [5]. Die Diagnosesicherung, für die früher die Laparotomie grundsätzlich gefordert wurde, kann heute bei Vorliegen einer regionären oder distanten Metastasierung auch laparoskopisch oder, in besonderen Fällen, durch Feinnadelpunktion erreicht werden. Als Stagingsystem setzt sich zunehmend das von der UICC favorisierte TNM-System durch, bei dem es zwei verschiedene Stadiensysteme für das exokrine Pankreaskarzinom (Tabelle 1) und für das periampulläre Karzinom gibt (Tabelle 2). Der Wert eines exakten präoperativen Stagings wird beim Pankreaskarzinom allerdings durch die begrenzten therapeutischen Möglichkeiten relativiert. Im Wesentlichen geht es um die Entscheidung, ob ein Tumor unter kurativem Gesichtspunkt resektabel ist oder nicht. Bei Vorliegen eines exokrinen Pankreaskarzinoms ist dies nur im Stadium I der Erkrankung der

Tabelle 1. Stadieneinteilung des exokrinen Pankreaskarzinoms nach dem TNM-System

T - Primärtumor			
Tx	Primärtumor nicht beurteilbar		
T0	Kein Anhalt für Primärtumor		
T1	Tumor begrenzt auf das Pankreas		
T1a	Tumor < 2 cm in größter Ausdehnung		
T1b	Tumor > 2 cm in größter Ausdehnung		
T2	Tumor breitet sich direkt in Duodenum, Gallengang und/oder peripankreatisches Gewebe aus		
T3	Tumor breitet sich direkt in Magen, Milz, Kolon und/oder benachbarte große Gefäße aus		
N - Regionäre Lymphknoten			
Nx	Regionäre Lymphknoten nicht beurteilbar		
N0	Keine regionären Lymphknotenmetastasen		
N1	regionäre Lymphknotenmetastasen[a]		
M - Fernmetastasen			
Mx	Fernmetastasierung nicht beurteilbar		
M0	Keine Fernmetastasierung		
M1	Fernmetastasen		
Stadiengruppierung			
Stadium I	T1	N0	M0
	T2	N0	M0
Stadium II	T3	N0	M0
Stadium III	jedes T	N1	M0
Stadium IV	jedes T	jedes N	M1

[a] Regionäre Lymphknoten sind die peripankreatischen Lymphknoten oberhalb und unterhalb von Kopf und Körper, die vorderen pankreatikoduodenalen, die pylorischen und proximalen mesenterialen, sowie die hinteren pankreatikoduodenalen Lymphknoten. Weiterhin die Lymphknoten am Ductus choledochus, am Milzhilus und um den Pankreasschwanz

Fall. Patienten mit einem Pankreaskarzinom im Stadium II nach UICC sind möglicherweise durch eine präoperative Vorbehandlung im Rahmen einer klinischen Studie in ein resektables Stadium zu überführen. Bei periampullären Karzinomen kann diese Begrenzung weiter gefaßt werden, so daß auch Patienten im Stadium II und III einem primär resezierenden Verfahren zugeführt werden können.

Die Staging-Strategie verfolgt in diesem Sinne zunächst das Ziel, eine Fernmetastasierung mit den genannten Methoden auszuschließen. Der Ausschluß einer regionären Lymphknotenmetastasierung ist präoperativ schwierig. Wichtiger ist die Einschätzung des Primärtumorstadiums, insbesondere die Unterscheidung zwischen T2 und T3.

Tabelle 2. Stadieneinteilung des periampullären Karzinoms nach dem TNM-System

T - Primärtumor	
Tx	Primärtumor nicht beurteilbar
T0	Kein Anhalt für Primärtumor
Tis	Carcinoma in situ
T1	Tumor begrenzt auf die Ampulla Vateri
T2	Tumor infiltriert die Duodenalwand
T3	Tumor infiltriert 2 cm oder weniger in das Pankreas oder in benachbarte Organe
T4	Tumor infiltriert mehr als 2 cm in das Pankreas oder in benachbarte Organe
N - Regionäre Lymphknoten	
Nx	Regionäre Lymphknoten nicht beurteilbar
N0	Keine regionären Lymphknotenmetastasen
N1	regionäre Lymphknotenmetastasen[a]
M - Fernmetastasen	
Mx	Fernmetastasierung nicht beurteilbar
M0	Keine Fernmetastasierung
M1	Fernmetastasen

Stadiengruppierung			
Stadium 0	Tis	N0	M0
Stadium I	T1	N0	M0
Stadium II	T2	N0	M0
	T3	N0	M0
Stadium III	T1–3	N1	M0
Stadium IV	T4	jedes N	M0
	jedes T	jedes N	M1

[a] Regionäre Lymphknoten sind die peripankreatischen Lymphknoten oberhalb und unterhalb von Kopf und Körper, die vorderen pankreatikoduodenalen, die pylorischen und proximalen mesenterialen, sowie die hinteren pankreatikoduodenalen Lymphknoten. Weiterhin die Lymphknoten am Ductus choledochus, am Milzhilus und um den Pankreasschwanz

Tabelle 3. Wertigkeit diagnostischer Verfahren für das Staging des Pankreaskarzinoms

	DD	T	N	M
Ca 19-9	++	+		
US	+	++	+	++
EUS	+	+++	++	+
ERCP	++	++		
PTC	+	+		
CT (MRT)	+	+++	++	++
Angiografie		+		
Laparoskopie	++		+	++
peritoneale Zytologie				+
FNB	+++			
Explorat. Lap.	+++	++	+++	+++
IOUS	+	+++	++	++

+ Kann relevante Hinweise geben; ++ wesentlicher Bestandteil des Staging; +++ Methode der Wahl; *DD* differentialdiagnostische Abklärung; *T* Primärtumorstadium; *N* Lymphknotenbefall; *M* Fernmetastasen; *US* Ultraschalluntersuchung; *EUS* endoskopischer Ultraschall; *ERCP* endoskopische retrograde Pankreatikochangiographie; *PTC* perkutane transhepatische Cholangiographie; *CT* Computertomographie; *MRT* Magnetresonanztomographie; *FNB* Feinnadelbiopsie; *IOUS* intraoperative Ultraschalluntersuchung

Staging des Primärtumors

Die Größe des Primärtumors wird durch bildgebende Verfahren, vorwiegend durch Sonographie und Computertomographie, beschrieben. Dabei weist die Sonographie bei guter Darstellbarkeit des Pankreas zwar Sensitivitäten von bis zu 76% und Spezifitäten von maximal 91% auf [6], bei später resektablen Tumoren ist die Sensitivität mit 42% jedoch drastisch schlechter [7]. Die CT ist hier mit einer Sensitivität von 58% besser [7], und somit für eine Größenbestimmung des kleinen Primärtumors eher geeignet. Der endoskopische Ultraschall (EUS) übertrifft die extrakorporalen bildgebenden Verfahren bei Tumorlokalisationen in Pankreaskopf und -korpus. Der intraductale EUS via Endoskop oder via transhepatische Gallenwegspunktion ist in Erprobung [8]. Gemeinsam mit dem Intraoperativen Ultraschall (IOUS) ist der EUS Nachweismethode der Wahl bei der Suche nach endokrinen Tumoren des Pankreas, die sich oft bereits bei Tumorgrößen unter 1 cm durch ihre spezifische hormonelle Symptomatik offenbaren. Zur Wertigkeit der Magnet-Resonanz-Tomographie (MRT) liegen bislang keine ausreichenden Untersuchungen vor.

Zur Beurteilung der Infiltration peripankreatischer Gewebe sind ebenfalls Sonographie und CT, in besonderem Maße aber auch der endoskopische Ultraschall geeignet. Diese Technik erlaubt auch die Beurteilung der benachbarten

Gangsysteme einschließlich der portalen Gefäße. Durch Gastroduodenoskopie und Koloskopie wird die Infiltration angrenzender Hohlorgane abgeklärt. Die endoskopische retrograde Cholangio-Pankreatikographie (ERCP) kann über den Beleg einer Infiltration des Ductus choledochus zum Staging des Primärtumors beitragen. Zöliakomesenterikographie und indirekte Portographie sind geeignet, einen Tumoreinbruch in die Pfortader oder in den Confluens Venae portae aufzuzeigen. Kann eine solche Infiltration schon mit dem EUS zweifelsfrei nachgewiesen werden, ist eine Angiographie nicht mehr zwingend indiziert [9, 10].

Im Rahmen einer Laparoskopie und Bursoskopie kann die Primärtumorausdehnung durch laparoskopischen Ultraschall bei allen Tumorlokalisationen gut beurteilt werden. Besonders zu empfehlen ist dieses Verfahren zur Lokalisationsdiagnostik bei okkulten oder potentiell multiplen endokrinen Tumoren.

Staging regionaler Lymphknotenmetastasen

Das Vorliegen von regionären Lymphknotenmetastasen bedeutet beim Adenokarzinom des Pankreas in aller Regel Inkurabilität. Leider sind aber die Möglichkeiten des präoperativen Lymphknotenstagings begrenzt. CT und Sonographie haben eine untere Nachweisgrenze von ca. 1 cm, nur der endoskopische Ultraschall kann Lymphknoten ab 0,5 cm Durchmesser erfassen [11]. Eine sichere Dignitätsbeurteilung ist durch nicht-invasive Verfahren nicht möglich.

Auf laparoskopischem Wege wird nur ein Teil der regionären Lymphknoten erreicht. Durch Kombination von laparoskopischem Ultraschall mit laparoskopisch operativer Freilegung und Biopsie könnte die präoperative Einschätzung in Zukunft wesentlich verbessert werden. Letztlich ist dennoch erst die intraoperative Exploration mit multiplen Biopsien und Schnellschnitt-Untersuchungen in der Lage, eine sichere Aussage über den Lymphknotenstatus zu geben.

Staging von Fernmetastasen

Die bevorzugten Fernmetastasierungsorte des Pankreaskarzinoms sind nichtregionäre Lymphknoten (am Truncus coeliacus, am Stamm der Arteria mesenterica superior oder paraaortal), Leber und Peritoneum. Für lymphatische Fernmetastasen gelten dieselben diagnostischen Einschränkungen wie für die regionären Lymphknoten. Lebermetastasen sind durch Sonographie und CT bis zu einer unteren Grenze von ca. 1 cm nachweisbar, wobei beide Techniken komplementär eingesetzt werden sollten. Bei Nachweis einer hepatischen Metastasierung ist eine feinnadelbioptische Sicherung statthaft. 20% bis 40% der Lebermetastasen bleiben jedoch sowohl durch Ultraschall wie durch CT unentdeckt [12]. Die diagnostische Laparoskopie ist eher in der Lage, kleine, oberflächliche Lebermetastasen zu erkennen [13]. Da eine kleinknotige hepatische und peritoneale Metastasierung bei Pankreaskarzinom sehr häufig ist, sollte die diagnostische Laparoskopie zu den präoperativen Routineverfahren gehören. Ihre Sensitivität kann zusätzlich durch eine peritoneale Spülzytologie gesteigert werden [14].

Präoperative Vorbereitung

Die Resektion eines Pankreaskarzinoms stellt eines der invasivsten chirurgischen Verfahren dar und ist mit einer Mortalität von 5%–30% behaftet. Die präoperative Vorbereitung muß also nicht nur größtmögliche Klarheit über den operativen Situs vermitteln (Staging), sondern auch die allgemeine Belastbarkeit des Patienten analysieren und optimieren.

Ein Ikterus ist häufig erstes Symptom von Tumoren im Pankreaskopf. Bis zu einem Bilirubinspiegel von 20 mg/dl erfordert er jedoch keine präoperative Therapie. Darüber oder bei Vorliegen einer cholestasebedingten Leberfunktionsstörung kann eine endoskopische oder transhepatische Drainage erfolgen und die Normalisierung der Leberfunktionsparameter unter Vitamin-K-Substitution abgewartet werden.

Eine Malnutrition ist ebenfalls relativ häufig und sollte durch einen Ernährungsstatus objektiviert werden. Bei entsprechendem Ergebnis, zum Beispiel bei einem Prognostic Nutritional Index (PNI) >40%, sollte präoperativ eine parenterale Zusatzernährung für mindestens 10 Tage durchgeführt werden.

Bei klinischem Verdacht auf eine verminderte kardiopulmonale Belastungsfähigkeit ist diese mittels geeigneter Diagnostik zu objektivieren. In Anbetracht der hohen operativen Mortalität und der schlechten Prognose selbst bei potentiell kurativem Operationsergebnis kann der Allgemeinzustand des Patienten durchaus die Operationsindikation relativieren.

Für eine exakte Operationsplanung ist selbstverständlich neben den Informationen über die Ausbreitung des Tumors auch eine optimale Kenntnis der individuellen Gefäßanatomie (Angiographie) wünschenswert.

Operative Primärtherapie unter kurativer Zielsetzung

Im internationalen Schrifttum gibt es sehr wenige Pankreaskarzinom-Patienten, die ohne resezierendes Verfahren mehr als fünf Jahre überlebten. Im Allgemeinen werden diese Einzelfälle auf eine fehlerhafte pathologische Diagnose zurückgeführt [15]. Die einzige Chance auf Heilung bietet daher die radikale Resektion des Tumors.

Obwohl theoretisch 32% bis 37% der Patienten resektabel wären [16, 17], können nur 20% der diagnostizierten Tumoren mit kurativem Ansatz behandelt werden [15]. Im selektionsfreien Krankengut ist dieser Anteil möglicherweise noch niedriger [18].

Der weitaus größte Anteil der Adenokarzinome des Pankreas ist im Pankreaskopf lokalisiert. Das klassische Resektionsverfahren ist hier die partielle oder subtotale Duodenopankreatektomie nach Whipple. Alternativ wurde in der Vergangenheit die totale Duodenopankreatektomie proklamiert, sie hat sich jedoch aufgrund metabolischer Konsequenzen und mangels eindeutiger prognostischer Vorteile nicht durchsetzen können. Im letzten Jahrzehnt wurden vereinzelt supraradikale Verfahren propagiert [16, 17, 19]. Bei der sogenannten regionalen Pankreatektomie wird eine radikalere Ausräumung des lymphatischen Abflußgebietes durch Mitnahme eines Teils des portalvenösen Systems, zum Teil auch der Arteria mesenterica superior, erzielt. Aber auch hier ist bei kritischer Betrachtung der prognostische Gewinn bescheiden im Verhältnis zur deutlich erhöhten Morbidität des Eingriffs [20–22]. Die subtotale Duodenopankreatektomie ist somit Therapie der Wahl. Bei der selteneren Lokalisation eines Karzinoms in Pankreaskörper und -schwanz kommt auch die Pankreas-Linksresektion operationstaktisch in Frage.

Partielle Duodenopankreatektomie nach Whipple

Die klassische, partielle Duodenopankreatektomie oder Whipple'sche Operation beinhaltet die Resektion des Pankreaskopfes, des gesamten Duodenums, des Magenantrums, des Choledochus und der Gallenblase. Wird das Pankreas weiter links, lateral zum Confluens venae portae reseziert, spricht man auch von einer subtotalen Duodenopankreatektomie. In der Tat sollte die klassische partielle Duodenopankreatektomie den periampullären Tumoren vorbehalten bleiben, bei denen eine Tumorausbreitung über die Ebene der Vena portae hinaus äußerst unwahrscheinlich ist. Adenokarzinome des Pankreaskopfes sollten im Interesse der Radikalität durch eine subtotale Resektion, unter Belassung nur des Pankreasschwanzes, entfernt werden.

Nach Laparotomie wird zunächst das gesamte Abdomen eingehend exploriert, insbesondere die Leber und die parapankreatischen und periportalen Lymphknotenstationen. Bei Verdacht auf metastatischen Befall wird der Lymphknoten biopsiert und im Schnellschnitt histologisch untersucht. Wenn ein Lymphknotenbefall vorliegt, ist in aller Regel keine Heilung mehr möglich. In diesem Fall hätte eine Resektion ausschließlich palliativen Charakter.

Zur Abklärung der Resektabilität wird das Duodenum nach Kocher mobilisiert und die Beziehung zwischen Tumor und Vena cava inferior überprüft. Wesentlich für die Entscheidung zur Resektion ist auch die Beziehung des Tumors zu Pfortader, V. mesenterica und A. mesenterica superior, die durch Präparation soweit wie möglich abgeklärt wird. Bei der anschließenden Antrektomie führen wir keine trunkuläre Vagotomie mehr durch, da mehrere Studien keine bessere Prävention von Anastomosenulzera oder postoperativen Nachblutungen demonstrieren konnten [23, 24]. Das Pankreas wird bei der partiellen Duodenopankreatektomie am linken Rand der Vena portae durchtrennt. Bei der subtotalen Duodenopankreatektomie liegt die Resektionsebene etwa mittig zwischen Vena portae und Milzhilus, bei normaler Anatomie entspricht diese Ebene dem linken Rand der Lendenwirbelkörper. Das Jejunum wird distal des Treitz'schen Bandes abgesetzt. Die Resektion wird abgeschlossen durch Dissektion der Pfortader- und Vena-mesenterica-Äste sowie Präparation des Processus uncinatus einschließlich der arteriellen Versorgung von der Arteria mesenterica superior. Gleichzeitig wird das zugehörige Lymphabflußgebiet disseziert.

Totale Duodenopankreatektomie

Die vollständige Entfernung der Bauchspeicheldrüse bedingt auch einen vollständigen Verlust ihrer Hormonproduktion mit entsprechenden Konsequenzen besonders hinsichtlich des Glukose-Stoffwechsels. Der resultierende Diabetes ist durch das gleichzeitige Fehlen von Glukagon und Insulin schwierig zu beherrschen. Unter der Vorstellung einer gesteigerten Radikalität bei gleichzeitiger Verbesserung der postoperativen Mortalität durch Wegfall der kritischen Pankreatikojejunostomie ist die totale Pankreatektomie propagiert worden. Es hat sich jedoch gezeigt, daß ein multizentrisches Tumorwachstum oder eine direkte Infiltration des Pankreasschwanzes bei Pankreaskopftumoren äußerst selten sind [25]. Außerdem gibt es in größeren Patientenkollektiven keinen Anhalt für eine Verbesserung der Überlebenszeit [26, 27], wohl aber eine deutliche Steigerung der Morbidität. Aufgrund der metabolischen Konsequenzen ist der Eingriff daher nur speziellen Indikationen vorbehalten.

Regionale Pankreatektomie

Die sowohl von Fortner [17, 28] wie von Manabe [16] propagierte erweiterte Pankreatektomie oder regionale Pankreatektomie folgt dem chirurgisch-onkologischen Grundsatz der multiviszeralen En-bloc-Resektion. Der retropankreatische Anteil der Vena porta/Vena mesenterica und teilweise auch der Arteria mesenterica werden zusammen mit dem Pankreas entfernt. Die Pfortader kann in der Regel direkt anastomosiert werden, die Arterie bedarf eines Veneninterponates. Der Vorteil der Methode liegt in der radikaleren Entfernung des regionalen Lymphabflußgebietes. Die Ergebnisse hinsichtlich der Überlebenszeit rechtfertigen jedoch bei kritischer Betrachtung in der Regel nicht die deutlich erhöhte Morbidität [22].

Pankreas-Linksresektion

Bei Tumoren des Pankreasschwanzes und -körpers erfolgt die Diagnosestellung durch den fehlenden Ikterus in der Regel so spät, daß keine radikale Resektion mehr möglich ist. In Ausnahmefällen und bei endokrinen Tumoren kann jedoch auch eine Resektion des Pankreas links der Venae portae vorgenommen werden. Bei entsprechender Lokalisation des Tumors kommt auch eine subtotale Linksresektion (Links-Rechts-Resektion) mit einer Absetzungsebene rechts von der Vena portae in Frage.

Chirurgische Strategie bei endokrinen Tumoren des Pankreas

Bei endokrinen Tumoren des Pankreas ist die Abgrenzung zwischen benignen und malignen Tumoren oft schwierig. Mit Ausnahme des Insulinoms, das in über 90% benigne ist, sollten alle endokrinen Tumore über 2 cm im Durchmesser einem radikalen Operationsverfahren unter Mitnahme des lymphatischen Abflußgebietes unterzogen werden. Bei Insulinomen ohne Hinweis auf Gefäßinvasion oder Metastasierung oder bei sehr kleinen Tumoren kann im Einzelfall die Enukleation genügen.

Operationstaktisch ergibt sich aus der potentiellen Multizentrizität die Pflicht zur besonders sorgfältigen Exploration sowohl des Organs selbst, wie des gesamten übrigen Abdomens. Die gängige Methode zur Lokalisation im Pankreas ist die eingehende Palpation des Organs nach Eröffnen der Bursa, Mobilisation des Pankreasschwanzes und Mobilisation des Pankreaskopfes nach Kocher. Auch der intraoperative Ultraschall sollte hier grundsätzlich zur Anwendung kommen. Prädilektionsorte für extrapankreatische Tumorlokalisationen, insbesondere bei multifokalen Tumoren, sind Duodenum und Jejunum.

Im Vergleich zum Adenokarzinom sollte bei fortgeschrittenen endokrinen Malignomen die Indikation zur Resektion wesentlich weiter gestellt werden, da auch eine Tumormassenreduktion eine effektive Palliation der hormonellen Symptome bedeuten kann. Nicht zuletzt kann in Anbetracht des langsamen Wachstums und der besseren chemotherapeutischen Beeinflußbarkeit der meisten endokrinen Malignome auch die Resektion von Lebermetastasen im Sinne des Tumordebulking indiziert sein.

Rekonstruktive Maßnahmen und Techniken

Nach partieller Duodenopankreatektomie bevorzugen wir die Rekonstruktion durch eine Konstellation nach Y-Roux. Die nach dem Treitz'schen Band durchtrennte Jejunumschlinge wird dabei rechts der Colica-Media-Gefäße nach oben gebracht und durch Teleskopanastomose mit dem Pankreasschwanz anastomosiert. Der Ductus hepaticus wird 10–15 cm distal der Pankreatikojejunostomie End-zu-Seit in die Jejunumschlinge eingenäht. Weitere 15 cm distal dieser Anastomose erfolgt die Durchtrennung des Dünndarmes und Reanastomosierung End-zu-Seit mit der zur Gastrojejunostomie hochgezogenen distalen Dünndarmschlinge. Bei der subtotalen Duodenopankreatektomie kann alternativ der Ductus pankreaticus mit Ethi-bloc ausgespritzt werden und der Pankreasstumpf ohne Anschluß an den Darm blind verschlossen werden. Wird bei der Resektion des Pankreaskopfes ein Teil der Pfortader mitreseziert, so ist in der Regel eine direkte Anastomosierung möglich. Nach Resektion der Arteria mesenterica superior ist allerdings ein Veneninterponat erforderlich.

Palliative operative Therapie

Der posthepatische Verschlußikterus ist häufig erstes Symptom eines Pankreaskopfkarzinoms. Liegt ein solcher vor, und findet sich bei der Laparotomie ein nicht resektabler Tumor im Pankreaskopf, ist eine biliodigestive Umgehungsanastomose indiziert. Ob diese jedoch in Form einer Cholezysto-Jejunostomie oder durch Choledocho-Jejunostomie angelegt werden sollte, wird kontrovers diskutiert [29, 30]. Für die Cholezysto-Jejunostomie spricht der geringere operative Aufwand und die geringere Morbidität des Eingriffs [31], für die Choledocho-Jejunostomie die in einzelnen Studien höhere Offenheitsrate.

Bei Vorliegen einer Magenausgangsstenose wird eine hintere gastroenterale Anastomose (GEA) mit einer antekolisch hochgezogenen Jejunumschlinge durchgeführt. Da in größeren Serien bis zu 15% der symptomfreien Patienten, die primär nicht mit einer GEA versorgt wurden, sekundär eine Magenausgangsstenose erlitten, halten wir auch die prophylaktische Durchführung einer GEA für sinnvoll. Dies wird in Anbetracht der teilweise höheren Gesamtmorbidität und -mortalität in der Literatur jedoch kontrovers beurteilt [5].

Ist zur Klärung der Resektabilität keine Laparotomie erforderlich, kann der Verschlußikterus auch durch endoskopische Stent-Einlage effektiv behandelt werden [32]. Bei Vorliegen einer alleinigen Magenausgangsstenose ist auch die laparoskopisch-operative Anlage einer GEA in Erwägung zu ziehen.

Zur Schmerzpalliation kann bereits im Rahmen der Erstoperation eine Blokkade des zöliakalen Plexus indiziert sein. In der Regel sind Schmerzen beim Pankreaskarzinom jedoch ein Symptom des fortgeschrittenen Tumors, so daß keine Laparotomie mehr durchgeführt wird. In diesen Fällen wird eine Plexusblockade transkutan von dorsal vorgenommen. Obwohl in einer Metaanalyse 87% der so behandelten Patienten eine Besserung angaben, gibt es bis heute keine Studie, die den Effekt der Therapie objektiv, beispielsweise anhand des Schmerzmittelverbrauchs analysiert [33].

Multimodale Behandlungskonzepte im Rahmen der operativen Primärtherapie

Der adjuvante Einsatz von externer (ERT) und intraoperativer Strahlentherapie (IORT) [21] war bisher wenig erfolgreich. Die interessantesten Ergebnisse erzielt bislang ein multimodaler Therapieansatz, auch als chemosensibilisierte Bestrahlung bezeichnet, bei der 5-FU mit externer Bestrahlung kombiniert wird [28, 34, 35]. In der einzigen bisher hierzu vorliegenden, randomisierten Studie wird gegenüber der Kontrollgruppe eine signifikante Verbesserung der medianen Überlebenszeit erreicht [34]. Stellt man aber den Vergleich mit den Überlebensraten ausschließlich chirurgisch therapierter Patienten aus anderen Studien an, darf man analog zu den Eingangskriterien des Kontrollarmes der adjuvanten Therapiestudie nur die Untergruppen der tatsächlich R0-resezierten Patienten berücksichtigen. Unter dieser Vorgabe ergibt sich kein Überlebensvorteil durch adjuvante Radiochemotherapie [36, 37].

Die präoperative, externe Bestrahlung in Kombination mit 5-FU und Mitomycin-C wird derzeit in den USA in klinischen Studien weiter untersucht.

In der Behandlung des nicht resezierbaren, aber lokal begrenzten Pankreaskarzinoms konnte durch IORT in Kombination mit ERT und 5-FU-Chemotherapie an einzelnen Zentren eine gewisse Lebensverlängerung erzielt werden [38]. In einer multizentrischen Studie war bei einer medianen Überlebenszeit von 9 Monaten allerdings kein signifikanter Unterschied gegenüber konventioneller Therapie nachweisbar [39].

Nachsorge und Rehabilitation

Nach totaler Pankreatektomie stehen die metabolischen Störungen durch Ausfall der Insulin- und Glukagon-Produktion im Vordergrund. Obwohl nur Insulin substituiert werden muß, ist die Einstellung des Blutzuckerspiegels durch das

Fehlen von Glukagon zusätzlich erschwert. Hier ist ein intensives Heim-Monitoring erforderlich. In den ersten 3 Monaten nach der Operation wird auch eine nächtliche Blutzuckerbestimmung zur Vermeidung von lebensbedrohlichen Hypoglykämien empfohlen [22]. Hinzu kommt ein erhöhter täglicher Kalorienbedarf, eine persistierende Malabsorption mit Mangelerscheinungen bei fettlöslichen Vitaminen, Magnesium und Spurenelementen, die entsprechend substituiert werden müssen.

Aufgrund fehlender therapeutischer Möglichkeiten bei einem Pankreaskarzinom-Rezidiv sind beim symptomfreien Patienten keine invasiven Nachsorgeuntersuchungen indiziert. Eine regelmäßige klinische Untersuchung des Patienten verfolgt Zwecke der Dokumentation und der frühen Erkennung rezidivbedingter Komplikationen, wie zum Beispiel einer gastrointestinalen Stenosesymptomatik.

Operative Behandlung beim Tumorrückfall

Nach potentiell kurativer Resektion erleiden 80%–90% der Patienten ein Tumorrezidiv. 70% der Rezidive besitzen eine lokale Komponente. Nur 20 % sind aber ausschließlich lokal, der Rest der Patienten weist zusätzlich eine hepatische oder peritoneale Metastasierung auf [40]. Aufgrund der Aggressivität der Erkrankung und der lymphogenen Metastasierung ist auch bei dem ausschließlich regionären Rezidiv keine resezierende operative Therapie mehr möglich. Zur Schmerzausschaltung kommen die Plexusblockade und eine externe Bestrahlung in Frage. In Einzelfällen können Umgehungsanastomosen zur Beseitigung gastrointestinaler Obstruktionen indiziert sein.

Postoperative Mortalität und Morbidität

Palliative Eingriffe sind beim Pankreaskarzinompatienten mit einer hohen Morbidität und Mortalität behaftet. Selbst für die Probelaparotomie, mit oder ohne Biopsie, werden Mortalitätsraten bis zu 30% angegeben. Die Mortalität nach palliativer chirurgischer Therapie ist hiervon nicht wesentlich verschieden und schwankt je nach Autor von 4%–22%. Ursache hierfür sind wesentliche Komplikationen wie intra-abdominelle Abszeßbildung, Pankreasfistelung, Cholangitis, Dünndarm-Ileus und obere GI-Blutung, mit konsekutiver Sepsis und Leber- respektive Multiorganversagen. Die Morbiditätsraten reichen hier für das Gesamtkollektiv chirurgisch palliativer Eingriffe von 20% an einem nationalen Zentrum bis 36% in einer regionalen Einrichtung [5, 31].

Für resezierende Eingriffe am Pankreas wurden regelmäßig Mortalitätsraten von 20% angegeben [15, 27]. Durch Verbesserungen im perioperativen Management und vermutlich auch durch adäquate Patientenselektion konnte die Mortalitätsrate in größeren Serien im letzten Jahrzehnt jedoch deutlich gesenkt werden, so daß heute mit etwa 5% Mortalität das Risiko einer partiellen oder subtotalen Duodeno-Pankreatektomie durchaus kalkulierbar ist [24, 36, 41]. Das Spektrum der postoperativen Komplikationen wird durch die Resektion gegenüber dem palliativen Eingriff noch erweitert. Hinzu treten intraabdominelle Blutungen und Anastomoseninsuffizienzen, insbesondere der Pankreatiko-Jejunostomie, sowie eine höhere Inzidenz an Einzelorganversagen von Herz, Lunge oder Nieren. Die Gesamtmorbiditätsraten werden mit 30% bis 50% angegeben.

Langzeitprognose und prognostische Faktoren

Nur etwa 20% aller diagnostizierten Adenokarzinome des Pankreas können unter kurativer Zielsetzung reseziert werden. Von diesen 20% beurteilt der Pathologe 40% als mikroskopisch nicht radikal, d.h. als R1-Resektionen. Für den geringen Anteil tatsächlich kurativ resezierter Patienten (R0-Resektion nach UICC) werden 5-Jahres-Überlebensraten von 36% (n = 56) und 56% (n = 16) angegeben. In der Mehrzahl der publizierten Studien, insbesondere in den häufig zitierten Sammelstatistiken von Gudjonsson und Conolly [15, 27], wird jedoch nicht hinsichtlich R1 und R0-Resektionen differenziert. Für die Gesamtheit der resezierten Pankreaskarzinome werden dann 5-Jahres-Überlebensraten größtenteils unter 5% angegeben. Tatsächlich unterscheidet sich das mediane Überleben makroskopisch radikal operierter Patienten nur im Stadium I der Erkrankung von der Prognose des palliativ therapierten Patienten [41]. Aber selbst bei Primärtumoren unter 2 cm Durchmesser beträgt die 5-Jahres-Überlebensrate nur 30% [42, 43]. Die Tumorgröße ist also nicht der wesentlichste prognostische Faktor [44]. Vielmehr scheinen die mikroskopische Radikalität, der Befall der regionären Lymphknoten, sowie Kriterien der Invasivität des Primärtumors, Einbruch in Blut- und Lymphgefäße, in die peritoneale Kapsel oder das Retroperitoneum für die Prognose entscheidend zu sein [37, 45, 46]. Zudem scheint die Lokalisation des Tumors im Pankreaskopf von Bedeutung zu sein. Dabei ist eine kraniale oder zentrale (periduktale) Entstehung günstiger zu bewerten als eine Lokalisation im kaudalen Anteil des Pankreaskopfes oder im Processus uncinatus [47]. Die Prognose bei nicht kurativ resezierbarem Tumor ist schlecht. Das mediane Überleben nach chirurgischer Palliation wird mit 6–8 Monaten angegeben [5]. Fünf-Jahres-Überlebende bei gesicherter Pathologie sind nicht publiziert.

Im letzten Jahrzehnt wurde verschiedentlich versucht, die Prognose nach kurativer Resektion durch adjuvante Maßnahmen zu verbessern. Chemotherapie alleine ist bei Pankreaskarzinom jedoch weitgehend unwirksam. Da ein wesentlicher Anteil der Rezidive nach Resektion lokal auftreten [35, 40], werden auch lokale, adjuvante Verfahren proklamiert. Die Ergebnisse dieser Verfahren müssen sehr vorsichtig interpretiert werden, da in der Regel ganz erhebliche Vorselektionen stattfinden. So sind zur vergleichenden Beurteilung adjuvanter Verfahren chirurgische Arbeiten heranzuziehen, die ebenfalls nur tatsächlich kurativ operierte Patienten (R0-Resektionen) analysieren [36, 37]. Gegenüber diesen Arbeiten zeigen weder Behandlungsserien mit intraoperativer Bestrahlung oder multimodaler adjuvanter Therapie Vorteile.

Grundsätzlich günstiger einzuschätzen ist die Prognose beim Karzinom der Ampulla Vateri. Hier können 5-Jahres-Überlebensraten von über 50% durch adäquate chirurgische Primärtherapie erreicht werden. Analog zum Adenokarzinom des Pankreas sind ein negativer Lymphknotenstatus und mikroskopisch tumorfreie Resektionsränder wesentlichste Prognosefaktoren [2, 48].

Die Langzeitprognose aller endokrinen Malignome ist mit einer globalen 5-Jahres-Überlebensrate von ca. 50% relativ gut.

Literatur

1. Klöppel G, Held G, Morohoshi T, et al (1982) Klassifikation exokriner Pankreastumoren, histologische Untersuchungen an 167 autoptischen und 97 bioptischen Fällen. Pathologe 3: 319
2. Martin FM, Rossi RL, Dorrucci V, et al (1990) Clinical and pathologic correlations in patients with periampullary tumors. Arch Surg 125: 723
3. Kümmerle F, Rückert K (1978) Chirurgie des endokrinen Pankreas in der Bundesrepublik. Ergebnisse einer Umfrage. DMW 103: 729
4. Heitz PU, Klöppel G (1986) Endokrine Pankreastumoren. In: Beger HG, Bittner R (Hrsg) Das Pankreaskarzinom – frühdiagnostisches und therapeutisches Dilemma. Springer, Berlin Heidelberg New York Tokyo, S 427
5. de Rooij PD, Rogatko A, Brennan MF (1991) Evaluation of palliative surgical procedures in unresectable pancreatic cancer. Br J Surg 78: 1053
6. Niederau C, Grendell JH (1992) Diagnosis of pancreatic carcinoma – imaging techniques and tumor markers. Pancreas 7: 66
7. Bakkevold KE, Arnesjo B, Kambestad B (1992) Carcinoma of the pancreas and papilla of Vater – assessment of resectability and factors influencing resectability in stage I carcinomas. A prospective multicentre trial in 472 patients. Eur J Surg Oncol 18: 494
8. Yasuda K, Mukai H, Nakajima N, et al (1992) Clinical application of ultrasonic probes in the biliary and pancreatic duct. Endoscopy 24: 370
9. Aspestrand F, Kolmannskog F (1992) CT compared to angiography for staging of tumors of the pancreatic head. Acta Radiol 33: 556
10. Garber SJ, Lees WR (1992) The characterization of pancreatic and bile duct tumors by duplex doppler. Clin Rad 45: 181
11. Tio TL, Tytgat GN (1986) Endoscopic ultrasonography in staging local resectability of pancreatic and periampullary malignancy. Scand J Gastroenterol 21 [Suppl] 123: 135
12. Strunk H, Kuhn FP, Weibler U, et al (1988) Sonographie beim Pankreaskarzinom. Radiologe 28: 277
13. Warshaw AL, Tepper JE, Shipley WU (1986) Laparoscopy in the staging and planning of therapy for pancreatic cancer. Am J Surg 151: 76
14. Warshaw AL (1991) Implications of peritoneal cytology for staging of early pancreatic cancer. Am J Surg 161: 26
15. Gudjonsson B (1987) Cancer of the pancreas: 50 years of surgery. Cancer 60: 2284
16. Manabe T, Ohshio G, Baba N, et al (1989) Radical pancreatectomy for ductal cell carcinoma of the head of the pancreas. Cancer 64: 1132
17. Fortner JG (1981) Surgical principles for pancreatic cancer: regional total and subtotal pancreatectomy. Cancer 47: 1712
18. Warshaw AL, Swanson RS (1988) Pancreatic cancer in 1988. Ann Surg 208: 541
19. Fortner JG (1989) „Radical" abdominal cancer surgery: current state and future course. Jpn J Surg 19: 503
20. Fortner JG (1984) Regional Pancreatectomy for cancer of the pancreas, ampulla, and other related sites. Ann Surg 199: 418

21. Sindelar WF (1989) Clinical experience with regional pancreatectomy for adenocarcinoma of the pancreas. Arch Surg 124: 127
22. Dresler CM, Fortner JG, McDermott K, et al (1991) Metabolic consequences of (regional) total pancreatectomy. Ann Surg 214: 131
23. Grace PA, Pitt HA, Tompkins RK, et al (1986) Decreased morbidity and mortality after pancreatoduodenectomy. Am J Surg 151: 141
24. Crist DW, Sitzman JV, Cameron JL (1987) Improved hospital morbidity, mortality and survival after the Whipple procedure. Ann Surg 206: 358
25. Kloppel G, Lohse T, Bosslet K, et al (1987) Ductal adenocarcinoma of the head of the pancreas: incidence of tumor involvement beyond the Whipple resection line. Histological and immunocytochemical analysis of 37 total pancreatectomy specimens. Pancreas 2: 170
26. Edis AJ, Kiernan PD, Taylor WF (1980) Attempted curative resection or ductal carcinoma or the pancreas – review of the Mayo Clinic experience, 1951–1975. Mayo Clin Proc 55: 531
27. Connolly MM, Dawson PJ, Michelassi F, et al (1987) Survival in 1001 patients with carcinoma of the pancreas. Ann Surg 206: 366 (abstr)
28. The Gastrointestinal Tumor Study Group (1987) Further evidence of effective adjuvant combined radiation and chemotherapy following curative resection of pancreatic cancer. Cancer 59: 2006
29. Rappaport MD, Villalba M (1990) A comparison of cholecysto- and choledocho-enterostomy for obstructing pancreatic cancer. Am Surg 56: 433
30. Singh SM, Longmire WPJ, Reber HA (1990) Surgical palliation for pancreatic cancer. The UCLA experience. Ann Surg 212: 132
31. Mosdell DM, Kessler C, Morris DM (1991) Unresectable pancreatic cancer: what is the optimal procedure? South Med J 84: 571
32. Cotton PB (1989) Nonsurgical palliation of jaundice in pancreatic cancer. Surg Clin North Am 69: 613
33. Sharfman WH, Walsh TD (1990) Has the analgesic efficacy of neurolytic celiac plexus block been demonstrated in pancreatic cancer pain? Pain 41: 267
34. The Gastrointestinal Tumor Study Group, Kalser MH, Ellenberg SS (1985) Pancreatic cancer: adjuvant combined radiation and chemotherapy following curative resection. Arch Surg 120: 899
35. Whittington R, Bryer MP, Haller DG, et al (1991) Adjuvant therapy of resected adenocarcinoma of the pancreas. Int J Radiat Oncol Biol Phys 21: 1137
36. Trede M, Schwall G, Saeger HD (1990) Survival after pancreatoduodenectomy. 118 consecutive resections without an operative mortality. Ann Surg 211: 447
37. Nagakawa T, Konishi I, Ueno K, et al (1991) The results and problems of extensive radical surgery for carcinoma of the head of the pancreas. Jpn J Surg 21: 262
38. Sindelar WF, Kinsella TJ (1986) Randomized trial of intraoperative and external beam radiotherapy in unresectable carcinoma of the pancreas. Int J Rad Oncol Biol Phys 12: 148
39. Tepper JE, Noyes D, Krall JM, et al (1991) Intraoperative radiation therapy of pancreatic carcinoma: a report of RTOG-8505. Radiation Therapy Oncology Group. Int J Radiat Oncol Biol Phys 21: 1145
40. Griffin JF, Smalley SR, Jewell W, et al (1990) Patterns of failure after curative resection of pancreatic carcinoma. Cancer 66: 56
41. Bittner R, Roscher R, Safi F, et al (1989) Die Auswirkung von Tumordurchmesser und Lymphknotenstatus auf die Prognose des Pankreaskarzinoms. Chirurg 60: 240
42. Tsuchiya R, Tomioka T, Izawa K, et al (1986) Collective review of small carcinomas of the pancreas. Ann Surg 203: 77

43. Manabe T, Miyashita T, Ohshio G, et al (1988) Small carcinoma of the pancreas: clinical and pathological evaluation of 17 patients. Cancer 62: 135
44. Nix GA, Dubbelman C, Wilson JH, et al (1991) Prognostic implications of tumor diameter in carcinoma of the head of the pancreas. Cancer 67: 529
45. Mannell A, Weiland LH, Van Heeren JA, et al (1986) Factors influencing survival after resection for ductal adenocarcinoma of the pancreas. Ann Surg 203: 403
46. Cameron JL, Crist DW, Sitzmann JV, et al (1991) Factors influencing survival after pancreaticoduodenectomy for pancreatic cancer. Am J Surg 161: 120
47. Nix GA, Dubbelman C, Srivastava ED, et al (1991) Prognostic implications of the localization of carcinoma in the head of the pancreas. Am J Gastroenterol 86: 1027
48. Willett CG, Warshaw AL, Convery K, et al (1993) Patterns of failure after pancreaticoduodenectomy for ampullary carcinoma. Surg Gynecol Obstet 176: 33

Karzinome der Gallenblase und der Gallenwege

J. Haier und *P. M. Schlag*

Karzinome der Gallenblase und der Gallenwege gehören zu den seltenen Tumoren des Gastrointestinaltraktes und machen 0,1%–0,3% aller Malignome aus.

Während das Gallenblasen-Karzinom mit einem Verhältnis von 4 : 1 häufiger bei Frauen auftritt, ist beim insgesamt noch selteneren Gallengangs-Karzinom ein leichtes Überwiegen bei Männern festzustellen (1 : 0,8).

Der Häufigkeitsgipfel des Manifestationsalters liegt zwischen 55 und 60 Jahren [1–3].

Als äthiologische Faktoren werden eine Cholelithiasis, eine primäre sklerosierende Cholangitis sowie Rauchen, Alkoholabusus u.a. diskutiert. Des weiteren besteht eine häufige Koinzidenz zu inflammatorischen Darmerkrankungen [4–6].

Bei den Karzinomen der Gallenblase und der Gallengänge handelt es sich histologisch überwiegend um Adeno-Karzinome, die etwa 80% der Fälle ausmachen. Neben den speziellen Formen der Adeno-Karzinome wie papilläre, muzinöse, siegelringzellige, adenosquamöse und adenoid-zystische Karzinome können auch sehr selten Plattenepithel-Karzinome vorkommen [7].

Weitere sehr seltene maligne Tumoren der Gallengänge und der Gallenblase, die z.T. in Kasuistiken veröffentlicht wurden, sind Sarkome und Karzinoide [9, 10].

Staging

Staging des Primärtumors

Die Gallenblasen-Karzinome sind zu über 80% im Fundus- und Corpus-Bereich lokalisiert. Malignome des Ductus cysticus sind selten.

Die Einteilung der Karzinome der Gallengänge kann nach der Tumorlokalisation oder nach dem Wachstumsmuster erfolgen. Die Unterteilung der Gallengangs-Karzinome wird zunächst in intra- und extrahepatische Tumoren vorgenommen. Als Grenze gelten die jeweils ersten Aufzweigungen des Ductus hepaticus dexter bzw. sinister. Eine weitere Unterteilung der extrahepatischen Gallengangs-Karzinome ist in hiläre und periphere Lokalisationen möglich. Bismuth und Corlette [11] unterscheiden bei den extrahepatischen Karzinomen die Lokalisationen im oberen, mittleren und unteren Drittel der Gallengänge, wobei deren Häufigkeit von hilär nach peripher abnimmt.

Eine Sonderstellung nehmen die sogenannten Klatskin-Tumoren ein. Es handelt sich dabei um Gallengangs-Karzinome, die sich im oberen Drittel der extrahepatischen Gallengänge zwischen erster Aufzweigung der Ductus hepatici und dem Abgang des Ductus cysticus entwickeln. Entsprechend der Tumorausbreitung werden 3 Typen definiert. Bei Typ I ist die Gallengangs-Bifurkation frei, während sie bei Typ II erreicht und verschlossen wird. Als Typ III werden Infiltrationen in den Ductus hepaticus dexter (III A) bzw. sinister (III B) charakterisiert. Die Klatskin-Tumoren machen 10%–30% der extrahepatischen Gallengangs-Karzinome aus [12–15].

Die Klassifikation der Gallenblasen- und Gallengangs-Karzinome entsprechend des Wachstumsmusters orientiert sich am makroskopischen Erscheinungsbild und Infiltrationsverhalten.

Die TNM-Klassifikation richtet sich nach der Infiltrationstiefe, der Anzahl der Herde und der Gefäßinvasion bzw. der Infiltration in Nachbarorgane und ist in Tabelle 1 zusammengefaßt.

Diagnostik

Die Labordiagnostik hat für das primäre Staging nur eine untergeordnete Bedeutung. Als mögliche Tumormarker kommen CA 19-9, CEA, CA 125 und CA 50 in Frage, deren Sensitivitäten allerdings nicht befriedigen können [16].

In der Diagnostik der Gallenblasen- und Gallengangs-Karzinome fällt der Sonographie eine wichtige orientierende Rolle zu. Die Sensitivität wird in Abhängigkeit von Tumorlokalisation und Wachstumsmuster mit bis zu 90% angegeben [17–19].

Führende Untersuchungsmethoden sind die endoskopische retrograde Cholangiographie bzw. die perkutane transhepatische Cholangiographie. Hierbei kann auch der Versuch einer zytologischen Sicherung unternommen werden. Die diagnostischen Möglichkeiten werden zukünftig durch die Cholangioskopie noch weiter verbessert werden [20–22].

Für die Ausbreitungsdiagnostik werden Computertomographie, insbesondere Kontrast-Bolus-Computertomographie und Magnetresonanztomographie gleichwertig beurteilt. Aufgrund der meist fortgeschrittenen Tumorstadien ist die Beurteilung der Infiltrationstiefe und Gefäßinvasion zur Einschätzung der Operabilität wichtig. Hierfür ist die Zöeliakographie mit indirekter Splenoportographie hilfreich. Endoskopische Sonographie und die Laparoskopie können einen Beitrag zur Klärung der Tumorausdehnung und der Infiltration benachbarter Strukturen leisten. Die Wertigkeit der Duplexsonographie bedarf weiterer Klärung [23–28].

Tabelle 1. TNM-Klassifikation (nach UICC, 1987)

Lokalisation	Extrahepatisch	Gallenblase
T – Primärtumor		
Tx	Primärtumor kann nicht beurteilt werden	Primärtumor kann nicht beurteilt werden
T0	Kein Anhalt für Primärtumor	Kein Anhalt für Primärtumor
T1	Tumor infiltriert in Schleimhaut oder Muskulatur	Tumor infiltriert in Schleimhaut oder Muskulatur
T1a	Schleimhaut	Schleimhaut
T1b	Muskulatur	Muskulatur
T2	Tumor infiltriert perimuskuläres Bindegewebe	Tumor infiltriert perimuskuläres Bindegewebe, aber keine Ausbreitung jenseits der Serosa oder in die Leber
T3	Tumor inflitriert Nachbarstrukturen (Magen, Duodenum, Kolon, Pankreas, Netz, Gallenblase, Leber)	Tumor inflitriert über die Serosa hinaus oder ein Nachbarorgan (Magen, Duodenum, Kolon, Pankreas, Netz, extrahepatische Gallenwege) Ausbreitung in die Leber ≤ 2cm
T4		Tumor mit Ausbreitung in die Leber ≥ 2 cm oder in 2 oder mehr Nachbarorgane
N – Regionäre Lymphknoten		
Nx	Regionäre Lymphknoten nicht beurteilbar	Regionäre Lymphknoten nicht beurteilbar
N0	Keine regionären Lymphknotenmetastasen	Keine regionären Lymphknotenmetastasen
N1	Regionäre Lymphknotenmetastasen	Regionäre Lymphknotenmetastasen
N1	Ductus cysticus, Choledochus, Leberhilus, Lig. hepatoduodenale	Ductus cysticus, Choledochus, Leberhilus, Lig. hepatoduodenale
N2		Pankreaskopf, periduodenal, periportal, coeliacal, mesenterial (obere)
Bemerkungen	Regionäre Lymphknotenmetastasen sind am Ductus cysticus, Choledochus, periportal, periduodenal, coeliacal, A. mesenterica superior	Regionäre Lymphknotenmetastasen sind am Ductus cysticus, Choledochus, periportal, periduodenal, coeliacal, peripankreatisch (nur Kopf), A. mesenterica superior

Staging regionärer Lymphknoten-Metastasen

Die lymphogene Metastasierung von Karzinomen der Gallenblase und Gallenwege erfolgt primär vornehmlich über die Lymphabflußwege entlang der Arteria hepatica communis und des Ductus choledochus. Aufgrund des meist fortgeschrittenen Tumorwachstums sind zum Zeitpunkt der Operation häufig Lymphknotenmetastasen nachweisbar [29, 30].

Ein präoperatives Staging der Lymphknoten ist mit bildgebenden Verfahren nur eingeschränkt möglich. Zur Diagnostik der lymphogenen Metastasierung kann die operative Laparoskopie mit der Möglichkeit einer Lymphknotenexstirpation aus dem Ligamentum hepatoduodenale herangezogen werden. Unter Umständen kann hierdurch eine explorative Laparotomie vermieden werden.

Staging von Fernmetastasen

Die Metastasierung der Karzinome der Gallenblase und der Gallengänge erfolgt frühzeitig hämatogen vornehmlich über die venösen Abflüsse und per continuitatem in die Leber. Auch eine peritoneale Aussaat ist relativ häufig. Zur Diagnostik von Lebermetastasen eignen sich Sonographie und kontrastverstärkte Computertomographie. Die präoperative Erkennung einer Peritonealkarzinose ist hiermit, solange kein Aszites vorliegt, problematisch. Das Verfahren der Wahl zur Klärung eines peritonealen Befalls ist wiederum die Laparoskopie.

Weitere Orte potentieller Metastasierungen können Lunge, Nebennieren und Zentralnervensystem sein. Fernmetastasen sind bei peripheren Karzinomen (83%) häufiger als bei hilären Karzinomen (41%) zu erwarten [31].

Präoperative Vorbereitung

Die spezielle Operationsvorbereitung hat zum Ziel, einem postoperativen Leberversagen und entzündlichen bzw. infektiösen Komplikationen (Cholangitis, Sepsis) vorzubeugen. Bei bereits länger gestauten Gallengängen mit Bilirubinwerten >20 mg/dl ist eine Dekompression zu empfehlen. Eine präoperative Koagulopathie und Hypalbuminämie erhöhen die perioperative Morbidität und sollten daher präoperativ ausgeglichen werden. Für eine gezielte antibiotische Therapie ist während der endoskopischen retrograden Cholangiographie oder perkutanen transhepatischen Cholangiographie die Materialgewinnung für eine bakteriologische Untersuchung der Galle angezeigt [32].

Operative Primärtherapie

Das Ziel der chirurgischen Therapie von Karzinomen der Gallengänge und der Gallenblase ist zweifach. Einerseits soll eine lokale Tumorkontrolle mit R0-Resektion erzielt werden. Zum zweiten ist der freie Abfluß der Galle wiederherzustellen. Abhängig von der Ausdehnung und der Lage des Tumors ist das Ausmaß des operativen Eingriffs unterschiedlich. Die Möglichkeit einer kurativen Operation wird wesentlich von der lokalen Infiltration des Tumors und der Lymphknotenmetastasierung bestimmt. Da Karzinome der Gallenblase und der Gallengänge häufig erst in fortgeschritteneren Stadien diagnostiziert werden, sind nahezu 85% der Fälle lokal nicht mehr unter kurativer Zielstellung operabel [14, 33].

Für ein Carcinoma in situ der Gallenblase kann eine Cholezystektomie ausreichend sein. Häufig wird diese Diagnose bei einer aus anderen Gründen vorgenommenen Cholezystektomie als Zufallsbefund gestellt. Die Notwendigkeit einer Zweitoperation zur Lymphonodektomie ist in diesen Fällen strittig [34, 35].

Ist das Karzinom in tiefere Wandschichten vorgedrungen ohne die Gallenblasenwand zu durchbrechen, ist eine Cholezystektomie mit Lymphonodektomie indiziert. In jedem Falle ist eine Resektion der die Gallenblase tragenden Leberanteile (Segment V) einzubeziehen. Die Lymphdissektion schließt das Ligamentum hepatoduodenale und das Abflußgebiet entlang der Arteria hepatica propria und im Pankreaskopfbereich mit ein.

Eine erweiterte Leberresektion kann bei lokal fortgeschrittenen Gallenblasen-Karzinomen in Einzelfällen noch unter kurativer Zielsetzung vorgenommen werden. Häufig bleiben jedoch in diesen Fällen nur palliative Eingriffe zur Sicherung des Galleabflusses [2].

Beim proximalen Gallengangs-Karzinom wird die Tumorresektion des Ductus hepato-choledochus angestrebt. Infiltrierte Gefäßabschnitte sind, soweit das möglich ist, mit zu resezieren. Die Lymphonodektomie umfaßt in jedem Falle die komplette Dissektion des Ligamentum hepatoduodenale und der parapankreatischen Lymphknotenstationen.

Die Art und Weise der Rekonstruktion des Galleabflusses hängt von der proximalen Resektionsebene ab. Sie erfolgt in der Regel über eine nach Y-Roux ausgeschaltete Dünndarmschlinge. Während beim proximalen Choledochus-Karzinom bzw. Klatskin-Tumor Typ I eine unmittelbare Hepatojejunostomie meist möglich ist, kann dies bei Typ II und III nur durch eine gleichzeitige Leberresektion erreicht werden. Ob unter der Voraussetzung fehlender Metastasierung bei proximalen Gallenwegstumoren eine Lebertranplantation in Betracht kommt, ist sehr umstritten und wird heute mehr als zurückhaltend beurteilt.

Eine Infiltration beider Ductus hepatici, der Arteria hepatica und/oder der Vena portae machen kurative Resektionen unmöglich.

Bei einer Tumorlokalisation im mittleren oder distalen Gallengangsdrittel unterhalb des Abgangs des Ductus cysticus ist die partielle Duodenopankreatektomie nach Whipple die Therapie der Wahl.

Die Lymphdissektion des Ligamentum hepatoduodenale einschließlich der parapankreatischen Abflußwege ist Bestandteil aller kurativen Operationen [36, 37].

Palliative operative Therapie

Eine ausgeprägte intraduktale Tumorausbreitung, langstreckige und vor allem proximale Gefäßinfiltration sowie Infiltration von Nachbarorganen bedingen lokale Inoperabilität. Eine Fernmetastasierung oder ein ausgedehnter tumoröser Lymphknotenbefall sind Zeichen der Inkurabilität.

Das Ziel palliativer Operationen ist hierbei in erster Linie die Wiederherstellung des Galleabflusses.

Die Schienung der Gallengänge kann sowohl operativ als auch endoskopisch oder radiologisch vorgenommen werden. Die internen Drainagemethoden mittels endoskopisch oder radiologisch plazierbarer Stents gelten heute als Methode der Wahl gegenüber operativen und externen Ableitungen. Sie sind für den Patienten weniger belastend und risikoärmer. Die innere Ableitung erlaubt darüber hinaus die Aufrechterhaltung der physiologischen Funktion der Galle [38–42].

Multimodale Behandlungskonzepte

Multimodale Therapien dienen entweder der Verbesserung der lokalen Tumorkontrolle oder einer kombinierten palliativen Therapie.

Der Einsatz der Strahlentherapie erfolgt bisher vor allem unter palliativer Zielstellung. Besondere Bedeutung ist dabei der Afterloading-Technik über in die Gallengänge eingelegte Applikatoren zuzumessen.

Die Erfolgsaussichten einer Chemotherapie sind wegen der prinzipiell schlechten Chemosensibilität der Gallenwegs-Karzinome limitiert. Am häufigsten kommen Anthracycline, Mitomycin-C und 5-Fluorouracil zum Einsatz [43–45].

Nachsorge und Rehabilitation

Der Umfang der Nachsorge richtet sich nach dem erreichten Ziel der Primärtherapie und berücksichtigt die eingeschränkten therapeutischen Möglichkeiten bei einem Tumorrezidiv. Die Nachuntersuchungen umfassen Oberbauchsonogramm, ggf. Computertomographie und die Kontrolle der Leberwerte und eventuell der Tumormarker CA19-9 und CEA.

Die Nachsorge nach palliativen Eingriffen beschränkt sich auf symptomatische Patienten.

Operative Rezidivtherapie

Eine Kuration ist bei Tumorrezidiven von Gallenblasen- oder Gallengangs-Karzinomen praktisch nicht möglich. Als chirurgische Rezidivtherapie bleiben nur palliative Eingriffe. Kombinationen mit palliativer Bestrahlung oder Chemotherpie können versucht werden.

Mortalität, Morbidität, Prognose

Die Komplikationen einer chirurgischen Therapie sind Anastomoseninsuffizienz, Cholangitis, Sepsis, Leberversagen, biliäre Fisteln und Ulzera. Die Morbidi-

Tabelle 2. Überlebensraten nach operativer Therapie (%)

	Mittlere (Monate)	6 Monate	1 Jahr	2 Jahre	3 Jahre	5 Jahre
Gallenwege						
hilär	9–25		32–87	63	26	22
peripher	16		0–66		8	4
Gallenblase			25–100	45–100		32–85

Angaben nach [3, 36, 40, 46–51]

tät operativer Therapien bei Gallenblasen- oder Gallenwegs-Karzinomen liegt zwischen 7% und 30%. Die Operationsmortalität liegt bei Resektionen zwischen 10% und 15%, bei Drainageoperationen zwischen 3% und 7%. Sowohl nach kurativer als auch nach palliativer Therapie stehen entzündliche und septische Komplikationen im Vordergrund.

Die Prognose der Gallenblasen- und Gallengangs-Karzinome ist sehr ungünstig und hängt entscheidend von der Tumorlokalisation und vom Stadium ab. Eine Zusammenstellung von Überlebenszeiten nach operativer Therapie enthält Tabelle 2. Die besten Ergebnisse werden bei insgesamt schlechter Prognose erreicht, wenn bei fehlender Metastasierung eine R0-Resektion realisierbar ist. Eine Ausnahme stellen die prognostisch günstigen Zufallsbefunde des Tis-Karzinoms der Gallenblase dar, die 5-Jahres-Überlebenszeiten bis 100% erreichen lassen.

Bei R_1- und R_2-Resektionen ist eine Kuration auch unter Einschluß einer multimodalen Behandlung unmöglich. Die mediane Überlebenszeit liegt unter 6 Monaten. Eine Verbesserung der Prognose durch eine Kombination von Resektion und Radiotherapie oder Chemotherapie ist derzeit nicht in Sicht.

Auch die Lebertransplantation als therapeutische Option hat nicht zu einer Verbesserung der Überlebensraten geführt [33, 36, 40, 42, 46–48].

Literatur

1. Anderson BB, Ukah F, Tette A, et al (1992) Primary tumours of the liver. J Natl Med Assoc 84: 129
2. Gall FP, Hermanek P, Tonak J (1989) Chirurgische Onkologie. Springer, Berlin Heidelberg New York Tokyo
3. Yap Ck, Chee EN, Consigliere DC, et al (1992) Four year experience with cholangiocarcinoma: a survey of patients, clinical presentation, management and prognosis in two hospitals. Singapore Med J 33: 235
4. Altaee MY, Johnson PJ, Farrant JM, et al (1991) Etiological and clinical characteristics of peripherial and hilar cholangiocarcinoma. Cancer 68: 2051
5. Mecklin JP, Järvinen HJ, Virolainen M (1992) The association between cholangiocarcinoma and hereditary nonpolyposis colorectal carcinoma. Cancer 69: 1112

6. Srivatanakul P, Ohshima H, Khlat M, et al (1991) Opithorchis viverrini infestation and endogenous nitrosamines as risk factor for cholangiocarcinoma in Thailand. Int J Cancer 48: 821
7. Levi F, La Vecchia C, Franceschi S, et al (1991) Morphologic analysis of digestive cancers from the registry of Vaud, Switzerland. Br J Cancer 63: 567
8. Munoz E, Navarro A, Forcada P, et al (1992) Primary leiomyosarcoma of the gall bladder. Trop Gastroenterol 13: 78
9. Porter JM, Kalloo AN, Abernathy EC,et al (1992) Carcinoid tumour of the gallbladder: laparoscopic resektion and review of literature. Surgery 112: 100
10. Lombardo G, Cafferati M, Donadio F, et al (1991) Clinical case of carcinoid of the gall bladder. Considerations on gallbladder cancer. Minerva Chir 46: 421
11. Bismuth H, Corlette MB (1975) Intrahepatic cholangioenteric anastomosis in the carcinoma of the hilus of the liver. Surg Gynecol Obstet 140: 170
12. Bosma A (1990) Surgical pathology of cholangiocarcinoma of the liver hilus (Klatskin Tumor). Sem Liver Dis 10: 85
13. Klatskin G (1965) Adenocarcinoma of the hepatic duct at its bifurcation within the porta hepatis: An unusual tumor with distinctive clinical and pathological features. Am J Med 38: 241
14. Wolff H, Ridwelski K, Lorf T (1990) Die chirurgische Behandlung maligner Tumoren der Hepaticusgabel. Zentralbl Chir 115: 1
15. Burcharth F (1988) Klatskin tumours. Acta Chir Scand [Suppl] 541: 63
16. Haglund C, Lindgren J, Roberts PJ, et al (1991) Difference in tissue expression od tumour markers CA 19-9 and CA 50 in hepatocellular carcinoma and cholangiocarcinoma. Br J Cancer 63: 386
17. Wibulpolprassert B, Dhiensiri T (1992) Peripherial cholangiocarcinoma: sonographic evaluation. J Clin Ultrasound 20: 303
18. Looser C, Stain SC, Baer HU, et al (1992) Staging of hilar cholangocarcinoma by ultrasound and duplex sonography: a comparision with angiography and operative findings. Brt J Radiol 65: 871
19. Choi BI, Lee JH, Han MC, et al (1989) Hilar cholangiocarcinoma: comparative study with sonography and CT. Radiology 172: 689
20. Foutch PG, Kerr DM, Harlan JR, et al (1990) Endoscopic retrograde wire-guided brush cytology for the diagnosis of patients with malignant obstruction of the bile duct. Am J Gastroenterol 85: 791
21. Howell DA, Beveridge RP, Bosco J, et al (1992) Endoscopic needle aspiration biopsy at ERCP in the diagnosis of biliary strictures. Gastrointest Endosc 38: 531
22. Desa LA, Akosa AB, Lazzara S, et al (1991) Cytodiagnosis in the management of extrahepatic biliary stricture. GUT 32: 1188
23. Wetter LA, Ring EJ, Pellegrini CA, et al (1991) Differential diagnosis of sclerosing cholangiocarcinomas of the common hepatic duct (Klatskin tumours). Am J Surg 161: 57
24. Gulliver DJ, Baker ME, Cheng CA, et al (1992) Malignant bilary obstruction: efficacy of thin-section dynamic CT in determinating resectability. Am J Roentgenol 159: 503
25. Schulte SR, Baron RL, Teefey SA, et al (1990) CT of the extrahepatic bile ducts: wall thickness and contrast enhancement in normal and abnormal ducts. Am J Roentgenol 154: 79
26. Nesbit GM, Johnson CD, James EM, et al (1988) Cholangiocarcinoma: diagnosis and evaluation of resectability by CT and sonography as procedures complementary to cholangiography. Am J Radiol 151: 933
27. Tani K, Kubota Y, Yamaguchi T, et al (1991) MR imaging of peripherial cholangiocarcinoma. J Comput Assist Tomogr 15: 975
28. Yamashita Y, Takahashi M, Kanazawa S, et al (1992) Hilar cholangiocarcinoma: an evaluation of subtypes and angiography. Acta Radiol 33: 351

29. Engels JT, Balfe DM, Lee JKT (1989) Biliary carcinoma: CT evaluation of extrahepatic spread. Radiology 172: 35
30. Dancygier H, Rösch T, Lorenz R, et al (1988) Preoperative staging of a distal common bile duct tumor by endoscopic ultrasound. Gastroenterology 95: 219
31. Nakajima T, Kondo Y, Miyazaki M, et al (1988) A histopathologic study of 102 cases of intrahepatic cholangiocarcinoma: histologic classification and modes of spreading. Hum Pathol 19: 1228
32. Nagino M, Nimura Y, Hayakawa N, et al (1993) Logistic regression and discriminant analysis of hepatic failure after liver resection for carcinoma of the biliary tract. World J Surg 17: 250
33. Blumgart LH, Benjamin IS (1992) Liver resection for bile duct cancer. Liver Surgery 69: 323
34. Shirai Y, Yoshida K, Tsukada K (1992) Inapparent carcinoma of the gallbladder. An appraisal of a radical operation after simple cholecystectomy. Ann Surg 215: 326
35. Yamaguchi K, Tsuneyoshi M (1992) Subclinical gallbladder carcinoma. Am J Surg 163: 382
36. Bengmark S, Ekberg H, Evander A, et al (1988) Major liver resection for hilar cholangiocarcinoma. Ann Surg 207: 120
37. Lygidakis NJ, Van der Heyde MN, Verbeek PCM, et al (1990) Technical considerations for the management of primary cholangiocarcinoma of the porta hepatis. Sem Liver Dis 10: 126
38. Krige JEJ, Beningfield SJ, Terblanche J (1991) Accurate intraoperative U tube placement. Br J Surg 78: 974
39. Gibson RN, Yeung E, Hadjis N, et al (1988) Percutaneous transhepatic endoprotheses for hilar cholangiocarcinoma. Am J Surg 103: 328
40. Sezeur A, Kracht M, Rey P, et al (1989) Intubation of proximal biliary stenosis using a new surgical endoprothesis. Ann Surg 43: 421
41. Lameris JS, Hesselink EJ, Van Leeuwen PA, et al (1990) Ultrasound-guided percutaneous transhepatic cholangiography and drainage in patients with hilar cholangiocarcinoma. Sem Liver Dis 10: 121
42. Kubota Y, Seki T, Yamaguchi T, et al (1992) Bilateral internal drainage of biliary hilar malignanoma via a single percutaneous track. Role of percutaneous transhepatic cholangioscopy. Endoscopy 24: 194
43. Cameron JL, Pitt HA, Zinner MJ, et al (1990) Managment of proximal cholangiocarcinomas by surgical resection and radiotherapy. Am J Surg 159: 91
44. Ede RJ, Williams SJ, Hatfield AR, et al (1989) Endoscopic management of inoperable cholangiocarcinoma using iridium-192. Br J Surg 76: 867
45. Wollner IS, Prust RM, Andrews JC, et al (1989) Combination chemo-radiation for jaundice due to focal malignant obstruction of the major bile ducts. Sel Cancer Ther 5: 81
46. Chen MF, Jan YY, Wang CS, et al (1989) Clinical experience in 20 hepatic resections for peripherial cholangiocarcinoma. Cancer 64: 2226
47. Savage AP, Malt RA (1992) Suvival after hepatic resection for malignant tumours. Br J Surg 79: 1095
48. Hadjis NS, Blenkharn JT, Alexander N, et al (1990) Outcome of radical surgery in hilar cholangiocarcinoma. Surgery 107: 597
49. Bismuth H, Nakache R, Diamond T (1992) Management strategies in resection for hilar cholangiocarcinoma. Ann Surg 215: 31
50. Shirai Y, Yoshida K, Tsukada K, et al (1993) Radical surgery for gallbladder carcinoma. Long-term results. Ann Surg 216: 565
51. Henson DE, Albores-Saavedra J, Corle D (1992) Carcinoma of gall bladder. Histologic types, stage of disease, grade, and survival rates. Cancer 70: 1493

Chemotherapie maligner gastrointestinaler Tumoren

G. Kornek und *W. Scheithauer*

Maligne Tumoren des Gastrointestinaltrakts stellen international eines der wichtigsten Gesundheitsprobleme dar. Nach rezenten Angaben des Statistischen Zentralamts werden in Österreich jährlich rund 8.000 Neuerkrankungen festgestellt. Dies entspricht nahezu einem Drittel aller Krebsneuerkrankungen. Die Mortalität liegt derzeit bei etwa 7.000 Fällen pro Jahr.

Entgegen den letztlich bescheidenen, operativ erzielbaren Langzeittherapieergebnissen und der Häufigkeit dieser Gruppe von Tumoren hat man sich erst relativ spät mit den nicht-chirurgischen, d.h. internistischen und strahlentherapeutischen, Behandlungsmöglichkeiten ausreichend befaßt. Über die antineoplastische Wirksamkeit verschiedener Zytostatika und Immuntherapeutika im Stadium der Krankheitsdissemination liegen demgemäß (mit Ausnahme des kolorektalen Karzinoms) nur unzureichende Daten vor. Das mangelhafte Interesse an palliativen Therapiestudien dürfte überwiegend auf der vorgefaßten Meinung eines primär chemotherapierefraktären Verhaltens dieser Tumoren beruhen. Einen weiteren Faktor dürfte die Problematik der Objektivierbarkeit einer Chemotherapie-induzierten Remission darstellen. Häufig fehlen meßbare Tumormanifestationen bzw., wenn entsprechende Parameter, die eine Kontrolle des Malignomverhaltens unter Therapie gestatten, vorhanden sind, bedarf es wiederholt des Einsatzes technisch und finanziell aufwendiger Verfahren, wie z.B. der Computertomographie. Ein weiteres Problem stellt schließlich der nicht selten durch Schmerz, Anorexie oder Malassimilation bedingte schlechte Allgemeinzustand der Patienten mit fortgeschrittenen Tumoren dar. Im Falle eines Verschlußikterus oder einer ausgedehnten Lebermetastasierung mit konsekutiver hepatischer Insuffizienz muß von der Anwendung einzelner Zytostatika, vor allem jener mit biliärer Exkretion, Abstand genommen werden.

Die in der älteren Literatur dokumentierte therapeutische Wirksamkeit verschiedener Zytostatika bei gastrointestinalen Neoplasien muß kritisch bewertet werden. Einige Studien weisen nur geringe, kaum repräsentative Patientenzahlen auf. Häufig werden über die Dauer einer klinischen Remission oder die Überlebenszeit der Patienten, den wohl entscheidendsten Parameter zur Beurteilung der Effizienz einer zytostatischen Modalität, keine Angaben gemacht. Abgesehen von der Verwendung abweichender bzw. durch den Einsatz moderner bildgebender Techniken insuffizient gewordener Objektivitätskriterien einer klinischen Remission, bestehen prognostisch auch oft wesentliche Unterschiede in der Patientenselektion. In einigen Studien überwiegen Patienten, bei denen aufgrund einer großen Tumormasse, eines krankheitsbedingten erheblich reduzierten Allgemeinzustands oder infolge vorangegangener Therapiemaßnahmen jeglicher Behandlungserfolg primär unwahrscheinlich ist, bzw. jene, die aufgrund entsprechend gehäuft auftretender Therapie-assoziierter Nebenwirkungen nicht konsequent behandelt werden konnten. Demnach gilt es in einigen Fällen, den tatsächlichen therapeutischen Stellenwert einer bestimmten zytostatischen Therapie neu zu definieren.

In der Vergangenheit wurden die zur Behandlung menschlicher Tumoren verwendeten Zytostatika entsprechend den in tierexperimentellen Tumormodellen erzielten Therapieergebnissen ausgewählt. Abgesehen vom Einfluß verschiedener biochemischer und zellkinetischer Resistenzmechanismen, mag der bei soliden Tumoren zweifellos bestehende Mangel an effizienten zytotoxischen Substanzen aber auch darauf zurückzuführen sein, daß die konventionellen Zytostatika-Screeningverfahren die biologisch relevanten Eigenschaften dieser Tumoren nur unzureichend erfassen. Auch im Sinne einer Verringerung der Patientenzahl, die durch die Exposition mit neuen unbekannten Substanzen gewissen Risiken ausgesetzt werden muß, erscheint die Optimierung konventioneller Methoden der präklinischen Zytostatika-Aktivitätsbestimmung von besonderer Bedeutung. Der Tumorstammzell-Assay [1], der „Subrenal capsule assay" [2] und das tumorspezifisch ausgerichtete Screening mittels etablierter menschlicher Zellinien [3] zählen zu den diesbezüglich vielversprechendsten Techniken, die – gemeinsam mit einem besseren Verständnis der grundlegenden pathophysiologischen Mechanismen des malignen Krankheitsgeschehens – zu einer Verbesserung der Therapiesituation, vor allem auch bei gastrointestinalen Tumoren [4, 5], beitragen könnten.

In der vorliegenden Arbeit soll unter besonderer Berücksichtigung neuerer Entwicklungen und Trends auf die heute zur Behandlung metastasierter, lokal inoperabler und potentiell kurativ resezierter Karzinome des Gastrointestinaltrakts zur Verfügung stehenden Möglichkeiten der zytostatischen Chemotherapie eingegangen werden.

Ösophaguskarzinom

Die mit der Diagnose inoperabler Ösophaguskarzinome assoziierte infauste Prognose konnte durch eine *prä-* oder *postoperative Bestrahlung* nicht wesentlich verbessert werden. Während auch der therapeutische Stellenwert einer zytostatischen Behandlung des Ösophaguskarzinoms kritisch betrachtet werden muß, haben rezente Studien über eine **multimodale Therapie**, bestehend aus *Chemotherapie plus Strahlentherapie und/oder chirurgischen Maßnahmen*, großes Interesse gefunden. In einigen Fällen konnten nach einer *zytostatischen*

Induktionsbehandlung mit oder ohne Radiatio vollständige Krankheitsremissionen objektiviert werden, aus denen auch eine Verbesserung der Überlebenszeit der Patienten hervorzugehen schien [6, 7]. Da in einigen Studien substantielle toxische Reaktionen beobachtet worden sind, sollte diese Methode bis zum Vorliegen weiterer Daten dennoch nicht als etabliert erachtet werden.

Magenkarzinom

Trotz der weltweit abnehmenden Häufigkeit des Magenkarzinoms zählt diese Neoplasie weiterhin zu den häufigsten malignen Erkrankungen. Die in Europa und den USA mit 10% bis 20% angegebene 5-Jahres-Überlebensrate aller erstdiagnostizierten Fälle [8] und die im Stadium der Krankheitsdissemination im Mittel bei nur 4 Monaten liegende Überlebenserwartung unterstreichen den malignen Spontanverlauf dieser Erkrankung.

Palliative Chemotherapie

Die Mehrzahl der klinischen Onkologen vertritt die Ansicht, daß beim Magenkarzinom chemotherapeutisch eher Erfolge erzielt werden können als bei den bekannt therapierefraktären Tumoren des Pankreas oder Kolorektums. Dies dürfte auf die bei einzelnen Patienten tatsächlich gelegentlich zu beobachtenden, mitunter dramatischen und lange Zeit währenden Tumorremissionen sowie auf verschiedene optimistische Berichte über die Polychemotherapie, vor allem gegen Ende der 70er Jahre, zurückzuführen sein. Die in Relation dazu eher ernüchternden Ergebnisse der mittels zytostatischer *Monotherapie* im Rahmen rezenter, umfassender Phase II-Studien gesicherten Therapieergebnisse sind in Tabelle 1 [9] zusammengefaßt.

Innerhalb der Gruppe „konventioneller Zytostatika“ wurde – wie auch bei den übrigen gastrointestinalen Tumoren – die antineoplastische Wirkung der Substanz *5-Fluorouracil (5-FU)* am genauesten untersucht. Bei zusammenfassender Betrachtung der Literatur läßt sich eine mittlere Ansprechrate von etwa 20% errechnen. Weitere Zytostatika, die beim Magenkarzinom gewisse Wirksamkeit gezeigt haben, stellen die *Anthrazykline*, im besonderen Doxorubicin, die *Nitrosoharnstoffderivate MeCCNU* (Semustin) und *BCNU* (Carmustin) sowie das *Antibiotikum Mitomycin C* dar [10]. Für die Kombination der genannten Substanzen wurden initial Remissionsraten bis zu 65% beschrieben. Basierend auf dem mittlerweile – aufgrund der hohen Wahrscheinlichkeit einer Überlagerung mit anderen prognostisch entscheidenden Patientencharakteristika – obsoleten Vergleich der Überlebenszeit der Responder mit jener der Therapieversager [11], wurde in einigen Studien auf einen signifikant positiven therapeutischen Effekt geschlossen. Bei der objektiveren Betrachtung der medianen Überlebenszeit der gesamten Studienpopulation, die tatsächlich meist weniger als 6 Monate betrug, erscheinen die Ergebnisse klinischer Phase II-**Polychemotherapiestudien** weniger überzeugend. Einen ähnlich enttäuschenden Eindruck vermitteln auch die Resultate der multizentrischen, prospektiv randomisierten Therapiestudien, die

Tabelle 1. Remissionsraten der vom National Cancer Institute koordinierten klinischen Phase II-Studien beim metastasierten Magen- und Pankreaskarzinom: 1970–1985 [9]

Zytostatikum	Remissionsraten			
	Magenkarzinom %		Pankreaskarzinom %	
Aclarubicin	*		*	
Amsacrin	1	(0–5)+	0	(0–3)
Anguidin	*		*	
5-Azacitidin	*		*	
Beta-TGdR	–		6	(2–16)
Bleomycin	–		*	
Carboplatin	0	(0–11)	*	
Chlorozotocin	6	(2–15)	2	(1–5)
Cisplatin	18	(14–23)	0	(0–5)
Dianhydrogalactitol	–		4	(1–12)
Diaziquone	*		0	(0–13)
Doxorubicin	*		7	(2–18)
Etoposid	6	(2–15)	0	(0–6)
Ifosfamid	–		28	(20–38)
Iproplatin	*		*	
Maytansin	*		0	(0–4)
MGBG	12	(4–25)	7	(5–12)
Mitoxantron	0	(0–4)	0	(0–3)
PALA	–		3	(0–12)
Pyrazofurin	–		*	
Razoxan	0	(0–6)	7	(2–17)
MeCCNU	10	(6–15)	8	(5–12)
Spirogermanium	*		*	
Tegafur	9	(5–14)	*	
Triazinat	9	(15–17)	*	
Yoshi-364	*		*	
Zinostatin	*		*	

+ Die in Klammern angegebenen Zahlen entsprechen dem 80% „Konfidenz-Intervall"
* Weniger als 14 Patienten untersucht, oder noch laufende Studien
MGBG Mitoguazon; *PALA* N-(Phosphoazetyl)-L-Aspartat; *MeCCNU* Semustin

in Tabelle 2 [12] in Form einer Übersicht zusammengefaßt sind. In drei konsekutiven Studien seitens der Gastrointestinal Tumor Study Group (GITSG) wurde zwar ein Kombinationsregimen, bestehend aus MeCCNU, 5-FU plus Adriamycin (*MeFA*) als die relativ wirksamste Chemotherapiemodalität aufgezeigt [13–15], die Verbesserung der medianen Überlebenszeit in Relation zum jeweiligen Kontrollarm schien mit wenigen Wochen jedoch nur marginal. Die Southwest

Tabelle 2. Prospektiv randomisierte Polychemotherapiestudien beim fortgeschrittenen Magenkarzinom [12]

Studien-gruppe, Jahr	Regimen	Anzahl der Patienten	Anzahl objektiver Remissionen/Anzahl der Patienten mit meßbaren Tumormanifestationen	(%)	Mediane Überlebens-zeit (Monate)
GITSG 1979	MeFA	38	7/15	(47)	3
	vs				
	A	36	4/17	(24)	2
GITSG 1982	MeFA	34	3/10	(30)	8
	vs				
	FAM	43	3/12	(25)	7
GITSG 1984	MeFA	76	4/16	(25)	7
	vs				
	FAM	78	3/18	(17)	6
	vs				
	FA	78	1/19	(5)	6
SWOG 1984	FAM	120	25/83	(30)	5
	vs				
	FAM (sequentiell)	119	19/81	(23)	5
ECOG 1984	FAM	46	18/46	(39)	7
	vs				
	MeFA	39	11/39	(29)	6
Cullinan 1985	FAM	51	5/13	(38)	7
	vs				
	5-FU	51	2/11	(18)	7
GOIRC 1986	BAFMi	43	9/41	(22)	6
	vs				
	5-FU	42	6/41	(15)	7
EORTC 1988	MeFA	85	5/28	(18)	8
	vs				
	FA	88	3/29	(10)	5
Schnitzer 1986	FAB	38	4/17	(24)	5
	vs				
	FB	45	2/18	(11)	4
Levi 1986	FAB	94	30/75	(40)	8
	vs				
	A	93	9/70	(13)	5
Alle Fälle		1337	173/699	(25)	6

GITSG Gastrointestinal Tumor Study Group; *SWOG* Southwest Oncology Group; *ECOG* Eastern Cooperative Oncology Group; *GOIRC* Italian Clinical Research Oncology Group; *EORTC* European Organization for Research and Treatment of Cancer; *MeFA* MeCCNU, 5-Fluorouracil, Adriamycin; *A* Adriamycin; *FAM* 5-Fluorouracil, Adriamycin, Mitomycin C; *FA* 5-Fluorouracil, Adriamycin; *5-FU* 5-Fluorouracil; *BAFMi* FAM plus BCNU; *FAB* 5-Fluorouracil, Adriamycin, BCNU; *FB* 5-Fluorouracil, BCNU

Oncology Group (SWOG) untersuchte das lange Zeit als Standardtherapie des Magenkarzinoms propagierte *FAM-Regimen* (5-FU, Adriamycin, Mitomycin C) im Rahmen von zwei unabhängigen Therapiestudien. Die Remissionsrate lag bei 23% bzw. 30%, die mediane Überlebenszeit der gesamten Studienpopulation lag jeweils unter 6 Monaten [16, 17]. In zwei weiteren, hinsichtlich Patientenzahl zweifellos repräsentativen randomisierten Studien zeigte die Polychemotherapie in Form des FAM bzw. FAM plus BCNU (*BAFMi*) Regimens gegenüber einer 5-FU Monotherapie gleichfalls keinen überzeugenden Vorteil [18, 19]. Auch der Wert anderer gebräuchlicher Polychemotherapieschemata wurde in späteren Kontrollstudien in Frage gestellt [12].

Nach Feststellung einer gewissen antineoplastischen Aktivität einer *Cisplatin Monotherapie* bei metastasierten Magenkarzinomen hat man sich rezent mit verschiedenen Kombinationen dieser Substanz befaßt. In sechs verschiedenen Studien wurde zunächst die mit 5-FU und Adriamycin kombinierte Gabe untersucht [12]. Die Remissionsrate des sogenannten *FAP-Schemas* (5-FU, Adriamycin, Cisplatin) variierte zwischen 29% und 59%, wobei in einzelnen Fällen auch histologisch verifizierte komplette Tumorremissionen festgestellt werden konnten. Die mediane Überlebenszeit reichte in den Studien von 4 bis zu 12 Monaten. Obwohl Bruckner und Stablein [20] in einer randomisierten Studie keine sichere Überlegenheit des FAP-Schemas gegenüber der MeFA-Kombination beweisen konnten, schien die Substanz Cisplatin weiterhin von Interesse. So stellt auch nach heutigem Ermessen die Kombination von Cisplatin mit Etoposid und Adriamycin (*EAP-Schema*) eines der vielversprechendsten modernen Polychemotherapieregimina dar. Eine Deutsche Arbeitsgruppe beobachtete in einer Pilotstudie [21] bei 72% der 44 evaluierbaren Patienten objektive Krankheitsremissionen. In rund einem Drittel der Fälle konnte nach Angabe der Autoren ein vollständiges Verschwinden initial vorhandener Tumormanifestationen erreicht werden. Die mediane Überlebenszeit der Patienten schien mit 14 Monaten im Vergleich zu den in älteren Kombinationschemotherapiestudien erzielten Ergebnissen beeindruckend [21]. Aufgrund häufiger, gravierender Therapie-assoziierter Nebenwirkungen sollte dieses Regimen jedoch nur selektiv, idealerweise bei Patienten mit lokaler Inoperabilität, zur Anwendung gelangen. Die Arbeitsgruppe Wilke und Preusser [22] berichtete, daß nach präoperativer Applikation von 2–6 (median 4) EAP-Therapiezyklen bei 40% dieser Patienten ein zweiter operativer Eingriff (± nachfolgender Chemotherapie) mit einem potentiell kurativen Therapieerfolg abgeschlossen werden konnte. Die Patienten lebten nach Verifikation der lokalen Inoperabilität im Mittel 24 Monate.

Ein weiteres, hinsichtlich seiner antineoplastischen Aktivität beim fortgeschrittenen Magenkarzinom attraktiv erscheinendes modernes Kombinationsregimen stellt die sequentielle Gabe von hoch dosiertem Methotrexat, 5-FU und Adriamycin (*FAMeth*) dar, über das erstmals von Klein und Mitarbeitern [23] berichtet wurde. Ein rezentes Update der initialen Phase II-Studiendaten [23] zeigte bei 59 von 100 Patienten eine zumindest 50%ige Größenreduktion des Tumors; in 12 Fällen handelte es sich um eine komplette Remission. Die mediane Überlebenszeit aller Patienten betrug 9 Monate. Während die Aktivität des FAMeth Regimens in einer Kontrollstudie seitens der European Organization for Research and Treatment of Cancer (EORTC) mit 22/66 Krankheitsremissionen

(9 komplette Remissionen) reproduzierbar schien, wurden u.a. aufgrund vier Therapie-assoziierter Todesfälle Bedenken hinsichtlich des therapeutischen Index der Kombination geäußert. Die Ergebnisse einer daraufhin eingeleiteten prospektiven Vergleichsstudie des FAMeth und (bekannt gut verträglichen) FAM Regimens ließen jedoch keinen Unterschied hinsichtlich Häufigkeit und Ausmaß toxischer Nebenwirkungen erkennen. Ein Vergleich der antineoplastischen Aktivität der beiden Regimina (41% versus 9%) zeigte einen klaren Vorteil zugunsten der FAMeth-Kombination [24]. Schließlich wurden in jüngster Zeit noch einige, vorwiegend auf der biochemischen Modulation von 5-FU basierende Kombinationsregimina etabliert, die sich durch gute Wirksamkeit und Verträglichkeit auszeichnen. Vor allem im Stadium der Fernmetastasierung sollten bei älteren, häufig auch anderwärtig, z.B. kardiovaskulär, erkrankten Patienten diese weniger belastenden Regimina bevorzugt eingesetzt werden.

Adjuvante Chemotherapie

In der Literatur existiert eine Reihe multiinstitutioneller adjuvanter Therapiestudien, wobei in erster Generation zumeist 5-FU plus Nitrosoureakombinationen, in späteren Studien die FAM Polychemotherapie untersucht worden sind. Die GITSG dokumentierte als einzige Arbeitsgruppe bei einem Vergleich von 5-FU plus MeCCNU mit einem postoperativ unbehandelten Kontrollarm einen signifikanten Vorteil [25]. Diese Beobachtung stand jedoch im Gegensatz zu dem Ergebnis der Veterans Administration Surgical Adjuvant Group (VASAG) und konnte auch von der Eastern Cooperative Oncology Group (ECOG) letztlich nicht reproduziert werden [26, 27]. Die International Collaborative Cancer Group berichtete rezent über die nach einem 4jährigen Beobachtungszeitraum bei 300 evaluierbaren Patienten mit einer adjuvanten FAM Therapie erzielten Ergebnisse [28]. Die Rezidivrate betrug zu diesem Zeitpunkt 49% gegenüber 53% im nicht zytostatisch behandelten Kontrollarm, wobei sich auch bei positivem Lymphknotenbefall kein anderer Aspekt ergab. Die Langzeitergebnisse weiterer adjuvanter FAM Therapiestudien werden – in Einklang mit den letztlich enttäuschenden Resultaten palliativer (FAM) Therapiestudien – mit gedämpftem Optimismus in nächster Zeit erwartet.

Kolorektales Karzinom

Das kolorektale Karzinom stellt weltweit mit einem Anteil von rund 14%–16% aller malignen Erkrankungen die häufigste Neoplasie des Gastrointestinaltrakts dar. Die relative Zahl der Neuerkrankungen beträgt in den westlichen Industrieländern 40–50 pro 100.000 Einwohner. Kurative Therapieergebnisse können, wie auch beim Magen- und Pankreaskarzinom, ausschließlich durch die radikale Resektion des Tumors erzielt werden, wobei der Erfolg chirurgischer Maßnahmen überwiegend vom Krankheitsstadium zum Zeitpunkt der Diagnose bestimmt wird. Die Tatsache, daß bei mehr als der Hälfte aller Patienten mit malignen Tumoren des Dickdarms primär bzw. im Gefolge eines Tumorrezidivs Anzeichen einer Krankheitsdissemination bestehen, unterstreicht die prinzipielle Bedeutung der internistischen Tumortherapie.

Palliative Chemotherapie

Das zur Therapie des inoperablen kolorektalen Karzinoms zumeist verwendete und am genauesten untersuchte Zytostatikum ist der **Antimetabolit 5-FU**. Carter [29] beschrieb in einer Zusammenfassung von über 2.000 palliativ-systemisch mit 5-FU behandelten Patienten eine mittlere Ansprechrate von 21%. Die beträchtlichen Abweichungen der in der Literatur angegebenen Remissionsraten (8%–85%) dürften, wie eingangs erwähnt, vor allem durch Unterschiede in der Patientenselektion sowie durch die Verwendung unterschiedlicher, zum Teil qualitativ auch mangelhafter Objektivitätskriterien zur Beurteilung eines Therapieerfolgs erklärbar sein. Seit den ersten Berichten um 1957 [30], die auf die antineoplastische Aktivität dieser Substanz beim kolorektalen Karzinom hinwiesen, standen verschiedene Variationen der 5-FU Monotherapie im Vordergrund des klinisch-onkologischen Interesses. Stimulus für diese zahlreichen Untersuchungen dürfte die nicht unbeträchtliche Toxizität des ursprünglichen sogenannten *loading-dose* Schemas (15 mg/kg Körpergewicht intravenös, über 5 Tage, gefolgt von 50% der Initialdosis in zweitägigen Abständen) gewesen sein; bei mehr als der Hälfte aller Patienten wurden signifikante toxische Nebenwirkungen im Sinne von Nausea, Erbrechen, Stomatitis und Leukopenie beobachtet.

Variationen der 5-FU Monotherapie betrafen die Dauer intravenöser Infusionen, die Zusammensetzung der Infusionslösungen, das Intervall zwischen den Therapiezyklen, die Dosierung und die verschiedenen Formen der Zytostatikaapplikation. Während bestimmte Modulationen der 5-FU Therapie zweifellos die Intensität der pharmakologischen Wirkung zu beeinflußen vermochten, konnte der jeweils resultierende therapeutische Index nicht immer als sicher positiv oder negativ beurteilt werden. So zeigte beispielsweise der in Tabelle 3 wiedergegebene Vergleich verschiedener Basismethoden der 5-FU Applikation eine deutlich bessere Ansprechrate bei Verwendung eines dem ursprünglichen loading-dose ähnlichen Schemas [31]. Neuerlich wurde jedoch das häufige Auftreten toxischer Nebenwirkungen beobachtet, und der Überlebensvorteil der aggressiv behandelten Patientengruppe schien letztlich nur geringfügig. Alternativ zu dem (somit nur relativ) therapeutisch wirksamsten loading-dose Schema scheint die auf pharmakokinetischen und zellkinetischen Überlegungen basierende *kontinuierliche intravenöse Verabreichung* von 5-FU von Interesse zu sein. Bereits vor über einem Jahrzehnt konnten Seifert et al. [32] bei einem prospektiven Vergleich der beiden Applikationsformen (12 mg/kg/Tag q.5 loading-dose versus 30 mg/kg/Tag über 96 Stunden) für die kontinuierliche Infusion nicht nur eine höhere Remissionsrate, sondern auch eine geringere Myelotoxizität aufzeigen. Der Vorteil geringerer hämatologischer Nebenwirkungen letzterer Darreichungsform konnte auch in anderen Studien reproduziert werden; der therapeutische Vorteil (vor allem in Hinblick auf die für den Patienten letztlich entscheidende Überlebenszeit) war allerdings nicht immer ersichtlich. Eine rezente prospektive Untersuchung verschiedener kontinuierlicher Dosierungsschemata [33] ließ – in Einklang mit dem bekannten 5-FU Dosis-Wirkungseffekt – die einmal pro Woche zu erfolgende 48stündige Infusion von 30 mg/kg/24 Stunden vorteilhaft erscheinen.

Tabelle 3. Vergleich der Aktivität verschiedener Basismethoden der Applikation von 5-Fluorouracil beim metastasierten kolorektalen Karzinom [31]

Therapieschema	Anzahl der Patienten	Objektive Remissionsrate %
12 mg/kg x 4–5 Tage 6 mg/kg jeden 2. Tag, dann 15 mg/kg/Woche i.v. als Erhaltungsdosis	48	33
(ohne „loading dose“) 15 mg/kg/Woche i.v.	52	13
500 mg/Tag x 4, danach 500 mg/Woche i.v. als Erhaltungsdosis	50	14
15 mg/kg/Tag p.o. x 6, dann 15 mg/kg/Woche p.o. als Erhaltungsdosis	48	13

i.v. Intravenös; *p.o.* Peroral

Die *orale Gabe* von 5-FU wurde unter der Annahme, daß die Substanz über die portale Zirkulation direkt zu hepatalen Tumorinfiltraten gelangen könne, zunächst mit großem Interesse untersucht. Erste unkontrollierte Studien, die über dramatische Remissionen bei Vorliegen von Lebermetastasen berichteten, wurden jedoch im Rahmen umfassender randomisierter Kontrollstudien endgültig widerlegt [31]. Die intravenöse Applikation erwies sich stets sowohl in Hinblick auf die Remissionsrate als auch auf die Dauer klinischer Remissionen als günstiger. Abgesehen von der Tatsache, daß Lebermetastasen überwiegend über die Arteria hepatica und nicht über den portalen Kreislauf versorgt werden, dürfte der Nachteil der oralen Applikation von 5-FU in der meist nur unvollständigen enteralen Resorption liegen.

Die Applikation von Fluoropyrimidinen (und anderen Zytostatika) via Arteria hepatica impliziert gemäß der Häufigkeit der Lebermetastasierung beim kolorektalen Karzinom und den lokal erzielbaren, außerordentlich hohen Zytostatikawirkspiegeln zweifellos interessante Aspekte. Limitationen der *regionalen Zytostatikaapplikation* betreffen die unzureichende Kontrolle des Tumorwachstums bei extrahepatischer Metastasierung (was bei etwa 70% aller Patienten zutrifft) und die aus anatomischen oder aus technischen Gründen nicht realisierbare Perfusion des Tumorzielgebiets (ca. 20% der Fälle). Ferner assoziiert die sowohl in technischer als auch finanzieller Hinsicht aufwendige Implantation des Katheters eine gewisse Morbidität. Als häufigste Komplikationen gelten arterielle Thrombosierungen, Blutungen, lokale Infektionen, Septikämien, gastrointestinale Ulzerationen und toxische Hepatitiden. Die mit den intraarteriellen Infusionsmethoden verbundene Mortalität, die in der Literatur ursprünglich mit 6%–37% angegeben wurde, konnte dank moderner perkutaner Katheterimplantationstechniken auf 0%–6% gesenkt werden [34].

Die erste zahlenmäßig repräsentative Vergleichsstudie von systemisch intravenös bzw. via Arteria hepatica infundiertem 5-FU wurde 1979 von der Central Oncology Group (COG) publiziert [35]. 62 (evaluierbare) Patienten wurden entweder mit einem dreiwöchigen intraarteriellen 5-FU Induktionszyklus oder einem intravenösen loading-dose Regimen behandelt. Die nachfolgende Erhaltungstherapie entsprach in beiden Patientengruppen einer einmal pro Woche zu erfolgenden intravenösen 5-FU Applikation. In dieser Studie konnte weder in bezug auf die Remissionsrate noch auf die Überlebenszeit der Patienten ein statistisch signifikanter Vorteil festgestellt werden. Diese Studie wurde infolge der Durchführung des intraarteriellen Therapieschemas, des unzureichend dokumentierten intraoperativen Tumorstagings und der gewählten Definitionskriterien einer klinischen Remission (Bestimmung des klinisch-physikalischen Status und der Leberfunktionsparameter anstelle der Größenbestimmung von Tumormanifestationen mittels bildgebender Verfahren) vielfach kritisiert. Aber auch die nachfolgenden, prospektiv randomisierten Studien, die unter gesonderter Berücksichtigung oben genannter Kritik an der COG-Studie durchgeführt wurden [36, 37], konnten die regionale Chemotherapie nicht sicher als ein der systemisch-intravenösen Chemotherapie überlegenes Verfahren aufzeigen. Bei der 94 Patienten umfassenden Studie seitens des Memorial Sloan Kettering Cancer Centers [36] wurde in beiden Therapiegruppen nach initialer Explorativlaparotomie und Ausschluß extrahepatischer Tumormanifestationen im Sinne des „cross-over designs" ein Arteria hepatica-Katheter implantiert; die in den systemischen Therapiearm randomisierten Patienten erhielten zusätzlich einen zentralvenösen Zugang. Bei ausgewogener Verteilung prognostisch wichtiger Faktoren zeigte sich bei 18 von 39 Patienten im intraarteriellen Therapiearm gegenüber 9 von 40 Patienten im systemischen Therapiearm eine objektive Tumorremission. Hinsichtlich der medianen Überlebenszeit der Patienten (15 Monate) war jedoch kein Unterschied zu beobachten. Die Toxizität im intraarteriellen Therapiearm beinhaltete bei jeweils rund einem Viertel der Patienten gastroduodenale Ulzerationen bzw. Gastritiden und signifikante hepatotoxische Nebenwirkungen. In der systemisch-intravenösen Therapiegruppe stellten Diarrhoen (66%) die dosislimitierende Toxizität dar. Obwohl die intraarterielle Chemotherapie somit in bezug auf die Anzahl klinischer Remissionen eine gewisse Bereicherung des therapeutischen Spektrums bei metastasierten kolorektalen Tumoren darstellen mag, sollte diese Therapieform dennoch nur zur Palliation von Lebermetastasen-bedingten klinischen Symptomen bzw. als Alternative bei konventionellen Therapieversagern erwogen werden. Die Durchführung sollte dabei ausschließlich spezialisierten Zentren vorbehalten bleiben.

Abgesehen von den *Fluoropyrimidinen 5-FU, 5-Floxouridin (5-FUDR)* und *Ftorafur* (wobei letztere gegenüber 5-FU keinen gesicherten therapeutischen Vorteil besitzen), wurde in der Vergangenheit auch eine Vielzahl anderer Zytostatika hinsichtlich ihrer antineoplastischen Wirksamkeit beim metastasierten Kolonkarzinom untersucht [38]. Eine gewisse Bedeutung wurde dabei den *Nitrosoharnstoffen BCNU, CCNU (Lomustin), MeCCNU* und *Chlorozotocin*, deren mittlere Ansprechrate in der Literatur mit 10%–15% angegeben wird, zugemessen. Da die Remissionsdauer jedoch zumeist nur wenige Wochen bis Monate betrug und sich die Substanzgruppe bei Patienten, die mit 5-FU vorbehandelt waren, letztlich als therapeutisch nutzlos erwies, wurde bald von ihrer weiteren Verwendung beim kolorektalen Karzinom, insbesonders als Second line-Therapie Abstand genommen. Unter einer zytostatischen Monotherapie mit dem *Antibiotikum Mitomycin C* konnten bei rund 12%–15% der Patienten palliative Therapieerfolge beobachtet werden. Gemäß der außerordentlich kurzen Dauer klinischer Remissionen bzw. der dosislimitierenden kumulativ hämatotoxischen Wirkungskomponente dieser Substanz ergibt sich gegenüber einer 5-FU Monotherapie jedoch kein Vorteil. Auch der praktisch therapeutische Nutzen von *Razoxan (ICRF 159)* und *Triazinat* scheint trotz gewisser Wirksamkeit limitiert. Die Tabellen 4A und 4B zeigen eine Zusammenfassung der durchwegs enttäuschenden Ergebnisse der zytostatischen Monotherapie beim kolorektalen Karzinom. In den Tabellen finden klinisch etablierte sowie einige neue, noch in Erprobung befindliche Chemotherapeutika Berücksichtigung.

Eine der wenigen neuen Substanzen, die möglicherweise in Zukunft Bedeutung erlangen könnte, ist das in Japan 1983 erstmals auf semisynthetischem Weg hergestellte *Camptothecinderivat Irinotecan (CPT-11)* [39]. Nach intravenöser Verabreichung wird diese Substanz in der Leber zu dem eigentlich wirksamen Metaboliten SN-38 umgewandelt, der seine antitumorale Wirksamkeit durch Inhibition der DNA-Topoisomerase entfaltet [40]. In ersten unkontrollierten Studien konnte bei Patienten mit metastasierten Kolonkarzinomen trotz vorangegangener palliativer Chemotherapie eine objektive Ansprechrate von 27% (17 von 63 evaluierbaren Patienten) bei akzeptablen, vorwiegend gastrointestinalen Nebenwirkungen erzielt werden [41].

Entgegen der nur geringen Anzahl der beim Kolonkarzinom zytostatisch wirksamen Einzelsubstanzen wurden in der Vergangenheit zahlreiche **Polychemotherapieschemata** klinisch untersucht. Nach ersten negativen Studienberichten wurde 1974 erstmalig mit einem Kombinationsregimen, bestehend aus *5-FU, BCNU, Vincristin (VCR)* und *Dacarbacin,* eine Remissionsrate (47%), die deutlich besser schien als jene innerhalb einer 5-FU Kontrollgruppe (25%), erzielt [42]. Eine vergleichbar hohe Remissionsrate wurde bald darauf auch von Moertel et al. [43] für eine ähnliche Kombination (5-FU, MeCCNU plus VCR; *MOF-Schema*), die vorerst in einer Phase IV-Studie bestätigt werden konnte, beschrieben. Spätere umfassende Studien seitens der Eastern- und Central Oncology Group zeigten – ebenso wie eine Reevaluierung der Daten Moertels [43] nach Einschluß von über 150 Patienten – deutlich geringere Remissionsraten. Da, abgesehen von der häufigeren Assoziation der 5-FU/Nitrosoharnstoffkombinationen (± VCR) mit toxischen Nebenwirkungen, kein sicherer Vorteil gegenüber einer 5-FU Monotherapie besteht, sollte nach heutigem Ermessen von deren Verwendung als Standardtherapie für das kolorektale Karzinom Abstand genommen werden. Die mit verschiedenen anderen Kombinationsschemata erzielten Ergebnisse [38] sind entweder gleichfalls enttäuschend geblieben, oder aber sie bedürfen weiterer sorgfältiger Überprüfung, ehe ihr klinischer Einsatz gerechtfertigt scheint. Selbst die Kombination von 5-FU und Cisplatin, für die je nach Applikationsmodus Remissionen in bis zu 70% der Fälle beschrieben worden sind, muß letztlich aufgrund der Ergebnisse einer (gegen 5-FU) randomisierten Kontrollstudie seitens der Hoosier Oncology Group kritisch bewertet werden [44].

Tabelle 4A. Ergebnisse der zytostatischen Monotherapie beim metastasierten kolorektalen Karzinom. Konventionelle Zytostatika

Substanz	Anzahl objektiver Remissionen/ Anzahl evaluierbarer Patienten	(%)
5-Fluorouracil	2107	(21)
Floxouridin	144/617	(23)
Ftorafur	4/36	(11)
CCNU	7/75	(10)
BCNU	15/104	(15)
MeCCNU	12/77	(15)
Chlorozotocin	8/66	(12)
Mitomycin C	35/218	(16)
Mithramycin	4/28	(14)
Melphalan	19/110	(17)
Methotrexat	19/111	(17)
Cyclophosphamid	6/39	(15)
Nitrogen mustard	9/58	(15)
Chlorambucil	5/37	(13)
Hexamethylmelamin	10/86	(11)
DTIC	8/71	(11)
Hydroxyharnstoff	16/151	(10)
Cytosinarabinosid	13/137	(9)
Doxorubicin	8/92	(9)
Streptozotocin	3/36	(8)
PALA	2/33	(6)
Vinblastin	4/64	(5)
Amsacrin	1/23	(4)
6-Thioguanin	1/35	(3)
Bleomycin	0/15	(0)
Cisplatin	0/49	(0)
Ifosfamid	0/36	(0)
Mitoxantron	0/30	(0)
Vincristin	0/26	(0)
Etoposid	0/28	(0)

CCNU Lomustin; *BCNU* Carmustin; *MeCCNU* Semustin; *DTIC* Dacarbazin; *PALA* N-(Phosphoazetyl)-L-Aspartat

Tabelle 4B. Ergebnisse der zytostatischen Monotherapie beim metastasierten kolorektalen Karzinom. Neuere Zytostatika

Substanz	Anzahl objektiver Remissionen/ Anzahl evaluierbarer Patienten	(%)
5-Azacytidin	0/27	(0)
Acivicin	1/33	(3)
Bisantren	3/55	(5)
Difluormethyl-ornithin	0/14	(0)
Doxifluridin	13/58	(22)
Epirubicin	>270	(8)
Esorubicin	4/33	(12)
Fludarabinphosphat	0/22	(0)
1-Hexylcarbamyl-5-Fluorouracil	7/25	(28)
Hycanton	0/30	(0)
Menogaril	0/53	(0)
MGBG	2/32	(6)
Mitozolomid	0/14	(0)
N-Methylformamid	0/14	(0)
Procarbacin	0/35	(0)
Razoxan (ICRF 159)	3/25	(12)
THP-Adriamycin	0/33	(0)
Triazinat	5/29	(17)
Tricyclin-Nucleosid	1/31	(3)
Trimetrexat	0/28	(0)
Vindesin	1/16	(6)

MGBG Mitoguazon

Ein äußerst attraktives, modernes Therapiekonzept beim kolorektalen Karzinom stellen die sogenannten **biochemischen Modulationen** dar. Dabei handelt es sich um den Versuch, durch gleichzeitige oder sequentielle Gabe anderer Substanzen mit den Fluoropyrimidinen deren antineoplastische Aktivität zu steigern. Die Rationale verschiedener Möglichkeiten der 5-FU Modulation ist aus Tabelle 5 ersichtlich.

Das Konzept der sequentiellen Gabe von *Hydroxyurea und 5-FU*, für das experimentell ein synergistischer Effekt aufgezeigt werden konnte, wurde von der Eastern Cooperative Oncology Group (ECOG) klinisch überprüft [45]. In dieser Studie konnte zwar gegenüber einer gleichzeitig untersuchten 5-FU/Nitrosoharnstoffkombination eine deutlich bessere Remissionsrate aufgezeigt werden (12% vs 21%), allerdings war auch in der 5-FU/Hydroxyharnstoffgruppe kein Überlebensvorteil der Patienten offensichtlich.

Zahlreiche Studien haben sich mit der sequentiellen Gabe von *Methotrexat und 5-FU* befaßt. Der in-vitro nachweisbare, sequenzabhängige Synergismus der beiden Substanzen basiert auf einer gesteigerten intrazellulären Akkumulation

Tabelle 5. Rationalen biochemischer Modulationen zur Therapie des kolorektalen Karzinoms

Modulation	Rationale
Hydroxyurea + 5-FU	Zellsynchronisation durch 5-FU
Methotrexat + 5-FU	Gesteigerte intrazelluläre Akkumulation von 5-FU bei sequentieller Verabreichung
Thymidin + 5-FU	Verminderter 5-FU Katabolismus, erhöhter Einbau von 5-FU in RNA
Allopurinol + 5-FU	Verminderung der 5-FU Toxizität, verringerter Abbau von 5-FU durch kompetitive Hemmung der Orotat-Phosphoribosyl-Transferase
PALA + 5-FU	Sequentielle Inhibition der Pyrimidinsynthese, verstärkter Einbau von 5-FU in RNA
Folinsäure + 5-FU	Stabilisierung des FdUMP-TMP-S-Kofaktor-Komplexes mit konsekutiver intrazellulärer Anreicherung von „reduzierten Folaten"

5-FU 5-Fluorouracil; *PALA* N-(Phosphoazetyl)-L-Aspartat; *FdUMP* Fluorodesoxiuridinmonophosphat; *TMP* Thymidinmonophosphat

von 5-FU Nukleotiden bzw. auf Interferenzmechanismen von Methotrexat und seinen Polyglutamatformen auf Ebene der Thymidilatsynthase. Erst rezente klinische Studien haben in Relation zu einer 5-FU Monotherapie eine Verbesserung der Ansprechrate gezeigt [46]. Um eine maximale Wirkungspotenzierung zu erzielen, muß Methotrexat jedoch 24 Stunden vor 5-FU in verhältnismäßig hoher Dosierung verabreicht werden, wodurch die Toxizität proportional steigt.

Das theoretisch attraktive und tierexperimentell belegte Konzept eines supraadditiven Wirkungseffekts von *Thymidin und 5-FU* war in vivo nur bedingt reproduzierbar. Die Studien von Presant und anderen Autoren [47, 48] zeigten zwar die erwartete Modifikation des 5-FU Metabolismus, aber die therapeutische Effektivität von 5-FU konnte nicht sicher potenziert werden. Entsprechend einer additiven myelosuppressiven Wirkung der beiden Substanzen war man in mehreren Fällen zu einer beträchtlichen Dosisreduktion gezwungen.

Ein gegenteiliger Effekt, nämlich eine Verringerung der 5-FU induzierten Myelotoxizität, kann durch eine zeitlich mit der 5-FU Applikation koordinierten Gabe von *Allopurinol* erreicht werden. Verschiedene Arbeitsgruppen konnten dieses Phänomen in klinischen Phase I-Studien aufzeigen, wobei gemäß einer verbesserten Toleranz von 5-FU erhebliche Dosissteigerungen möglich wurden [49]. Erst bei einer Applikation von >1800 mg/m^2 kam es zum Auftreten anderer dosislimitierender Nebenwirkungen, wie Stomatitiden und neurotoxischen Manifestationen. Obwohl bei kolorektalen Karzinomen im Rahmen dieser Phase I-Studien vereinzelt objektive Tumorremissionen beobachtet wurden, gilt es in Zukunft zu beweisen, ob aus der Applikation höherer 5-FU Dosen ein echter therapeutischer Gewinn resultiert.

N-(Phosphoazetyl)-L-Aspartat (PALA) ist ein Inhibitor der de-novo Pyrimidinsynthese, der sich durch eine signifikante antiproliferative Aktivität in verschiedenen präklinischen Tumormodellen auszeichnet. In der klinischen Situation erwies sich die antitumorale Wirksamkeit der Substanz bei sequentieller Gabe von 5-FU als reproduzierbar. In einer randomisierten Phase I-Studie fanden sich bei 28 Patienten 2 komplette und 11 partielle Krankheitsremissionen [50], in der Phase II-Studie von O'Dwyer et al. betrug die Ansprechrate 43% [51]. Diese Ergebnisse haben die Einleitung von Phase III-Therapiestudien stimuliert.

Den wohl vielversprechendsten Versuch biochemischer Modulationen stellt die Kombination von *5-FU und hoch dosierter Folinsäure* dar. Aus biochemischen und In-vitro-Studien an Tumorzellinien ist bekannt, daß der Antimetabolit 5-FU auf Ebene des Zellstoffwechsels sowohl mit der RNA- als auch mit der DNA-Synthese zu interferieren vermag. Hinsichtlich der antineoplastischen Wirksamkeit der Substanz dürfte letzterem Mechanismus größere Bedeutung zukommen. Den wichtigsten aktiven 5-FU Metaboliten stellt dabei 5-Fluorodesoxiuridinmonophosphat (FdUMP) dar. FdUMP gilt als potentieller Inhibitor der Thymidilatsynthase, jenes Enzyms, das für die Methylierung von Desoxiuridinmonophosphat (dUMP) zu Desoxithymidinmonophosphat (dTMP) verantwortlich ist. Die Methylgruppe wird bei diesem Reaktionsschritt von 5,10-Methylentetrahydrofolat, dem sogenannten Kofaktor (CH_2NH_4), zur Verfügung gestellt. Die beiden Moleküle dUMP und CH_2NH_4 bilden mit der Thymidilatsynthase einen ternären Komplex aus, der sich nach Umwandlung von dUMP zu dTMP wieder löst. Wird im Falle einer zytostatischen Therapie mit 5-FU anstelle von dUMP der Antimetabolit FdUMP gebunden, ist der ternäre Komplex stabil, da FdUMP selbst nicht methyliert werden kann. Die Bindungsrate von FdUMP an das Enzym verhält sich zur intrazellulären Konzentration des Kofaktors direkt proportional. Bei einem entsprechend hohen intrazellulären Angebot von FdUMP und Kofaktor (letzteres kann durch intravenöse Applikation des stabilen Kofaktor-Analogons Leukovorin [LV] erzielt werden), wird die Thymidilatsynthasereaktion vollständig gehemmt und damit die DNA-Synthese maximal blockiert.

In Einklang mit der fundierten biochemischen Rationale dieses neuen Therapiekonzepts konnte bei einem erheblichen Prozentsatz zytostatisch nicht vorbehandelter Patienten, aber auch in Fällen, die primär oder im weiteren Krankheitsverlauf gegen eine konventionelle Therapie mit fluorierten Pyrimidinen resistent geworden waren, objektive Tumorremissionen erzielt werden.

In 6 von 9 Studien konnte für diese Kombination eine signifikante Verbesserung der Ansprechrate (16%–44%) in Relation zu einer 5-FU Monotherapie (5%–13%) gezeigt werden [52, 53]. Ein optimal wirksames Dosierungsschema für die *5-FU/LV Therapie* konnte dennoch bisher nicht definiert werden. Die GITSG [54] fand – in Einklang mit der biochemischen Rationale des Therapiekonzepts – bei Verwendung hoher LV-Dosen (500 mg/m^2 Körperoberfläche) eine bessere Wirksamkeit als bei Verwendung geringer Dosen (25 mg/m^2). Im Gegensatz dazu wurde in einer darauffolgend publizierten Studie seitens der North Central Cancer Treatment Group (NCCTG) und der Mayo Klinik festgestellt, daß mit niedrigen LV-Dosen (20 mg/m^2) in Relation zu höheren Dosen (200 mg/m^2) zumindest ebenso gute, wenn nicht sogar bessere Resultate erzielt werden können [55]. Die Ursache dieser diskrepanten Ergebnisse seriöser Studiengruppen bleibt vorerst unklar, allerdings könnten bestimmte pharmakologische Charakteristika des LV, insbesondere die Existenz von Stereoisomeren und deren komplexer Metabolismus, eine diesbezüglich entscheidende Rolle spielen.

Da die bis heute vorliegenden Studiendaten keine eindeutige Überlegenheit des hoch dosierten LV beweisen, wird von den meisten Autoren aufgrund geringerer Nebenwirkungen und aus Kostenüberlegungen dem *5-FU/low-dose LV-Schema* der Vorzug gegeben. Die Wirksamkeit der seit kurzem auch in Österreich verfügbaren gereinigten, biologisch 20fach aktiveren, linksdrehenden stereoisomeren Formulierung des LV (l-Leukovorin) wird gegenwärtig im Rahmen einer klinischen Phase III-Therapiestudie mit der handelsüblichen d,l-Formulierung (jeweils in Kombination mit 5-FU) verglichen. Eine präliminare Zwischenauswertung dieser Studie [56], in die bislang über 140 Patienten eingebracht worden sind, läßt einen gewissen Vorteil des l-LV hinsichtlich Tumoransprechrate vermuten (39% vs 28%); die Nachbeobachtungszeit der Studienpopulation ist allerdings noch zu gering, um auch eine etwaige Überlegenheit hinsichtlich progressionsfreiem Intervall und medianer Überlebensdauer erkennen zu lassen. Interessante Aspekte für die nahe Zukunft bietet auch *Methylentetrahydrofolat (MTHF)*, der unmittelbar an der Thymidilatsynthase wirksame LV-Metabolit, der gleichfalls heute bereits für den klinischen Gebrauch zur Verfügung steht, allerdings noch nicht ausreichend im Rahmen von Studien untersucht worden ist [57].

Eine weitere Möglichkeit zur Verbesserung der 5-FU/LV-Therapieergebnisse stellt die zusätzliche Gabe anders wirkender, nicht kreuzresistenter, antiproliferativer Substanzen dar. Eigene experimentelle Untersuchungen mit einer Palette etablierter kolorektaler Karzinomzellinien und diversen Substanzkombinationen, inklusive anderen biochemischen Modulatoren, ließen vor allem die kombinierte Gabe von *5-FU/LV mit Cisplatin* vielversprechend erscheinen [58]. In einer 59 Patienten umfassenden klinischen Phase II-Studie konnte – trotz häufig prognostisch infauster Befundkonstellation, wie Lebermetastasierung, reduzierter Allgemeinzustand bzw. Resistenz gegenüber einer vorangegangenen konventionellen 5-FU Monotherapie – bei 36% der Patienten eine über 50%ige Größenreduktion prätherapeutisch vorhandener Tumormanifestationen und bei weiteren 29% eine Krankheitsstabilisierung erzielt werden [59]. Die Verträglichkeit des Therapieregimens schien dank moderner Antiemetika akzeptabel. In einer nachfolgenden prospektiv randomisierten Studie konnte für die 5-FU/LV/Cisplatin-Kombination in Relation zu einer rein symptomatisch behandelten Patientengruppe erstmalig ein signifikanter Überlebensvorteil zugunsten einer palliativen Chemotherapie (11,5 vs 5,5 Monate) ohne Beeinträchtigung der seriell bei allen Patienten beurteilten Lebensqualität festgestellt werden [60].

Die Ergebnisse einer weiteren, 135 evaluierbare Patienten umfassenden prospektiven Vergleichsstudie (5-FU/LV vs 5-FU/LV/Cisplatin) ließen tatsächlich eine Verbesserung des therapeutischen Index von 5-FU/LV durch die Dreifachkombination möglich erscheinen [61], wenngleich der Vorteil durch die letztlich nur marginale Verbesserung der Überlebenszeit (14 vs 12 Monate) und die deutlich höheren Medikamentenkosten getrübt wird.

Adjuvante Chemotherapie

Rund 50% aller Patienten erliegen trotz potentiell kurativ erfolgter Tumorresektion einem Krankheitsrezidiv. In Abhängigkeit vom Tumorstadium zum Zeitpunkt der Operation kommt es in 8%–50% der Fälle zu lokoregionären Tumorrezidiven bzw. in 20%–40% der Fälle zum Auftreten von Fernmetastasen. Die Möglichkeiten der Verwendung von Zytostatika in der adjuvanten Therapiesituation beim kolorektalen Karzinom wurden schrittweise erkannt. Initial versuchte man, durch *perioperative Zytostatikagaben* die – durch operative Manipulationen am Tumor – in die Zirkulation gelangten malignen Zellen zu vernichten. Unter diesem Aspekt wurde auch die Wertigkeit der *intraluminalen Zytostatikaapplikation* untersucht. Beide Methoden waren gegen die Folgen einer lokalen Tumorausbreitung gerichtet; die Möglichkeit einer systemischen Mikrometastasierung blieb jedoch unberücksichtigt. Erst später haben verschiedene Arbeitsgruppen versucht, die Bedeutung der **Fluoropyrimidine** als systemisch adjuvante Therapie zu untersuchen. Obwohl keine dieser Studien einen signifikanten Einfluß auf die Langzeitergebnisse der chirurgischen Therapie aufzeigen konnte, ließ eine kumulative Analyse verschiedener adjuvanter 5-FU Monotherapiestudien einen Trend zur Verbesserung der Überlebenszeit erkennen (Buyse M, Roermond NL, persönliche Mitteilung).

Da erste Studienergebnisse bei Patienten mit metastasierten Karzinomen die Kombination von 5-FU mit MeCCNU (± VCR) vorteilhaft erscheinen ließen [42, 43], hat man sich Mitte der 70er Jahre der Verwendung entsprechender **Polychemotherapieregimina** in der adjuvanten Therapiesituation gewidmet. Ähnlich wie bei der palliativen Therapie schien jedoch der tierexperimentell mehrfach belegte Wirkungssynergismus der *5-FU/Nitrosoureakombination* im Rahmen verschiedener prospektiv randomisierter Therapiestudien nicht reproduzierbar [62–64]. Die GITSG konnte beispielsweise in ihrer insgesamt 621 Dukes B2 und Dukes C Kolonkarzinompatienten umfassenden Studie, bei der der Wert einer adjuvanten Chemotherapie mit 5-FU plus MeCCNU, einer Immunotherapie mit BCG-MER (Bacille-Calmette-Guérin) sowie einer kombinierten Chemoimmunotherapie verglichen wurde, keine signifikante Überlegenheit der einen oder anderen Therapiemodalität aufzeigen [62]. Gleichermaßen negative Ergebnisse wurden auch von der VASAG [63] und Southwest Oncology Group (SWOG) [64] berichtet. Ein neuer Aspekt ergab sich erst aufgrund der 1988 von der National Surgical Adjuvant Breast and Bowel Project (NSABP)-Gruppe publizierten Daten. Die Autoren dokumentierten in dieser nahezu 1.200 Dukes B und Dukes C Patienten umfassenden kontrollierten Studie erstmals eine – durch eine adjuvante Polychemotherapie erzielte – wesentliche Verbesserung rein operativer Langzeittherapieergebnisse [65]. Bei den 379 in den adjuvanten Chemotherapiearm randomisierten Patienten, die ein Kombinationsregimen, bestehend aus *5-FU, MeCCNU* und *VCR,* erhielten, wurde nebst einer signifikanten Verlängerung des erkrankungsfreien Intervalls auch eine statistisch signifikante Verbesserung der Überlebenszeit festgestellt ($p < 0{,}05$). Nach einem Beobachtungszeitraum von 5 Jahren kam es im adjuvant zytostatisch behandelten Therapiearm zu einer Verbesserung der Überlebenswahrscheinlichkeit von 50% auf 67%. Ob dieses in Relation zu vorangegangenen Studien unerwartete

Ergebnis durch die größere Patientenzahl, die zusätzliche Verwendung von VCR oder aber durch Unterschiede im Studiendesign (z.B. Wahl unterschiedlicher Stratifikationskriterien) zu erklären ist, bleibt letztlich unklar.

Der endgültige Beweis, daß durch adjuvante chemotherapeutische Maßnahmen die chirurgischen Langzeitergebnisse verbessert werden können, wurde erst rezent durch das „Intergroup Trial" erbracht [66]. Die an über 1.000 Patienten untersuchte Therapie mit *5-FU/Levamisol*, die bei Dukes C Patienten zu einer signifikanten Verbesserung der Übelebenszeit führte, gilt heute – gemäß NIH (National Institute of Health)-Konsensus 1990 [67] – als Therapie der Wahl. Ob allerdings die, durch die einmal pro Woche für die (empirisch ermittelte) Dauer von 12 Monaten zu erfolgende intravenöse Zytostatikaapplikation und für den Patienten zweifellos beschwerliche Kombination von 5-FU/Levamisol die günstigste Form der adjuvanten Therapie beim Kolonkarzinom darstellt, scheint zweifelhaft, nicht zuletzt, da für das Antihelmintikum Levamisol ± 5-FU im Stadium der Fernmetastasierung kein reproduzierbar positiver Therapieeffekt festgestellt werden konnte. Einen ausgeprägteren adjuvanten Therapieeffekt läßt die beim fortgeschrittenen Kolonkarzinom relativ wirksamste Kombination von 5-FU und LV erwarten.

Obwohl definitive Ergebnisse laufender multizentrischer Studien in Europa und den USA noch nicht vorliegen, lassen erste Ergebnisse der NSABP und Intergroup (Tabelle 6) auf die Etablierung eines entsprechenden neuen, therapeutisch noch effektiveren Standards hoffen [68, 69].

Gemäß der Häufigkeit des Auftretens eines Kolonkarzinomrezidivs in Form von Lebermetastasen hat das Konzept der *regionalen Chemotherapie* mittels Leberperfusion in adjuvanten Therapiestudien Eingang gefunden. Sowohl für die adjuvante Zytostatikaperfusion über die Arteria hepatica als auch über die – hinsichtlich Blutversorgung von Mikrometastasen entscheidende – Vena portae wurde initial eine Verringerung der Inzidenz von Lebermetastasen beschrieben. In einer randomisierten Studie von Taylor et al. [70] wurde zudem für die perioperativ an 7 aufeinanderfolgenden Tagen mit jeweils 1.000 mg 5-FU behandelte Patientengruppe ein konsekutiver, signifikanter Überlebensvorteil, der allerdings auf Lymphknoten-negative Fälle beschränkt war, dokumentiert. Eine Reihe weiterer Studien ist im Sinne einer Überprüfung des Stellenwerts der adjuvanten regionalen Zytostatikaperfusion erfolgt, wobei vergleichbar gute Ergebnisse jedoch nicht mehr reproduziert werden konnten [71]. Die diesbezüglich umfassendste Studie wurde von seiten der NSABP durchgeführt [72]. 1.158 Patienten mit Kolonkarzinomen der Stadien I bis III wurden entweder perioperativ über eine Woche mit 5-FU via Vena portae behandelt, oder postoperativ nachbeobachtet. Die Ergebnisse zeigten zwar eine Verlängerung des rezidivfreien Intervalls, ließen aber weder eine Verringerung der Inzidenz von Lebermetastasen, noch eine Verbesserung der Gesamtüberlebenszeit erkennen. Als Ursache der letztlich enttäuschend gebliebenen Resultate wird vermutet, daß die bei der ausschließlich regionalen Zytostatikaapplikation erzielten systemischen Wirkspiegel für eine effektive Elimination von Fernmetastasen zu gering sein dürften.

Interessante Aspekte impliziert schließlich die *adjuvante kombinierte intraperitoneale und intravenöse Zytostatikagabe* [73] z.B. von 5-FU und LV; nebst

Tabelle 6. Rezente kontrollierte Adjuvansstudien beim Kolonkarzinom

Studie	Adjuvantes Therapieregimen	Anzahl der Patienten	Überlebensrate Rezidivfrei %		Gesamt %	
NSABP C-01	Kontrolle	394	43		51	
	BCG	393	48	$p < 0{,}02$	54	$p < 0{,}05$
	5-FU + MeCCNU + VCR	379	63		63	
INT 0035	Kontrolle	315	43		51	
	Levamisol	310	48	$p < 0{,}0001$	54	$p < 0{,}005$
	5-FU + Levamisol	304	63		63	
NSABP C-03	5-FU + MeCCNU + VCR		64		77	
	5-FU + LV	1081	73	$p < 0{,}0004$	84	$p < 0{,}003$
INT 1993	Kontrolle	158	64		71	
	5-FU + LV	151	77	$p < 0{,}001$	75	$p < 0{,}04$

NSABP National Surgical Adjuvant Breast und Bowel Project; *INT* Intergroup; *5-FU* 5-Fluorouracil; *MeCCNU* Semustin; *VCR* Vincristin; *LV* Leukovorin; *BCG* Bacille-Calmette-Guérin

einer Verbesserung des therapeutischen Index ist – gemäß hohen intraperitonealen bzw. intrahepatischen Zytostatikawirkspiegeln – eine hinsichtlich potentiell manifester Lebermetastasierung kontraproduktive Wirkung denkbar. In einer prospektiv randomisierten klinischen Studie wurde die Realisierbarkeit dieses Therapiekonzepts überprüft, und es konnten – in Relation zu einer unbehandelten Kontrollgruppe – vielversprechende Ergebnisse objektiviert werden. Bei einer Interimsanalyse der 124 Patienten umfassenden Studie [74] fand sich im intravenösen/intraperitonealen 5-FU/LV-Therapiearm nach einem mittleren Beobachtungszeitraum von 36 Monaten bei 22% ein Krankheitsrezidiv, während im unbehandelten Kontrollarm 40% relapsierten. Die Toxizität des adjuvanten Therapieregimens schien minimal; nur bei einem Patienten wurden WHO (World Health Organization) Grad III Nebenwirkungen beobachtet.

Eine Reihe weiterer, alternativer adjuvanter Therapiekonzepte beim Kolonkarzinom (z.B. Immuntherapie mit monoklonalen Antikörpern oder Tumorzell-Vakzinen) bedarf trotz erster vielversprechender Ergebnisse ebenfalls noch weiterer klinischer Prüfung.

Zum Unterschied vom Kolonkarzinom besteht beim potentiell kurativ operierten **Rektumkarzinom** ein beträchtliches lokales Rezidivrisiko mit oder ohne Fernmetastasierung. Während sich im Stadium I nur bei 5%–10% aller Patienten intrapelvine Tumorrezidive finden, steigt das Risiko im Stadium II auf 25%–30% und bei Lymphknoten-positiven Fällen (Stadium III) bis auf 50%. Als Ursache wird die aus anatomischen Gründen, trotz Anwendung optimierter chirurgischer Techniken, nicht realisierbare operative Radikalität angenommen.

Der Stellenwert der alleinigen *prä-* und/oder *postoperativen adjuvanten Strahlentherapie* wurde in den letzten 15 Jahren in zahlreichen Studien untersucht. Obwohl in einigen dieser Studien bei Anwendung ausreichend hoher Strahlendosen eine signifikante Verringerung der Lokalrezidive gezeigt werden konnte, schienen das krankheitsfreie Intervall und die Überlebenszeit der Patienten nicht bzw. nur marginal verbessert.

Der *systemisch adjuvanten Chemotherapie (± Radiatio)* haben rezente umfassende Studien auch hinsichtlich Überlebenszeit Bedeutung zugemessen (Tabelle 7). Gemäß NIH-Konsensus stellt beim Rektumkarzinom im Stadium II und III die kombinierte Radiochemotherapie (mit 5-FU) den „Golden Standard" dar, da diese Therapiemodalität der Möglichkeit eines lokoregionären und disseminierten Krankheitsrezidivs Rechnung trägt [75]. Kooperative Studiengruppen untersuchen gegenwärtig verschiedene Möglichkeiten im Sinne einer Optimierung der Wahl und Dosierung der Zytostatika sowie der zeitlichen Sequenz von Chemotherapie und Radiatio. Interessante Aspekte implizieren nebst der 5-FU/LV-Therapie mit Beckenbestrahlung erste Ergebnisse einer Pilotstudie, in deren Rahmen als Alternative zur Strahlentherapiekomponente zur Verringerung der Lokalrezidive die *perioperative, lokale Zytostatikainstillation* in die Beckenhöhle untersucht wurde [75].

Tabelle 7. Adjuvante Chemotherapie und Radiochemotherapie des Rektumkarzinoms Kontrollierte klinische Studien

Studie	Adjuvantes Therapieregimen	Anzahl der Patienten	Einfluß auf die Überlebenszeit
GITSG 7175	Kontrolle	58	–
	XRT	50	N. S.
	5-FU + MeCCNU	48	N. S.
	XRT + 5-FU ≫ 5-FU + MeCCNU	46	($p < 0{,}005$)
NCCTG 794751	XRT	101	–
	5-FU + MeCCNU ≫ 5-FU + XRT ≫ 5-FU + MeCCNU (Sandwich)	103	N. S.[a]
GITSG 7180	XRT + 5-FU ≫ 5-FU + MeCCNU	95	–
	XRT + 5-FU ≫ 5-FU	104	N. S.
NSABP R-01	Kontrolle	184	–
	XRT	184	N. S.
	5-FU + MeCCNU + VCR	187	($p = 0{,}05$)

[a] Signifikante Verbesserung des rezidivfreien Intervalls in der kombinierten Strahlen- plus Chemotherapiegruppe ($p = 0{,}02$)

GITSG Gastrointestinal Tumor Study Group; *NCCTG* North Central Cancer Treatment Group; *NSABP* National Surgical Adjuvant Breast and Bowel Project; *XRT* Postoperative Strahlentherapie; *5-FU* 5-Fluorouracil; *MeCCNU* Semustin; *VCR* Vincristin; *N. S.* nicht signifikant; + gleichzeitige Applikation; ≫ sequentielle Applikation

Analkarzinom

Bei Analkarzinomen hat sich die *kombinierte präoperative Bestrahlung* und *Chemotherapie* (üblicherweise mit 5-FU und Mitomycin C) als außerordentlich effizient erwiesen [76, 77]. Entsprechend der hohen Erfolgsrate wird diese neoadjuvante kombinierte Modalität heute bereits an mehreren Tumorzentren als Therapie der Wahl praktiziert. *Chirurgische Maßnahmen* gelangen häufig nur mehr bei Patienten, die trotz initialer Radiochemotherapie einen Residualtumor aufweisen, bzw. im Falle eines Krankheitsrezidivs zur Anwendung.

Pankreaskarzinom

Epidemiologische Studien weisen im Gegensatz zum Magenkarzinom auf eine drastische Häufigkeitszunahme dieser fatalen Erkrankung hin. Das Karzinom des exokrinen Pankreas stellt mit 3%–6% aller Krebstodesfälle in den USA und einigen westeuropäischen Ländern tatsächlich bereits die zweithäufigste maligne Erkrankung des Gastrointestinaltrakts dar. Selbst unter Miteinbeziehung potentiell kurativ operierter Fälle beträgt die aus einer Sammelstatistik von nahezu 15.000 Fällen der Weltliteratur ermittelte 5-Jahres-Überlebensrate nur 0,4% [78]. 90% der Tumoren erweisen sich zum Zeitpunkt der chirurgischen Exploration als lokal inoperabel oder metastasiert. Im Stadium der Krankheitsdissemination beträgt die mediane Überlebenserwartung der Patienten 3–4 Monate.

Entgegen der Häufigkeit fortgeschrittener Erkrankungsstadien und der infausten Prognose gibt es auch beim Pankreaskarzinom nur wenige klinische Studien, die eine ausreichende Beurteilung des therapeutischen Stellenwerts einer bestimmten zytostatischen Therapie zulassen. Innerhalb verschiedener konventioneller Zytostatika, die klinisch umfassend untersucht worden sind, haben lediglich *5-FU, Mitomycin C, Streptozotocin* und *Adriamycin* aufgrund von Remissionsraten um oder knapp über 20% gewisse Bedeutung erlangt [79]. Tabelle 1 zeigt die fast ausnahmslos negativen Ergebnisse, die mit neuen Zytostatika in den von seiten des National Cancer Institutes koordinierten Phase II-Studien in den letzten 15 Jahren erzielt worden sind [9].

Die Resultate der gebräuchlichsten, einer zytostatischen Monotherapie dennoch nicht sicher überlegenen Kombinationsregimina sind in Tabelle 8 wiedergegeben. Nachdem der therapeutische Vorteil einer kombinierten Gabe von Fluoropyrimidinen und Nitrosoharnstoffen bald zweifelhaft schien, untersuchte das Vincent T. Lombardi Cancer Research Center 1974 eine Kombination der drei beim Pankreaskarzinom relativ wirksamsten Einzelsubstanzen [80]. Im Rahmen dieser ersten Studie mit dem Polychemotherapieregimen *Streptozotocin, Mitomycin C und 5-FU (SMF)* wurde in 10/23 Fällen (43%) eine objektive Krankheitsremission beschrieben. Beeindruckend schien die Dokumentation eines Patienten mit kompletter Remission, die trotz histologischer Verifikation von Lebermetastasen zu Therapiebeginn 5 Jahre währte. Die etwas geringeren Ansprechraten, die später von anderen Autoren für die SMF-Kombination festgestellt werden konnten, wurden auf den überdurchschnittlich guten Allgemein-

Tabelle 8. Ergebnisse verschiedener Polychemotherapieregimina beim metastasierten Pankreaskarzinom

Autoren Jahr	Therapieschema	Patienten-anzahl	Remissions-rate N	%	Mediane Überlebenszeit aller Patienten Monate
5-Fluorouracil-Kombinationsregimina					
Kovach 1974	5-FU + BCNU	30	10	33	6,0
Lokich 1973	5-FU + BCNU	15	4	27	5,0
Stephens 1978	5-FU + BCNU vs	18	3	17	3,4
	5-FU ± BCNU ± Lactone	20	2	10	4,6
Buroker 1978	5-FU + MeCCNU vs	143	24	17	–
	5-FU + MMC	143	43	30	–
Seligman 1977	5-FU + STZ	19	4	21	–
Waddel 1973	5-FU + Lactone	13	10	77	–
Moertel 1977	5-FU + STZ + Lactone	160			3,5
Christiansen 1986	5-FU + Etoposid	17	3	18	4,0
5-Fluorouracil + Adriamycin + Mitomycin C (FAM)					
Bitran 1979	FAM	15	6	40	3,7
Smith 1980	FAM	27	10	37	6,0
Haller 1978	FAM	14	6	43	4,5
Belli 1983	FAM	15	6	39	7,0
Streptozotocin + Mitomycin C + 5-Fluorouracil (SMF)					
Aberhalden 1977	SMF	16	5	31	–
Wiggans 1978	SMF	23	10	43	–
Bukowski 1980	SMF	22	7	32	6,0
Bukowski 1982	SMF	45	18	40	4,0
Bukowski 1983	SMF vs	56	19	34	4,5
	MF	60	5	8	4,3
Oster 1982	SMF vs	66	3	4	4,5
	FAM	56	6	9	7,0
Andere Kombinationsregimina					
Moertel 1977	STZ + MMC	93	11	12	–
	STZ + CYC	93	11	12	–
Smith 1982	FAM + Chlorozotocin	23	3	13	6,4
Karlin 1982	FAM + MeCCNU	23	5	22	7,4
Bukowski 1982	FAM + STZ	25	12	48	6,7
Magill 1987	FAM+Vinblastin	29	3	10	6,9

Tabelle 8 (Fortsetzung)

Autoren Jahr	Therapieschema	Patienten-anzahl	Remissions-rate N	%	Mediane Überlebenszeit aller Patienten Monate
Bruckner 1983	HexMF	20	2	10	10,0
Brown 1980	HexMF	15	6	40	10,5
Meguro 1982	FUM	13	6	46	6,1
Hall 1979	FAB	19	5	26	5,1
Mallinson 1980	5-FU, MTX, CYC, VCR, MMC	21			11,0
	vs no treatment	19			2,3
Sandberg 1982	5-FU, VCR, CCNU	25			6,5
	vs no treatment	22			5,2

5-FU 5-Fluorouracil; *BCNU* Carmustin; *MeCCNU* Semustin; *MMC* Mitomycin C; *STZ* Streptozotocin; *CYC* Cyclophosphamid; *HexMF* Hexamethylmelamin, Methotrexat, 5-FU; *FUM* 5-FU, Methotrexat; *FAB* 5-FU, Adriamycin, BCNU; *MTX* Methotrexat; *VCR* Vincristin; *CCNU* Lomustin

zustand der Patienten in der ursprünglichen Studie von Wiggans et al. [80] zurückgeführt. Auch die über längere Zeit für die Behandlung des metastasierten Magenkarzinoms als Standardtherapie propagierte *FAM-Kombination* wurde bei Pankreastumoren untersucht. Während erste Phase II-Studien eine mit dem SMF-Regimen vergleichbare Wirksamkeit vermuten ließen, konnte dies in späteren kontrollierten Patientenstudien nicht bestätigt werden [18, 81]. Verschiedene Autoren forderten gemäß der in diesen Studien auch für die SMF-Kombination eher enttäuschenden Ergebnisse die Untersuchung alternativer Kombinationsregimina.

Basierend auf Beobachtungen von Djerassi [82], der beim Pankreaskarzinom eine signifikante antineoplastische Wirksamkeit von hoch dosiertem Methotrexat beobachtete, und den unverändert bei metastasierten Fällen fehlenden therapeutischen Richtlinien, wurde in einer eigenen Phase II-Studie der Wert des sogenannten *FAMeth-Therapieregimens,* das beim Magenkarzinom vielversprechende Ergebnisse gezeigt hat, untersucht. Bei einer Zwischenauswertung dieser Studie konnten bei 4 der 25 evaluierbaren Patienten eine komplette bzw. partielle Tumorremission festgestellt werden [83]. Eine weniger als 50%ige Tumorreduktion bzw. Krankheitsstabilisierung fand sich bei weiteren 8 Patienten; in 15 Fällen wurde eine Tumorprogression beobachtet. Die mediane Überlebenszeit der 25 Patienten betrug 7 (Range 2–17) Monate. Unabhängig von einer dokumentierten Rückbildung des Tumorleidens konnte in mehreren Fällen eine zumindest vorübergehende Besserung des Allgemeinzustands bzw. eine Schmerzlinderung beobachtet werden. Obwohl auch die Toxizität des Regimens mit überwiegend mäßigen hämatologischen und gastrointestinalen Nebenwirkungen akzeptabel schien, lassen die eigenen Ergebnisse letztlich in Relation zu einer konventionellen Mono- oder Polychemotherapie keinen sicheren Vorteil erkennen. Die Effektivität des *5-FU/Folinsäurekonzepts ± Interferon* [84] sowie verschiedener hormoneller Therapiemaßnahmen [85] bei malignen Pankreastumoren muß aufgrund der bisher vorliegenden Daten gleichfalls kritisch bewertet werden.

Therapie des lokal inoperablen Pankreaskarzinoms

Retrospektive Untersuchungen von Childs und Mitarbeitern [86] konnten im Falle der lokalen Inoperabilität von Pankreasmalignomen für eine alleinige *postoperative Strahlenbehandlung* keinen sicheren Vorteil aufzeigen. In einer prospektiv randomisierten Doppelblindstudie, die im Jahre 1965 publiziert wurde, konnte jedoch festgestellt werden, daß die Zugabe von 5-FU zu Beginn der Strahlentherapie die Überlebensrate nach 6 bzw. 12 Monaten – in Relation zu einer mit Placebo behandelten Strahlentherapiekontrollgruppe – verdoppeln kann [86]. Studien an der Dukes University gaben ferner Anlaß zur Vermutung, daß durch die Verwendung höherer Strahlendosen die Therapieergebnisse noch weiter verbessert werden können [87]. 1974 initiierte die GITSG eine prospektive Vergleichsstudie, in der eine fraktionierte (60 Gray [Gy]) *Strahlenbehandlung mit oder ohne zusätzliche Gabe von 5-FU* untersucht wurde. Der dritte Therapiearm in dieser Studie entsprach einer identen, jedoch mittelhoch dosierten (40 Gy) Radiochemotherapie. Die Patienten in den beiden Strahlenchemotherapiegruppen erhielten nach Abschluß der Radiatio noch für insgesamt zwei Jahre eine 5-FU Erhaltungstherapie. Ausschließlich strahlentherapeutisch behandelte Patienten lebten im Mittel 20 Wochen, Patienten in der 40 bzw. 60 Gy Strahlen- plus Chemotherapiegruppe hingegen 36 bzw. 40 Wochen [88]. Obwohl somit eine Überlegenheit der kombinierten Behandlung bei lokal inoperablen Pankreaskarzinomen offensichtlich schien, konnte in dieser Studie der therapeutische Stellenwert der Chemotherapie per se letztlich nicht geklärt werden. Basierend auf den mittels SMF-Chemotherapie bei lokaler Inoperabilität erzielten positiven Ergebnissen seitens der Georgetown University [80], initiierte die GITSG eine kontrollierte Studie, wobei Patienten entweder mit der Kombination von Streptozotocin, Mitomycin C und 5-FU oder mit einer – in der adjuvanten Situation mittlerweile bewährten – 5-FU/Radiochemotherapie behandelt wurden. In beiden Armen war eine SMF-Erhaltungstherapie über sechs Monate vorgesehen. Nach Einschluß von 43 evaluierbaren Patienten konnte im kombinierten Therapiearm eine mediane Überlebenszeit von 42 Wochen, in der ausschließlich chemotherapeutisch behandelten Gruppe von nur 32 Wochen festgestellt werden. Die erzielte 1-Jahres-Überlebensrate war mit 19% vs 41% in der mittels *Radiochemotherapie* behandelten Patientengruppe signifikant besser [89].

Adjuvante Therapie

Während bislang durch radikalere Operationstechniken keine wesentliche Verbesserung der Langzeitprognose von Patienten mit lokalisiertem Pankreaskarzinom realisiert werden konnte, haben rezente kontrollierte Studien die Möglichkeit aufgezeigt, daß in potentiell kurativ resezierten Fällen durch eine *postoperative adjuvante Strahlen- plus Chemotherapie* zumindest eine Verdoppelung der medianen Überlebenszeit erreicht werden kann. Die GITSG publizierte 1985 die Ergebnisse einer ersten prospektiven Vergleichsstudie [90], wobei die im adjuvanten kombinierten 5-FU/Strahlentherapiearm erzielte 1-, 2- bzw. geschätzte 5-Jahres-Überlebensrate 67%, 43% und 22% betrug. Die entsprechende Überlebensrate in der ausschließlich chirurgisch behandelten Patientengruppe betrug 50%, 18% bzw. 5%. Gemäß der verhältnismäßig geringen Patientenzahl in dieser Studie und der – nicht zuletzt in Relation zur Häufigkeit der Erkrankung – wesentlichen Bedeutung dieser Erkenntnisse entschloß sich dieselbe Arbeitsgruppe zur Durchführung einer Kontrollstudie. 30 Patienten wurden mit einem identen Therapieregimen, bestehend aus 40 Gy Gesamtstrahlendosis und 500 mg/m^2 5-FU als intravenöse Bolusinjektion, jeweils an den ersten drei Tagen der insgesamt zwei Bestrahlungsabschnitte, behandelt. Die zytostatische Therapie wurde im weiteren bis zu einer Dauer von zwei Jahren verabreicht. Abgesehen von dem gelegentlichen Auftreten gastrointestinaler Symptome wurden von den Autoren keinerlei gravierende toxische Nebenwirkungen festgestellt. Im Rahmen dieser Kontrollstudie konnte eine 1-, 2- bzw. 4-Jahres-Überlebensrate von 77%, 43% und 24% bestätigt werden [91]. Zählt man zu diesen Ergebnissen auch die am Veterans Administration (VA) Hospital in Brooklyn, New York, gesammelten Erfahrungen, kann man somit heute davon ausgehen, daß mit Hilfe einer multimodalen, d.h. chirurgischen plus postoperativ strahlen- und chemotherapeutischen Behandlung die Chance auf definitive Heilung bei rund einem Viertel aller Patienten mit Pankreaskarzinomen im Frühstadium besteht. Da der Prozentsatz potentiell kurativ operabler Tumorstadien leider nach wie vor gering ist, ist bei klinischem Verdacht somit eine intensive Diagnostik zu fordern.

Hepatozelluläres Karzinom

Beim nicht resezierbaren hepatozellulären Karzinom ist die *systemische zytostatische Therapie* wegen unzureichender Wirksamkeit und erheblicher Nebenwirkungen gemäß dieser häufig mit einer Zirrhose kombinierten malignen Erkrankung weitgehend verlassen worden. Die Bedeutung der intraarteriellen Infusion von Zytostatika kann aufgrund der meist kleinen Fallzahlen und den zumeist schlecht vergleichbaren Patientenkollektiven nicht abschließend beurteilt werden. Adriamycinhältige Kombinationen scheinen in der Regel besser abzuschneiden [92]. Wie eine Studie von Yamada und Mitarbeitern [93] zeigt, dürfte derzeit die *Kombination einer intraarteriellen Zytostatikagabe und anschließender Embolisation* der tumorversorgenden Gefäße die wirksamste, nebenwirkungsärmste Palliativmaßnahme darstellen; bei 120 inoperablen Patienten konnte in über 75% der Fälle eine Tumormassenreduktion um mehr als die Hälfte erreicht werden, was deutlich über den durchschnittlichen Ergebnissen der alleinigen intraarteriellen Zytostatikainfusion liegt. Die 1-Jahres-Überlebensrate betrug 44%. Als Nebenwirkungen traten vor allem Fieber, abdominelle Schmerzen sowie passagere Fermentanstiege auf. Erfolgversprechend scheint schließlich die *lokale intraarterielle Applikation fettlöslicher Zytostatika* [94], wobei allerdings größere Fallzahlen mit diesem Therapieansatz bisher nicht vorliegen. Durch den über Wochen verzögerten Abtransport des Kontrastmittels aus dem Tumorbereich werden lokal hohe Zytostatikakonzentrationen erreicht. Eine Kombination mit den Embolisationsverfahren bietet sich an.

Bezüglich der Möglichkeiten und Indikationen einer zytostatischen Therapie bei anderen, selteneren gastrointestinalen Tumoren, wie z.B. **malignen Lymphomen** und **neuroendokrinen Tumoren**, darf auf die Spezialliteratur bzw. rezente Übersichtsarbeiten verwiesen werden [95, 96].

Alternative Therapiekonzepte

Der von Hamburger und Salmon entwickelte *Tumorstammzell-Assay* [97] stellt ein potentielles in-vitro Verfahren zur **individuellen prätherapeutischen Evaluierung** optimal im Einzelfall wirksamer Substanzen dar. Die Ergebnisse erster prospektiver klinischer Studien bei Karzinomen unterschiedlicher Histologie haben gezeigt, daß eine Zytostatika-Resistenz mit bis zu 95%iger Sicherheit prätherapeutisch objektiviert werden kann [98]. Die Verifikation einer Zytostatikasensitivität mittels des Stammzell-Assays erweist sich schwieriger. Die meisten Arbeitsgruppen stellten in rund 60%–70% der Fälle eine Übereinstimmung mit klinisch tatsächlich erzielbaren Therapieergebnissen fest. Ursache für die – wenn auch gering – falsch positive Prädiktionsrate dürfte vor allem das heterogene Chemosensitivitätsverhalten innerhalb eines Tumors selbst sein. Verhältnismäßig niedrige in-vitro Angehraten der meisten Tumoren (trotz karzinomspezifisch ausgerichteter Optimierung der Kulturmedien [99]) bzw. das Anwachsen einer zu geringen Anzahl an Stammzellkolonien, um hinsichtlich der Aktivität eines Zytostatikums statistisch relevante Ergebnisse zu erhalten, stellen nach wie vor limitierende Faktoren dieser Methode dar; entsprechend dem weitgehend Chemotherapie-refraktären Verhalten gastrointestinaler Tumoren ist damit die Wahrscheinlichkeit des Auffindens einer im Einzelfall wirksamen Substanz äußerst gering. Eine praktisch klinische Einsetzbarkeit des Assays könnte sich lediglich für die umgekehrte Situation, nämlich die Selektion primär Chemotherapie-resistenter Fälle ergeben [99].

Berichte über die Erfolge einer **hoch dosierten Chemotherapie mit autologer Knochenmarktransplantation** bei Patienten mit (high grade) Non-Hodgkin Lymphomen und akuten Leukämien haben einige Studiengruppen zur Evaluierung dieser neuen Technik bei soliden Tumoren, so auch bei Malignomen des Gastrointestinaltrakts, veranlaßt. Für eine hoch dosierte Melphalantherapie, aber auch für die Verwendung anderer Zytostatika bzw. deren Kombinationen in Megadosen wurden wiederholt hohe Erfolgsraten beschrieben [100, 101]. Die Dauer der klinischen Remissionen erwies sich jedoch mit Ausnahme einzelner weniger Fälle als relativ kurzfristig. Abgesehen von der gelegentlichen Problematik einer „Non-response" in bezug auf die Reinfusion autologer Knochenmarksstammzellen wurde in einigen Studien ferner auch das Auftreten nicht hämatologischer, fataler Nebenwirkungen beschrieben. Trotz einigen Verbesserungen in der Technik der autologen Knochenmarktransplantation kann dieser Methode bis auf weiteres, zumindest bei soliden Tumoren, somit nur ein experimenteller Charakter zugebilligt werden.

Immuntherapie

Dank den Fortschritten der rekombinanten DNA-Technologie stehen heute zahlreiche neue **biologisch aktive Substanzen** für den klinischen Gebrauch zur Verfügung. Zu den bei gastrointestinalen Tumoren am eingehendsten untersuchten Substanzen zählen **Interferon-alpha (IFN-alpha)**, **Interleukin-2 (IL-2)** und **Interferon-gamma (IFN-gamma)**. Obwohl diese im Falle der *Monotherapie* keinen wesentlichen therapeutischen Effekt gezeigt haben und auch verschiedene therapeutische Ansätze, die auf der unspezifischen Stimulation des Immunsystems beruhen (wie beispielsweise Bacille-Calmette-Guérin (BCG) oder Corynebacterium parvum) enttäuschend geblieben sind [102], hat kürzlich die *Kombination immunologisch wirksamer Substanzen mit Zytostatika* und anderen *Immunmodulatoren* Interesse erlangt. Die Resultate der 5-FU/IFN-alpha, 5-FU/IFN-gamma und 5-FU/IL-2 Studien sind jedoch bis heute kontrovers bzw. enttäuschend geblieben [102]. Insbesondere die Wirksamkeit der von Wadler und Wiernik [103] für die Behandlung des metastasierten Kolonkarzinoms propagierten 5-FU/IFN-alpha Kombinationstherapie, die nach initialen Angaben eine 63%ige Remissionsrate bewirkt hatte, konnte bislang von anderen Autoren nicht nachvollzogen bzw. im Rahmen von Phase III-Studien etabliert werden. Bei 14%–37% der Patienten fanden sich zudem gravierende WHO-Grad III–IV Nebenwirkungen.

Die Behandlung mit **IL-2**, einem T-Zell-Wachstumsfaktor, der die Proliferation von **Lymphokin-aktivierten Killer (LAK)-Zellen** stimuliert, wurde bei diversen malignen Erkrankungen untersucht. Obwohl bei einigen Tumoren beeindruckende Ergebnisse für die Behandlung mit IL-2 und LAK-Zellen beschrieben wurden, scheint dieses Therapiekonzept bei gastrointestinalen Karzinomen nicht zielführend einsetzbar. Während die Therapieergebnisse in der Literatur variieren, wird die therapieassoziierte Toxizität dieses Regimens übereinstimmend kritisch beurteilt [104, 105].

Außerordentlich interessante Aspekte bietet schließlich der therapeutische Einsatz **monoklonaler Antikörper (MoAb)**, die gegen spezifische Tumorzellantigene gerichtet sind, sowie deren **Konjugate** mit **Zytostatika, Toxinen** und **Radioisotopen**. In tierexperimentellen Systemen und auch bereits beim Menschen konnten bei bestimmten neoplastischen Erkrankungen, inklusive Karzinomen des Gastrointestinaltrakts, therapeutische Effekte beobachtet werden [106]. Beim Kolonkarzinom haben adjuvante Therapiestudien, bei denen autologe Tumorzellen mit BCG verabreicht wurden, eine Verbesserung der Überlebenszeit gezeigt [107]. Beim metastasierten Pankreaskarzinom wurde für MoAb CO17-1A plus FAM-Chemotherapie eine 25%ige Remissionsrate beschrieben [108]; Patienten mit hepatozellulären Karzinomen sprachen in 48% der Fälle auf mit Radioisotopen konjugierte Antikörper an [109].

An der Lösung verschiedener Probleme, die besonders die Heterogenität von

Tumorantigenen und die – durch die immunogene Wirkung der Immunkonjugate bedingten – Nebenwirkungen betreffen, wird zur Zeit intensiv gearbeitet.

Zusammenfassung

Trotz gewisser Fortschritte in der Chemotherapie metastasierter gastrointestinaler Tumoren scheinen die Ansprechraten und die Dauer klinischer Remissionen letztlich unbefriedigend. Während bei einzelnen Tumoren somit keine Empfehlung im Sinne einer Therapie der Wahl gerechfertigt scheint, stehen für einige andere maligne Erkrankungen des Gastrointestinaltrakts – dank rezenter kontrollierter Therapieversuche – dennoch bestimmte Regimina zur Verfügung, mit denen das Tumorleiden zumindest vorübergehend günstig beeinflußt werden kann. Bei sorgfältiger Dosierung und Überwachung der Patienten können schwerwiegende Nebenwirkungen vermieden und eine echte Verbesserung der Lebensqualität vermittelt werden. Durch den gezielten Einsatz moderner bildgebender Verfahren kann zudem frühzeitig eine Weiterführung ineffektiver Maßnahmen verhindert bzw. der Versuch einer Zweittherapie eingeleitet werden.

Beim kolorektalen Karzinom ist es nach jahrzehntelangen Bemühungen gelungen, sowohl in der palliativen als auch adjuvanten Therapiesituation gewisse Erfolge zu erzielen. Das rezidivfreie Intervall und die Überlebenszeit können bei potentiell kurativ operierten Patienten mit Lymphknoten-positiven Kolonkarzinomen durch die 5-FU/Levamisoltherapie, bei Rektumkarzinomen durch die kombinierte Radiochemotherapie signifikant verbessert werden. Im Stadium der Fernmetastasierung scheint durch bestimmte biochemische Modulationen von 5-FU eine effektive Krankheitspalliation realisierbar.

Bei lokal inoperablen Magen-, Pankreas- und möglicherweise auch Ösophaguskarzinomen scheint ferner heute durch eine kombinierte Therapiemodalität eine echte Verlängerung der Überlebenszeit möglich.

Als wichtigste Voraussetzungen für die Entwicklung weiterer optimaler therapeutischer Strategien zählen einerseits eine Fortsetzung der interdisziplinären Zusammenarbeit von Chirurgen, Internisten, Strahlentherapeuten und Pathologen, sowie andererseits die Überprüfung neuer Therapieansätze im Rahmen regionaler und überregionaler Studien. Wünschenswert ist ferner auch die enge Zusammenarbeit mit theoretisch wissenschaftlich arbeitenden Instituten. In diesem Fall können kontrollierte Therapieansätze zwei Aufgaben erfüllen. Einmal tragen sie zu einer optimalen Versorgung der Patienten unter den gegebenen Möglichkeiten bei, zum anderen können sie einen wesentlichen und auch notwendigen Beitrag für die klinische Grundlagenforschung liefern.

Literatur

1. Shoemaker RH (1986) New approaches to antitumor drug screening: the human tumor cloning assay. Cancer Treat Rep 70: 9

2. Edelstein MB, Smink T, Ruiter DJ, et al (1984) Improvements and limitations of the subrenal capsule assay for determining tumor sensitivity to cytostatic drugs. Eur J Cancer Clin Oncol 20: 1549
3. Finlay GJ, Baguley BC (1984) The use of human cancer cell lines as a primary screening system for antineoplastic compounds. Eur J Cancer Clin Oncol 20: 947
4. Scheithauer W, Clark GM, Moyer MP, et al (1986) New screening system for selection of anticancer drugs for treatment of human colorectal cancer. Cancer Res 46: 2703
5. Scheithauer W, Moyer MP, Clark GM, et al (1988) Application of a new preclinical drug screening system for cancer of the large bowel. Cancer Chemother Pharmacol 21: 31
6. Kelsen D, Bains M, Hilaris B, et al (1984) Combined modality therapy of oesophageal cancer. Semin Oncol 11: 169
7. Leichman L, Steiger Z, Seydel HG, et al (1984) Combined preoperative chemotherapy and radiation therapy for cancer of the oesophagus: the Wayne State University, Southwest Oncology Group and Radiation Therapy Oncology Group experience. Semin Oncol 11: 178
8. Lundh G, Burn JI, Kolig G, et al (1974) A cooperative international study of gastric cancer. Ann R Coll Surg Engl 54: 219
9. Marsoni S, Hoth D, Simon R, et al (1987) Clinical drug development: an analysis of phase II trials, 1970–1985. Cancer Treat Rep 71: 71
10. MacDonald JS, Gunderson LL, Cohn I (1982) Cancer of the stomach. In: DeVita V, Hellman S, Rosenberg SA (eds) Cancer, principles, and practice of oncology. Lippincott, Philadelphia, p 534
11. Anderson JR, Cain KC, Gelber RD (1983) Analysis of survival by tumor response. J Clin Oncol 1: 710
12. Wils JA (1987) Current status of chemotherapy for advanced gastric cancer. Anticancer Res 7: 755
13. The Gastrointestinal Tumor Study Group (1979) Phase II–III chemotherapy studies in advanced gastric cancer. Cancer Treat Rep 63: 1871
14. The Gastrointestinal Tumor Study Group (1982) A comparative clinical assessment of combination chemotherapy in advanced gastric carcinoma. Cancer 49: 1362
15. The Gastrointestinal Tumor Study Group (1984) Randomized study of combination chemotherapy in unresectable gastric cancer. Cancer 53: 13
16. Panettiere FJ, Haas C, McDonald B, et al (1984) Drug combinations in the treatment of gastric adenocarcinoma: a randomized Southwest Oncology Group study. J Clin Oncol 2: 420
17. Haas C, Oistri N, McDonald B, et al (1983) Southwest Oncology Group phase II–III gastric cancer study: 5-fluorouracil, adriamycin and mitomycin-C + vincristine (FAM vs V-FAM) compared to chlorozotocin (CZT), m-AMSA and dihydroxyanthracenedine (DHAD) with unimpressive differences. Proc ASCO 2: 122 (abstract # 476)
18. Cullinan SA, Moertel CG, Fleming TR, et al (1985) A comparison of three chemotherapeutic regimens in the treatment of advanced pancreatic and gastric carcinoma. Fluorouracil vs fluorouracil and doxorubicin vs fluorouracil, doxorubicin and mitomycin. JAMA 253: 2061
19. De Lisi V, Cocconi G, Tonato M, et al (1986) Randomized comparison of 5-FU alone or combined with carmustine, doxorubicin and mitomycin (BAFMi) in the treatment of advanced gastric cancer. A phase III trial of the Italian Clinical Research Oncology Group (GOIRC). Cancer Treat Rep 70: 481
20. Bruckner HW, Stablein DM (1986) A randomized study of 5-fluorouracil (F) and doxorubicin (A) with semustine (Me), cisplatin (P), or triazinate (T) for treatment of advanced gastric cancer. Proc ASCO 5: 90 (abstract # 352)

21. Preusser P, Wilke H, Achterrath W, et al (1986) Phase I–II study with EAP (etoposide, adriamycin, cisplatin) in advanced gastric cancer. Proc EORTC Symposium on GI Tract Cancer, Update on Combined Modality Treatment, Heidelberg
22. Wilke H, Preusser P, Fink U, et al (1988) Neoadjuvant chemotherapy with etoposide/adriamycin/cisplatin (EAP) in locally advanced gastric cancer. Proc ASCO 7: 100 (abstract # 382)
23. Klein HO, Wickramanayake PD, Farrokh GH (1986) 5-fluorouracil (5-FU), adriamycin (ADM) and methotrexate (MTX) – a combination protocol (FAMTX) for treatment of metastasized stomach cancer. Proc ASCO 5: 84 (abstract # 325)
24. Wils J, Klein HO, Wagener DU, et al (1991) Sequential high-dose methotrexate and fluorouracil combined with doxorubicin – a step ahead in the treatment of advanced gastric cancer. A trial of the European Organization for Research and Treatment of Cancer Gastrointestinal Tract Cooperative Group. J Clin Oncol 9: 827
25. The Gastrointestinal Tumor Study Group (1984) Controlled trial of adjuvant chemotherapy following curative resection of gastric cancer. In: Jones SE, Salmon SE (eds) Adjuvant chemotherapy of cancer IV. Grune and Stratton, New York, p 457
26. Higgins GA, Amado JH, Smith DE, et al (1983) Efficiency of prolonged intermittent therapy with combined 5-FU and methyl-CCNU following resection for gastric carcinoma. Cancer 52: 1105
27. Engstrom PF, Levin PT (1984) Adjuvant fluorouracil plus methyl-CCNU for resected gastric cancer. In: Jones SE, Salmon SE (eds) Adjuvant chemotherapy of cancer IV. Grune and Stratton, New York, p 449
28. Coombes RC, Schein PS, Chilvers C, et al (1986) A controlled trial of FAM (5-fluorouracil, adriamycin, mitomycin-C) chemotherapy as adjuvant treatment for resected gastric carcinoma. Cancer Chemother Pharmacol 18 [Suppl] 1: 20
29. Carter SK (1974) Integration of chemotherapy into combined modality treatment of solid tumors. Cancer Treat Rev 1: 111
30. Heidelberger C (1957) Fluorinated pyrimidines, a new class of tumor inhibitory compound. Nature 179: 663
31. Ansfield FJ (1975) A randomized phase III study of four dosage regimens of 5-fluorouracil. Proc AACR 16: 224 (abstract # 86)
32. Seifert P, Baker LH, Reed ML, et al (1975) Comparison of continuously infused 5-fluorouracil with bolus injection in treatment of patients with colorectal adenocarcinoma. Cancer 36: 123
33. Shah A, MacDonald W, Goldie J, et al (1985) 5-FU infusion in advanced colorectal cancer: a comparison of three dose schedules. Cancer Treat Rep 69: 739
34. Huberman MS (1983) Comparison of systemic chemotherapy with hepatic arterial infusion in metastatic colorectal carcinoma. Semin Oncol 10: 238
35. Grage TB, Vassilopoulus PP, Shingleton WW, et al (1979) Results of a prospective randomized study of hepatic artery infusion with 5-fluorouracil versus intravenous 5-fluorouracil in patients with hepatic metastases from colorectal cancer. A Central Oncology Group study. Surgery 86: 550
36. Kemeny N, Reichman B, Oderman P, et al (1986) Update of a randomized study of intrahepatic (H) vs systemic (S) infusion of fluorodeoxyuridine (FUDR) in patients with liver metastases from colorectal carcinoma (CRC). Proc ASCO 5:89 (abstract # 345)
37. Stagg R, Friedman M, Lewis B (1984) Current status of the NCOG randomized trial of continuous intraarterial versus intravenous floxuridine in patients with colorectal carcinoma metastatic to the liver. Proc ASCO 3:148 (abstract # 579)
38. Scheithauer W (1989) Palliative Chemotherapie und Immunotherapie des kolorektalen Karzinoms. Tumor Diagnostik Therapie 10: 1

39. Kunimoto T, Nitta K, Tanaka T, et al (1987) Antitumor activity of 7-ethyl-10-(14 (1-piperidino)-1-piperidino)carbonyloxy-camptothecin, a novel water-soluble derivate of camptothecin, against murine tumors. Cancer Res 47: 5944
40. Kawato Y, Aonuma M, Hirota Y, et al (1991) Intracellular roles of SN-38, a metabolite of the camptothecin derivate CPT-11, in the antitumor effect of CPT-11. Cancer Res 51: 4187
41. Shimada Y, Yoshino M, Wakui A, et al of the CPT-11 Gastrointestinal Cancer Study Group (1993) Phase II study of CPT-11, a new camptothecin derivate, in metastatic colorectal cancer. J Clin Oncol 11: 909
42. Falkson G, Van Eden EB, Falkson HC (1974) Fluorouracil, imidazole carboxamide dimethyl triazeno, vincristine, and bis-chloroethyl nitrosurea in colon cancer. Cancer 33: 1207
43. Moertel CG, Schutt AJ, Hahn RG, et al (1975) Therapy of advanced colorectal cancer with a combination of 5-fluorouracil, methyl-1,3-cis (2-chloroethyl) 1-nitrosurea + vincristine. J Natl Cancer Inst 54: 69
44. Loehrer PJ, Turner S, Kubilis P, et al (1987) A prospective randomized study of 5-fluorouracil (5-FU) alone or with cisplatin (P) in the treatment of metastatic colorectal cancer: a Hoosier Oncology Group trial. Proc ASCO 6: 76 (abstract # 297)
45. Lavin P, Mittelman A, Douglass H Jr, et al (1980) Survival and response to chemotherapy for advanced colorectal adenocarcinoma. An Eastern Cooperative Oncology Group report. Cancer 46: 1536
46. Marsh JC, Bertino JR, Rome LS, et al (1989) Sequential methotrexate (MTX), 5-fluorouracil (FU) and leucovorin (LV) in metastatic colorectal cancer: a controlled comparison of two intervals between drug administration. Proc ASCO 8: 103 (abstract # 400)
47. Presant CA, Multhauf P, Klein L, et al (1983) Thymidine and 5-FU: a phase II pilot study in colorectal and breast carcinomas. Cancer Treat Rep 67: 735
48. Buroker TR, Moertel CG, Fleming TR, et al (1985) A control evaluation of recent approaches to biochemical modulation or enhancement of 5-fluorouracil in colorectal carcinoma. J Clin Oncol 3: 1624
49. Wooley PV, Ayoob MJ, Smith FP, et al (1985) A controlled trial of the effect of 4-hydroxyprazolopyrimidine (allopurinol) on the toxicity of a single bolus dose of 5-fluorouracil. J Clin Oncol 3: 103
50. Ardalan B, Singh G, Silberman H (1988) A randomized phase I and II study of short-term infusion of high-dose fluorouracil with or without N-(phosphoacetyl)-L-aspartic acid in patients with advanced pancreatic and colorectal cancers. J Clin Oncol 6: 1053
51. O'Dwyer PJ, Paul AR, Peter R, et al (1989) Biochemical modulation of 5-fluorouracil (5-FU) by PALA: phase II study in colorectal cancer. Proc ASCO 8: 107 (abstract # 413)
52. Arbuck SG (1989) Overview of clinical trials using 5-fluorouracil and leucovorin for the treatment of colorectal cancer. Cancer 63: 1036
53. Einhorn LH (1989) Improvements in fluorouracil chemotherapy? J Clin Oncol 7: 1377
54. Petrelli N, Douglass HO Jr, Herrera L, et al (1989) The modulation of fluorouracil with leucovorin in metastatic colorectal carcinoma: a prospective randomized phase III trial. J Clin Oncol 7: 1419
55. Poon MA, O'Connell MJ, Moertel CG, et al (1989) Biochemical modulation of fluorouracil: evidence of significant improvement of survival and quality of life in patients with advanced colorectal carcinoma. J Clin Oncol 7: 1407
56. Brugger G, Kornek G, Depisch D, et al (1993) 5-fluorouracil plus conventional (6R,S)-leucovorin versus 5-fluorouracil combined with the pure (6S)-stereoisomer

of leucovorin for the treatment of advanced colorectal cancer: a prospective randomized phase III study. Proc Austrian Society Hematol Oncol 93: 11 (abstract # 11)

57. La Ciura P, La Grotta G, Nigra E (1988) An effective folate for the treatment of advanced colorectal cancer with 5-FU. Recent Results Cancer Res 88: 219
58. Scheithauer W, Temsch EM (1989) A study of various strategies to enhance the cytotoxic activity of 5-fluorouracil/leucovorin in human colorectal cancer cell lines. Anticancer Res 9: 1793
59. Scheithauer W, Rosen H, Schiessel R, et al (1991) Treatment of patients with advanced colorectal cancer with cisplatin, 5-fluorouracil and leucovorin. Cancer 67: 1294
60. Scheithauer W, Rosen H, Kornek G, et al (1993) Randomized comparison of combination chemotherapy plus supportive care with supportive care alone in patients with metastatic colorectal cancer. Br Med J 306: 752
61. Scheithauer W, Kornek G, Depisch D, et al (1991) Prospective randomized comparison of fluorouracil (FU) and low-dose leucovorin (LV) with or without cisplatin (CDDP) in patients with advanced colorectal cancer. Onkologie 14 [Suppl] 2: 399
62. Gastrointestinal Tumor Study Group (1984) Adjuvant chemotherapy of colon cancer. Results of a prospectively randomized trial. N Engl J Med 310: 737
63. Higgins GA, Amadeo JH, McElhinney J, et al (1984) Efficacy of prolonged intermittent therapy with combined 5-fluorouracil and methyl-CCNU following resection for carcinoma of the large bowel. A Veterans Administration Surgical Adjuvant Group report. Cancer 53: 1
64. Pannatiere FJ, Chen TT (1985) The SWOG large bowel adjuvant study suggests benefit from therapy. Proc ASCO 4: 76 (abstract # 295)
65. Wolmark N, Fisher B, Rockette H, et al (1988) Postoperative adjuvant chemotherapy or BCG for colon cancer: results from NSABP protocol C-01. J Natl Cancer Inst 80: 30
66. Moertel CG, Fleming TR, Mac Donald JS, et al (1990) Levamisole and fluorouracil for adjuvant therapy of resected colon carcinoma. N Engl J Med 322: 352
67. NIH Consensus Conference (1990) Adjuvant therapy for patients with colon and rectal cancer. JAMA 264: 1444
68. O'Connell M, Mailliard J, Macdonald J, et al (1993) An Intergroup trial of intensive course 5 FU and low dose leucovorin as surgical adjuvant therapy for high risk colon cancer. Proc ASCO 12: 190 (abstract # 552)
69. Wolmark N, Rockette H, Fisher B, et al (1993) Leucovorin modulated 5-FU (LV-FU) as adjuvant therapy for primary colon cancer: NSABP C-03. Proc ASCO 12: 197 (abstract # 578)
70. Taylor I, Machin D, Mullee M, et al (1985) A randomized trial of adjuvant portal vein cytotoxic perfusion in colorectal cancer. Br J Surg 72: 359
71. O'Connell M (1990) Is portal-vein fluorouracil hepatic infusion effective colon cancer surgical adjuvant therapy? J Clin Oncol 8: 1454
72. Wolmark N, Rockette H, Wickerham DL, et al (1990) Adjuvant therapy of Dukes A, B, and C adenocarcinoma of the colon with portal-vein fluorouracil hepatic infusion: preliminary results of National Surgical Adjuvant Breast and Bowel Project protocol C-02. J Clin Oncol 8: 1466
73. Speyer JL (1985) The rationale behind intraperitoneal chemotherapy in gastrointestinal malignancies. Semin Oncol 12: 23
74. Rosen HR, Depisch D, Rohrbacher M, et al (1991) Postoperative combined local-regional and systemic intravenous chemotherapy for cancer of the colon: early results of a randomized, multicentric trial. Acta Chir Austriaca 23 [Suppl] 93: 23

75. Scheithauer W, Rohrbacher M, Salem K, et al (1991) Perioperative local-regional and subsequent systemic intravenous chemotherapy for Dukes B and C rectal cancer. Acta Chir Austriaca 23 [Suppl] 93: 24
76. Leichman L, Nigro N, Vaitkevicius VK, et al (1985) Cancer of the anal canal: model for preoperative adjuvant combined modality therapy. Am J Med 78: 211
77. Cummings B, Keane T, Thomas G, et al (1984) Results and toxicity of the treatment of anal canal carcinoma by radiation therapy and chemotherapy. Cancer 54: 2062
78. Gudjonsson B, Livstone EM, Spiro HM (1978) Cancer of the pancreas. Cancer 42: 2494
79. Scheithauer W (1984) Chemotherapie des metastasierten Pankreaskarzinoms. Tumor DiagnostikTherapie 5: 44
80. Wiggans RG, Wooley PV, MacDonald JS, et al (1978) Phase II trial of streptozotocin, mitomycin-C, and 5-fluorouracil (SMF) in the treatment of advanced pancreatic cancer. Cancer 41: 387
81. Oster MW, Theologides A, Cooper MR, et al (1982) Fluorouracil (F) + adriamycin (A) + mitomycin C (M) (FAM) vs fluorouracil (F) + streptozotocin (S) + mitomycin C (M) (SFM) in advanced pancreatic cancer. Proc ASCO 1: 90 (abstract # 344)
82. Djerassi I, Sun Kim J, Suvansri U (1974) „Pulse" methotrexate and citrovorum factor „rescue" in common solid tumors (including lung and pancreatic ca) of the adult. Proc ASCO 15: 78 (abstract # 307)
83. Scheithauer W, Funovics J, Müller Ch, et al (1990) Sequential high-dose methotrexate, 5-fluorouracil, and doxorubicin for treatment of advanced pancreatic cancer. J Cancer Res Clin Oncol 116: 132
84. Scheithauer W, Pfeffel F, Kornek G, et al (1992) Phase II trial of 5-fluorouracil, leucovorin and recombinant-alpha-2b interferon in advanced adenocarcinoma of the pancreas. Cancer 70: 1864
85. Scheithauer W, Kornek G, Haider K, et al (1990) Unresponsiveness of pancreatic adenocarcinoma to antioestrogen therapy. Eur J Cancer 26: 851
86. Childs DS Jr, Moertel CG, Holbrook MA, et al (1965) Treatment of malignant neoplasms of the gastrointestinal tract with a combination of 5-fluorouracil, and radiation therapy. A randomized double blind study. Radiology 84: 843
87. Haslam JB, Cavanaugh PJ, Stroup SL (1973) Radiation therapy in the treatment of unresectable adenocarcinoma of the pancreas. Cancer 32: 1341
88. Moertel CG, Frytak S, Hahn RG, et al (1981) Therapy of locally unresectable pancreatic cancer: a randomized comparison of high dose (6000 R) radiation alone, moderate dose radiation (4000 R) plus 5-fluorouracil and high dose radiation plus 5-fluorouracil. The Gastrointestinal Tumor Study Group. Cancer 48: 1705
89. Gastrointestinal Tumor Study Group (1988) Treatment of locally unresectable carcinoma of the pancreas: comparison of combined modality therapy (chemotherapy plus radiotherapy) to chemotherapy alone. J Natl Cancer Inst 80: 751
90. Kalser MH, Ellenberg SS (Gastrointestinal Tumor Study Group) (1985) Pancreatic cancer: adjuvant combined radiation and chemotherapy following curative resection. Arch Surg 120: 899
91. Gastrointestinal Tumor Study Group (1987) Further evidence of effective adjuvant combined radiation and chemotherapy following curative resection of pancreatic cancer. Cancer 59: 2006
92. Lokich J (1987) Chemotherapy for hepatoma. In: Wanebo HE (ed) Hepatic and biliary cancer. Marcel Dekker, New York Basel, p 239
93. Yamada RM, Sato M, Kawabata H, et al (1983) Hepatic artery embolisation in 120 patients with unresectable hepatoma. Radiology 148: 397

94. Konno TH, Maeda K, Iwai S, et al (1983) Effect of arterial administration of hig molecular weight anticancer agent SMANCS with lipid lymphographic agent c hepatoma. A preliminary report. Eur J Cancer Clin Oncol 19: 1053
95. Peters U, Schoppe WD, Berges FW, et al (1987) Therapie gastrointestinaler Noı Hodgkin Lymphome. Dtsch Med Wochenschr 112: 513
96. Kvols LK, Buck M (1987) Chemotherapy of endocrine malignancies: a reviev Semin Oncol 14: 343
97. Hamburger AW, Salmon SE (1977) Primary bioassay of human tumor stem cell Science 197: 461
98. Von Hoff DD, Clark GM, Stogdill BJ, et al (1983) Prospective clinical trial of human tumor cloning system. Cancer Res 43: 1926
99. Scheithauer W, Temsch EM, Moyer MP, et al (1987) Search for improved cultuı conditions for clonogenic growth of human colorectal cancer cells in vitro. Int Cell Cloning 5: 55
100. Knight WA III, Page CP, Kuhn JG, et al (1984) High dose L-PAM and autologoı marrow infusion for refractory solid tumors. Proc ASCO 3: 150 (abstract # 579)
101. Klein HO, Wickramanayake PD, Voigtmann R, et al (1981) High-dose therap with ftorafur in gastrointestinal cancer. Recent Results Cancer Res 79: 65
102. Ernstoff MS (1991) Advances in the management of gastrointestinal malignancie Semin Oncol 18: 1
103. Wadler S, Wiernik PH (1990) Clinical update on the role of fluorouracil an recombinant interferon alfa-2a in the treatment of colorectal carcinoma. Semi Oncol 17: 16
104. Rosenberg SA, Lotze MT, Muul LM, et al (1985) Observations on the systemi administration of autologous lymphokine-activated killer cells and recombinaı interleukin-2 to patients with cancer. N Engl J Med 313: 1485
105. Gilewski TA, Richards JM, Vogelzang NJ, et al (1989) A phase II study of recomb nant interleukin-2 (rIL-2) with or without lymphokine-activated killer cells (LAK) i patients with metastatic colorectal carcinoma. Proc ASCO 8: 128 (abstract # 49
106. Wadler S (1991) The role of immunotherapy in colorectal cancer. Semin Oncol 1 27
107. Hoover HC Jr, Hanna MG Jr (1989) Active immunotherapy in colorectal cance Semin Surg Oncol 5: 436
108. Paul AR, Engstrom PF, Weiner LM, et al (1986) Treatment of advanced measurabl or evaluable pancreatic carcinoma with 17-1A murine monoclonal antibody alon or in combination with 5-fluorouracil, adriamycin and mitomycin (FAM). Hybric oma 5: 171
109. Order SE, Stillwagon GB, Klein JL, et al (1985) Iodine antiferritin, a new treatmeı modality in hepatoma: a Radiation Therapy Oncology Group study. J Clin Onc 3: 1573

Radiotherapie maligner gastrointestinaler Tumoren

A. U. Schratter-Sehn

Ösophaguskarzinom

Das Ösophaguskarzinom ist durch das Fehlen von Frühsymptomen eine fatale Erkrankung und stellt somit eine enorme Herausforderung an die interdisziplinäre Onkologie dar. Da beim Ösophaguskarzinom in 53%–70% das Risiko einer Lymphknotenbeteiligung und einer generalisierten Metastasierung bei Diagnosestellung besteht [1, 2], kann nur ein stark selektioniertes Krankengut einer Operation zugeführt werden. Von einer chirurgischen Resektion profitieren nur Patienten, bei denen eine komplette Tumorentfernung (R0-Resektion) erreicht werden kann [3]. Eine große chirurgische Untersuchungsserie an unselektioniertem Krankengut zeigte, daß das 2-Jahres-Überleben bei nur operierten oder nur bestrahlten Patienten ident ist und etwa 5% beträgt [4–6].

Postoperative adjuvante Radiotherapie

Die lokale postoperative Radiotherapie soll die Lokalrezidivrate, die nach alleiniger Ösophagektomie 20%–40% beträgt [4], vermindern. Studien zeigten, daß Patienten mit negativem Lymphknotenstatus von einer postoperativen Radiotherapie profitierten und ein 5-Jahres-Überleben von 87% gegenüber 27% bei alleiniger Chirurgie aufwiesen. Bei den lymphknotenpositiven Patienten zeigte die bestrahlte Gruppe keinen Benefit im 5-Jahres-Überleben [7]. Der Grund hiefür ist durch die typische Ausbreitungsform der lymphogenen Metastasierung erklärbar. Bei hochsitzenden Ösophaguskarzinomen beträgt der zervikale Lymphknotenbefall etwa 6%, jener der Truncus coeliacus-Region 10%. Bei tiefsitzenden Ösophaguskarzinomen ist der supraklavikuläre Lymphknotenbefall selten, jedoch möglich. Der Lymphknotenbefall der zöliakischen Gruppe beträgt bis zu 70% [8–10]. Die postoperative Radiotherapie ist somit nur bei positiven Resektionsrändern zur Verhinderung des Anastomosenrezidivs bzw. des Lokalrezidivs bei negativem Lymphknotenstatus angezeigt.

Präoperative Radiotherapie

Die präoperative Radiotherapie hat die verbesserte Tumorresektabilität, die Verhinderung des Lokalrezidivs und die Verlängerung des Überlebens als Ziel. Die Ergebnisse einer Vielzahl von retrospektiven Studien sind sehr kontroversiell. Akakura et al. [11] berichteten über ein 5-Jahres-Überleben von 14% bei nur chirurgisch behandelten Patienten gegenüber jenem von 25% bei vorbestrahlten Patienten. In der vorbestrahlten Gruppe waren fatale Komplikationen deutlich höher (21% versus 13%). Andere Autoren [9, 12, 13], die ebenfalls eine deutlich erhöhte perioperative Mortalitätsrate bis 20% beobachtet haben, konnten durch die präoperative Radiotherapie keinen Benefit erzielen. Fünf prospektiv randomisierte Studien [14–18] verglichen alleinige Chirurgie mit präoperativer Radiotherapie bei Ösophaguskarzinomen. Drei dieser Studien [14–16] konnten keinen Benefit im Überleben bei gering verbesserter lokaler Tumorkontrolle zeigen. Zwei weitere Studien [17, 18] berichteten über eine Verlängerung des Überlebens in der Gruppe der präoperativ bestrahlten Patienten, wobei die Arbeitsgruppe von Guo-Jun [17] ein 5-Jahres-Überleben von 45% bei der präoperativ bestrahlten Patientengruppe gegenüber jenem von 25% bei der lediglich operierten Patientengruppe beobachtete. Dennoch kann die präoperative Radiotherapie, vor allem wegen der hohen perioperativen Mortalitätsrate und des berichteten nur kurzen Überlebens beim Ösophaguskarzinom nicht als Routinemethode empfohlen werden.

Präoperative Radio-Chemotherapie

Die präoperative kombinierte Radio-Chemotherapie soll zu einer Verbesserung der chirurgischen Ergebnisse führen. Zwei Phase II-Studien verabreichten präoperativ 30 Gray (Gy) in Kombination mit 5-Fluorouracil (5-FU; 1.000 mg/m^2/Tag) am Tag 1–4 und 29–32 und entweder Mitomycin C (15 mg/m^2) am Tag 1 oder Cisplatin (100 mg/m^2) am Tag 1 und 29. Eine chirurgische Resektion erfolgte 4–6 Wochen nach Beendigung der Radio-Chemotherapie. In bis zu 30% ergab sich eine komplette histo-pathologische Tumorrückbildung. Eine Ansprechrate wurde in bis zu 80% erreicht. Bei jenen Patienten mit kompletter histo-pathologischer Tumorrückbildung war eine deutlich höhere 5-Jahres-Überlebensrate von bis zu 20% zu beobachten. Das mittlere Überleben betrug 18 Monate. Durch die neoadjuvante Radio-Chemotherapie stieg jedoch die perioperative Mortalitätsrate auf 20% an [19–22].

Aufgrund der hohen perioperativen Mortalität und der enttäuschenden Überlebensraten soll die präoperative Radio-Chemotherapie nicht kritiklos im Routinebetrieb angewandt werden. Sehr bedeutend sind jedoch die hohe klinisch komplette und die hohe histologisch komplette Ansprechrate, die in

Kombination mit Chemotherapie auch bei relativ niedrig applizierten Strahlendosen von 30 Gy erreicht wird. Eine alleinige Strahlenbehandlung mit einer relativ niedrigen Gesamtdosisapplikation kann lediglich zu einer geringen Tumorregression führen. Höhere Zell-Devitalisierung durch Chemotherapie kann durch den Chemoradiosensitizer-Effekt erreicht werden. Weiters muß gesagt werden, daß die chirurgische Intervention nach kombinierter präoperativer Behandlungsmodalität aufgrund der hohen chirurgischen Mortalität in Frage zu stellen ist und nicht als Salvage-Methode für jene Patienten, die kein histologisch komplettes Ansprechen erzielen konnten, eingesetzt werden kann [19–23]. Auch die präoperative Radio-Chemotherapie mit kurativer Intention zeigt neben einem enttäuschenden 5-Jahres-Überleben von 5%–15% eine deutlich höhere operative Mortalität, sodaß diese Therapie trotz einer hohen Rate an histologisch komplettem Ansprechen nicht als Routinebehandlung eingesetzt werden soll [19–21]. Daher wird auch in den letzten Jahren bei fortgeschrittenen Ösophaguskarzinomen das chirurgische Vorgehen nach kombinierter Radio-Chemotherapie weitgehend verlassen und bei diesen Patienten die Radiotherapie mit oder ohne Chemotherapie bis zu höheren noch tolerierten Dosen forciert.

Definitive Radiotherapie

Die alleinige Radiotherapie zeigt im palliativen Einsatz beim Ösophaguskarzinom in 30% eine komplette Palliation mit 90%iger Rückbildung der im Vordergrund stehenden Dysphagie [24, 25]. In bis zu 70% kann durch die Radiotherapie allein eine klinisch lokale Tumorkontrolle bei Abschluß der Therapie beobachtet werden. Dennoch beträgt die mittlere Remissionszeit der lokalen Tumorkontrolle nur etwa 6 Monate. In bis zu 20% ist ein Anhalten der lokalen Tumorfreiheit über 2 bis 3 Jahre erzielbar. Die definitive Radiotherapie hat als einzige Behandlungsmodalität beim Ösophaguskarzinom eine äußerst niedrige Heilungsrate von 1% [24–26].

Definitive Radio-Chemotherapie

Um eine bessere lokale komplette Remission zu erreichen, wird die Chemotherapie als Radiosensitizer zur besseren lokalen Zell-Devitalisierung eingesetzt. Weiters soll die Chemotherapie eventuell vorhandene Mikrometastasen vernichten. Mehrere nicht randomisierte Studien über den Einsatz definitiver Radio-Chemotherapie mit 5-FU, kombiniert mit Cisplatin und einer Gesamtdosis von 30 Gy, mit 5-FU Dauerinfusion und 30 Gy Gesamtdosis sowie mit 5-FU, kombiniert mit Mitomycin C und einer Gesamtstrahlendosis von 60 Gy, wiesen klinisches Ansprechen in 80%–84% auf. Diese Patienten zeigten ein deutlich verbessertes Überleben mit einer 2-Jahres-Überlebensrate von 30% und eine lokale Tumorkontrolle gegenüber einer historischen Vergleichsgruppe mit alleiniger Radiotherapie [27–30]. Die Eastern Cooperative Oncology Group (ECOG) berichtete über die Ergebnisse einer Phase III-Studie [31], in der 118 auswertbare Patienten mit alleiniger Radiotherapie mit 40 Gy gegenüber jener mit 40 Gy in

Kombination mit konkomitierender Chemotherapie, bestehend aus 5-FU (1.000 mg/m²/Tag für 96 Stunden am Tag 2 und 28) und Bolusinjektion von Mitomycin C (10 mg/m² am Tag 2), verglichen wurden. Jene Patienten, die eine alleinige Radiotherapie erhielten, zeigten ein mittleres Überleben von 9 Monaten gegenüber 15 Monate für jene Patienten mit kombinierter Therapie. Im Stadium I der Erkrankung wiesen Patienten mit alleiniger Radiotherapie eine mittlere Überlebenszeit von 11 Monaten gegenüber 22 Monate im kombinierten Therapie-Arm auf. Im Stadium II der Erkrankung betrug die mittlere Überlebenszeit bei alleiniger Radiotherapie 7,7 versus 13,5 Monate bei kombinierter Therapie. Diese Studie der ECOG lieferte den Beweis, daß die definitive kombinierte Radio-Chemotherapie in der Tat bessere Ergebnisse als die Radiotherapie allein bringt [31]. Eine weitere prospektiv randomisierte und stratifizierte Studie bewies die Effektivität einer kombinierten Radio-Chemotherapie [32]. Patienten im Radio-Chemotherapie-Arm erhielten eine Gesamtstrahlendosis von 50 Gy und 4 Zyklen 5-FU (1.000 mg/m² Tag 1 bis 4 und Cisplatin 75 mg/m² am Tag 1); im Vergleichsarm wurden die Patienten nur mit 64 Gy bestrahlt. In den Ergebnissen fand sich sowohl im medianen Überleben (12,5 versus 8,9 Monate), in der Überlebensrate nach 24 Monaten (33% versus 10%), in der lokalen Tumorkontrolle als auch in der Häufigkeit der generalisierten Metastasierung ein deutlicher Benefit für kombiniert behandelte Patienten. Aufgrund der obigen Studienergebnisse sollte eine vorgesehene primäre Radiotherapie in Kombination mit einer Chemotherapie, ähnlich der oben erwähnten, durchgeführt werden.

Protoadjuvante Chemotherapie

Über protoadjuvante Chemotherapie, gefolgt von definitiver Radiotherapie, liegen einige Berichte vor. Keine der vorliegenden Studien zeigte bessere Ergebnisse als bei Radiotherapie oder Chirurgie alleine. In den meisten Berichten war der Beobachtungszeitraum der Patienten und die Überlebenszeit extrem kurz. Einer protoadjuvanten Chemotherapie sollte immer eine definitive kombinierte Radio-Chemotherapie folgen, um den Radiosensitizer-Effekt der Chemotherapie zu nützen. Prospektiv randomisierte Vergleichsstudien Chirurgie allein versus protoadjuvante Chemotherapie, gefolgt von Chirurgie oder kombinierter Radio-Chemotherapie, sind geplant.

Kombinierte externe Bestrahlung und endoluminale Brachytherapie

Externe Bestrahlung, kombiniert mit intraluminaler Brachytherapie, verspricht sowohl eine bessere lokale Tumorkontrolle als auch eine längere Remissionszeit ohne wesentliche Zunahme der Komplikationsrate. Bei lokal sehr fortgeschrittenen Tumoren mit einer hochgradigen Stenose kann eine endoluminale Radiotherapie nach endoskopischer Dilatation und Nd-YAG Laser Desobliteration eine rasche Verbesserung der Dysphagie gewährleisten [33, 34].

Radiotherapie bei tracheoösophagealer Fistel

Tracheoösophageale Fisteln haben eine extrem schlechte Prognose. Generell stellen sie keine Behandlungsindikation, vor allem wegen des schlechten Allgemeinzustandes der Patienten dar. Gschossmann et al. [35] berichteten, daß bei Patienten mit tracheobronchialer Fistel die Bestrahlung einen positiven Einfluß auf die lokale Tumorprogression und eine Verlängerung des Überlebens zeigte. Eine Verschlechterung der tracheobronchialen Fistel durch Bestrahlung ist nicht zu erwarten [35].

Bestrahlungstechnik

Bei der externen Strahlenbehandlung von Ösophaguskarzinomen im Thoraxbereich erfolgt die Bestrahlung in Bauchlage des Patienten. Die Dosis wird über eine isozentrische 2- oder 3-Felder-Technik über zwei schräg dorsale und ein ventrales Feld appliziert. Die Bestrahlung bei zervikalen Ösophaguskarzinomen erfolgt in Rückenlage über zwei schräg anterior-laterale Keilfelder.

Bei Patienten mit einem Performance Status ≥ 80 wird eine Gesamtdosis von 50–60 Gy, 1,8–2 Gy/Tag, 5 Fraktionen pro Woche, verabreicht. Bei Patienten in einer Palliativsituation und mit schlechtem Performance Status (≤ 70) wird eine Gesamtdosis von 30 Gy, 3 Gy/Tag, 5 Fraktionen pro Woche, verabreicht.

Die endoluminale Brachytherapie beim Ösophaguskarzinom erfolgt je nach Performance Status und Indikationsstellung im Durchschnitt in 1–4 Fraktionen, wobei eine Applikation pro Woche, mit einer Fraktionsdosis von 4–6 Gy pro Fraktion berechnet, in 10 mm Abstand von der Oberfläche des Applikators verabreicht wird. Die endoluminale Brachytherapie kann im HDR-Verfahren (Hochdosis-Bestrahlung) oder im PDR-Verfahren (pulse dose) erfolgen.

Nebenwirkung und supportive Maßnahmen nach Radiotherapie

Alle Patienten, welche 50 Gy oder mehr im kombinierten Behandlungsverfahren erhalten, leiden unter einer milden bis moderaten Ösophagitis. In bis zu 20% der behandelten Patienten können sich, abhängig von der Gesamtbestrahlungsdosis, der Einzelfraktionsdosis, der verabreichten Chemotherapie und der individuellen Verträglichkeit, eine schwere Ösophagitis sowie in der Folge Strikturen im bestrahlten Bereich bilden.

Als supportive Maßnahmen sollten Patienten mit höhergradiger Tumorstenose oder bei Gefahr einer tracheobronchialen Fistel eine perkutan endoskopische Gastrostomie erhalten. Antacida und antiphlogistische Medikamente, Tranquilizer und eventuell lokale Anästhetika werden nach Bedarf verabreicht. Diätetische Maßnahmen bzw. Astronautenkost oder parenterale Ernährung werden je nach Bedarf vom Radiotherapeuten verordnet.

Magenkarzinom

Das Magenkarzinom als Todesursache zeigt weltweit eine Abnahme, wobei der Grund für diese Entwicklung durch ätiologische Faktoren, diätetische Maßnahmen und chirurgische Interventionen nur inkomplett erklärbar ist [36, 37].

Die chirurgische Resektion ist in 50%–60% der Patienten als primäre Behandlungsform möglich. Wenn das Magenkarzinom auf die Mukosa limitiert ist und keinen Lymphknotenbefall zeigt, kann durch die chirurgische Resektion ein 5-Jahres-Überleben von 85%–100% erreicht werden. Bei unselektioniertem Krankengut ist jedoch nur in 25%–40% eine potentiell kurative Resektion möglich. Wenn ein Lymphknotenbefall bzw. ein Befall der gesamten Magenwand vorliegt, sinkt die 5-Jahres-Überlebensrate auf 5%–15% [38–40].

Postoperative adjuvante Radiotherapie

Derzeit gibt es keine wissenschaftlichen Daten, die den Vorteil einer postoperativen adjuvanten Radiotherapie nach kompletter chirurgischer Resektion beweisen können. Dennoch ist es von großem Interesse, sich mit dieser Möglichkeit auseinanderzusetzen, da Rezidiverkrankungen nach potentiell kurativer Chirurgie in 38%–67% lokoregional auftreten [41–43]. Bei Autopsiestudien ist das lokoregionale Rezidiv in bis zu 90% nachweisbar [44, 45]. Die zitierten Arbeiten zeigten, daß bis zu 60% aller Patienten mit entweder positiven Lymphknoten oder Tumorextension durch die Serosa einen Tumorbefall im Tumorbett, im Bereich der regionären Lymphknoten, im Stumpfbereich oder im Anastomosenbereich aufwiesen. Etwa 20% dieser Patienten wiesen nach Gastrektomie ein alleiniges Krankheitsrezidiv in der lokoregionären Lokalisation ohne Hinweis auf Fernmetastasen auf. Moertel et al. [46] untersuchten in einer prospektiv randomisierten Studie 62 Patienten nach kompletter chirurgischer Gastrektomie, die ein Magenkarzinom mit schlechter Prognose aufwiesen. Er verglich alleinige Chirurgie mit Chirurgie, gefolgt von Radio-Chemotherapie, wobei die Patienten 37,5 Gy in 4–5 Wochen mit konkomitierender Chemotherapie mit 5-FU als intravenöse Bolusapplikation (15 mg/kg pro Tag, Tag 1–3) erhielten. Die Patienten mit Radio-Chemotherapie zeigten eine statistisch signifikante Verbesserung der lokalen Tumorkontrolle und des Überlebens [46].

10 der Patienten, die in der Radio-Chemotherapie-Gruppe die Behandlung verweigerten, hatten ein rezidivfreies 5-Jahres-Überleben von 20% gegenüber 17% der 29 kombiniert behandelten Patienten. Jene Patienten, die nach Chirurgie keine adjuvante Radio-Chemotherapie erhielten, hatten ein 5-Jahres-Überleben von 4%. Das Lokalrezidiv in der Radio-Chemotherapie-Gruppe sank auf 39% gegenüber 54% bei den unbehandelten Patienten. Eine Veröffentlichung der British Stomach Cancer Group [47] berichtete über 436 prospektiv randomisiert behandelte Patienten, wobei eine Gruppe alleinige Chirurgie, eine Gruppe Polychemotherapie mit 5-FU, Adriamycin und Mitomycin C und eine Gruppe postoperativ adjuvante Radiotherapie (45 Gy in 25 Fraktionen + 5 Gy Boost) erhielten. Im Gesamtüberleben waren keine signifikanten Unterschiede erkenn-

bar. Jedoch zeigte die Gruppe der strahlenbehandelten Patienten in lediglich 10%, die Patienten, die Chemotherapie erhielten, in 20% und die alleine chirurgisch behandelten Patienten in 27% ein Lokalrezidiv.

Präoperative Radiotherapie

In einigen retrospektiven Berichten konnte mit der präoperativen Radiotherapie eine Tumorregression, abhängig von der applizierten Dosis, erzielt werden [43, 48]. Da es über die präoperative Radiotherapie beim Magenkarzinom keine vorliegenden randomisiert prospektiven Daten gibt, ist vorerst im Routinebetrieb von dieser Behandlung Abstand zu nehmen.

Definitive Radiotherapie

Bei lokal fortgeschrittenen unresektablen Magenkarzinomen wird als Therapie der Wahl die definitive Radiotherapie mit oder ohne konkomitierende Chemotherapie empfohlen. Konkomitierende Chemotherapie mit 5-FU scheint das Überleben zu verbessern und die Palliation zu verlängern [49–52]. In einer Phase III-Studie konnte die Wirksamkeit durch konkomitierende 5-FU Gabe bestätigt werden [53]. Die Patienten erhielten 35–40 Gy entweder in Kombination mit 5-FU (15 mg/kg, Tag 1–3, intravenös) oder mit einem Placebopräparat in Doppelblind-Methode. Das Gesamtüberleben war in der Gruppe mit 5-FU Chemotherapie deutlich verbessert (13 Monate gegenüber 6 Monate). Das 5-Jahres-Überleben betrug in der 5-FU Gruppe 12%, 0% in der Placebo-Gruppe.

Intraoperative Radiotherapie

Da die postoperative adjuvante Radiotherapie, wie in vielen Studien beobachtet, eine Verminderung des lokoregionalen Rezidivs erwarten läßt [46, 47], oft jedoch die kritischen umgebenden Organbereiche für eine adäquate Dosisapplikation limitierend wirken, kann die intraoperative Radiotherapie (IORT) fast nebenwirkungslos, sowohl in adjuvanter Therapieform als auch bei rein palliativem Einsatz, Anwendung finden. Takahashi und Abe [54] untersuchten in einer Studie die Wertigkeit der IORT in Kombination mit der Magenresektion gegenüber eines chirurgischen Eingriffs allein. Sie verabreichten bei einem Teil der Patienten 28–35 Gy, wobei sie die Randomisation intraoperativ vornahmen. Sie konnten in der Gruppe mit adjuvanter IORT eine deutliche Verbesserung der 5-Jahres-Überlebensrate auf 25% bei Stadium II bis IV nachweisen. In einer weiteren prospektiv randomisierten Studie [55], in der die alleinige chirurgische Resektion mit adjuvanter IORT verglichen wurde, bewies die intraoperative Nachbestrahlung eine hohe Wertigkeit zur Verhinderung eines Lokalrezidivs (44% Lokalrezidive in der IORT-Gruppe, 92% in der Kontrollgruppe). Auch im medianen Überleben profitierte die IORT-Gruppe gegenüber der chirurgisch behandelten Gruppe (25 Monate versus 21 Monate). Über die Möglichkeit einer Kombinationstherapie Chirurgie–IORT und externe Bestrahlung ohne wesentliche Limitation durch akute Toxizität und Langzeitkomplikationsraten berichtete eine Phase I-Studie [56].

Die IORT ermöglicht somit in Zukunft eine bessere lokoregionäre Behandlungsmöglichkeit bei adäquater Schonung der umliegenden kritischen Nachbarorgane, die auch hinsichtlich Kombinationsmöglichkeiten mit Chemotherapie in prospektiven Studien untersucht werden muß.

Kolonkarzinom

Die Zielsetzung der Radiotherapie bei kolorektalen Karzinomen besteht in der Senkung der lokoregionären Rezidivrate sowie in der Verbesserung des Gesamtüberlebens. Bei Kolonkarzinomen stellt die Radiotherapie kein Standardverfahren dar. Die adjuvante Behandlung des Kolonkarzinoms nach der Resektion beinhaltet die systemische Chemotherapie, Immuntherapie, intraperitoneale Chemotherapie und nur in seltenen Fällen die Bestrahlung des Tumorbettes.

Postoperative adjuvante Radiotherapie

In zwei Studien [57, 58] wird die adjuvante postoperative Bestrahlung von Hochrisikopatienten mit Kolonkarzinom beschrieben. Diese Studien berichteten über Patienten mit Tumorstadium B3 bis C3, ausgenommen jene mit einer Tumorlokalisation im mittleren Colon sigmoideum und Colon transversum. Die applizierte Dosis beträgt 50 Gy auf das Tumorbett in Einzelfraktionen von 1,8 Gy. Die Lagerung des Patienten wurde so vorgenommen, daß der Dünndarm weitgehend geschont werden konnte. So wurden z.B. bei Tumorlokalisationen im Bereich des rechten oder linken Kolons in Seitenposition bestrahlt. Die lokale Kontrolle der bestrahlten Patienten mit Stadium B3, C2 oder C3 war höher als die jener Patienten, die bei gleichen Stadien lediglich einen chirurgischen Eingriff erhielten. Einen Vorteil durch die Bestrahlung zeigten bei dieser Studie jene Patienten, die nur einen Lymphknoten befallen hatten. Bei einer vorgesehenen lokalen Nachbestrahlung sollte somit die Anzahl der positiven Lymphknoten als Selektionskriterium herangezogen werden, da bei multiplem Lymphknotenbefall die Metastasierung und damit der generalisierte Prozeß und nicht das Lokalrezidiv im Vordergrund stehen. Die Häufigkeit der extraabdominellen und hepatalen Metastasen sowie die peritoneale Aussaat waren bei bestrahlten und nicht bestrahlten Patienten vergleichbar. In einer weiteren Studie [59] konnte durch eine hyperfraktionierte Bestrahlung mit zweimal täglicher Bestrahlungsfraktion und einer Gesamtdosis von 65–70 Gy bei allen 10 Patienten eine rezidivfreie Situation erreicht werden. 5 dieser Patienten entwickelten jedoch eine Metastasierung innerhalb des Nachbeobachtungszeitraums von 7–76 Monaten. In einer weiteren Studie [60] wurden 19 Patienten mit Coecumkarzinom Stadium B2 und C2 mit einer kombinierten Radio-Chemotherapie mit 5-FU behandelt. Die

Radiotherapie wurde in konventioneller Fraktionierung bis 45 Gy appliziert. Verglichen mit einer Kontrollgruppe, die lediglich eine rechte Hemikolektomie erhielt, zeigte die Adjuvans-Therapiegruppe keinen Unterschied im medianen Überleben und in der Inzidenz von distalen Metastasen. Allerdings betrug die Inzidenz der Lokalrezidive 5% bei jenen Patienten mit adjuvanter Radiotherapie gegenüber 19% bei jenen mit alleiniger Chirurgie.

Patienten mit Kolonkarzinom Stadium B2 sowie Patienten mit Stadium C2 und C3 und exzessivem Lymphknotenbefall profitieren nicht von einer postoperativen adjuvanten Tumorbettbestrahlung. In den vorliegenden Studien zeigten Patienten mit B3, C2 oder C3 Stadien und limitiertem Lymphknotenbefall (Patienten mit hohem Risiko für ein Lokalrezidiv, aber geringem Risiko für Fernmetastasen) einen Vorteil durch die postoperative adjuvante Radiotherapie des Tumorbettes.

Ganzabdomenbestrahlung

In mehreren Studien wurde über die Ergebnisse und Toxizität von Ganzabdomenbestrahlungen als adjuvante Behandlung bei Patienten mit hohem Risiko für Lebermetastasen und peritonealer Aussaat berichtet [61, 62].

Die übliche Gesamtabdomendosis liegt zwischen 20 und 25 Gy in 8–15 Fraktionen sowie in einer Tumorbettaufsättigung von durchschnittlich 20 Gy. Innerhalb des Kontrollzeitraums von 2 Jahren fanden sich bei allen Patienten minimale Dünndarm-, Leber- und hämatologische Komplikationen. 38 Patienten, die eine Ganzabdomenbestrahlung und Tumorbettaufsättigung erhielten, wurden mit einer Kontrollgruppe mit alleiniger chirurgischer Behandlung verglichen. Es zeigte sich ein statistisch signifikanter Vorteil im krankheitsfreien Überleben (55% versus 12%).

Die Wertigkeit einer Ganzabdomenbestrahlung und Tumorbettaufsättigung zur Devitalisierung potentieller Tumorzellen in der Leber und im Peritoneum erscheint dennoch fragwürdig und muß in randomisiert prospektiven Studien geklärt werden. Es ist möglich, daß die kombinierte Radio-Chemotherapie, wie bereits beim Rektumkarzinom im Rahmen mehrerer Studien bewiesen wurde, auch für das Kolonkarzinom stadienabhängig eine effektive Behandlungsform darstellen könnte.

Intraoperative Radiotherapie

Vereinzelt wird die intraoperative Radiotherapie (IORT) beim kolorektalen Karzinom zur Verbesserung der Lokalkontrolle, vor allem bei Rezidivtumoren, eingesetzt [63, 64]. Bei inoperablen Kolonrezidiven wäre die IORT im Rahmen der Explorativlaparotomie vorstellbar. Ein genaues Überwachen von akuten und chronischen Nebenwirkungen im Bereich des Dünndarms und von peripheren Nerven im Becken und Abdomen sowie des Ureters muß hiebei unbedingt gefordert werden.

Rektumkarzinom

Beim Rektumkarzinom ist eine gering höhere Lokalrezidivrate als bei Kolonkarzinomen zu erwarten. Etwa 25% der Patienten mit Stadium B2-Tumoren und etwa 50% bei Stadium C-Tumoren entwickeln ein Beckenrezidiv nach chirurgischer Resektion [65, 66]. Die Hochrisikoregionen für ein Rezidiv nach Resektion sind die präsakrale Höhle, die Beckenseitenwand sowie das perirektale Bindefettgewebe dorsal der Beckengenitalorgane. Die wichtigsten klinisch-pathologischen Befunde für das Risiko eines Lokalrezidivs des Rektumkarzinoms sind die Tumordurchwachsung durch die Darmwand, der Lymphknotenbefall sowie die Lokalisation im Bereich des unteren Rektums unterhalb der peritonealen Umschlagfalte.

Aufgrund der hohen Wahrscheinlichkeit eines lokoregionalen Rezidivs wurde durch viele Studien belegt, daß die adjuvante perioperative Radio-Chemotherapie bei Patienten mit einem Rektumkarzinom gesicherte Vorteile hinsichtlich Lokalrezidivrate und Gesamtüberleben bringt. Die Vor- und Nachteile der präoperativen, postoperativen und kombinierten prä- und postoperativen sowie intraoperativen Bestrahlungskonzepte werden gegenübergestellt.

Postoperative adjuvante Radiotherapie

Seit der Konsensus-Konferenz des National Institute of Health (NIH 1990) [67] wird die kombinierte postoperative Radio-Chemotherapie als Standardverfahren ab den Stadien pT3N0 sowie bei allen positiven N-Stadien empfohlen. Generell wurde in einer Vielzahl von Studien bewiesen, daß die postoperative Radiotherapie entweder in Kombination mit Chemotherapie oder als alleinige adjuvante Therapieform bei den fortgeschrittenen lokalen Tumorstadien oder bei metastatischem Lymphknotenbefall oder beiden die Lokalrezidivrate um etwa 20% nach erfolgter chirurgischer Resektion senken konnte [68–74].

Obwohl keine Phase III-Daten über die zu applizierende Gesamtdosis vorliegen, konnte dennoch in retrospektiven Analysen gezeigt werden, daß bei einer Gesamtdosis von ≥ 45 Gy Rezidivraten im kleinen Becken von 10% gegenüber jenen von 50% bei einer Gesamtdosis von < 45 Gy zu erwarten sind [68–73].

Die Ergebnisse von fünf großen Phase III-Studien, die postoperative Radiotherapie mit oder ohne simultane Chemotherapie bei Hochrisikopatienten durchführten, zeigten, daß die postoperativ adjuvante Radiotherapie allein eine deutlich verbesserte lokoregionale Kontrolle bewirkt, daß eine Chemotherapie zusätzlich zur Radiotherapie eine weitere Verringerung der Lokalrezidivrate ermöglicht und daß die Chemotherapie in Kombination mit der Radiotherapie nicht nur die lokoregionale Kontrolle verbessert, sondern auch das krankheitsfreie Überleben sowie das Gesamtüberleben verlängert [74–81].

Zusammenfassend kann gesagt werden, daß die Radiotherapie die Lokalrezidivrate nach erfolgter Operation vermindert, das Gesamtüberleben jedoch nicht verbessert und daß Chemotherapie zusätzlich zur Radiotherapie eine Verbesserung der lokoregionären Kontrolle und eine Verbesserung des krankheitsfreien und des Gesamt-Überlebens ermöglicht. Das optimale Therapiemanagement Radiotherapie–Chemotherapie in der postoperativen Behandlung wird derzeit in mehreren Studien geprüft.

Präoperative Radiotherapie

Die präoperative Radiotherapie bietet die Möglichkeit der Devitalisierung maligner Zellen, die während des chirurgischen Eingriffs lokal oder hämatogen gestreut werden könnten. Zusätzlich kann die präoperative Radiotherapie in einer nicht durch chirurgischen Eingriff vernarbten Region wirksam werden, was aus tumorbiologischer Sicht anhand klinischer und experimenteller Untersuchungen eine höhere Sauerstoffsättigung und damit eine bessere Strahlensensibilität von Tumorzellen gewährleistet.

Bei operablen (mobilen) Läsionen erwartet man durch die kurzzeitige präoperative Radiotherapie (ca. 25 Gy in 5 Tagen) eine Devitalisierung der Tumorzellen und dadurch eine geringere Lokalrezidiv- und Metastasierungsrate. Vier prospektiv randomisierte Studien [82–85] berichteten über eine präoperative Kurzzeitbestrahlung mit 25 Gy in 5–10 Fraktionen bei resektablen Rektumkarzinomen. In keiner dieser Studien zeigte sich eine Verbesserung des Überlebens. Eine der Studien randomisierte 849 Patienten in eine chirurgische und eine präoperative Radiotherapiegruppe [85]. Im Überleben zeigte sich bei einem Beobachtungszeitraum von 4 Jahren kein signifikanter Unterschied. Die postoperative Mortalität lag bei den präoperativ bestrahlten Patienten bei 8%, bei den lediglich operierten bei 2%. Eine statistisch signifikante Reduktion der Beckenrezidivrate war in der Gruppe der Vorbestrahlten in allen Stadien zu verzeichnen. Auch die krankheitsabhängige Todesrate war in der Gruppe der Vorbestrahlten geringer. Da die geplante Operation unmittelbar im Anschluß an die Radiotherapie erfolgt, läuft derzeit eine Studie mit kurzzeitiger präoperativer Radiotherapie mit 25 Gy in 10 Fraktionen in 5 Tagen.

Die präoperative Langzeitvorbestrahlung (ca. 30–40 Gy in 3–4 Wochen) wurde in unzähligen unkontrollierten Studien bearbeitet. Das Ziel dieser Behandlungsform ist mit der besseren Lokalkontrolle die Verminderung der Metastasierungsrate sowie vor allem bei fortgeschrittenen Tumoren ein Down-staging und eine damit verbundene bessere Operabilität zu ermöglichen.

In einer prospektiv randomisierten Studie [86] zwischen präoperativer Radiotherapie (34,5 Gy in 15 Fraktionen im Bereich des kleinen Beckens und paraaortal) und der Operation allein zeigte sich keine signifikante Differenz in bezug auf Lokalkontrolle und Überleben bei den Patienten mit T2-Läsionen. Lediglich die klinischen T3- und T4-Stadien profitierten von der präoperativen Vorbestrahlung im Sinne einer kurativen Resektion (97% versus 68% in der Kontrollgruppe) mit einem besseren 5-Jahres-Überleben (50% versus 20% in der Kontrollgruppe) und einer besseren Lokalkontrolle (87% versus 65% in der Kontrollgruppe).

In einer weiteren randomisierten Studie [87] mit 68 Patienten in einer präoperativen Bestrahlungsgruppe (40 Gy in 4 Wochen), verglichen mit einer Gruppe mit Chirurgie allein, zeigten sich eine deutliche Erhöhung des Überlebens in der bestrahlten Gruppe (71% versus 29% in der Kontrollgruppe) und eine deutliche Reduktion des Lokalrezidivs mit oder ohne Fernmetastasierung (15% versus 47% in der Kontrollgruppe).

In einer Studie der European Organization for Research and Treatment of Cancer (EORTC) [88] wurde Vorbestrahlung mit Vorbestrahlung, kombiniert mit 5-FU, verglichen, und die Ergebnisse zeigten keinen Benefit für die Gruppe mit simultaner Chemotherapiegabe. Das krankheitsfreie Intervall und die Lokalkontrolle wurden durch 5-FU nicht verbessert.

Eine prospektive Studie [89], die Kurzzeitvorbestrahlungen (25 Gy in 5 Fraktionen) mit konventioneller postoperativer Bestrahlung (60 Gy in 30 Fraktionen) verglichen hatte, zeigte anhand von 471 Patienten, daß die chirurgische Mortalität und Morbidität in beiden Gruppen gleich hoch war. Perineale Wundheilungsstörungen nach abdominoperinealer Resektion waren signifikant häufiger in der präoperativ behandelten Patientengruppe. Es fand sich kein Unterschied im Gesamtüberleben. Die Lokalrezidivrate war bei Patienten, bei denen eine kurative Resektion möglich war, in der präoperativen Bestrahlungsgruppe niedriger als in der postoperativ bestrahlten Gruppe (12% versus 21%).

Derzeit kann man wohl den biologischen Bestrahlungseffekt bei der präoperativen Kurzzeitgruppe als gegeben erachten. Es liegen jedoch ungenügend Daten vor, daß diese Behandlung eine Verbesserung der Lokalkontrolle oder im Überleben bringt. Auf die eventuelle Gefahr einer Wundheilungsstörung nach chirurgischem Eingriff ist hinzuweisen. Langzeitvorbestrahlungen versprechen eine verbesserte Lokalkontrolle, jedoch keinen Benefit im Gesamtüberleben. Nach wie vor ein Nachteil der präoperativen Radiotherapie liegt in der Unmöglichkeit der Patientenselektion, vor allem jener mit fortgeschrittenen Tumoren, die von der Bestrahlung einen Benefit haben. In den präoperativen Bestrahlungsprotokollen haben 22%–30% der bestrahlten Patienten eine Tumorbegrenzung auf die Darmwand [82, 83]. Das sind jene Patienten, die durch eine zusätzliche adjuvante Radiotherapie keinen Benefit haben und deren Aufnahme in Studien eine Analyse verkompliziert. Eine Strategie der Patientenselektion nach erfolgter Operation erlaubt, aufgrund pathologisch morphologischer Befunde bei 30%–50% der Patienten auf eine Strahlenbehandlung zu verzichten. Diesen Patienten ist eine adjuvante Radiotherapie zu ersparen.

Intraoperative Radiotherapie

Die intraoperative Radiotherapie (IORT) ermöglicht in einem gleichzeitigen Vorgehen Operation und Strahlenapplikation im Präsakralraum. Die IORT kann sowohl im Brachytherapieverfahren als auch mittels Hochvolttherapie mit Elektronen erfolgen. Diese Methode bietet den Vorteil einer gezielten Dosisapplikation im gewünschten Bereich bei weitgehender Schonung aller umgebender kritischer Organe. Erste veröffentlichte Studien zeigten, daß vor allem bei fortgeschrittenen Rektumkarzinomen oder Rezidivtumoren auch eine Kombination mit Chemotherapie und externer Radiotherapie [63, 64, 90] einsetzbar ist.

Eine derzeit laufende randomisierte Studie der Radiation Therapy Oncology Group (RTOG) prüft, ob die zusätzliche IORT in Kombination mit einer externen Bestrahlung und Chirurgie eine Verbesserung gegenüber der alleinigen chirurgischen Resektion und externen Radiotherapie bringt.

Radiotherapie beim fortgeschrittenen Rektumkarzinom

Einige wenige prospektiv randomisierte Studien erfolgten bei Patienten, welche lokal fortgeschrittene Tumoren mit Inoperabilität zum Zeitpunkt der Diagnosestellung, postoperative Residuen der Erkrankung nach erfolgter Resektion oder Rezidiv nach potentiell kurativer chirurgischer Therapie zeigten.

In einer Studie [53] wurden 65 Patienten mit unresektablem Dickdarmkarzinom mit 35–40 Gy, in einer Gruppe in Kombination mit 5-FU, in der anderen ohne 5-FU, behandelt. Das progressionsfreie Intervall war in der 5-FU Gruppe deutlich höher; diese Gruppe hatte auch eine signifikante Rückbildung der Symptome. Die mediane Symptomfreiheit lag bei 11 Monaten mit alleiniger Radiotherapie gegenüber 17 Monate mit kombinierter Radio-Chemotherapie. Auch das Überleben war in der Gruppe mit 5-FU verlängert (16,8 Monate versus 22,8 Monate).

Generell wird bei initial unresektablen Tumoren bzw. bei Lokalrezidiven als Mindestgesamtdosis 45 Gy verabreicht. Nach präoperativen Bestrahlungen erlangt man damit in etwa 50%–75% eine resektable Lokalsituation. Jedoch selbst nach erfolgter Resektion entstehen Lokalrezidive in etwa 36%–45%, eine sogenannte Langzeitremission lokal kann in etwa 25%–35% erreicht werden [91, 92].

In anderen Studien wurden 45–55 Gy präoperativ konventionell mit einer zusätzlichen intraoperativen kleinvolumigen Dosisaufsättigung von 10–20 Gy verabreicht. Patienten mit initial unresektabler Erkrankung zeigten ein 5-Jahres-Überleben von 55%, Rezidivpatienten zeigten ein 5-Jahres-Überleben von etwa 25%. Die Lokalrezidivrate bei zusätzlicher Gabe von 5-FU betrug lediglich 17% [93].

Andere Daten zeigten nach präoperativer Radiotherapie nach kompletter chirurgischer Resektion ein medianes Überleben von 3 Jahren in 70%, mit residualem Tumor nach Lokalresektion in 30%.

Andere kontrollierte Studien hatten die Wertigkeit der postoperativen Radiotherapie nach subtotaler Resektion von kolorektalen Karzinomen bearbeitet [69, 79, 94]. Die Wahrscheinlichkeit eines Lokalrezidivs nach externer Bestrahlung variierte abhängig von der Größe des residualen Tumorvolumens nach Resektion. Lokalrezidive traten nach postoperativer Radiotherapie in 50%–54% aller Patienten mit großem Residualtumor auf, während lediglich 15%–25% jener Patienten, die mikroskopisch reseziert wurden, mit Lokalrezidiven rechnen mußten. Weiters zeigte sich, daß eine mögliche Korrelation zwischen applizierter Gesamtdosis und Ansprechen vorlag. Während bei Patienten, die mehr als 60 Gy erhielten, nur in 11% ein Lokalrezidiv beobachtet wurde, entwickelten jene Patienten, die weniger als 55 Gy erhielten, in 33% ein Beckenrezidiv [69, 70]. Keine Korrelation zwischen Ansprechen und verabreichter Gesamtdosis konnte bei großen residualen Tumoren nach Resektion beobachtet werden.

Sphinktererhaltung

Üblicherweise müssen Patienten mit Tumoren innerhalb von 6–8 cm ab Ano ein abdominoperineale Resektion erhalten. Eine Sphinktererhaltung ist bei einzelnen Patienten auch mit einem tiefsitzenden Rektumkarzinom durch eine Lokalexzision, mit oder ohne externe Bestrahlung, möglich. Morphologische Selektionskriterien für dieses Vorgehen sind die Tumorbegrenzung auf die Darmwand, die maximale Tumorgröße bis 5 cm, keine Ausbreitung in den Analkanal, gut bis mittel differenzierte Tumorhistologie und exophythische Wachstumsform. Die endorektale Sonographie ermöglicht zusätzlich, die oben angeführten Selektionskriterien für einen sphinktererhaltenden Eingriff zu bestätigen [95, 96].

Bei tiefsitzenden Rektumkarzinomen kann die endokavitäre Radiotherapie eine exzellente Alternative zur abdominoperinealen Resektion und permanenten Kolostomie sein [97–99]. Die Behandlung erfolgt generell in 4 Fraktionen à 30 Gy im Abstand von 2 Wochen Pause pro Fraktion. Eine Kurzdistanz 50 kV Röntgenröhre mit 0,5–1 mm Aluminium-Filter wird verwendet. Sollte nach einer lokalen endoluminären Radiotherapie ein Lokalrezidiv auftreten, wäre eine Salvage-Operation möglich. Eine alternative Sphinktererhaltung kann auch durch Lokalexzision mit oder ohne postoperativer externer Radiotherapie erfolgen. Eine vorliegende Studie [100] berichtete über 95 Patienten, behandelt mit lokaler Exzision, die in eine low risk-Gruppe (Exzisionsrand weit im Gesunden nach Lokalexzision) und eine high risk-Gruppe (inkomplette Tumorexstirpation) geteilt waren. Lediglich 8% der low risk-Patienten, mit Tumorinvasion auf die Submukosa begrenzt, entwickelten ein Lokalrezidiv, während bei 15% jener Patienten in der high risk-Gruppe mit Tumorinvasion in die Muscularis propria ein Tumorrezidiv auftrat. Ein 5-Jahres-Überleben der low risk-Gruppe lag bei 90%, in der high risk-Gruppe bei 58%.

Die genaue Überwachung und Nachsorge von Rektumkarzinomen mit Sphinktererhaltung können objektiv und reproduzierbar mittels Transrektalsonographie erfolgen. Auch die Differenzierung zwischen Strahlenreaktion der Rektumwand und Neuauftreten der Tumorerkrankung kann mittels der endosonographischen Untersuchungsmethode differenziert werden [101, 102].

Analkarzinom

Das Analkarzinom ist primär eine lokoregionäre Erkrankung. 2%–4% aller kolorektalen Tumoren sind Analkarzinome. Die lokale Tumorinfiltration erfolgt frühzeitig, die lokoregionären Lymphknoten sind bei Diagnosestellung in 25%–45% befallen [103, 104], wobei die inguinalen Lymphknoten in 20%, die Lymphknoten im kleinen Becken in 30% und die perirektal präsakralen in 25% befallen sind. Bei Diagnosestellung haben weniger als 10% der Patienten manifeste Fernmetastasen, und auch bei Auftreten des Erstrezidivs sind bei 70% der Patienten lediglich die primäre Region oder die regionalen Lymphknoten befallen [105].

Die *chirurgische Lokalexzision* ist bei in situ oder mikroinvasiven Tumoren als suffiziente Therapie anzusehen. Bei Tumoren, die tiefer infiltrieren, bzw. bei Lymphknotenbefall ist eine abdominoperineale Resektion gefordert. Die *postoperative adjuvante Radiotherapie mit oder ohne Chemotherapie* soll nach abdominoperinealer Resektion, wenn der pathologische Befund eine Tumorinvasion in den Sphinkter externus oder in die regionären Lymphknoten ergeben hat, erfolgen. In einer Studie [106] wurde anhand von 22 Patienten das Ergebnis der prä- oder postoperativen Radiotherapie mit abdominoperinealer Resektion analysiert. Die Tumoren waren größer als 2 cm, oder es lagen befallene Lymphknoten vor. In 18% entwickelte sich ein Lokalrezidiv, das im Vergleich mit historischen Studien deutlich niedriger als bei alleinigen chirurgischen Untersuchungsserien liegt.

Beim Analkarzinom liegen keine prospektiven Phase III-Studien, die Chirurgie–Radiotherapie allein und kombinierte Radio-Chemotherapie in bezug auf Behandlungseffektivität vergleichen, vor. Die Analysen vorliegender unkontrollierter Studienberichte bei primär bestrahlten Analkarzinomen [104, 107–109] erreichen eine Lokalkontrolle in 60%–80% mit einem kolostomiefreien 5-Jahres-Überleben von 55%–80%. Das 5-Jahres-Überleben ist vergleichbar mit Ergebnissen nach chirurgischer Behandlung. Nach primärer Radiotherapie tritt somit in 15%–40% ein Lokalrezidiv auf, das letztendlich durch Salvage-Abdominoperinealresektion behandelbar ist. Bei Auftreten strahlentherapieinduzierter Toxizitäten, die bis zu 5% eine Kolostomie notwendig machen, kann nach erfolgter Radiotherapie diese dem Patienten angeboten werden. Eine zunehmende Bedeutung beim Analkarzinom erlangt die kombinierte Radio-Chemotherapie.

Die derzeit meist verwendeten kombinierten Radio-Chemotherapien werden nach dem von Nigro et al. [110] beschriebenen Chemotherapieregimen oder als Minimalvariationen mit 5-FU und Mitomycin C durchgeführt. Die applizierte Strahlendosis in diesen Untersuchungen betrug 30–30,6 Gy im Bereich des Tumorzielgebiets. Mit dieser Behandlungsform wurde eine 84%ige Tumorkontrollrate bei primären Therapiemanagement erzielt. In einer anderen Untersuchung [111] wurde im Rahmen der kombinierten Radio-Chemotherapie mit 5-FU und Mitomycin C eine höhere Gesamtdosis appliziert, wobei lokoregional im kleinen Becken 45 Gy und lokal im Tumorzielgebiet 10 Gy Dosisaufsättigung verabreicht wurden. Bei einer medianen Beobachtungszeit von 51 Monaten waren 90% mit dieser primären kombinierten Therapieform rezidivfrei.

In einer weiteren Studie [112] wurden 5-FU und Mitomycin C in Kombination mit einer externen Bestrahlung mit 40 Gy im Bereich des Tumors, der pelvinen Lymphknoten und inguinalen Lymphknoten verabreicht. 10% der primär behandelten Patienten zeigten bei Beendigung der Therapie einen Residualtumor und erhielten eine abdominoperineale Resektion im Salvage-Verfahren. Die lokoregionale Kontrolle in einem Zeitraum von 3 Jahren betrug 71%.

Die sphinktererhaltende Radiotherapie mit oder ohne Chemotherapie stellt eine gute Alternative zur abdominoperinealen Resektion mit wahrscheinlich keiner geringeren Lokaltumorkontrolle und keinem geringeren Überleben, verglichen mit der alleinigen Chirurgie, dar. Die kombinierte Radio-Chemotherapie zeigt anhand retrospektiv vergleichender Analysen eine gering erhöhte Tumorkontrolle und kolostomiefreies Überleben gegenüber der alleinigen Radiotherapie. Bei kombinierten Therapiemodalitäten gibt es keine vergleichenden Daten bezüglich optimaler Form der Chemotherapie. Bis heute unklar ist die Tatsache, ob 5-FU allein oder in Kombination mit anderen Substanzen simultan zur Radiotherapie verwendet werden soll.

Pankreaskarzinom

Das Pankreaskarzinom zählt außer den kolorektalen Tumoren zu den häufigsten gastrointestinalen Tumoren, wobei die Inzidenz weltweit weiter zunimmt. Die schlechte Prognose ist durch die späte klinische Symptomatik, die schwierige diagnostische Erfassung sowie die Frühmetastasierung sowohl per continuitatem, lymphogen, perineural als auch hämatogen bedingt. Insgesamt sind 5%–15% aller Pankreaskarzinome einer chirurgischen Resektion zuzuführen. Die perioperative Mortalität rangiert zwischen 5% und 30% [113–116]. Die überwiegende Anzahl jener Patienten, die einer potentiell kurativen Resektion zugeführt wurden, entwickelte ein Lokalrezidiv und verstarb mit einer mittleren Überlebenszeit von 10–20 Monaten. Das 5-Jahres-Überleben dieser hoch selektionierten chirurgischen Patienten beträgt zwischen 5% und 15%. 0,5%–1% aller Patienten gelten als geheilt.

Zwei Autoren [117, 118] untersuchten eine selektionierte Patientengruppe mit einer exzellenten 5-Jahres-Überlebensrate von 15%–18% hinsichtlich Lokalisation und Art des Rezidivs nach kurativer chirurgischer Resektion. Das lokoregionäre Rezidiv war in 50%–70% der Grund eines Relapses, wobei in 15% das Tumorbett allein befallen war.

Postoperative adjuvante Radiotherapie

Die adjuvante Radiotherapie hat das Ziel, auch bei oftmals multizentrisch disseminierten Erkrankungen wie beim Pankreaskarzinom die hohe lokoregionäre Rezidivrate zu senken. Möglicherweise kann eine Senkung der lokoregionären Rezidivrate zu einem verlängerten Überleben führen. Die hohe Wahrscheinlichkeit einer peritonealen, hepatischen und extraabdominellen Metastasierung führte zur Überlegung, gleichzeitig eine Systemtherapie mit dem Ziel einer Verbesserung der lokoregionalen Situation und der Devitalisierung von generalisierten systemischen Metastasen zu applizieren. In zwei prospektiv randomisierten Studien seitens der Gastrointestinal Tumor Study Group konnte für die Radio-Chemotherapie im Vergleich zu einer ausschließlichen Radiotherapie [119] bzw. Chemotherapie [120] jeweils eine signifikante Verbesserung der medianen Überlebenszeit aufgezeigt werden.

Das Ergebnis mehrerer unkontrollierter Studien bestätigte sowohl eine Verbesserung der lokoregionalen Rezidivrate als auch eine Verlängerung des Überlebens durch postoperative adjuvante Radiotherapie mit oder ohne Chemotherapie [121–123].

In einer prospektiv randomisierten Phase III-Studie [124] mit adjuvant kombinierter Radio-Chemotherapie (5-FU 500 mg/m^2 Tag 1–3 kontinuierliche i.v.-Bolus-Applikation, einmal wöchentlich auf Dauer von 2 Jahren) zeigten die Patienten in der adjuvanten Behandlungsgruppe eine statistisch signifikante Verbesserung des erkrankungsfreien Gesamtüberlebens. Die relativ geringen Vorteile im Überleben und in der lokoregionalen Rezidivfreiheit in dieser Studie könnten auf die geringe Bestrahlungsdosis (2 Kurse mit jeweils 20 Gy) zurückzuführen sein. Deutlich höhere Gesamtbestrahlungsdosen von 50–55 Gy können postoperativ toleriert werden [118, 125, 126].

Eine derzeit laufende Phase II-Studie evaluiert die Effektivität und Verträglichkeit einer Radio-Chemotherapie (Gesamtbestrahlungsdosis 55 Gy, kombiniert mit 5-FU und Cisplatin) bei Patienten mit lokal inoperablem Pankreaskarzinom ohne Fernmetastasierung. Das gewählte Chemotherapieregime zeigte im Rahmen vorangegangener Studien bei fortgeschrittenen gastrointestinalen Karzinomen einen radiosensibilisierenden Effekt.

Präoperative Radiotherapie

Die präoperative Radiotherapie mit oder ohne Chemotherapie wurde bei nicht oder nur subtotal resezierbaren Pankreaskarzinomen untersucht. In 20%–50% der Fälle konnte eine Tumorregression mit der Möglichkeit einer nachfolgenden Resektion in 35%–65% erreicht werden [125, 126]. Da es sich hier um nicht randomisierte Prüfungsergebnisse handelt, sollte die präoperative Radio-Chemotherapie auf klinisch kontrollierte Studien beschränkt bleiben. Im Rahmen von weiteren Studien soll die präoperative Radio-Chemotherapie hinsichtlich möglicher chirurgischer Zweiteingriffe mit kurativer Intention, Überlebenszeit und Ausmaß der therapieassoziierten Nebenwirkungen sowie Lebensqualität geprüft werden.

Radiotherapie beim lokal nicht resezierbaren Pankreaskarzinom

Die Radiotherapie kann bei lokal nicht resezierbaren Tumoren für eine mäßige Verlängerung des Überlebens und die Palliation von Symptomen eingesetzt werden. Einige Studien haben über die Verbesserung des Überlebens nicht metastasierter Erkrankungen durch Strahlenbehandlung mit oder ohne Chemotherapie berichtet [53, 127]. Bei lokal nicht resezierbaren Pankreaskarzinomen zeigte eine randomisierte Studie [53], die die Radiotherapie allein (35–37 Gy in 4 Wochen) mit konkomitierender Chemotherapie (5-FU 45 mg/kg, Tag 1–3) verglichen hat, einen deutlichen Benefit im medianen Überleben in der kombinierten Radio-Chemotherapiegruppe (10 Monate gegenüber 6 Monate für die Placebo-Gruppe), sogar bei niedriger Dosierung der Radiotherapie.

Intraoperative Radiotherapie

Die verbesserte lokale Tumorkontrolle ist vor allem in Hinsicht auf die bis zu 80%ige Lokalrezidivrate bei Patienten, die mit externer Radiotherapie mit oder ohne Chemotherapie behandelt wurden, eine Herausforderung für eine lokale Dosisaufsättigung [127, 128]. Die intraoperative Radiotherapie (IORT), die über einen Elektronentubus zur gleichen Zeit wie die abdominale Exploration erfolgt, kann vor allem die Verbesserung der lokalen Kontrolle und eine rasche Palliation ermöglichen [129–132].

Im Gesamtüberleben, das oft durch die Generalisierung limitiert ist, zeigt sich bei intraoperativ bestrahlten Patienten kein Benefit.

Karzinome der Gallenblase und der Gallenwege

Bei Gallenblasen- und Gallengangskarzinomen ist derzeit die palliative Chirurgie und die interventionelle Radiologie mit Stentimplantation die Behandlungsmethode der Wahl [133, 134]. Von seiten der Radiotherapie sind derzeit Behandlungsmöglichkeiten mit intraluminaler Bestrahlung durch den liegenden Drain nach interventioneller Radiologie [135] bzw. intraoperative Radiotherapie [136, 137] möglich. Durch die intraoperative Radiotherapie in Kombination mit externer Bestrahlung werden die Verbesserung der Prognose und der Lebensqualität erwartet [135].

Literatur

1. Gunnlaugsson GH, Wychulis AR, Roland C, et al (1970) Analysis of the records of 1.657 patients with carcinoma of the esophagus and cardia of the stomach. Surg Gynecol Obstet 130: 997
2. King RM, Pairolero PC, Trastek VF, et al (1987) Ivor Lewis esophagogastrectomy for carcinoma of the esophagus: early and late functional results. Ann Thorac Surg 44: 119
3. Fink U, Stein HJ, Bochtler H, et al (1994) Neoadjuvant therapy for squamous cell esophageal carcinoma. Ann Oncol 5 [Suppl] 3: 17
4. Earlam R, Cunha-Melo JR (1980) Oesophageal squamous cell carcinoma. I. A critical review of surgery. Br J Surg 67: 381
5. Earlam R, Cunha-Melo JR (1980) Oesophageal squamous cell carcinoma. II. A critical review of radiotherapy. Br J Surg 67: 457
6. Muller JM, Erasmi H, Stelzner M, et al (1990) Surgical therapy of oesophageal carcinoma. Br J Surg 77: 857
7. Kasai M, Mori S, Watanabe T (1978) Follow-up results after resection of thoracic esophageal carcinoma. World J Surg 2: 543
8. Guernsey JM, Knudsen DF (1970) Abdominal exploration in the evaluation of patients with carcinoma of the thoracic esophagus. J Thorac Cardiovasc Surg 59: 62
9. Doggett RLS, Guernsey JM, Bagshaw MA (1970) Combined radiation and surgical treatment of carcinoma of the thoracic esophagus. Front Radiat Ther Oncol 5: 147
10. Fischer SA, Brady LW (1986) Carcinoma of the esophagus. In: Perez CA, Brady LW (eds) Principles and practice of radiation oncology. Lippincott, Philadelphia, p 700
11. Akakura I, Nakamura Y, Kakegaw T, et al (1970) Surgery of carcinoma of the esophagus with preoperative radiation. Chest 57: 47
12. Sugimachi K, Matsufuji H, Kai H, et al (1986) Preoperative irradiation for carcinoma of the esophagus. Surg Gynecol Obstet 162: 174
13. Marks RD, Scruggs HJ, Wallace KM (1976) Preoperative radiation therapy for carcinoma of the esophagus. Cancer 38: 84
14. Gignoux M, Buyse M, Segol P, et al (1982) Radiotherapie preoperatoire du cancer de l'esophage: resultat preliminaires d'unessai randomise de l'EORTC. Acta Chir Belg 82: 373
15. Mei W, Xian-Zhi G, Weibo Y, et al (1989) Randomized clinical trial on the combination of preoperative irradiation and surgery in the treatment of esophageal carcinoma: report on 206 patients. Int J Radiat Oncol Biol Phys 16: 325

16. Launois B, DeLarue D, Campion JP, et al (1980) Preoperative radiotherapy for carcinoma of the esophagus. Surg Gynecol Obstet 153: 690
17. Guo-Jun H, Xiang-Zhi G (1987) Experience with combined preoperative irradiation and surgery for squamous cell carcinoma of the esophagus. In: Wagner G, Zhang Y-H (eds) Cancer of the liver, esophagus, and nasopharynx. Springer, Berlin Heidelberg New York Tokyo
18. Wang M, Gu XZ, Yin WB, et al (1989) Randomized clinical trial on the combination of preoperative irradiation and surgery in the treatment of esophageal carcinoma: report on 206 patients. Int J Radiat Oncol Biol Phys 16: 325
19. Franklin R, Steiger Z, Vaishampayan G, et al (1983) Combined modality therapy for esophageal squamous cell carcinoma. Cancer 51: 1062
20. Seydel HG, Leichman L, Byhardt R, et al (1988) Preoperative radiation and chemotherapy for localized squamous cell carcinoma of the esophagus: a RTOG study. Int J Radiat Oncol Biol Phys 14: 33
21. Poplin E, Fleming T, Leichman L, et al (1987) Combined therapies for squamous cell carcinoma of the esophagus: a Southwest Oncology Group study (SWOG-8037). J Clin Oncol 5: 622
22. Leichman L, Steiger Z, Seydel HG, et al (1984) Combined preoperative chemotherapy and radiation therapy for cancer of the esophagus: the Wayne State University, Southwest Oncology Group and Radiation Therapy Oncology Group experience. Semin Oncol 11: 178
23. Leichman L, Herskovic A, Leichman CG, et al (1987) Non-operative therapy for squamous-cell cancer of the esophagus. J Clin Oncol 5: 365
24. Elkon D, Lee M-S, Hendrickson FR (1978) Carcinoma of the esophagus: sites of recurrence and palliative benefits after definitive radiotherapy. Int J Radiat Oncol Biol Phys 4: 615
25. Wara WM, Mauch PM, Thomas AN, et al (1976) Palliation for carcinoma of the esophagus. Radiology 121: 717
26. Yin W-B, Zhang L, Miao Y, et al (1983) The results of high-energy electron therapy in carcinoma of the esophagus compared with telecobalt therapy. Clin Radiol 34: 113
27. Keane TJ, Harwood AR, Elhakim T, et al (1985) Radical radiation therapy with 5-fluorouracil infusion and mitomycin C for esophageal squamous carcinoma. Radiother Oncol 4: 205
28. Lokich JJ, Shea M, Chaffey J (1987) Sequential infusional 5-fluorouracil followed by concomitant radiation for tumors of the esophagus and gastroesophageal junction. Cancer 60: 275
29. Coia LR, Engstrom PF, Paul AR (1987) Non-surgical management of esophageal cancer: report of a study of combined radiotherapy and chemotherapy. J Clin Oncol 5: 1783
30. Coia LR, Paul AR, Engstrom PF (1988) Combined radiation and chemotherapy as primary management of adenocarcinoma of the esophagus and gastroesophageal junction. Cancer 61: 643
31. Sischy B, Ryan L, Haller D, et al (1990) Interim report of EST 1282 phase III protocol for the evaluation of combined modalities in the treatment of patients with carcinoma of the esophagus, stage I & II. Proc ASCO 9: 105 (abstr # 407)
32. Herskovic A, Martz K, Al-Sarraf M, et al (1992) Combined chemotherapy and radiotherapy compared with radiotherapy alone in patients with cancer of the esophagus. N Engl J Med 326: 1593
33. Kumar MU, Swamy K, Supe SS, et al (1993) Influence of intraluminal brachytherapy dose on complications in the treatment of esophageal cancer. Int J Radiat Oncol Biol Phys 27: 1069

34. Pakisch B, Jüttner-Smolle FG, Kohek P, et al (1990) Iridium-192 high-dose-rate intracavitary brachytherapy with and without external-beam irradiation in unresectable oesophageal cancer. Reg Cancer Treat 3: 202
35. Gschossmann JM, Bonner JA, Foote RL, el al (1993) Malignant tracheoesophageal fistula in patients with esophageal cancer. Cancer 72: 1513
36. Howson CP, Hlyama T, Wynder EL (1986) The decline in gastric cancer: epidemiology of an unplanned triumph. Epidemiol Rev 8: 1
37. Coggon D, Barker DJP, Cole RB, et al (1989) Stomach cancer and food storage. J Natl Cancer Inst 81: 1178
38. Dockerty MB (1964) Pathologic aspects of primary malignant neoplasms of the stomach. In: Re Mine WH, Priestley JT, Berkson J (eds) Cancer of the stomach. Saunders, Philadelphia, p 173
39. Gunderson LL, Sosin H (1982) Adenocarcinoma of the stomach: areas of failure in a reoperation series (second or symptomatic looks): clinico-pathologic correlation and implications for adjuvant therapy. Int J Radiat Oncol Biol Phys 8: 1
40. Kennedy BJ, TNM (1970) Classification for stomach cancer. Cancer 26: 971
41. Ballon S, Berman M, Lagasse L, et al (1981) Survival after extraperitoneal pelvic and paraaortic lymphadenectomy and radiation therapy in cervical carcinoma. Obstet Gynecol 57: 90
42. Emami B, Watring W, Tak W, et al (1980) Para aortic lymph node radiation in advanced cervical cancer. Int J Radiat Oncol Biol Phys 6: 1237
43. McNeer G, Vandenberg H, Donn FY, et al (1957) A critical evaluation of subtotal gastrectomy for the cure of cancer of the stomach. Ann Surg 134: 2
44. Bitran JD, Desser RK, Kozioff MF, et al (1979) Treatment of metastatic pancreatic and gastric adenocarcinomas with 5-fluorouracil, adriamycin, and mitomycin C (FAM). Cancer Treat Rep 63: 2049
45. Comis RL, Carter SK (1974) Integration of chemotherapy into combined-modality treatment of solid tumors. III. Gastric cancer. Cancer Treat Rev 1: 221
46. Moertel CG, Childs DS, O'Fallon JR, et al (1984) Combined 5-fluorouracil and radiation therapy as a surgical adjuvant for poor prognosis in gastric carcinoma. J Clin Oncol 2: 1249
47. Hallissey MT, Dunn JA, Ward LC, et al (1994) The second British Stomach Cancer Group trial of adjuvant radiotherapy or chemotherapy in resectable gastric cancer: five-year follow-up. Lancet 343: 1309
48. Stoliarov VI, Volkov ON, Kanaev SV, et al (1984) Comparative evaluation of surgical and combined treatment of cancer of the proximal region of the stomach. Vopr Onkol 30: 31
49. Asakawa H, Takeda T (1973) High energy x-ray therapy of gastric carcinoma. J Jpn Soc Cancer Ther 8: 362
50. Haas CD, Mansfield CM, Leichman LP, et al (1983) Combined non-simultaneous radiation therapy and chemotherapy with 5-FU, doxorubicin and mitomycin for residual localized gastric adenocarcinoma: a Southwest Oncology Group pilot study. Cancer Treat Rep 67: 421
51. Wieland C, Hymmen U (1972) Megavoltage therapy for malignant gastric tumors. Strahlentherapie 40: 20
52. Robinson E, Cohen Y (1977) The combination of surgery, radiotherapy and chemotherapy in the treatment of gastric cancer. Recent Results Cancer Res 32: 177
53. Moertel CG, Childs DS Jr, Reitemeier RJ, et al (1969) Combined 5-fluorouracil and supervoltage radiation therapy of locally unresectable gastrointestinal cancer. Lancet ii: 865
54. Takahashi M, Abe M (1986) Intra-operative radiotherapy for carcinoma of the stomach. Eur J Surg Oncol 12: 247

55. Sindelar WF, Kinsella TJ, Tepper JE, et al (1993) Randomized trial of intraoperative radiotherapy in carcinoma of the stomach. Am J Surg 165: 178
56. Calvo FA, Henriquez I, Santos M, et al (1989) Intraoperative and external beam radiotherapy in advanced resectable gastric cancer: technical description and preliminary results. Int J Radiat Oncol Biol Phys 17: 183
57. Duttenhaver JR, Hoskins RB, Gunderson LL, et al (1986) Adjuvant postoperative radiation therapy in the management of adenocarcinoma of the colon. Cancer 57: 955
58. Willett CG, Tepper JE, Skates SJ, et al (1987) Adjuvant postoperative radiation therapy for colonic carcinoma. Ann Surg 206: 694
59. Loeffler RK (1984) Postoperative radiation therapy for Duke's C adenocarcinoma of the cecum using two fractions per day. Int J Radiat Oncol Biol Phys 10: 1881
60. Shehate WM, Meyer RL, Krause RJ, et al (1984) Postoperative adjuvant irradiation and 5-fluorouracil for adenocarcinoma of the cecum. Cancer 54: 2850
61. Wang CS, Harwood AR, Cummings BJ, et al (1984) Total abdominal irradiation for cancer of colon. Radiother Oncol 2: 209
62. Brenner HJ, Bibe C, Caltchik S (1983) Adjuvant therapy for Duke's C adenocarcinoma of colon. Int J Radiat Oncol Biol Phys 9: 1789
63. Gunderson LL, Martin JK, Beart RW, et al (1988) Intraoperative and external beam irradiation for locally advanced colorectal cancer. Ann Surg 207: 52
64. Abuchaibe O, Calvo FA, Azinovic I, et al (1993) Intraoperative radiotherapy in locally advanced recurrent colorectal cancer. Int J Radiat Oncol Biol Phys 26: 859
65. Gunderson L, Sosin H (1978) Areas of failure found at reoperation following „curative surgery" for adenocarcinoma of the rectum: clinico-pathologic correlation and implication for adjuvant therapy. Cancer 34: 1278
66. Moosa AR, Ree PC, Marks JE, et al (1975) Factory influencing local recurrence after abdominoperineal resection for cancer of the rectum and rectosigmoid. Br J Surg 62: 727
67. Konsensus-Konferenz des National Institute of Health (NIH) (1990) Bethesda, MD
68. Brizel HE, Tepperman BS (1984) Postoperative adjuvant irradiation for adenocarcinoma of the rectum and sigmoid. Am J Clin Oncol 7: 679
69. Ghossein NA, Samala EC, Alpert S, et al (1981) Elective postoperative radiotherapy after incomplete resection of the colorectal cancer. Dis Colon Rectum 24: 252
70. Hoskins RB, Gunderson LL, Doseretz DE, et al (1985) Adjuvant postoperative radiotherapy in carcinoma of the rectum and rectosigmoid. Cancer 55: 61
71. Schild SE, Martenson JA Jr, Gunderson LL, et al (1989) Postoperative adjuvant therapy of rectal cancer: an analysis of disease control, survival, and prognostic factors. Int J Radiat Oncol Biol Phys 17: 55
72. Vigliotti A, Richt TA, Romsdohl MM, et al (1987) Postoperative adjuvant radiotherapy for adenocarcinoma of the rectum and rectosigmoid. Int J Radiat Oncol Biol Phys 13: 999
73. Zucali R, Gardani G, Lattuada A (1987) Adjuvant irradiation after radical surgery of cancer of the rectum and rectosigmoid. Radiother Oncol 8: 19
74. Gastrointestinal Tumor Study Group (1985) Prolongation of the disease-free interval in surgically treated rectal carcinoma. N Engl J Med 312: 1465
75. Gastrointestinal Tumor Study Group (1986) Survival after postoperative combination treatment of rectal cancer (letter). N Engl J Med 315: 1294
76. Gunderson LL, Collins R, Earle JD, et al (1986) Adjuvant treatment of rectal cancer: randomized prospective study of irradiation + chemotherapy: a NCCTG, Mayo Clinic study. Int J Radiat Oncol Biol Phys 5: 82 (abstr)
77. Krook J, Moertel CG, Wieand H, et al (1986) Radiation versus sequential chemotherapy-radiation-chemotherapy. Proc ASCO 5: 82 (abstr # 318)

78. O'Connel MJ (1986) Proc ASCO 5 (abstr)
79. Balslev IB, Pedersen M, Teglbjaerg PS, et al (1986) Postoperative radiotherapy in Duke's B and C carcinoma of the rectum and rectosigmoid: a randomized multicenter study. Cancer 58: 22
80. Weaver D, Lindblad AS (1990) Radiation therapy and 5-fluorouracil (5-FU) with or without MeCCNU for the treatment of patients with surgically adjuvant adenocarcinoma of the rectum. Proc ASCO 9: 106 (abstr # 409)
81. Fisher B, Wolmark N, Rockette H, et al (1988) Postoperative adjuvant chemotherapy or radiation therapy for rectal cancer: result from NSABP protocol R-01. J Natl Cancer Inst 80: 21
82. Higgins GA Jr, Conn JH, Jordan PH Jr, et al (1975) Preoperative radiotherapy for colorectal cancer. Ann Surg 181: 624
83. Rider WD, Palmer JA, Mahoney LJ, et al (1977) Preoperative irradiation in operable cancer of the rectum: report of the Toronto trial. Can J Surg 20: 335
84. Second Report of a MRC Working Party (1984) The evaluation of low dose preoperative x-ray therapy in the management of operable rectal cancer: results of a randomly controlled trial. Br J Surg 71: 21
85. Stockholm Rectal Cancer Study Group (1987) Short term preoperative radiotherapy for adenocarcinoma of the rectum: an interim analysis of randomized multicenter trial. Am J Clin Oncol 10: 369
86. Boulis-Wassif S, Langenhorst BL, Hop WCJ (1979) The contribution of preoperative radiotherapy in the management of borderline operability rectal cancer. In: Jones SE, Salmon SE (eds) Adjuvant therapy of cancer II. Grune & Stratton, New York, p 613
87. Reis Neto JA, Quilici FA, Reis JA Jr (1989) A comparison of non-operative vs preoperative radiotherapy in rectal carcinoma: a 10-year randomized trial. Dis Colon Rectum 32: 702
88. Allee PE, Gunderson LL, Munzenrider JE (1981) Postoperative radiation therapy for residual colorectal carcinoma. Int J Radiat Oncol Biol Phys 7: 1208 (abstr)
89. Pahlmann L, Glimelius B (1990) Pre- or postoperative radiotherapy in rectal and rectosigmoid carcinoma: report from a randomized multicenter trial. Ann Surg 211: 187
90. Willett CG, Shellito PC, Tepper JE, et al (1991) Intraoperative electron beam radiation therapy for primary locally advanced rectal and rectosigmoid carcinoma. J Clin Oncol 9: 843
91. Dosoretz DE, Gunderson LL, Hedberg S, et al (1983) Preoperative irradiation for unresectable rectal and rectosigmoid carcinomas. Cancer 52: 814
92. Emami B, Pilepich M, Willet C, et al (1982) Effect of preoperative irradiation on resectability of colorectal carcinomas. Int J Radiat Oncol Biol Phys 8: 1295
93. Gunderson LL, Cohen AC, Dosoretz DD, et al (1983) Residual, unresectable or recurrent colorectal cancer: external beam irradiation and intraoperative electron beam boost+ - resection. Int J Radiat Oncol Biol Phys 9: 1597
94. Schild CE, Martenson JA Jr, Gunderson LL, et al (1989) Long-term survival and patterns of failure after postoperative radiation therapy for subtotally resected rectal adenocarcinoma. Int J Radiat Oncol Biol Phys 16: 459
95. Hildebrandt U, Feifel G (1985) Preoperative staging of rectal cancer by intrarectal ultrasound. Dis Colon Rectum 28: 42
96. Wang KY, Kimmey MB, Nyberg DA, et al (1987) Colorectal neoplasms: accuracy of US in demonstrating the depth of invasion. Radiology 165: 827
97. Lavery IC, Jones IT, Weakly FL, et al (1987) Definitive management of rectal cancer by contact (endocavitary) irradiation. Dis Colon Rectum 30: 835
98. Papillon J (1982) Rectal and anal cancers: conservative treatment by irradiation – an alternative to radical surgery. Springer, Berlin Heidelberg New York

99. Sischy B, Hinson EJ, Wilkinson DR (1988) Definitive radiation therapy for selected cancers of the rectum. Br J Surg 75: 901
100. Hager TH, Gall FP, Hermaneck P (1983) Local excision of cancer of the rectum. Dis Colon Rectum 26: 149
101. Schratter-Sehn A, Kärcher KH (1990) Therapie-Monitoring und Nachsorge bestrahlter anorektaler Karzinome mittels Transrektalsonographie. Strahlenther Onkol 166: 659
102. Schratter-Sehn AU, Miholic J, Kärcher KH, et al (1991) Wertigkeit der Transrektalsonographie in der Erfassung radiogener Rektumveränderungen. Strahlenther Onkol 167: 287
103. Frost DB, Richards PC, Montague ED, et al (1984) Epidermoid cancer of the anorectum. Cancer 53: 1285
104. Papillon J, Mayer M, Montbarbon JF, et al (1983) A new approach to the management of epidermoid carcinoma of the anal canal. Cancer 51: 1830
105. Boman BM, Moertel CG, O'Connel MJ, et al (1984) Carcinoma of the anal canal: a clinical and pathological study of 188 cases. Cancer 54: 114
106. Hughes LL, Rich TA, Delclos L, et al (1989) Radiotherapy for anal cancer: experience from 1979–1987. Int J Radiat Oncol Biol Phys 17: 1153
107. Cummings B, Keane T, Thomas G, et al (1984) Results and toxicity of the treatment of anal carcinoma by radiation therapy or radiation therapy and chemotherapy. Cancer 54: 2062
108. Dogget SW, Green JP, Cantril St (1988) Efficacy of radiation therapy alone for limited squamous cell carcinoma of the anal canal. Int J Radiat Oncol Biol Phys 15: 1069
109. Cantril St, Green JP, Schall GL, et al (1983) Primary radiation therapy in the treatment of anal carcinoma. Int J Radiat Oncol Biol Phys 9: 1271
110. Nigro ND, Vaitkevicius VK, Buroker T, et al (1981) Combined therapy for cancer of the anal canal. Dis Colon Rect 24: 73
111. Sischy B (1985) The use of radiation therapy combined with chemotherapy in the management of squamous cell carcinoma of the anus and marginally resectable adenocarcinoma of the rectum. Int J Radiat Oncol Biol Phys 11: 1587
112. Sischy B, Dogget RLS, Krall JM, et al (1989) Definitive irradiation and chemotherapy for radiosensitization in management of anal carcinoma. Interim report on Radiation Therapy Oncology Group study No. 8314. J Natl Cancer Inst 81: 850
113. Warren KW, Braasch JW, Thum CW, et al (1968) Carcinoma of the pancreas. Surg Clin North Am 48: 601
114. Rosenberg JM, Welch JP, Macaulay WP (1985) Cancer of the head of the pancreas: an institutional review with emphasis on surgical therapy. J Surg Oncol 28: 217
115. Dunn E (1987) The impact of technology and improved perioperative management upon survival from carcinoma of the pancreas. Surg Gynecol Obstet 164: 237
116. Brooks JR, Culebras JM (1976) Cancer of the pancreas: palliative operation, Whipple procedure or total pancreatectomy? Am J Surg 131: 516
117. Tepper J, Nardi G, Suit H (1976) Carcinoma of the pancreas: review of MGH experience from 1963 to 1973 – analysis of surgical failure and implications for radiation therapy. Cancer 37: 1519
118. Griffin J, Smalley SR, Jewell W, et al (1990) Patterns of failure following curative resection of pancreatic carcinoma. Cancer 66: 56
119. Moertel CG, Frytak S, Hahn RG, et al (1981) Therapy of locally unresectable pancreatic carcinoma: a randomized comparison of high dose (6000 rads) radiation alone, moderate dose radiation (4000 rads + 5-fluorouracil) and high dose radiation + 5-fluorouracil. Cancer 48: 1705

120. Gastrointestinal Tumor Study Group (1988) Treatment of locally unresectable carcinoma of the pancreas: comparison of combined-modality therapy (chemotherapy plus radiotherapy) to chemotherapy. J Natl Cancer Inst 80: 751
121. Appelqvist P, Viren M, Minkkinen J, et al (1983) Operative finding, treatment and prognosis of carcinoma of the pancreas: an analysis of 267 cases. J Surg Oncol 23: 143
122. Manabe T, Baba N, Nonaka A, et al (1988) Combined treatment using radiotherapy for carcinoma of the pancreas involving the adjacent vessels. Int J Surg 73: 153
123. Hiraoka T, Watanabe E, Mochinaga M, et al (1984) Intraoperative irradiation combined with radical resection for cancer of the head of the pancreas. World J Surg 8: 766
124. Gastrointestinal Tumor Study Group (1987) Further evidence of effective adjuvant combined radiation and chemotherapy following curative resection of pancreatic cancer. Cancer 59: 2006
125. Kopelson G (1983) Curative surgery for adenocarcinoma of the pancreas/ampulla of Vater: the role of adjuvant pre- or postoperative radiation therapy. Int J Radiat Oncol Biol Phys 9: 991
126. Weese JL (1989) Enhanced resectability of pancreatic and periampullary cancer after neoadjuvant chemoradiotherapy. Proc SACAAPACA (abstr)
127. Condie JD, Nagpal S, Peebles SA (1989) Surgical treatment for ductal adenocarcinoma of the pancreas. Surg Gynecol Obstet 168: 437
128. Whittington R, Dobelbower RR, Mohiuddin M, et al (1981) Radiotherapy of unresectable pancreatic carcinoma: a six year experience with 104 patients. Int J Radiat Oncol Biol Phys 7: 1639
129. Nishimura A, Nakano M, Otsu H, et al (1984) Intraoperative radiotherapy for advanced carcinoma of the pancreas. Cancer 54: 2375
130. Sindelar WF (1988) Intraoperative radiotherapy in carcinomas of the stomach and pancreas. Cancer Res 110: 226
131. Shipley WU, Tepper JE, Warshaw AL, et al (1984) Intraoperative radiation therapy for patients with pancreatic carcinoma. World J Surg 8: 929
132. Sindelar WF, Kinsella TJ (1986) Randomized trial of intraoperative radiotherapy in unresectable carcinoma of the pancreas. Int J Radiat Oncol Biol Phys 12: 148
133. Bezzi M, Orsi F, Salvatori FM, et al (1994) Self-expandable nitinol stent for the management of biliary obstruction: long-term clinical results. J Vasc Interv Radiol 5: 287
134. Mathieson JR, McLoughlin RF, Cooperberg PL, et al (1994) Malignant obstruction of the common bile duct: long-term results of Gianturco-Rosch metal stents used as initial treatment. Radiology 192: 663
135. Alden ME, Mohiuddin M (1994) The impact of radiation dose in combined external beam and intraluminal Ir-192 brachytherapy for bile duct cancer. Int J Radiat Oncol Biol Phys 28: 945
136. Busse PM, Stone MD, Sheldon TA, et al (1989) Intraoperative radiation therapy for biliary tract carcinoma: results of a 5-year experience. Surgery 105: 724
137. Shimizu T, Tanaka Y, Iijima M, et al (1994) Radiotherapy for advanced carcinoma of the gallbladder: special reference to IORT and hyperthermo-chemo-radiotherapy. Nippon Igaku Hoshasen Gakkai Zasshi 54: 269

Nachsorge bei malignen Tumoren des Magens und Kolorektums

W. Scheithauer

Die Tumornachsorge ist wegen ihrer fraglichen Effektivität von jeher umstritten. Bei zahlreichen malignen Erkrankungen finden sich beim Auftreten eines Rezidivs zumeist bereits Zeichen einer Krankheitsdissemination, die hinsichtlich Überlebenszeit nach wie vor nur bedingt sinnvolle therapeutische Konsequenzen nach sich ziehen. Beim Magen- und insbesonders kolorektalen Karzinom sind jedoch in einem bestimmten, wenn auch insgesamt nur bescheidenen Prozentsatz bei Lokalrezidiven, aber auch bei Krankheitsrezidiven in Form solitärer Metastasen kurative Zweiteingriffe möglich. Ferner gilt es zu berücksichtigen, daß der Sinn der Nachsorge tatsächlich vielschichtig ist, wobei etwa folgende Aufgabenbereiche differenziert werden können:

1. Frühzeitiges Erkennen von Tumorrezidiven im asymptomatischen Stadium
2. Überwachung bzw. Koordination etwaiger additiver Therapieverfahren, wie Chemotherapie und/oder Strahlentherapie
3. Diagnose und Therapie möglicher postoperativer Folgeerkrankungen (z.B. Postgastrektomieprobleme im Falle des Magenkarzinoms, Kontinenz- oder Blasenfunktionsstörungen bei Kolonkarzinompatienten)
4. Psychosoziale Patientenbetreuung nach kurativen und palliativen Operationsverfahren (z.B. Ernährungsberatung, Schmerztherapie, Betreuung von Kolostomieträgern, Behandlung reaktiver Depressionen)
5. Dokumentation und Erfassung der Überlebensrate und damit Erfolgskontrolle bzw. Validierung der operativen Therapie, ggf. multimodaler Therapiekonzepte

Grundsätzlich gilt für die Durchführung jeglicher Tumornachsorge, daß diese vor allem in jenem Zeitraum konzentriert erfolgen sollte, in dem am ehesten mit dem Auftreten eines Krankheitsrezidivs zu rechnen ist, und daß nur jene diagnostischen Verfahren, die eine Rezidivfrüherkennung mit sinnvollen therapeutischen Konsequenzen ermöglichen, zur Anwendung gelangen sollten. Beides setzt eine genaue Kenntnis des jeweiligen karzinomspezifischen Krankheitsverlaufs voraus.

Bezüglich der Organisation der Nachsorge bleibt allgemein zu bemerken, daß das Entscheidende die fachlich kompetente Nachbetreuung des Patienten darstellt. Weniger wichtig ist, wer die Nachsorge de facto betreibt. Idealerweise sollte dies von der erstbehandelnden Klinik in enger Kooperation mit dem Hausarzt erfolgen.

Nachsorge beim Magenkarzinom

Die Langzeitprognose des Magenkarzinoms ist in den europäischen Ländern und den USA mit einer 5-Jahres-Überlebensrate von nur 10%–20% nach wie vor infaust [1–3]. Lokoregionäre und systemische Krankheitsrezidive treten überwiegend in den ersten zwei Jahren auf. Die Rezidivhäufigkeit und die Gesamtprognose werden durch verschiedene Faktoren, besonders durch die *Infiltrationstiefe des Tumors* in die Magenwand zum Zeitpunkt der Primäroperation, beeinflußt [4–6]. Während bei den nur bis in die Mukosa oder Submukosa infiltrierenden Frühkarzinomen die Überlebensrate nach 5 Jahren bis zu 90% beträgt, reduziert sich diese Quote deutlich bei Infiltration tieferer Wandschichten. Einen Einfluß auf die Prognose haben ferner der Lymphknotenstatus, bestimmte makromorphologische Aspekte des Tumors, die Größe des Primums, die Dauer klinischer Symptome sowie der histologische Aufbau [4–8]. Entsprechend der gebräuchlichen Laurén-Klassifikation [7] hat der *intestinale Typ,* der einem drüsenbildenden Karzinom entspricht, die relativ günstigste Prognose. Der *Mischtyp* und insbesonders der *diffuse Typ,* bei denen die Drüsenbildung nur angedeutet ist oder gänzlich fehlt, sind durch ein rascheres, infiltratives Wachstum, eine höhere Rezidivrate und eine entsprechend ungünstigere Prognose charakterisiert.

Bei der Nachsorge des Magenkarzinoms steht vor allem die Erkennung des intraluminalen Rezidivs im Vordergrund, da dieses – wenn auch insgesamt nur mit rund 20% relativ selten auftretend – in einem gewissen Prozentsatz potentiell kurativ reseziert werden kann. Um ein intraluminales Rezidiv rechtzeitig zu erkennen, sollte die Nachsorge aus folgenden Untersuchungen bestehen (Tabelle 1):

1. Zwischenanamnese
2. Klinisch-physikalische Untersuchung
3. Labor
4. Endoskopie
5. Sonographie

Der **Zwischenanamnese** kommt im Rahmen der Nachsorge potentiell kurativ operierter Magenkarzinompatienten insoferne besondere Bedeutung zu, als bei mehr als zwei Drittel aller Patienten noch vor Objektivierung eines Tumorrezidivs mittels Endoskopie oder anderer bildgebender Verfahren subjektive Beschwerden bestehen [9]. Nur 20%–30% der Krankheitsrezidive werden in asymptomatischen Stadien diagnostiziert. Bei der Frage nach dem aktuellen Körpergewicht respektive einem Gewichtsverlust, der nicht selten das erste Anzeichen einer Progression darstellt, ist allerdings zu berücksichtigen, daß in den ersten 3–6 postoperativen Monaten fast alle Gastrektomiepatienten an Gewicht verlieren. Eine Stabilisierung

Tabelle 1. Nachsorgeplan beim Magenkarzinom

Jahre	1				2				3		4		5	
Monate	3	6	9	12	15	18	21	24	30	36	42	48	54	60
Basisuntersuchungen														
(Anamnese, Status, Körpergewicht)	*	*	*	*	*	*	*	*	*	*	*	*	*	*
Laborchemie														
(Blutbild, Leberfunktionsparameter, BSG, CEA)	*	*	*	*	*	*	*	*	*	*	*	*	*	*
Zusatzuntersuchungen														
Gastroskopie		*		*		*		*		*		*		*
Thoraxübersicht		*		*		*		*		*		*		*
Sonographie		*		*		*		*	*	*	*	*	*	*

BSG Blutsenkungsgeschwindigkeit; *CEA* Karzinoembryonales Antigen

bzw. Gewichtszunahme tritt in der Regel meist erst gegen Ende des ersten Jahres ein. Bei der Zwischenanamnese sollte der Patient gezielt nach bestehenden Beschwerden, wie Müdigkeit, Inappetenz, Nausea, Emesis, Melaena und Änderung der Stuhlgewohnheiten, befragt werden. Die Angabe von Schmerzen sollte bei der Kontrolluntersuchung besondere Berücksichtigung finden, da diesen, abgesehen von einem möglichen Rezidiv, auch eine Reihe funktioneller Störungen zugrundeliegen können. Letzteres ist vor allem dann wahrscheinlich, wenn ein unmittelbarer Zusammenhang mit der Nahrungsaufnahme besteht. Insgesamt sollten die Patienten dazu angehalten werden, sich selbst zu beobachten und beim Auftreten von ungewöhnlichen Ereignissen bzw. Beschwerden den Arzt auch außerhalb des geplanten Nachsorgetermins aufzusuchen.

Bei der **klinisch-physikalischen Untersuchung** ist besonderes Augenmerk auf die Operationsnarben, die Leber und das Epigastrium zum Ausschluß von Hernien, Hautmetastasen oder pathologischen Resistenzen zu richten. Auch die Suche nach suspekten Lymphknoten im infra- und supraklavikulären Bereich (Virchow'sche Drüse) sollte sorgfältig durchgeführt werden. Bei Frauen ist zudem im Rahmen der Vorsorgeuntersuchung Unterbauch und Brust zu kontrollieren, um ein Zweitkarzinom auszuschließen.

Die routinemäßige Bestimmung der **Laborchemie** kann, da diese nach übereinstimmenden Erfahrungen keinen wesentlichen Beitrag zur Rezidivfrüherkennung erbracht hat, auf ein minimales Programm beschränkt werden [9]. Die Bestimmung der Blutsenkungsgeschwindigkeit, diverser Leberfunktionsparameter und des Blutbildes erscheinen ausreichend. Letzterem kommt insoferne Bedeutung zu, als ein erniedrigter Hämoglobinwert ein erster Hinweis auf einen tumorbedingten Blutverlust (z.B. okkulte Blutung) sein kann oder auch die Folge einer Malabsorption. Die Tumormarker karzinoembryonales Antigen (CEA),

CA 19-9, Tissue polypeptide antigen (TPA) und Ferritin haben, vermutlich abgesehen von den Fällen mit präoperativ pathologischen Werten, bis heute keine bewiesene klinische Relevanz. Ursache dafür sind nicht nur deren unzureichende Sensitivität, sondern auch die Möglichkeit falsch positiver Ergebnisse, die aufwendige Untersuchungen und eine beträchtliche Verunsicherung des Patienten implizieren. Der Stellenwert kombinierter Tumormarkerbestimmungen und einer Reihe neuer Marker, wie CA 72-4 [10], bedarf noch weiterer Untersuchung.

Die Tatsache, daß die, wenn auch nur selten auftretenden, rein intraluminalen Magenkarzinomrezidive potentiell kurativ reseziert werden können, läßt die Rolle der routinemäßigen **Gastroskopie** im Rahmen der Nachsorge des Magenkarzinoms gerechtfertigt erscheinen. Hinzu kommt, daß durch die Endoskopie auch gutartige Folgeerkrankungen nach Gastrektomie, wie Refluxösophagitis, Anastomosenulzera und benigne Stenosen, erkannt und einer gezielten Therapie zugeführt werden können.

Von den übrigen *apparativen Untersuchungsmethoden* erscheint bei der Nachsorge im wesentlichen nur die **Sonographie** relevant, da dies eine einfache, nicht invasive, den Patienten keineswegs belastende Technik darstellt, mit der ein geübter Untersucher genaue Informationen über eine eventuell bestehende Progression nicht nur im Bereich der Leber, sondern auch im Epigastrium erhalten kann. Weiterführende Untersuchungen, wie *Computertomographie (CT), Skelettszintigraphie oder Kernspinresonanztomographie (NMR)* sind erst beim Auftreten spezifischer Beschwerden oder Vorliegen anderer suspekter Untersuchungsbefunde indiziert.

Nachsorge beim kolorektalen Karzinom

Auch beim Kolonkarzinom gilt als wesentlichstes Ziel der planmäßigen Nachsorgeuntersuchungen die Früherkennung der Tumorprogression, da nicht nur lokoregionäre Rezidive in bis zu 30%, sondern auch singuläre Leber- oder Lungenmetastasen potentiell kurativ durch Segment- oder Lappenresektionen operiert werden können [11]. Selbst bei inkurablen Fällen besteht durch eine frühzeitige chirurgische Intervention häufig die Möglichkeit einer signifikanten Verbesserung der Lebenserwartung und -qualität.

Insgesamt muß bei rund 30%–50% aller potentiell kurativ resezierten Kolonkarzinompatienten mit dem Auftreten eines Tumorrezidivs gerechnet werden, wobei dieses zumeist in den ersten zwei postoperativen Jahren auftritt [12]. In etwa einem Drittel der Fälle handelt es sich um lokoregionäre Rezidive, in 45% um ein Krankheitsrezidiv in Form einer selektiven, meist hepatalen Fernmetastasierung, in den übrigen Fällen um kombinierte bzw. generalisierte Tumorrezidivmanifestationen [12]. Als wesentlichste Risikofaktoren hinsichtlich Rezidivhäufigkeit und Überlebensrate gelten das *Tumorstadium zum Zeitpunkt der Operation* und speziell der *Lymphknotenstatus.* Ein erhöhtes Risiko implizieren ferner ein undifferenziertes histologisches Grading, ein jüngeres Lebensalter sowie der histologische Nachweis von Tumorgefäßeinbrüchen [13–15].

Die Nachsorge des kolorektalen Karzinoms sollte folgende Untersuchungen beinhalten (Tabelle 2):

Bei der regelmäßigen **gezielten Anamnese** sollten Fragen nach Allgemeinbefinden, Körpergewicht, Appetit, Stuhlgewohnheiten, Stuhlfarbe und -konsistenz gestellt werden.

Bei der **klinisch-physikalischen Untersuchung** sollten Abdomen, Perineum, inquinale bzw. supraklavikuläre Lymphknotenregionen und Mammae palpiert, Rektum, Stoma und Vagina sorgfältig digital untersucht werden.

Laborchemisch spielt in der Nachsorge des kolorektalen Karzinoms nebst der Bestimmung verschiedener, für Leber-, Nieren- und Knochenmarksfunktion repräsentativer Parameter, vor allem der mittels Enzym- oder Radioimmunoassay nachweisbare *CEA-Serumspiegel* eine wesentliche Rolle. Im Falle präoperativ abnorm hoher Werte sollte es binnen 4–6 Wochen nach kurativer Resektion zu einer Normalisierung der Werte gekommen sein. Persistierend pathologische

Tabelle 2. Nachsorgeplan beim kolorektalen Karzinom

Jahre	1				2				3		4		5	
Monate	3	6	9	12	15	18	21	24	30	36	42	48	54	60
Basisuntersuchungen														
(Anamnese, Status, Körpergewicht)	*	*	*	*	*	*	*	*	*	*	*	*	*	*
Laborchemie														
(Blutbild, Leberfunktionsparameter, BSG, CEA)	*	*	*	*	*	*	*	*	*	*	*	*	*	*
Zusatzuntersuchungen														
Thoraxröntgen		*		*		*		*		*		*		*
Sonographie der Leber		*		*		*		*		*		*		*
Nach hoher Anastomose														
Koloskopie oder DK-Irrigoskopie		*		*		*		*		*		*		*
Nach tiefer Anastomose														
Rektoskopie	*	*	*	*	*	*	*	*	*	*	*	*	*	*
Koloskopie oder DK-Irrigoskopie				*				*		*		*		*
Nach abdominoperinealer Exstirpation														
Koloskopie oder DK-Irrigoskopie		*		*		*		*		*		*		*
CT kleines Becken oder Sonographie	*			*				*		*		*		*

BSG Blutsenkungsgeschwindigkeit; *CEA* Karzinoembryonales Antigen; *DK-Irrigoskopie* Doppelkontrast-Irrigoskopie; *CT* Computertomographie

Werte oder aber ein (Wieder-) Anstieg lassen einen Residual- bzw. Rezidivtumor vermuten, wobei dieser nicht selten mittels apparativer Diagnostik noch nicht bewiesen werden kann [16]. Der relativ hohen Sensitivität des Serum-CEA steht die mangelhafte Spezifität, insbesondere bei geringfügig erhöhten Werten gegenüber. Bei Werten zwischen 5 und 10 ng/ml ist in etwa 30% der Fälle mit falschpositiven Ergebnissen zu rechnen [17]. Postoperativ erstmalig beobachtete, erhöhte Serum-CEA Werte sollten verlaufsmäßig kurzfristig kontrolliert werden. Bei steigender Tendenz sollte die weitere *apparative Diagnostik* forciert werden. Können mittels Koloskopie, Sonographie, CT und Thoraxröntgen tatsächlich keine Tumormanifestationen objektiviert werden, ist nach Ansicht einiger Autoren eine Second-look Operation gerechtfertigt, da in 10%–15% der Fälle kurative Zweiteingriffe möglich sein sollen [18, 19]. Diese Ergebnisse werden allerdings in der Fachliteratur keineswegs einheitlich bestätigt [20–22]. Interessante Aspekte für die Zukunft bietet in diesem Zusammenhang zweifellos die Immunszintigraphie [23].

Im Rahmen der **endoskopischen Nachsorge** gilt es primär, etwaige zusätzliche, im Restkolon verbliebene, adenomatöse Polypen oder synchrone Zweitkarzinome auszuschließen. Sollte bei einem Patienten aufgrund einer akuten Ileussymptomatik oder aus anderen Gründen präoperativ keine Koloskopie oder Doppelkontrast-Irrigoskopie erfolgt sein, sollte diese Untersuchung kurz nach der initialen Tumorresektion nachgeholt werden. Bei unauffälligem Befund sollten weitere Kontrollkoloskopien, zunächst nach 6 bzw. 12 Monaten, und auch danach in halb- bzw. jährlichen Abständen erfolgen (Tabelle 2). Unabhängig von den endoskopischen Kontrollen sollten zwischenzeitlich regelmäßige Haemocculttests und, wie bereits erwähnt, rektal digitale Untersuchungen vorgenommen werden.

Die **Computertomographie** stellt bei der Früherkennung lokoregionärer Rezidive nach abdominoperinealer Resektion das wesentlichste diagnostische Verfahren im Rahmen der Nachsorge dar. Beckenwandrezidive gelangen in der Regel als präsakrale, von der Umgebung nicht abgrenzbare Raumforderungen zur Darstellung. Die differentialdiagnostisch gelegentlich schwierig abgrenzbaren, postoperativ oder im Gefolge einer adjuvanten Bestrahlung entstandenen granulomatösnarbigen Veränderungen können entweder durch transgluteale, CT-gezielte Feinnadelpunktionen [24] oder aber bei Vorliegen eines postoperativ erhobenen Ausgangsbefundes durch serielle Untersuchungen abgegrenzt werden [25].

Zur Früherkennung von Krankheitsrezidiven in Form hepataler oder pulmonaler Metastasen, die sich in bis zu 10% der Fälle als lokal resezierbar erweisen [11], dienen serielle **abdominelle Ultraschall- und Thoraxröntgenuntersuchungen**.

Literatur

1. Borch K, Hammerstroem LE, Liedberg G (1982) Gastric cancer: diagnosis, treatment and prognosis in clinical routine. Acta Chir Scand 148: 517
2. Diel JT, Hermann RE, Cooperman AM, et al (1983) Gastric adenocarcinoma. A ten year review. Ann Surg 198: 9
3. Gall FP, Altendorf A, Gentsch HH (1980) Chirurgische Therapie des Magenkrebses – Stagnation oder Fortschritt. Fortschr Med 100: 1876

4. Maruyama K (1987) The most important prognostic factors for gastric cancer patients: a study using univariante and multivariante analyses. Scand J Gastroenterol 22 [Suppl] 133: 63
5. Bedikian AY, Chen TT, Khankhanian N, et al (1984) The natural history of gastric cancer and prognostic factors influencing survival. J Clin Oncol 2: 305
6. Braun L (1988) Zur Prognose des Magenkarzinoms. Dtsch Med Wochenschr 133:672
7. Hermanek P (1987) Clinical significance of histologic classification in accordance with Laurén as an adoption to pTNM. Scand J Gastroenterol 22 [Suppl] 133: 45
8. Schmitz-Moormann P, Pohl C, Himmelmann GW (1986) Morphological predictors of survival in advanced gastric carcinoma univariante and multivariante analysis. J Cancer Res Clin Oncol 112: 156
9. Lange J, Böttcher K, Großmann A, et al (1989) Nachsorge beim Magenkarzinom. In: Akovbiantz A, Denck H, Paquet KJ, et al (Hrsg) Chirurgische Gastroenterologie mit interdisziplinären Gesprächen. TM-Verlag, Hameln, S 261
10. Klug TL, Sattler MA, Colcher D, et al (1986) Monoclonal antibody immunoradiometric assay for an antigenic determinant (CA 72) on a novel pancarcinoma antigen (TAG-72). Int J Cancer 38: 661
11. August DA, Ottow RT, Sugarbaker PH (1984) Clinical perspective of human colorectal cancer metastasis. Cancer Metast Rev 3: 303
12. Olson RM, Perencevich NP, Malcolm AW, et al (1980) Patterns of recurrence following curative resection of adenocarcinoma of the colon and rectum. Cancer 45: 2969
13. Minsky BD, Mies C, Recht A, et al (1988) Resectable adenocarcinoma of the rectosigmoid and rectum. Cancer 61: 1408
14. Griffin MR, Bergstralh EJ, Coffey RJ, et al (1987) Predictors of survival after curative resection of carcinoma of the colon and rectum. Cancer 60: 2318
15. Minsky BD, Mies C, Rich TA, et al (1988) Potentially curative surgery of colon cancer: the influence of blood vessel invasion. J Clin Oncol 6: 119
16. Northover J (1986) Carcinoembrionic antigen and recurrent colorectal cancer. Gut 27: 117
17. Beart RW Jr, O'Connell MJ (1983) Postoperative follow-up of patients with carcinoma of the colon. Mayo Clin Proc 58: 361
18. Minton JP, Martin EW (1978) The use of serial CEA determinations to predict recurrence of the colon cancer and when to do a second-look operation. Cancer 42: 1422
19. Steele GN, Zamcheck RE, Wilson R, et al (1980) Results of CEA-initiated second-look surgery for recurrent colorectal cancer. Am J Surg 139: 544
20. Finlay IG, McArdle CS (1983) Role of carcinoembrionic antigen in detection of asymptomatic disseminated disease in colorectal carcinoma. Br Med J 286: 1242
21. Wanebo HJ (1981) Are carcinoembrionic antigen levels of value in the curative management of colorectal cancer? Surgery 89: 290
22. Mentges B, Stahlschmidt M, Brückner R (1986) Die diagnostische und prognostische Aussagekraft des CEA-Tests beim Rezidiveingriff wegen Kolonkarzinom. Tumor Diagnostik Therapie 7: 216
23. Goldenberg DM, Kim EE, Bennett SJ, et al (1983) Carcinoembrionic antigen radioimmunodetection in the evaluation of colorectal cancer and in the detection of occult neoplasms. Gastroenterology 84: 524
24. Butch RJ, Wittenberg J, Müller PR, et al (1985) Presacral masses after abdominoperineal resection for colorectal carcinoma: the need for needle biopsy. Am J Roentgenol 144: 309
25. Kelvin FM, Korobkin M, Heaston DK, et al (1983) The pelvis after surgery for rectal carcinoma: serial CT observations with emphasis on non-neoplastic features. Am J Roentgenol 141: 959

Springer-Verlag und Umwelt

Als internationaler wissenschaftlicher Verlag sind wir uns unserer besonderen Verpflichtung der Umwelt gegenüber bewußt und beziehen umweltorientierte Grundsätze in Unternehmensentscheidungen mit ein.

Von unseren Geschäftspartnern (Druckereien, Papierfabriken, Verpackungsherstellern usw.) verlangen wir, daß sie sowohl beim Herstellungsprozeß selbst als auch beim Einsatz der zur Verwendung kommenden Materialien ökologische Gesichtspunkte berücksichtigen.

Das für dieses Buch verwendete Papier ist aus chlorfrei hergestelltem Zellstoff gefertigt und im pH-Wert neutral.